普通高等教育风景园林专业"十四五"系列教材

风景园林

园林生态规划设计
方法与应用

主编　栾春凤　白　丹　王诗琪

郑州大学出版社

图书在版编目(CIP)数据

园林生态规划设计方法与应用 / 栾春凤,白丹,王诗琪主编. -- 郑州：
郑州大学出版社,2024.6
ISBN 978-7-5773-0286-7

Ⅰ. ①园…　Ⅱ. ①栾…②白…③王…　Ⅲ. ①园林 – 规划②园林设计
Ⅳ. ①TU986

中国国家版本馆 CIP 数据核字(2024)第 074028 号

园林生态规划设计方法与应用

YUANLIN SHENGTAI GUIHUA SHEJI FANGFA YU YINGYONG

策划编辑	祁小冬		封面设计	苏永生
责任编辑	王红燕		版式设计	王　微
责任校对	崔　勇		责任监制	李瑞卿

出版发行	郑州大学出版社		地　　址	郑州市大学路 40 号(450052)
出版人	孙保营		网　　址	http://www.zzup.cn
经　销	全国新华书店		发行电话	0371-66966070
印　刷	郑州宁昌印务有限公司			
开　本	787 mm×1 092 mm　1 / 16			
印　张	20		字　　数	476 千字
版　次	2024 年 6 月第 1 版		印　　次	2024 年 6 月第 1 次印刷

书　号	ISBN 978-7-5773-0286-7		定　价	49.00 元

前　言

　　生态文明建设是关系中华民族永续发展的根本大计。当前,我国生态文明建设正处于压力叠加、负重前行的关键期,已进入提供更多优质生态产品以满足人民日益增长的优美生态环境需要的攻坚期,也到了有条件有能力解决生态环境突出问题的窗口期。

　　园林生态规划与设计是将生态学应用于风景园林规划设计中,合理地分配和保护各种生态资源,促进自然资源的合理利用和可持续发展,从而实现人与自然和谐相处,增进民生福祉,提高人民生活品质。

　　本书以园林生态学为基础,结合景观生态学、城乡规划学、风景园林学、恢复生态学、地理学等学科知识,同时广泛吸收了国内外有关园林生态规划与设计领域的技术、方法、研究成果与实践应用,让本书更加具有科学性、系统性和先进性。本书共 4 章,主要内容有园林生态学基础、生态系统保护与建设、园林生态规划方法与应用和园林生态设计与实践。其中前两章主要为基础理论,包括城市环境与生态因子、各生态因子与园林植物的生态作用与生态适应、植物种群与生物群落、自然生态系统与生态系统服务、园林生态系统与公园城市、城市生态系统与生态城市等;后两章包括园林生态规划概述、园林生态规划理论基础、园林生态规划应用技术、园林生态规划基本方法、园林生态规划内容以及园林生态设计概述、城市湿地公园规划与设计、矿山公园生态规划与设计、垃圾填埋场生态公园规划与设计等内容。

　　本书具有系统性强、针对性强、适用面广的特点,适合作为风景园林、城乡规划、林学、园艺、生态学、环境科学、地理学和城市管理等专业学生的教材和教学参考书,也可作为广大园林科技工作者、生态环境工作者、城市管理人员与干部培训的参考用书。

　　本书由郑州大学的栾春凤、白丹和郑州职业技术学院的王诗琪主编,郑州大学的张一、赵人镜、闫煜涛担任副主编。其中,白丹负责第一章和第二章的第一节、第二节;王诗琪负责第二章的第三节、第四节;赵人镜负责第三章的第一节;闫煜涛负责第三章的第二节;张一负责第三章的第三节;栾春凤负责第三章的第四节、第五节和第四章。时兆慧、王颖卓负责图片制作以及排版工作。

　　由于编写时间有限,书中难免会有不当和疏漏之处,恳请读者批评指正。

编者

2024 年 4 月

目 录

第一章 园林生态学基础

第一节 城市环境与生态因子

一、城市环境

（一）环境的概念与类型

1. 环境的概念

环境是指某一特定生物体或生物群体以外的空间,以及直接或间接影响该生物体或生物群体生存的一切事物的总和。在生态学中,生物是环境的主体,环境是指生物个体或群体外的一切因素的总和,包括生物存在的空间及维持其生命活动的物质和能量。

构成环境的各个因素称为环境因子。在环境因子中,对生物的生长、发育和分布产生直接或间接影响作用的因子称为生态因子,如温度、水、二氧化碳、氧气等直接作用的因子以及地形、坡向、海拔高度等间接作用的因子。

在生态因子中,凡是有机体生长和发育所不可缺少的外界环境因素,也称为生存条件。

生态环境是研究的生物体或生物群体以外的空间中,直接或间接影响该生物体或生物群体生存和发展的一切因素的总和,或者说是指环境中对生物有影响的那部分因子的集合。

在环境科学中,一般以人类为主体,环境是指围绕着人群的空间以及各类外部条件或因素。现代园林建设的一个重要目标就是改善城市环境条件,创造一个良好的人居环境。

2. 环境的类型

环境是一个非常复杂的体系,至今尚未形成统一的分类系统。一般按照环境的主体、性质、尺度范围等进行分类。

（1）按环境的主体,可将环境分为:一种是以人为主体的人类环境,其他生命物质和非生命物质均被视为构成人类环境的要素;另一种是以生物为主体的生态环境,即生物体以外的所有要素构成的环境。

（2）按环境的性质,可将环境分为自然环境、半自然环境和人工环境。

自然环境是指一切可以直接或间接影响生物生存的自然界的物质和能量的总和,主要包括空气、水、土壤、岩石矿物、太阳辐射等。

半自然环境是指人类在开发利用、干预改造自然环境的过程中构造出来的有别于原有自然环境的新环境,包括人工经营森林、草地、绿化造林、农田、人为开发的自然风景区、人工建造的园林生态环境等。

人工环境,广义上指由于人类活动而形成的环境要素,包括由人工形成的物质、能量和精神产品以及人类活动过程中所形成的人与人之间的关系;狭义上指人类根据生产、生活、科研、医疗、娱乐等需要而创建的环境空间。

(3)按环境的尺度范围,可将环境分为宇宙环境、地球环境、区域环境、生境、微环境和内环境。

宇宙环境是指地球大气层以外的宇宙空间,也称为星际环境。宇宙环境由广阔的空间和存在其中的各种天体及弥漫物质组成,它对地球环境能产生深刻的影响。太阳辐射是地球的主要光源和热源,是地球上一切生命活动和非生命活动的能量源泉。太阳辐射能的变化影响着地球环境。例如,太阳黑子出现与地球上的降雨量有明显的关系。月球和太阳对地球的引力作用产生潮汐现象,并可引起风暴、海啸等自然灾害。

地球环境是指大气圈的对流层、水圈、土壤圈、岩石圈和生物圈,又称为全球环境。地球环境与人类及生物的关系尤为密切。其中生物圈中的生物把地球上各个圈层有机地联系在一起,并推动各种物质循环和能量转换。

区域环境指占有某一特定地域空间的自然环境,它是由地球表面不同地区的5个自然圈层相互配合而形成的。不同地区形成不同的区域环境特点,分布着不同的生物群落,具有不同的自然景观特色,如森林、草原、荒漠等。

生境是指生物的个体、种群或群落生活地域的环境,包括必需的生存条件和其他对生物起作用的生态因素。生境是由生物和非生物因子综合形成的,而描述一个生物群落的生境时通常只包括非生物的环境。一个特定物种的生境是指被该物种或种群所占有的资源(食物、隐蔽物等)、环境条件(温度、雨量、捕食及竞争者等)和使这个物种能够存活和繁殖的空间。

微环境指对生物有着直接影响的邻接环境,如接近植物个体表面的大气环境、植物根系接触的土壤环境等。

内环境指生物体内部的环境,对生物体的生长和繁育具有直接的影响,如叶片内部,直接和叶肉细胞接触的气腔、通气系统,都是形成内环境的场所。内环境对植物有直接的影响,且不能为外环境所代替。

(二)城市环境组成与特征

1.城市环境的组成

城市是具有一定人口规模,以非农业人口为主的居民点。城市是人类走向成熟和文明的标志,也是人类群居生活的高级形式。城市通常是周围地区的政治、经济、文化中心,是商品和信息的集散地。随着工业的发展,农村人口大量向城市转移、聚集,这是衡量国家经济发展状况的一个重要标志。

城市环境是指影响城市人类活动的各种自然和人工的外部条件。这里的城市环境主要是指城市的物理环境,其组成可分为城市自然环境和城市人工环境两个部分。其中城市自然环境包括地形、地质、土壤、水文、气候、植被、动物、微生物等;城市人工环境包含房屋、道路、管线、基础设施、不同类型的土地利用、废气、废水、废渣、噪声等。广义的城市环境除了城市物理环境外还包括城市社会环境、城市经济环境和城市美学环境(图1-1)。

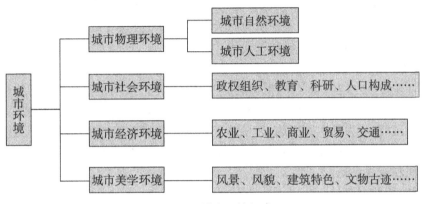

图1-1　城市环境组成

城市自然环境是构成城市环境的基础,它为城市这一物质实体提供了一定的空间区域,是城市赖以存在的地域条件。

城市人工环境是实现城市各种功能所必需的物质基础设施,没有城市人工环境,城市与其他人类聚居区域或聚居形式的差别将无法体现,城市本身的运行也将受到限制。

城市社会环境包含政治、文化、人口系统的政权组织、教育、科研、人口构成等,体现了城市在满足人类各类活动方面所提供的条件。

城市经济环境包含生产、流通、服务系统的农业、工业、商业、贸易、交通等,是城市生产功能的集中体现,反映了城市经济发展的条件和潜势。

城市美学环境则是城市形象、城市气质和韵味的外在表现和反映,一般包含风景、风貌、建筑特色、文物古迹等。

城市形成、发展和布局一方面得益于城市环境条件,另一方面也受所在地域环境的制约。城市的不合理发展和过度膨胀会导致地域环境和城市内部环境的恶化。城市环境质量的好坏直接影响城市居民的生产和生活活动,它也是城市地理和城市规划学研究的主要内容之一。

2.城市环境的特征

(1)高度人工化

城市是人口最集中,社会、经济活动最频繁的地方,也是人类对自然环境干预最强烈、自然环境变化最大的地方。除了大气环流、大的地貌类型、主要河流水文特征基本保持自然状态外,其他自然要素都发生不同程度的变化,而且这种变化通常是不可逆的。城市建筑景观、城市道路、城市各项生产、生活活动设施等,使城市的降水、径流、蒸发、渗漏等都产生了再分配,也使城市水量与水质以及地下水运动发生较大变化。

（2）呈现出明显的空间特征

城市环境呈现出一定的平面和立面特征,这是城市环境各组成要素在城市平面和高度上有形的表现,如城市景观、城市地貌、城市的形态、城市用地扩展(配置形式、道路网的形状、大型工厂及飞机场的位置等)或城市环境建设发展的方向,因此呈现出城市环境的用地空间结构、城市环境的绿化空间结构和城市环境的社会空间结构等。随着人类社会的不断发展,城市环境内部结构也日趋复杂。这不仅表现在城市功能越来越复杂,也表现在为满足人类不断增长的各种活动需求而建造的环境越来越复杂,同时还表现在各种功能和环境之间的有机联系越来越复杂。

（3）具有地域层次性

城市环境是一个地域综合体,根据其呈现出的以不同活动为中心事物的物质环境的地域分异,可划分出与一定活动相联系的地域子环境,如居住环境、工业环境、商业环境等,其下还可以细分为具体的用地,充分体现出城市环境的地域层次特征。城市还可以划分为近郊区、远郊区和城区。城市内部一般可区分为 3 个典型特征空间:建筑空间、道路广场空间和绿地空间。

（4）具有污染特征

城市的各类生产、生活活动频繁,它每时每刻都进行着大量的物质流动和转化加工,包括各类原料、产成品、日用品和废弃物,同时消耗大量的能源,如煤、油、电等。较之自然环境,城市环境在组成及结构和影响因素上发生了很大的变化,这些使得城市环境的自我调节净化能力下降,容易出现环境污染,给城市居民的生活和健康带来危害。

特别是在工业、交通职能日益增加的情况下,城市环境的污染性质已由过去单一的生活性污染变成工业、交通多源性污染,污染物繁杂,而且各种污染物的联合作用,加重了城市环境问题的复杂性。城市人口密集,污染物对人体心理和生理的危害最为严重,所谓"现代城市病",甚至侵害到人类的生物基因。

3. 城市环境容量

（1）环境容量与环境污染

环境容量是指某一环境在自然生态结构和正常功能不受损害,人类生存环境质量不下降的前提下,能容纳污染物的最大负载量。环境容量主要取决于两个方面,即环境的自净能力和环境设施对污染物的处理能力。

环境污染是指当污染物进入环境中的量超过环境对污染物的承受能力——环境容量时,环境就会恶化,对人的健康、动植物正常生长发育产生危害的现象。环境污染的决定性因素有环境的自净能力、人工环保设施的处理能力、污染物的种类及浓度。

（2）城市环境容量

城市环境容量是指环境对城市规模及人的活动提出的限度,即城市所在地域的环境在一定时间、空间范围内,在一定经济水平和安全卫生要求下,在满足城市生产生活等各种活动正常进行的前提下,通过城市的自然条件、经济条件、社会文化历史条件等共同作用,对城市建设发展规模以及人们在城市中各项活动的强度提出的容许限度。

城市环境容量的影响因素有城市自然环境、城市物质、城市经济技术。

（3）城市环境容量的常见类型

1）大气环境容量　大气环境容量是指在满足大气环境目标值的条件下,某区域大气环境所能容纳污染物的最大能力或所能排放污染物的总量。

大气环境目标值是指能维持生态平衡及不损害人体健康的阈值,常被称作自净介质对污染物的同化容量。大气环境容量是大气环境目标值与本底值之间的差值,其大小取决于该区域内大气环境的自净能力以及自净介质的总量。超过了容量的阈值,大气环境就不能发挥其正常的功能,生态的良性循环、人体健康及物质财产将受到损害。研究大气容量可以为制定区域大气环境标准、控制和治理大气污染提供重要依据。

2）水环境容量　水环境容量是指满足城市居民安全卫生使用城市水资源的前提下,城市区域水环境所能容纳污染物的最大能力。水环境容量与水体的自净能力和水质标准密切相关,也与城市水资源的量有关,水体量越小,水环境容量就越小。

一般来说,水环境容量取决于三个因素,即水环境的量及状态、污染物的地球化学特性、人及生物机体对污染物的忍受能力。

3）土壤环境容量　土壤环境容量是指土壤对污染物质的承受能力或负荷量。当进入土壤中的污染物质低于土壤环境容量时,土壤的净化过程成为主导方面,土壤质量能够得到保证;当进入土壤中的污染物质超过土壤环境容量时,污染过程将成为主导方面,土壤受到污染。土壤环境容量取决于污染物的性质和土壤净化能力的大小。

土壤环境容量的大小一般可以用绝对容量和年容量两个指标表示,其中,绝对容量由土壤环境标准规定值和土壤环境本底值来决定。年容量为土壤每年能容纳的污染物的最大量。年容量的大小除与土壤环境标准规定值和土壤环境本底值有关以外,还与土壤对污染物的净化能力有关。

4. 城市环境效应

环境对于人类活动或自然力的作用是有响应的,对环境施加有利的影响,在环境系统中就会产生正效应,反之亦然。

城市环境效应是指城市人类活动给自然环境带来一定程度的积极影响和消极影响的综合效果,包括污染效应、生物效应、地学效应、资源效应、美学效应等。

（1）城市环境的污染效应

城市环境的污染效应是指城市人类活动给城市自然环境所带来的污染作用及其效果。城市环境的污染效应从类型上主要包括大气、水体质量下降、恶臭、噪声、固体废物、辐射、有毒物质污染等几个方面。

（2）城市环境的生物效应

城市环境的生物效应是指城市人类活动给城市中除人类之外的生物的生命活动所带来的影响。目前,城市中除人类以外的某些生物有机体在大量、迅速地从城市环境中减少、退缩甚至消亡。但是目前城市环境的生物效应并非总是对生物不利,在采取有效措施后,各类生物是能与城市人类共存共生的。

（3）城市环境的地学效应

城市环境的地学效应是指城市人类活动对自然环境（尤其是与地表环境有关的方面）所造成的影响,包括土壤、地质、气候、水文的变化及自然灾害等,现代城市热岛效应、

园林生态学基础

第一章

城市地面沉降、城市地下水污染等都属于城市环境的地学效应。

（4）城市环境的资源效应

城市环境的资源效应是指城市人类活动对自然环境中的资源，包括能源、水资源、矿产、森林等的消耗作用及其程度。城市环境的资源效应体现在城市对大自然资源极大的消耗能力和消耗强度方面，反映了人类迄今为止具有的以及最新拥有的利用资源的方式，不仅对城市经济和社会生活产生影响，而且还对除城市人群以外的其他人群产生深远的影响和作用。

（5）城市环境的美学效应

城市环境的美学效应是包含城市物理环境与人工环境在内的所有因素的综合作用的结果。这些景观在美感、视野、艺术及游乐价值方面具有不同的特点，对人的心理和行为产生了潜在的作用和影响。同时，城市人类如何利用城市的物理环境，按何种总体构思及美学思想进行城市景观体系的构塑，也会对城市环境的美学效应产生影响，这表明，城市人类对城市环境的美学效应具有积极的作用。

二、生态因子

（一）生态因子的分类

生态因子是指环境中对生物生长、发育、生殖、行为和分布有直接或间接影响的环境要素。生物的生存环境中存在很多生态因子，它们的性质、特性、强度各不相同，它们相互制约、组合，构成了复杂多样的生存环境，为生物的生存进化创造了不计其数的生境类型。这些因子主要有作为能量因子的太阳辐射、大气圈中的气候现象、水圈中的自由水、岩石圈中的地形和土壤及生物圈中的生物。生态因子常分为气候因子、土壤因子、地形因子、生物因子、人为因子五大类。

1. 气候因子

气候因子包括各种主要气候参数，如光、温度、湿度、风、气压、降水等。每种因子又可分为若干因子，如光因子可分为光的强度、光的性质和光的周期等，这些因子对于园林植物的形态、生理、生长、发育以及地理分布都有不同的作用。在较大环境尺度上，温度和降水量是最重要的气候地理分异因素。

2. 土壤因子

土壤因子包括土壤的理化性质、土壤肥力、土壤生物等，例如土壤结构、组成、有机物和无机物的营养状况、酸碱度、土壤生物等。土壤是气候因子和生物因子共同作用的产物，所以它本身必然受到气候因子和生物因子的影响，同时也对植物发生作用。不同土壤类型有其相应的植被类型。

3. 地形因子

地形因子是间接因子，包括各种地面特征，如坡度、坡向、海拔高度等。其本身对植物没有直接影响，但是地形的变化可以影响气候、水文和土壤特性等的变化，从而影响植物的生长。陆地表面复杂的地形，为生物提供了多种多样的生境。地形要素的生态作用表现在四个方面，即坡向、坡度、坡位和海拔。

（1）坡向主要影响光照强度和日照时数，并引起温度、水分和土壤条件的变化。南坡植物多为喜光的阳性植物，并表现出一定程度的旱生特征；北坡植物多为喜湿、耐阴的植物。

（2）坡度的陡缓控制着水分的运动，物质的淋溶、侵蚀的强弱以及土壤的厚度、颗粒大小、养分的多少，并影响着动植物的种类、数量、分布和形态。

（3）坡位不同，其阳光、水分和土壤状况也有很大差异。一般来讲，从山脊到坡角，整个生境朝着阴暗、湿润的方向发展。

（4）随着海拔的变化，山地的光照强度、气候、土壤按一定规律也发生变化，并对生物的类型和分布产生相应的影响。山体越高，相对高差越大，垂直地带谱越复杂、越完整，其中包括的动植物类型也越多。

4. 生物因子

生物因子包括植物与动物、微生物和其他植物之间的各种生态关系，如植食、寄生、竞争和互惠共生等。

5. 人为因子

人为因子主要指人类对环境植物资源的利用、改造和破坏过程中给植物带来的有利的或有害的影响。把人为因子从生物因子中分离出来，是为了强调人类作用的特殊性和重要性。在城市地区，居民对园林植物的作用是有意识和有目的性的，其影响程度和范围正不断加深和扩大。

（二）生态因子作用的一般特征

1. 综合性

生态环境是由许多生态因子构成的综合体，因而对植物起着综合生态作用。环境中各个生态因子不是孤立的，而是相互联系、相互制约的。一个因子变化会引起另一个因子不同程度的变化，如光照强度会引起温度、湿度的变化，还会引起土壤温度和湿度的变化。一个因子的生态作用需要有其他因子配合才能表现出来，同样强度的因子，配合不同，生态效应不同，如同样的降水量，降在疏松土壤和板结土壤的效果不同。不同生态因子的综合，可产生相似或相同的生态效应，如干旱的沙地和温度很低的沼泽地，其生态因子对植物的影响都是干旱，但植物的反应是有差别的。前者是物理干旱，植物的根系向深度方向发展为直根系，而后者因低温的影响，表现为生理干旱，植物根系主要向水平方向发展，侧根较发达。

2. 非等价性（主导因子作用）

组成生态环境的所有生态因子，都是植物直接或间接所必需的，但在一定条件下必然有一个或两个是起主导作用的，这种起主导作用的因子就是主导因子（key factor）。主导因子有两方面的含义：第一，从因子本身来说，某一个因子的变化常会引起其他生态因子发生明显改变，这个因子就是主导因子，如太阳辐射的变化会引起空气温度和湿度的改变；第二，对植物而言，某一生态因子的存在与否或数量上的变化会使植物的生长发育发生明显变化，这类因子也称为主导因子，如光周期现象中的日照长度、植物春化阶段的低温因子等。后一种含义上的主导因子又称为限制因子。主导因子不是一成不变的，它随时间、空间、植物种类、同种植物不同发育阶段而变化。如北方的干旱，南方喜温植物所遇到的低温,光周期现象中的日照长度等。

3. 不可替代性和补偿性作用

植物的生存条件,即光、热、水、空气、无机盐类等因子,对植物的作用虽不是等价的,但同等重要且不可缺少,缺少任一生态因子,植物的生长发育都会受阻,且任一因子都不能由另一因子所取代。如植物的矿质营养元素氮、磷、钾、铁、硼等。但在一定的条件下,某一因子量的不足,可由另一因子增加而得到调剂,仍会获得相似的生态效应。例如增加 CO_2 浓度,可补偿由于光照强度减弱所引起的光合速率降低的效应;又如夏季田间高温,可通过灌溉得到缓和。

4. 阶段性作用

生物生长发育不同阶段往往需要不同的生态因子或同种生态因子的不同强度。生态因子(或相互关联的若干因子组合)的作用具有阶段性,即随植物生长发育而变化,植物的需要是分阶段的,并不需要固定不变的因子,如生长初期和旺盛生长阶段,植物需氮量高,而生长末期对磷、钾需要量高。又如生态因子在植物某一发育阶段起作用,而在另一发育阶段不起作用,如日照长度在植物光周期和春化阶段起着重要作用。生态因子对生物的作用具有阶段性,这种阶段性是由生态环境的规律性变化造成的。

5. 直接作用和间接作用

生态因子对生物的行为生长、繁殖和分布的作用可以是直接的也可以是间接的,有时还要经过几个中间因子。如温度、光照等直接影响植物的生长,而山脉的坡向和坡度等则是通过影响温度、光照等间接影响植物生长。生态因子的直接作用和间接作用对分析影响植物生长发育及分布的原因很重要,因此,有必要进行区分。如一幢东西走向的高大建筑物的南北两侧,生态环境有很大差别。在北半球地区,建筑物南侧接收的太阳直射光多于北侧,因此南侧的光照较强,相对湿度较小,适合阳性植物的生长;北侧的光照弱,相对湿度较大,比较适合阴性植物的生长。建筑物朝向本身并不影响植物的新陈代谢,但却通过影响光照、空气相对湿度而间接影响植物的生长。

(三)生态因子作用的基本原理

1. 最小因子定律

最小因子定律是指在一定条件下,植物生长发育所必需的元素中,供给量最少(与需要量比相差最大)的元素决定着植物的产量。该定律只能适用于稳态的条件下,而且还要考虑生态因子之间的相互作用。

此理论是德国化学家利比希于 1840 年在《有机化学及其在农业和生理学中的应用》一书中首先指出的,作物的产量一般不是受到水、CO_2 之类本身大量需要且自然环境中也很丰富的营养物质的限制,而是受到需要量虽少但在土壤中也非常稀少的元素(硼、铁等)的限制。据此他提出的"植物的生长取决于处于最小量状态的营养物质"的观点,被称为利比希最小因子定律。类似于木桶定律,一桶水的最大容量不是由最高的那块木板决定,而是由最低的那块木板决定。

2. 耐受性定律

在最小因子定律的基础上,美国生态学家谢尔福德于 1913 年提出了耐受性定律。

他认为生物受生态因子最低量的限制,而且也受生态因子最高量的限制。也就是说,生物对每一种生态因子都有耐受的上限和下限,上下限之间就是这种生物对这个生态因子的耐受范围。当接近或者达到某种生物的耐受范围时,这种生物就会衰退或者无法生存。耐受性定律可以形象地用一个钟形曲线图表示(图1-2)。

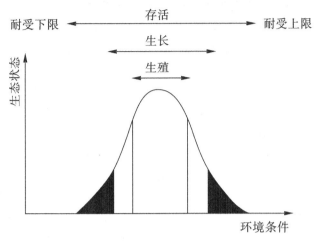

图 1-2　耐受性定律示意图

　　每个物种对生态因子适应范围的大小称为生态幅,即最高、最低生态因子(或称耐受性下限和上限)之间的范围,这主要取决于各物种的遗传特性。在生态幅当中包含着一个最适区,在最适区内,该物种具有最佳的生理和繁殖状态(图1-3)。

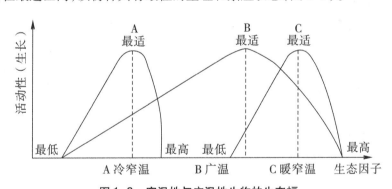

图 1-3　窄温性与广温性生物的生态幅

　　在自然界,由于长期自然选择的结果,每个物种都适应于一定的环境,并有其特定的适用范围。根据生态幅大小可将生物分为广生态幅物种和狭生态幅物种。一般而言,如果一种植物对所有生态因子的耐受范围都是广的,那么这种植物的分布也一定很广泛,即为广生态幅物种,反之则为狭生态幅物种。根据不同生态因子,还可以再分为广食性、广温性、广盐性和广栖性等物种,或狭食性、狭温性、狭盐性和狭栖性等物种。例如,与海洋生物相比,淡水生物具有广温→广盐→广氧的特点。水生生物的生态幅有个体、种群和年龄差异,也与其他因子有关。

对于植物的耐受性定律,还可以补充以下几点:

(1)植物对各种生态因子的耐性幅度有很大差异,可能对一种因子的耐性较广,而对另一种因子的耐性较狭窄。

(2)自然界中的植物很少能够生活在对它们来讲最适宜的地方,常常由于其他生物的竞争而从最适宜生境中被排挤出去。如许多沙漠植物在潮湿的气候条件下能够生长得很茂盛,但是它们却只分布在沙漠中,因为只有在那里它们才具有最大的竞争优势。

(3)当生物的某一个生态因子不是处于最适状况时,生物对另一些生态因子的耐受限度也将下降。如当土壤的氮有限时,草本植物对干旱的抵抗力下降。

(4)植物的耐性限度因生长发育阶段、环境条件的不同而变化。繁殖期通常是一个临界期,此期间生态因子最可能起限制作用,因此植物在种子萌发与开花结实阶段,往往对生态因子的要求比较严格。

需要注意的是,植物对环境的适应和对生态因子的耐受性并不是完全被动的,植物不是环境的"奴隶",进化可以使它们积极地适应环境,甚至改变自然环境条件,从而减轻生态因子的限制作用。如地理分布较广的物种常形成不同的生态型,它们是同一物种的不同个体或群体长期生存在不同的生态环境条件下,发生趋异适应,遗传分化后形成的形态、生理和生态特性不同的基因型类群。同一物种的不同生态型之间在耐受限度与最适度方面有所差异,各自适应特定的生境条件。

植物的耐受限度是可以改变的,因为植物对环境的缓慢变化有一定的调整适应能力。如果一种植物长期生活在偏离其最适生存范围一侧的环境条件下,久而久之就会导致该物种耐受曲线的位置移动,产生新的最适生存范围及耐受上下限,植物这种在自然条件下调整其对某个或某些生态因子耐受范围的过程称为驯化。驯化作用通常需要较长的时间,并涉及植物体内酶系统的适应性改变。在实际工作中,人们经常采取人工驯化的方法改变植物的耐性范围,如花木的异地引种、野生花卉的引种栽培等。

3.限制因子定律

耐受性定律和最小因子定律相结合便产生了限制因子的概念。当生态因子接近或超过某生物的耐受极限时,生物的生存、生长、繁殖、扩散或分布都会受到一定程度的限制,这些因子就为限制因子(图1-4)。

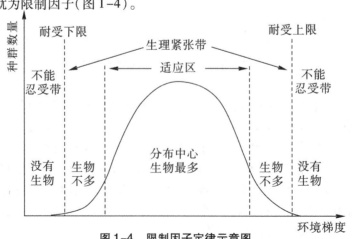

图1-4　限制因子定律示意图

利比希仅提出因子处于最小量状态时可能成为限制因子,但事实上某个因子过量时也可能成为限制因子。例如,光、温度、盐度等过高时,同样可以限制生物的生活和生存,谢尔福德耐受性定律不仅注意到因子量过少的限制作用,也注意到因子量过多的限制作用,因此较最小因子定律有所发展。

生物的生存和繁殖依赖于各种生态因子的综合作用,如果一种生物对某一生态因子的耐受范围很广,而且这种因子又非常稳定,那么这种因子就不太可能成为限制因子;相反,如果一种生物对某一生态因子的耐受范围很窄,而且这种因子又易于变化,那么这种因子就很可能是一种限制因子,在园林植物栽培养护中要特别注意研究。掌握一个生物的限制因子,就意味着找到了影响生物生长发育的关键因子。

第二节　光照与园林植物

一、城市光环境

(一)光的性质

自然界中的一切物体,只要其温度高于绝对零度,就会以电磁波的形式不停地向周围空间传递能量,这种传递能量的方式称为辐射。太阳是一个炽热的气体球,表面温度约 6000 ℃,中心温度约 1500 万 ℃。光是太阳的辐射能以电磁波的形式投射到地球的辐射线。太阳辐射能量的 99% 以上的电磁波长在 $0.15 \sim 4$ μm。

太阳辐射按照波长顺序排列称为太阳辐射光谱,根据波长区域不同,可分为可见光、红外光、紫外光,具有热能、光能,作为一种信号调节植物生长的作用(表 1-1)。

大约 50% 的太阳辐射能量在可见光谱区(波长 $0.4 \sim 0.76$ μm),7% 在紫外光谱区(波长 <0.4 μm),43% 在红外光谱区(波长 >0.76 μm),最大能量在波长 0.475 μm 处。

表 1-1　不同波段太阳辐射的作用

名称	波段/μm	占总能量的比例/%	效应	作用
可见光	$0.4 \sim 0.76$	50	光效应	植物光合作用
红外光	>0.76	43	热效应	加热地球、大气和生物
紫外光	<0.4	7	化学效应	杀菌消毒,促进种子萌发

人眼能看到的波长为 $0.4 \sim 0.76$ μm 内的光,即称为可见光,包括红、橙、黄、绿、青、蓝、紫七种颜色。对植物起着重要作用的主要是可见光部分。太阳辐射通过大气层而投射到地球表面上的波段主要为 $0.29 \sim 3$ μm,其中被植物色素吸收具有生理活性的波段称为光合有效辐射,为 $0.38 \sim 0.74$ μm,基本上为可见光的波段。

（二）光的变化

1．大气中光的变化

光照度是指物体单位面积所得到的光通量，单位是勒克斯（lx）。太阳光通过大气层后，由于被反射、散射和被气体、水蒸气、尘埃微粒所吸收，其强度和光谱组成都发生了显著减弱和变化，使得投射到大气上界的太阳辐射不能完全到达地面（图1-5）。大气的这种削弱程度主要取决于太阳辐射在大气中的路径和大气的透明度。

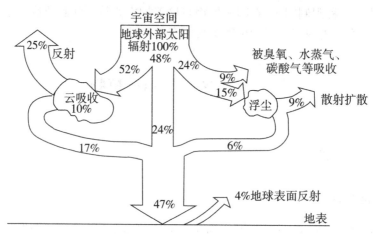

图1-5 太阳辐射到达地球表面分配示意图（北半球平均值）

（1）吸收

大气中的水汽、氧、臭氧、二氧化碳及固体杂质等有选择性地吸收部分太阳辐射变成热能，从而使其减弱。

（2）散射

太阳辐射通过大气遇到大气中的尘粒、云雾、水滴等质点时，有一部分以质点为中心向四面八方散开。但散射并不像吸收那样把辐射能转变为热能，而只是改变辐射方向，使一部分太阳辐射到不了地面。

（3）反射

大气中云层和较大颗粒的尘埃能将部分太阳辐射反射到宇宙空间去。云层越厚，云量越多，反射作用越大。云对光的反射是无选择性的，反射光呈白色。

大气吸收地面辐射后，将能量贮存于大气中，温度升高。同时，升高的大气也能不断地向外辐射，称为大气辐射。大气辐射的波长较长，属于红外辐射。大气辐射中传向地面的辐射称为大气逆辐射。

2．地表的光照变化

太阳光通过大气层到达地表，由于地理位置、海拔、地形和太阳高度角的差异，光照状况在不同地区以及不同时间都有差异，进而影响地表的水热状况。

（1）纬度

光照强度随着纬度的增加而减弱，主要是因为纬度越低，太阳高度角越大，太阳光通过大气层的距离越短,地表光照强度就越大。在赤道,太阳直射光的射程最短,光照强;随着纬度增加,太阳高度角变小,光照强度相应减弱。例如,在低纬度的热带荒漠地区,年光照强度在 200 lx 以上,而在高纬度的北极地区,年光照强度小于 70 lx。

（2）海拔

海拔愈高,太阳光通过大气的路程愈短,大气透明度也愈大,太阳辐射就愈强。如在海拔 1000 m 的山地可获得全部太阳辐射能的 70%,而在海平面上只能获得 50%。

（3）坡向与坡度

坡向也影响太阳辐射强度。在坡地上,太阳光线的入射角随坡向和坡度而变化。在北半球纬度 30°以北的地区,太阳的位置偏南,在相同的辐射强度下,南坡所照射的地面面积小于平地,则单位面积的太阳辐射量是南坡大于平地;北坡则较平地少,这是由于在南坡上太阳的入射角较大,照射时间较长,北坡则相反,而且这种差异随坡度的增加而增加。但是在北坡,无论什么纬度都是坡度越小,光强越大。

（4）日照长度

太阳辐射强度一般随季节和昼夜发生有规律的变化。通常,一年中夏季的太阳辐射强度最大,冬季最小;一天中,中午的辐射强度最大,早晚较小。日照长度反映每天太阳光的照射时数,即所谓的昼长。在北半球,夏半年(春分到秋分)昼长夜短,以夏至的昼最长,夜最短;冬半年(秋分到春分)则昼短夜长,以冬至的昼最短,夜最长。日照长度的季节变化随纬度而不同,在赤道附近,终年昼夜相等;随纬度增加,冬半年昼越短,夜越长;在两极地则出现极昼、极夜现象,即夏季全是白天,冬季全是黑夜。

3.树冠与植物群落中的光照变化

（1）植物叶片对光的吸收、反射和透射

投射在植物叶片上的太阳光有 70% 左右被叶片所吸收,20% 左右被叶面反射出去,通过叶片透射下来的光较少,一般为 10% 左右。在树冠中,叶片相互重叠并彼此遮荫,从树冠表面到树冠内部光强度逐步递减。因此,在一棵树的树冠内,各个叶片接收的光强度是不同的,这取决于叶片所处位置以及入射光的角度(图 1-6)。

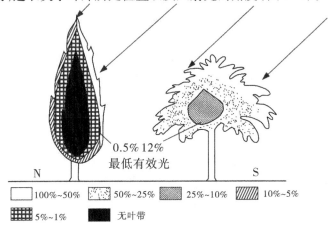

图 1-6　树冠不同部位的光照度

(设开阔地光照度为 100%,左侧为浓密的柏木树冠,右侧为稀疏的油橄榄树冠)

树冠吸收、反射和透射光的能力因树冠结构、叶片密度、厚薄、构造、绿色的深浅及叶表面性状不同而有差异。例如,叶片对不同波段的太阳辐射反射、吸收和透射的程度不同。在红外光区,叶片反射垂直入射光 70% 左右;在可见光区,叶片对红橙光和蓝紫光的吸收率最高,为 80% ~ 95%,而反射较少,为 3% ~ 10%;叶片对绿光吸收较少,反射较多,为 10% ~ 20%,所以大部分叶片是绿色的;在紫外光区,少量的光(<3%)被反射,大部分被截留。

（2）植物群落中的太阳辐射状况

在植物群落里面,光照强度、光质和日照时间等随植物种类、群落结构以及时间和季节的不同而发生变化。其中,光照变化整体呈现从外到内的逐渐减弱,减弱程度受到群落结构、季节的影响。例如,较稀疏的栎树林,射入群落下层的光照约为 77%,针阔混交林群落,射入下层的约为 30%。落叶阔叶林,冬季林地上可射到 50% ~ 70% 的阳光,春季约 20% ~ 40%,夏季则在 10% 以下。

（三）城市光照条件

1. 城市的低云量、雾、阴天日数比郊区多,而晴天日数、日照时数一般比郊区少

城市光照的特点是云雾多,阴天较多,日照长度减少,空气混浊度增加,日照强度减弱,城市中建筑物高低、方向、大小以及街道宽窄和方向不同,都会使太阳辐射分布不均匀。在城市地区,空气中悬浮颗粒物较多,凝结核随之增多,较易形成低云,同时,建筑物的摩擦阻碍效应容易激起机械湍流,在湿润气候条件下也有利于低云的形成。因此,城市雾霾天气多,而晴天日数、日照时数比郊区少。

2. 城市地区太阳直辐射减少、散辐射增多

城市地区云雾增多,空气污染严重,大气浑浊度增加,到达地面的太阳直接辐射减少,散射增多,越邻近市区中心,这种辐射量变化越大。例如,经过对上海市多年太阳辐射情况的调查分析,发现随着上海市区的扩大和工业的发展,太阳直接辐射量逐年减少。

3. 城市地区太阳辐射不均匀

城市建筑物高低、方向、大小以及街道宽窄和方向的不同,造成城市局部地区太阳辐射的分布很不均匀,即使同一条街道的两侧也会出现很大差异,一般东西向街道北侧接收太阳辐射比南侧多,南北向街道两侧接收的光照与遮光状况基本相同。同时,建筑物越高,街道越狭窄,街道所接收到的太阳辐射越弱。

建筑物遮光,园林植物的生长发育会受到影响,特别是在建筑物附近生长的树木,接收到的太阳辐射量不同,极易形成偏冠,使树冠朝向街心方向生长。

（四）光污染

光污染是指环境中光辐射超过各种生物正常生命活动所能承受的指数,从而影响人类和其他生物正常生存和发展的现象。光污染是我国城市地区呈上升趋势的一种环境污染,对人们的身体健康危害很大。国际上一般将光污染分成三类,即人工白昼污染、白亮污染和彩光污染。

1. 人工白昼污染

人类社会的进步和照明科技的发展,城市室外夜景照明导致城市上空发亮,产生了

人工白昼的现象,由此造成的对人和生物的危害称为人工白昼污染。形成的主要原因是地面产生的人工光在尘埃、水蒸气或其他悬浮粒子的反射或散射作用下进入大气层,导致城市上空发亮。人工白昼的人工光会影响人体正常的生物钟,并通过扰乱人体正常的激素产生量来影响人体健康。人工白昼还会伤害鸟类和昆虫,直射天空的光线可能使鸟类迷失方向,强光可能破坏昆虫在夜间的正常繁殖。

2. 白亮污染

白亮污染是指阳光照射强烈时,城市里建筑物的玻璃幕墙、釉面砖墙、磨光大理石和各种涂料等装饰反射光线,炫眼夺目。白亮污染危害严重:首先,对人体健康有影响,长时间在白色光亮污染环境下工作和生活的人,容易视力下降,头昏目眩、失眠、心悸、食欲下降及情绪低落等;其次,会使驾驶员感到晃眼,容易引起交通事故。

3. 彩光污染

荧光灯、黑光灯、霓虹灯、灯箱广告等各种彩色光源会造成城市中的彩光污染。彩光污染影响人的生理功能和心理健康,例如,黑光灯所产生的紫外线强度大大高于太阳光中的紫外线,会伤害眼角膜,导致多种皮肤病的发生。闪烁彩色光损伤视觉功能,并使人的体温、血压升高,心跳、呼吸加快。荧光灯会降低人体吸收的钙,使人神经衰弱等。

二、光对园林植物的生态作用

(一)光照度对植物生长发育的影响

1. 光合作用

光是绿色植物制造碳素营养的能源,是植物生存的必需条件。光合作用是指绿色植物利用太阳光能将所吸收的 CO_2 和水合成糖类,并释放氧气的过程。影响光合作用的因素有光照、温度、CO_2 浓度、水分、矿质元素。根据植物光合作用中 CO_2 的固定与还原方式不同,可将植物分为 C_3 植物、C_4 植物和 CAM 植物(表 1-2)。

表 1-2　C_3 植物、C_4 植物和 CAM 植物主要光合作用特征和生理特征

特征	C_3 植物	C_4 植物	CAM 植物
植物类型	典型温带植物	典型热带或亚热带植物	典型干旱地区植物
生物产量 /[t 干重/($hm^2 \cdot a$)]	22±0.3	39±17	通常较低
CO_2 固定途径	只有 C_3 途径	C_3 和 C_4 途径	CAM 和 C_3 途径
CO_2 固定的最初产物	C_3	C_4	光下:C_3;暗中:C_4
光合速率 /[CO_2 mg/($dm^2 \cdot h$)]	15~35	40~80	1~4

（1）C_3植物

C_3植物CO_2同化的最初产物是三碳化合物3-磷酸甘油酸,是植物界的主要形式,如小麦、水稻、大豆、棉花等大多数作物。在北方早春开始生长的植物几乎全是C_3植物,直到夏初才开始生长的一般是C_4类型的植物。另外豆科、十字花科、蔷薇科、茄科和葫芦科都属于C_3植物。

（2）C_4植物

C_4植物CO_2同化的最初产物是四碳化合物苹果酸或天门冬氨酸。C_4植物主要生活在干旱热带地区,在这种环境中,植物若长时间开放气孔吸收CO_2,会导致水分流失过快。所以,植物只能短时间开放气孔,CO_2的摄入量必然少,而植物必须利用这少量的CO_2进行光合作用,合成自身生长所需的物质。大多数C_4植物为阳生植物,森林植被下很少有C_4植物。至今木本植物还未发现C_4植物,只有草本植物中有C_4植物。C_4植物多集中在单子叶植物的禾本科中,有玉米、甘蔗、高粱、马齿苋,少量存在于双子叶植物的菊科、大戟科、藜科和苋科中。

（3）CAM（景天酸代谢）植物

CAM植物是指具景天酸代谢途径的植物,多为多浆液植物。CAM植物在夜间通过开放的孔吸收CO_2,形成草酰乙酸,然后再还原成苹果酸;第二天光照后苹果酸从液泡中转运回细胞质和叶绿体中脱羧,释放CO_2,进入C_3循环。CAM植物的低光合速率使它们生长缓慢,但它们能在其他植物难以生存的干旱、炎热的生态条件下生存和生长,包括仙人掌科、大戟科、凤梨科等。

2. 光补偿点与光饱和点

园林植物对光照强度的要求,通常通过光补偿点和光饱和点来表示。在低光照条件下,植物光合作用较弱,当光合产物恰好抵偿呼吸消耗时,此时的光照强度称为光补偿点,即有机物的形成和消耗相等,不能累积干物质。随着光照强度的增加,光合作用的强度亦提高,因而产生有机物质的积累,但是当光照强度增加到一定程度后光合作用就达到最大值而不再增加,此时的光照强度称为光饱和点。

不同类型的植物的光补偿点与光饱和点有很大差异,并随环境条件、植物年龄和生理状态有一定幅度的变动。一般光补偿点高的植物光饱和点也高,草本植物的光补偿点与光饱和点通常要高于木本植物,阳生植物要高于阴生植物（图1-7）。CAM植物光补偿点最低,C_3植物光饱和点最低,C_4植物和CAM植物没有明显的光饱和点。

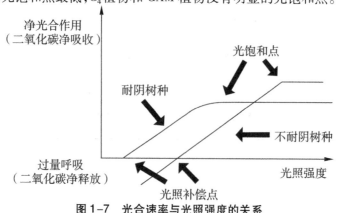

图1-7 光合速率与光照强度的关系

3. 光照度对植物生长和形态的影响

光是光合作用能量的来源,而光合作用合成的有机物质是植物进行生长的物质基础。因此光能促进细胞的增大和分化,影响细胞的分裂和伸长。生长在黑暗或光照强度很弱条件下的植物,其叶绿素的形成会受影响,叶片呈现黄色和其他变态特征的现象,植株表现为黄色瘦弱状,称为黄化现象。在蔬菜栽培上,利用这个特点,可栽培韭黄、蒜黄和豆芽菜,也可用培土方法栽培葱白等以提高经济价值。

光对苗木根系生长有一定的影响。充足的光照能促进苗木根系的生长,形成较大的根茎比率。弱光照下的大多数幼苗根系较浅,较不发达。据统计,美国榆在 33% 的相对光照下枝条长得最长,枝叶的质量是根部质量的 3.2 倍。在全日光下生长的苗木较矮,但根系较为发达,枝叶的质量仅为根部质量的 1.7 倍。减少光照会影响根系生长,从而影响林冠下幼苗、幼树的生长和存活。在森林中,由于光照强度弱而造成根系不发达,再加上根部竞争而造成土壤水分短缺,往往是幼苗死亡的主要原因。

光照能抑制植物胚轴的延伸,在弱光下幼苗茎的节间充分延伸形成细而长的茎;而充足的光照则会促进组织的分化和木质部的发育,从而使苗木幼茎粗壮低矮,节间较短。在水肥充足的条件下,大多数树种采用全光照育苗能获得较高的产量,培育出健壮的苗木。

叶片是树木直接接收阳光进行光合作用的主要器官,对光照有较强的适应性。叶片长期处于光照强度不同的环境中,其在形成结构、生理特征上往往产生适应光的变异,称为叶的适光变态。经常处于强光下发育的叶片称为阳生叶,具有叶片短小、角质层较厚、叶绿素含量较少等特征;长期处于弱光或庇荫下的叶片称为阴生叶,叶片排列松散,叶绿素含量较多。

喜光树种有明显的向光性,一般形成稀疏和叶层较薄的树冠,透光度较大。若处在光照强度分布不均匀的条件下(如林缘),枝叶向强光方向生长茂盛,向弱光方向生长较弱,形成明显的偏冠现象,有时甚至导致树干偏斜扭曲,髓心不正。耐阴树种向光性较差,对弱光的利用程度较高,适应光照程度的范围较广,往往形成比较浓密和叶层较厚的树冠,透光度较小。

(二)光质对园林植物的影响

光谱成分里,短波光随纬度的增加而减少,随海拔的增大而增加。冬季长波光增多,夏季短波光增多。不同波段的光照因子对植物的生长发育、种子萌发、叶绿素合成及形态形成的作用是不一样的(表1-3)。太阳连续光谱中,植物光合作用利用和色素吸收,具有生理活性的波段称为生理辐射。

一般认为短波光可以促进植物的分蘖,抑制植物生长;长波光可以促进种子萌发和植物的高度;极短波则促进花青素和色素的形成。高山地区及赤道附近极短波光较强,花色鲜艳,就是这个道理。此外,光的有无和强弱也影响着植物花蕾开放的时间,如半枝莲必须在强光下才能开放,日落后即闭合;昙花则在夜晚开放。

表1-3　太阳辐射的不同波段对植物的生理生态作用

波段/nm	名称	吸收特性	生理生态作用
小于280	短紫外线	被原生质吸收	可立即杀死植物
280～315	短紫外线	被原生质吸收	影响植物形态建成,影响生理过程,刺激某些生物合成,对大多数植物有害
315～400	紫外线	被叶绿素和原生质吸收	起成形作用,如使植物变矮、叶片变厚等
400～510	蓝紫光	被叶绿素和胡萝卜素吸收	表现为强的光合作用与成形作用
510～610	绿光	叶绿体吸收作用稍有下降	表现为低的光合作用与弱成形作用
610～720	黄橙光	被叶绿素强烈吸收	光合作用最强,某些情况下表现为强的光周期作用
720～1000	红外线	植物稍有吸收	对光周期、种子形成有重要作用,促进植物延伸,并能控制开花与果实的颜色
大于1000	远红外线	能被组织中水分吸收	能转化成热能,促进植物体内水分循环及蒸腾作用,不参与生化作用

在生理辐射中,红橙光是被叶绿素吸收最多的部分,具有最大的光合活性。红橙光有利于叶绿素的形成及碳水化合物的合成,加速长日照植物的生长发育,延迟短日照植物的发育,促进种子萌发;蓝紫光抑制植物的伸长,使植物形成矮小的形态;青蓝紫光还能引起植物的向光敏感性,并促进花青素等植物色素的形成。例如,高山植物一般都具有茎干粗矮、叶面缩小、毛茸发达、叶绿素增加、茎叶富含花青素、花色鲜艳等特征。这除了和高山低温风大有关外,主要是在高山上,蓝、紫、青等短波光线较强的缘故。绿光不被植物吸收,称为"生理无效光"。

光质也影响蔬菜品质,紫外光与维生素C的合成有关,玻璃温室栽培的番茄、黄瓜等的果实维生素C含量往往没有露地栽培的高,这是因为玻璃阻隔了紫外光的透过率。

三、园林植物对光的生态适应

(一)园林植物对光照强度的适应

绿色植物通过光合作用将光能转化为化学能,储存在有机物中,为地球上的生物提供了生命活动的能源,各种植物都要求在一定的光照条件下才能正常生长,太阳辐射在地球表面随时间和空间发生有规律的变化,直接影响着植物的生长和发育。不过,植物与光照强度的关系不是固定不变的。随着年龄和环境条件的改变会相应地发生变化,有时甚至变化较大。

根据对光照强度的要求不同,可以把园林植物分成阳性植物、阴性植物和中性植物。

1. 阳性植物

又称喜光植物,喜强光,通常在全光照下生长良好,在弱光条件下生长发育不良。如果光照不足,则枝条纤细,叶片黄瘦,花小而不艳,香味不浓,开花不良或不能开花。阳性植物包括大部分观花、观果类植物和少数观叶植物,在自然植物群落中,大多为上层乔木,如木本植物中的银杏、水杉、柽柳、合欢、相思属、杨属、柳属、木瓜、石榴、鹅掌楸、贴梗海棠、紫薇、紫荆、梅花、刺槐、白兰花、含笑、一品红、迎春、连翘、木槿、玫瑰、月季、侧柏等;草本植物中的芍药、瓜叶菊、菊花、五色椒、三叶草、天冬草、吉祥草、千日红、鹤望兰、太阳花、香石竹、向日葵、唐菖蒲、翠菊等。

2. 阴性植物

阴性植物需光量少,一般需光度为全日照的 5% ~ 20%,不能忍耐过强光照,具有较强的耐阴能力和较低的光补偿点,在湿度蔽荫的条件下生长良好。如果强光直射,则会使叶片焦黄枯萎,长时间会造成死亡。阴性植物多原产于热带雨林或高山阴坡及林下的一些观叶植物和少数观花植物。在自然植物群落中常处于中下层,或生长在潮湿背阴处,如红豆杉、肉桂、蚊母树、珍珠梅、海桐、珊瑚树、中华常春藤、吉祥草、宽叶麦冬、蕨类、一叶兰、兰花、文竹、玉簪、八仙花等。

阳性植物与阴性植物不同部位的表现见表1-4。

表1-4　阳性植物与阴性植物的区别

植物部位	阳性植物	阴性植物
叶色	色淡,为绿色或浅绿色	色浓,为暗绿色
茎	较粗壮,节间较短	较细,节间较长
分枝	较多	较少
根系	发达	不发达
树冠	枝叶稀疏、自然整枝强、树冠透光度大	枝叶稠密、自然整枝弱、树冠透光度小
耐阴能力	弱	强
土壤条件	对土壤适应性广	适应比较湿润、肥沃的土壤
耐旱能力	较耐干旱	不耐干旱
生长速度	较快	较慢

3. 中性植物

中性植物需光量处于阳性植物和阴性植物之间,在充足光照条件下生长最好,但稍受荫蔽时亦不受影响。在夏季光照过强的时候,适度遮荫有利于其生长。

中性植物多产于热带和亚热带,耐阴程度因植物种类而异,可以分为偏阳性的与偏阴性的两种。例如榆树、朴树、樱花、枫杨等为中性偏阳;槐、木荷、七叶树、五角枫等为中性稍耐阴;冷杉、云杉、长春藤、八仙花、山茶、杜鹃、海桐、忍冬、罗汉松、紫楠、青檀等均属中性且耐阴力较强的种类。

植物的耐阴性是指其忍耐庇荫的能力,即在林冠庇荫下,能否完成更新和正常生长的能力。鉴别耐阴性的主要依据是在林冠下能否完成更新过程和正常生长。

影响植物耐阴性的因素有:

(1)植物的年龄:随着年龄增加,耐阴性逐渐减弱;

(2)气候:气候适宜时,树木耐阴能力较强;

(3)土壤:在湿润肥沃的土壤中耐阴性较强;

(4)纬度:我国高纬度干旱寒冷的环境植物趋向于喜光。

一般而言,一切对树木生长的生态条件的改善,都有利于树木耐阴性的增强。

(二)日照强度与光周期现象

太阳光在地球上一天完成一次昼夜交替,而大多数生物的生命活动也表现出昼夜节律。由于分布在地球各地的动植物长期生活在具有一定昼夜变化格局的环境中,借助于自然选择和进化而形成了各类生物所特有的对日照长度变化的反应方式,即光周期现象。植物的光周期现象是指植物生长发育对日照长度规律性变化的反应。

生产上曙暮光是指太阳在地平线以下 $0° \sim 6°$ 的一段时间,把包括曙暮光在内的日长时间称为光照时间。光照时间的长短对园林植物花芽分化和开花具有显著的影响。有些植物需要在白昼较短、黑夜较长的季节开花,另一些植物则需要在白昼较长、黑夜较短的季节开花。一般认为,黑夜的长短影响花原始体的形成,日照的长短影响花原始体的数量。因此,无论长日照植物或短日照植物,在满足其白昼和黑夜交替的周期后,日照均有利于植物的大量开花。根据园林植物对光照时间的要求不同,可分为以下四类:

1. 长日照植物

长日照植物是指生长过程有一段时间需要每天有较长日照时数,每天光照时数需要超过 $12 \sim 14$ h 才能形成花芽,而且日照时间越长开花越早,否则将保持营养状况,不开花结实。长日照植物起源于北方,通常以春末和夏季为自然花期,如苹果、梅花、碧桃、山桃、榆叶梅、丁香、连翘、天竺葵、大岩桐、兰花、令箭荷花、倒挂金钟、唐菖蒲、紫茉莉、风铃草类、蒲包花等。常见的农作物有小麦、大麦、黑麦、燕麦、油菜、甜菜、菠菜、洋葱、甘蓝、芹菜、胡萝卜、白菜等。如采取措施延长日照时间,可以促使其提前开花。

2. 短日照植物

短日照植物是指生长过程需要一段时间是白天短、黑夜长的条件,即每天的光照时数应少于 12 h,但多于 8 h 才有利于花芽的形成和开花。在一定的条件下,光照时间越长,开花时间越短,而在长时间的光照条件下,只能进行养分的生长而不能开花。多数早春或深秋开花的植物属于短日照植物,若采取措施缩短日照时数,可促使它们提前开花。

我国很多热带、亚热带、温带地区的植物都属于短日照植物,如大豆、玉米、水稻、紫花苜蓿、蟹爪兰、落地生根、一串红、木芙蓉、叶子花、君子兰等。一品红和菊花是典型的短日照植物,它们在夏季长日照的环境下只进行营养生长而不开花;入秋以后,当日照时间减少到 $10 \sim 11$ h,才开始进行花芽分化。短日照植物实际是长夜植物,通俗说就是夜间能生长的植物,只有热带、亚热带这些地方,夜间温度才适合生长。

3. 中日照植物

中日照植物是指花芽形成需要中等日照时间的植物,如甘蔗必须在光照时间为 $11.5 \sim 12.5$ h 时才会开花。

4. 日中性植物

日中性植物是指完成开花和其他生命史阶段与日照长短无关的植物,就是任何日照下都能开花的植物,这种植物只要温度合适就能开花。例如蒲公英、月季、紫茉莉、石竹、仙客来、天竺葵。日中性植物是对日照要求不高的植物,大部分花卉都是此类,如番茄、黄瓜、番薯、四季豆和蒲公英等,只要发育成熟,温度适合,一年四季都能开花。

在地球不同的纬度上,日照的长短是不同的。在低纬度地区,只具备短日照条件,如在南北回归线之间,一般只分布着短日照植物;在中纬度地区,春天具备长日照条件,秋天具备短日照条件,所以长日照植物和短日照植物均有分布;在高纬度地区,长日照条件和短日照条件都具备,但在短日照条件下,温度极低,不适宜植物生长,所以没有短日照植物。

我国地处北半球,在我国南方,没有长日照植物,只有短日照植物;在我国北方,长日照植物和短日照植物都有;长日照植物在春末夏初开花,而短日照植物在秋季开花;在我国东北,由于短日照时气温已低,所以,只能生存着一些要求日照较长的植物。

（三）光环境的调控在园林绿化中的作用

太阳光是地球上所有生物得以生存和繁衍的最基本的能量源泉,地球上生物生活所必需的全部能量,都直接或间接地源于太阳光。太阳光本身又是一个十分复杂的环境因子,太阳光辐射的强度、质量及其周期性变化对生物的生长发育和地理分布都产生了深远的影响。

利用光对园林植物的生态作用和园林植物对光的生态适应性不同,适当调整光与园林植物的关系,可提高园林植物的栽培质量与产量,增强其观赏性,达到更好的园林绿化效果。

1. 调控花期

（1）短日照处理

在长日照季节利用遮光处理,人为缩短日照时数,可让短日照植物提前开花,如菊花。如果让短日照植物延缓花期,可延长光照时间,每天保证 12 h 以上的光照。

（2）长日照处理

在短日照季节,人工延长光照时间可让长日照植物开花,如唐菖蒲、晚香玉、瓜叶菊等。

（3）颠倒昼夜

采用白天遮光、夜晚照明的办法,可使夜间开花的植物在白天开花,如昙花。

2. 引种驯化

短日照植物南种北引,开花期推后,生育期会延长;北种南引,生育期会缩短,开花期提前。长日照植物刚好相反,北种南引,开花期推后,生育期会延长;南种北引,生育期会缩短,开花期提前。短日照植物南种北引应引早熟品种,北种南引应引晚熟品种为宜;长日照植物南种北引应引晚熟品种,北种南引应以早熟品种为宜。纬度相近地区引种易成功。

3. 改变休眠与促进生长

利用光周期调控植物的休眠。北方树种利用对光周期的敏感性,使它们在寒冷或干旱等特定环境因素达到临界点之前进入休眠。生产中,长日照植物北移,这些植株容易受到早霜危害,北方地区在引种时,可利用短日照方法处理使树木提前休眠,增强其越冬能力。长日照处理可以促进园林植物的营养生长,如对树苗进行长日照处理,可大大促进树苗的生长。

调节光照强度可以促进园林植物的生长发育。许多植物的幼苗发育阶段要进行弱光处理,照射强度过大,容易发生灼伤。

4. 栽培配置

了解植物是喜光性还是耐阴性种类,能根据环境的光照特点进行合理密植,做到植物与环境的和谐统一。

第三节 温度与园林植物

一、城市温度环境

(一)温度及其变化规律

1. 热量平衡

太阳辐射是地表的热源。地面因吸收太阳辐射而增温,同时又不断释放出热辐射,称为地面辐射。大气通过接收地面辐射而增温,同时又向外辐射,其中射向地面的那部分辐射称为大气逆辐射。

热量平衡是指地球表面热量收入与支出的状况(图1-8),可用以下公式表达:

地面辐射的收入 = 太阳直接辐射+散射辐射+大气逆辐射 (1-1)

地面辐射的支出 = 地面辐射+地面对太阳辐射的反射 (1-2)

地面热量平衡(R) = $(S+S')(1-a)-(E_e-E_a)$ (1-3)

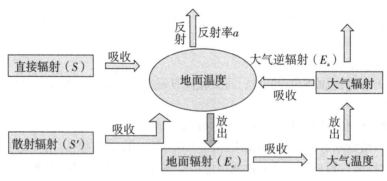

图1-8　热量平衡示意图

每天早晨当太阳升起时,地表开始接收太阳的辐射能,当地表接收到的辐射能大于地表有效辐射时,地面温度开始上升,大约到午后,温度达到最高值。此后,太阳辐射开始变弱,地面有效辐射慢慢超过所获得的太阳辐射能,地面温度开始下降;在日落后,地面温度加速下降,直至日出前后,温度达到一天的最低值。

2.温度变化规律

(1)温度在空间上的变化

1)纬度的影响 纬度通过影响某一地区的太阳入射高度角的大小以及昼夜长短来影响太阳辐射量的大小。一般而言,纬度与温度成反比,纬度每增加1°,陆地年平均气温下降0.5~0.7℃,即纬度越高温度越低。太阳高度角随纬度的增加而递减,不仅影响温度分布,还影响气压、风系、降水和蒸发,使地球气候呈现出按纬度分布的地带性。从赤道到北极可划分出热带、亚热带、暖温带、温带、寒温带和寒带。

2)海拔的影响 海拔对温度的影响源于空气密度。在低海拔地区,空气密度大,吸收的太阳辐射较多,并且接收地面的传导和对流热,因此温度相对较高;随着海拔的升高,空气密度越来越稀薄,导致大气逆辐射下降,地面有效辐射增多,因此温度有所下降,一般海拔每升高1000 m,气温下降5.5℃。

3)坡向的影响 温度与坡向也有密切关系,不同坡向,热量分布也不均匀。在北半球,一般南坡的太阳辐射大于北坡。白天,南坡增温幅度大于其他各坡,东坡接收辐射早,最高温度出现早(午前),西坡接收辐射最迟,最高温度出现时刻也迟(午后),北坡接收太阳辐射最少,增温幅度最小。土壤温度,西南坡比南坡更高,所以在我国,西南坡可栽种阳性喜暖耐旱植物,北坡更适宜耐阴喜湿植物生长。南半球则北坡温度高。

4)海陆位置的影响 海陆位置也是影响温度的重要因素,越靠近海洋的地区,气候海洋性越强,温度的变化差异越小;反之,越靠近内陆,温度变化幅度越大。这是由于海洋和大型水体在夏季会贮存大量的热量,使冬季吹过水面的大气暖化,结果靠近水体的陆地比不靠近水体的陆地温度相应高些。我国位于欧亚大陆的东南部,东面是太平洋,南面靠近印度洋,而西面和北面则是广阔的大陆。因此,我国受海洋的影响显著,形成了从东南到西北,大陆性气候逐渐增强的温度变化规律。

5)特殊地形的影响 特殊地形也是影响温度的一个因素。例如,谷地和盆地的温度变化有其独特的规律。白天,低凹地形,空气与地面接触面积大,获得热量较多,加上通风不良,热量不易散失,造成气温较高。夜间,贴地气层逐渐变冷,沿山坡下滑,冷空气在山谷汇集成"冷湖",山谷暖空气被迫抬升,形成了气温上高下低的逆温层,故夜间气温较低,气温日较差(昼夜间最高气温与最低气温的差值)大。因此,封闭谷底和盆地白天气温较周围山地高,在晴朗无风、空气干燥的夜晚易形成逆温层,空气交流极弱,热量、水分不易扩散,易形成闷热天气,常会加剧大气污染的危害程度。凸出地形因风速较大,湍流作用较强,热量交换迅速,气温日较差小,平地则介于两者之间。

(2)季节变化

一年中根据气候冷暖,可分为春、夏、秋、冬四季。目前,一般用温度作为划分季节的标准,如果连续5日平均温度为10~22℃时则为春秋季,22℃以上为夏季,10℃以下为冬季。每年气温最高在7月份,最低在1月份。

一年内最热月与最冷月平均温度的差值区称为年较差。低纬度地区年较差小,高纬度地区年较差大。海陆位置也影响年较差,海洋和海洋性气候地区年较差小,大陆和大陆性气候地区年较差大。

昼夜变化方面,最低值发生在将近日出的时候,日出以后,气温上升,在13:00~14:00左右达到最高值,以后温度下降,一直到日出前为止。气温日较差随纬度的增加而加大。气温日较差还受季节的影响,此外,低凹地(如盆地、谷地)的气温日较差大于平地,山谷大于山峰,高原大于平原。

(二)土壤温度

土壤温度状况是由土壤中热量的收支关系决定的。热量的收入主要来源于太阳辐射,此外还来自有机质分解时释放的热和地下热(除温泉、火山地区外,一般可忽略不计)。土壤热量的消耗主要有地面辐射、水分蒸发、向土层下部的传导及其他方面的消损。

1. 土壤温度的日变化

白天,地面吸收的太阳辐射多于地面以辐射放出的有效辐射,辐射收支差额为正值。地表土壤吸收了辐射能转化为热能,温度高于贴地气层和下层土壤,于是地表土壤将热量传给地表空气和深层土壤,土壤水分蒸发也会耗去一部分热量;夜间,地面土壤的辐射收支差额为负值,地面冷却降温,温度低于邻近气层和深层土壤时,地面与下层土壤和近地层土壤的热量交换方向与白天相反,同时水汽凝结也会放出热量给地表土壤。

在正常条件下,一日内土壤表面最高温度出现在13:00时左右,最低温度出现在日出之前。土壤温度日较差主要取决于地面辐射差额的变化和土壤导热率,同时还受地面和大气间乱流热量交换的影响。所以,云量、风和降水对土壤温度的日较差影响很大。

土表日较差最大,随着深度增加,日较差不断变小,一般土壤80~100 cm深层的日较差为零。最高、最低温度出现的时间,随深度增加而延后,约每增深10 cm延后2.5~3.5 h。

2. 土壤温度的年变化

在中、高纬度地区,土壤表面温度年变化的特点是:最高温度在7月份或8月份,最低温度在1月份或2月份。影响土壤年变化的因素,如土壤干燥、无植被、无积雪等都能使极值出现的时间有所提前,反之,则使最低温度与最高温度出现的时间推迟。

土壤的年较差随深度的增加而减小,直至一定的深度时,年较差为零。这个深度的土层称之为年温度不变层或常温层。土壤温度年变化消失的深度随纬度而异,低纬度地区,年较差消失层为5~10 m处;中纬度地区消失层为15~20 m处;高纬度地区较深,约为20 m。利用土壤深层温度变化较小的特点,可冬天窖藏蔬菜和种薯,高温季节可窖藏禽、蛋、肉,防止腐烂变质。

(三)城市的温度条件

1. 热岛效应

全球气候变暖是人类目前最迫切的问题。气候变暖对农、林、牧、渔等经济社会活动都会产生不利影响,加剧疾病传播,威胁社会经济发展和人民群众身体健康,而且气候变暖会导致灾害性气候事件频发,冰川和积雪融化加速,水资源分布失衡,生物多样性受到威胁。

在城市里面主要表现为热岛效应。城市热岛效应指城市内部气温比周围郊区高的现象，是城市气候中最典型的特征之一，无论是在中高纬度地区还是在低纬度地区，这一现象均普遍存在。一般大城市平均气温比郊区高 0.5~2 ℃，冬季平均最低气温比郊区高 1~2 ℃。热岛效应产生的原因有以下几种：

（1）城市下垫面的反射率比郊区小。

（2）城市下垫面建筑材料的热容量、热导率比郊区森林、草地、农田组成的下垫面要大得多，白天吸收积聚大量的发射热。

（3）城市大气中二氧化碳和空气污染物含量高，形成覆盖层，对地面长波辐射有强烈的吸收作用，空气逆辐射也大于郊区，减少了热量的散失。

（4）城市内各种燃烧过程和人类活动产生的热量可能接近甚至超过太阳的辐射热量。

（5）城市中建筑物密度大，通风不良，不利于热量的扩散，加上城市地面不透水面积较大，排水系统发达，地面蒸发量小，同时植被较少，使得通过水分蒸腾、蒸发消耗热量的作用大大减小。

（6）城市热岛效应是一种中小尺度的气象现象，受大尺度天气形势的影响。当天气晴朗无云或少云，有下沉逆温时，易产生热岛效应。

（7）城市热岛效应强度还因地区而异，它与城市规模、人口密度、建筑密度、城市布局、附近的自然环境有关。

城市的环境温度高于 28 ℃时，人们就会有不适感，温度再高还容易导致烦躁、中暑、精神紊乱等症状。当气温持续高于 34 ℃时，会导致一系列疾病，特别是使心脏、脑血管和呼吸系统疾病发病率上升，死亡率明显增加。气温升高还会加快光化学反应速度，形成城市雾霾天气，使近地面大气中臭氧浓度增加，影响人体健康。

2.城市小环境温度变化

城市局部地区，由于建筑物和铺装地面的作用，会极大地改变光、热、水的分布，形成特殊的小气候，对温度因子的影响尤其明显。城市街道和建筑物受热后，如同一块不透水的岩石，其温度远远超过植被覆盖地区，在夏季导致温度过高，影响居民生活和植物的正常生长发育。

城市中大量的建筑物对温度、风以及湿度都有较大的影响，会在建筑物周围形成与郊区差异明显的特殊小气候，合理利用这些小气候，可以极大地丰富园林植物的多样性，如在楼南可栽种一些温暖湿润地带的植物。

城市中的园林植物群落具有营造局部小气候的作用。在夏天，由于各种建筑物的吸热作用，使气温较高，热空气上升，而绿地内，由于树冠的反射和吸收等作用，使内部气温较低，冷空气下沉。冬季冷热刚好相反，也可形成小气候。大片的园林绿地能使城区环境趋于冬暖夏凉。

在夏季，城市植物能起到降温作用。原因如下：

（1）园林植物的反射率高

树冠可以遮挡太阳的热辐射，同时植物叶片对阳光的反射率高，对太阳辐射的反射率为 10%~20%，对热效应最明显的红外辐射的反射率高达 70%。而城市不透水地面材料,如沥青对太阳辐射的反射率只有4%。

（2）植被覆盖

在夏季,虽然建筑物的材质不同,但墙体温度都可达50 ℃,而用藤蔓植物进行墙体、屋顶绿化,其墙体温度最高不超过35 ℃。植物覆盖降低了被覆盖物体的温度,也减少覆盖物体对周围环境的热辐射。

（3）园林植物通过蒸腾消耗大量热量

蒸腾作用是为了散发植物体内的热量,植物吸收的大量水分只有一小部分用于生存,剩下的一大部分都是为了散发热量,从而降低环境的温度。例如,一棵孤立的树,每天蒸腾水450 L,带走热量112 560 J。

（4）城市地区大面积园林绿化可形成局部微风,园林植物覆盖可以减少城市热岛效应。绿地面积越大,降温效果越显著。

二、温度对园林植物的生态作用

温度影响着生物的生长和发育,并决定着生物的地理分布。任何一种生物都必须在一定的温度范围内才能正常生长发育。一般说来,生物生长发育在一定范围内会随着温度的升高而加快,随着温度的下降而变缓。当环境温度高于或低于生物所能忍受的温度范围时,生物的生长发育就会受阻,甚至造成死亡。此外,地球表面的温度在时间上有四季变化和昼夜变化,温度的这些变化都能给生物带来多方面深刻的影响。温度对生物的生态意义还在于温度的变化能引起环境中其他生态因子的改变,如引起湿度、降水、风、氧在水中的溶解度以及食物和其他生物活动、行为的改变等,这是温度对生物的间接影响。

（一）温度对园林植物生理活动的影响

植物的一切生理生化作用都是在一定温度环境中进行的,温度变化直接影响着植物的光合作用、呼吸作用、蒸腾作用等生理作用。当温度升高时,细胞膜透性增大,植物生理活动所必需的水分、二氧化碳、养分吸收增多,酶活性增强,植物光合作用、呼吸作用等随之增强,直到一个最佳温度范围为止,以后就逐渐减弱;温度过高时,植物萎蔫枯死。温度对园林植物生理活动的影响主要表现在四个方面:

（1）促进生化反应酶,特别是促进光合作用和呼吸作用的酶。

（2）二氧化碳和氧气在植物细胞内的溶解度。

（3）蒸腾作用强度。

（4）根系在土壤中吸收水分和矿物质的能力。

每种植物的生长都有最低温度、最适温度、最高温度,称为温度三基点。最低温度一般是指植物生长发育和生理活动所能忍受的最低温度,即植物生长发育过程的下限温度,又称生物学零度。细胞液的冰点在0 ℃以下,有的树木当气温到−6 ℃时,光合作用和蒸腾作用仍在继续进行;最高温度一般是指植物生长发育和生理活动所能忍受的最高温度,即植物生长发育过程的上限温度;最适温度是指某一生理活动过程最旺盛和最适宜的温度,即作物生长发育及产量形成过程最适宜的温度。C_3植物光合作用的最适温度

是 $20 \sim 30 \ ℃$ ，C_4 植物光合作用的最适温度要 $30 \ ℃$ 以上，某些情况下可高达 $50 \ ℃$ ，而耐阴植物的最适温度为 $10 \sim 20 \ ℃$ 。

温度三基点是生物生长发育过程中最重要的三个指标。不同生物的三基点温度不同，见表 1-5。一般来说，原产热带或亚热带的植物，生长的三基点温度偏高，耐热性好，抗寒性差；原产寒带或温带的植物，生长的三基点偏低，耐热性差，抗寒性好。例如，热带植物如椰子、橡胶、槟榔等日平均温度在 $18 \ ℃$ 才能开始生长，暖温带植物如桃、紫叶李、槐等甚至不到 $10 \ ℃$ 就开始生长。原产北方高山的某些杜鹃花科，如长白山自然保护区白头山顶的牛皮杜鹃、苞叶杜鹃、毛毡杜鹃都能在雪地里开花。

表 1-5　几种主要作物的三基点温度　　　　　　　　　　　　　　单位: ℃

作物	最低温度	最适温度	最高温度
牧草	3 ~ 4	26	30
小麦	3 ~ 4.5	20 ~ 22	30 ~ 32
油菜	4 ~ 5	20 ~ 25	30 ~ 32
玉米	8 ~ 10	30 ~ 32	40 ~ 44
水稻	10 ~ 12	30 ~ 32	36 ~ 38
棉花	13 ~ 15	28	35

（二）温度对园林植物生长发育的影响

1. 低温"春化"作用

温度对植物的影响从种子发芽开始，植物种子只有在一定温度下才能萌发。一般温带树种的种子，在 $0 \sim 5 \ ℃$ 开始萌动。大多数树木种子萌发的最适温度是 $25 \sim 30 \ ℃$ 。寒带和温带的许多植物种子需要经过一段低温期才能顺利萌发。

低温"春化"作用是指有些植物需要一定时间的低温刺激才能促进花芽形成和花器发育，这一过程叫作春化阶段，这种低温诱导植物开花的效应叫作春化作用，即植物必须经历一段时间的持续低温才能由营养生长阶段转入生殖阶段生长的现象。

通常春化作用的温度为 $0 \sim 15 \ ℃$ ，并需要持续一定时间，不同作物春化作用所需要的温度不同，如冬小麦、萝卜、油菜等为 $0 \sim 5 \ ℃$ ，春小麦为 $5 \sim 15 \ ℃$ 。中国北纬33°以北的冬性小麦，要求 $0 \sim 7 \ ℃$ 的低温，持续 $36 \sim 51$ 天才能通过春化作用，而北纬33°以南的品种，在 $0 \sim 12 \ ℃$ ，经过 $12 \sim 26$ 天就可通过春化作用。冬性一年生植物（如冬小麦）对低温是一种相对需要，如不经历低温，会延迟开花，而一些二年生植物对低温的要求是绝对的，不经历低温就不能开花，如甜菜。

2. 有效积温

温度与生物发育最普遍的规律是有效积温法则。积温是指植物整个生长发育期或某一发育阶段内，高于一定温度以上的昼夜温度总和。有效积温法则是指生物在生长发育过程中，须从外界摄取一定的热量才能完成其某一阶段的发育，而且生物各个发育阶段所需要的总热量是一个常数。

有效积温公式：$K=N(T-T_0)$ (1-4)

式中，K 为有效积温；N 为生长发育所需要的时间；T 为发育期间的平均温度；T_0 为生物发育起点温度（生物学零度）。

例如，温带树种：$T_0=5$ ℃，到开始开花共需要 $N=30$ 天，这段时间的日均温 $T=15$ ℃，那么该树开花所需的有效积温 $K=30\times(15-5)=300$（℃）。如果某年的 T 为 20 ℃，$300=N\times(20-5)$，$N=20$ 天，开花所需时间就会缩短 10 天。

相关研究表明，原产高纬度低温地区的植物，有效积温总量少，原产低纬度高温地区的植物，有效积温总量多。小麦、马铃薯大约需要有效积温 1000～1600 ℃，春播禾谷类、番茄和向日葵为 1500～2100 ℃，棉花、玉米为 2000～4000 ℃，柑橘类为 4000～4500 ℃，椰子为 5000 ℃ 以上。

有效积温法则的生物学意义在于：可以根据各植物物种需要的积温量，再结合各地的温度条件，初步确定各植物的引种范围。此外，还可根据各种植物对积温的需要量，推测或预报各发育阶段到来的时间，以便及时安排生产活动。在植物保护、防治病虫害中，也要根据当地的平均温度以及某害虫的有效积温进行预测预报。

三、园林植物对温度的生态适应

（一）园林植物对极端温度的适应

1. 低温对园林植物的伤害

（1）冷害（又称寒害）指 0 ℃ 以上低温对喜温植物造成的伤害。

植物冷害（寒害）的主要原因是低温条件下 ATP（三磷酸腺苷）减少，酶系统紊乱，呼吸、光合、蒸腾作用以及物质的吸收、运输、转移等生理活动的活性降低，蛋白质合成受阻，碳水化合物减少和代谢紊乱等。冷害是喜温植物向北方引种和扩张分布的主要障碍，多发生在温度相对较高的南方地区。

（2）霜害指由于霜降出现而造成的植物的伤害。

霜害往往发生在秋天无云的夜晚，由于地面辐射强烈，气温降到零度以下，引起空气中的水汽在植物表面凝结后对植物体造成的伤害。早霜是指秋季第一次霜，晚霜是指春季最后一次霜。早霜常使南种北引的植物受害，晚霜一般危害春季过早萌芽的植物，北种南引的植物易受害，引入后应种在比较阴凉的地方，抑制早萌动。

（3）冻害指当植物受到冰点以下的低温胁迫时，植物组织发生冰冻而引起的伤害。

冻害形成的原因是植物在温度降至冰点以下时，会在细胞间隙形成冰晶，原生质因此而失水破损，另外压力增加，使细胞膜变性和细胞壁破裂，严重时引起植物死亡。北方地区，冻害是低温的主要伤害形式。

（4）冻拔是间接的低温伤害，是由于土壤反复、快速冻结和融化引起的，最终导致树木上举，根系裸露或树木倒伏。

因为气温下降，土壤结冰，冰的体积比水大，这使得土壤体积增大，随着冻土层的不断加厚、膨大，会使树木上举，早春解冻时，土壤下陷，树木留于原处，根系裸露地面。多发生在寒温带土壤黏重、含水量高的地区。

（5）冻裂是由于昼夜温差导致热胀冷缩产生弦向拉力，使树皮纵向开裂而造成伤害。冻裂多发生在昼夜温差大的地方。例如，核桃、槭树、悬铃木等树干的向阳面，越冬时发生冻裂，可树干包扎稻草或涂白防止。

（6）生理干旱是指冬季或早春土壤冻结时，树木根系不活动，这时如果气温过暖，地上部分进行蒸腾，不断失水，而根系又不能加以补充，导致植物干枯死亡的现象。

影响低温对园林植物伤害的因素往往跟极端低温值、低温持续时间、温度变化速度、土壤低温、日照长短、光照强度、土壤含水量、土壤营养、植物本身的抗寒性等因素有关。

2. 园林植物对低温环境的适应

植物进行正常生命活动对温度有一定要求，当温度低于或高于一定数值，植物便会因低温或高温受害，这个数值即为临界温度。在临界温度以下，温度越低生物受害越严重。长期生活在低温环境中的生物通过自然选择，在形态、生理方面表现出很多明显的适应。

形态上，植物通过落叶、芽具有鳞片和油脂类物质保护、植物体表面有蜡粉和绒毛、植株矮化，呈匍匐、垫状或莲座状等方法来适应低温。

在生理方面，植物通过降低植物冰点，减少细胞中的水分，增加细胞中的糖类、脂肪和色素，提升细胞液浓度，降低冰点，增加抗寒能力，使植物在冰点以下不结冰。

3. 提高园林植物抗寒性的途径

虽然植物的抗寒性是相对固定的，但可以采取一些措施增强植物的抗寒性。

（1）抗寒锻炼

提高植物抗寒性的各种过程的综合称为抗寒锻炼。一般分三步：首先是预锻炼阶段，进行短日诱导，使植物停止生长并启动休眠；然后进入锻炼阶段，进行零下低温的诱导，使原生质的细微结构和酶系统发生变化和重新改组，以抵抗低温结冰、失水的危险；最后进行超低温诱导，使植物获得最大的抗寒性。通过抗寒锻炼，植物的抗寒性得到增强。

（2）喷施化学物质

通过改变植物内含物的种类或数量，使其适应外界的低温条件，可通过喷施化学物质如叶面喷洒抗冻剂、使用土壤增温剂等达到这个目的，帮助园林植物抗寒。

（3）改善栽培措施

环境条件的变化如日照长短、水分盈亏、温度变化等都可以影响抗寒性的强弱。改善园林植物的生长条件，加强水肥管理，如适时喷水灌水、搭建风障、涂白树干、裹干、地面覆盖稻草（或麦秆、覆膜等）或利用保温棚措施，防止或减轻寒害的发生和危害。

4. 高温对园林植物的伤害

温度超过生物适宜温区的上限后就会对生物产生有害影响，温度越高对生物的伤害作用越大。如高温可减弱光合作用，增强呼吸作用，使植物的这两个重要过程失调，还可能破坏植物的水分平衡。具体分为两个方面：

（1）根茎灼烧

主要是指土壤表面温度增加到一定程度，灼伤幼苗根茎造成的伤害，在土表上下2 mm 之间，形成环状"卡脖"伤害，多发生在苗圃地。由于盛夏中午前后强烈的光照可使地表温度达 40 ℃以上，幼嫩苗木的根茎部位与高温表土相接触时，苗木根茎部的疏导组织和形成层被烧伤,特别容易被病原菌侵入,造成病害,严重时会导致苗木死亡。一般发生在春末、秋初,北方雨季之前。例如松、柏科幼苗在土表温度大于40℃即受害。

（2）树皮灼烧

夏秋高温干旱季节,日光直射裸露的树枝干和果实,当表面温度达40℃以上时,即可引起灼伤。太阳辐射强烈照射引起局部高温,造成活组织死亡,树皮呈斑点状或片状脱落,被害部位常有腐生菌或害虫寄生。树皮灼烧多发生在正南和西南方向的光滑薄皮树上,特别是耐阴树种,例如冷杉、云杉、水青冈等。

灼烧发生在果实上,一般出现在果实的阳面,产生不规则凹陷,果肉逐渐干枯,呈黑褐色或紫色,不能食用。

5. 园林植物对高温环境的适应

植物对高温的形态适应表现在,有些植物具有密生的绒毛或鳞片,能过滤一部分阳光;发亮的叶片能反射大部分光线;叶变小,叶片垂直排列,减少吸光面积;树皮有发达的木栓组织（具有绝热和保护作用）。

在生理适应方面,植物降低细胞含水量,增加糖或盐的浓度,有利于减缓代谢速率和增加原生质的抗凝结力;或靠旺盛的蒸腾作用降温;一些植物具有反射红外线的能力,避免受到高温的伤害。

6. 提高园林植物抗高温能力的途径

（1）高温锻炼

一般是将萌动的种子,在适当高温下（28~38℃）锻炼一定时间再播种。高温时植物体内蛋白质合成发生变化,诱发一些热稳定蛋白质合成,提高植物的抗热性。

（2）改善栽培措施

采用适时灌水、修剪枝叶、架设遮阳网,高秆与矮秆、耐热作物与不耐热作物间作套种等有效的措施。

（3）化学制剂处理

喷洒氯化钙（$CaCl_2$）、硫酸锌（$ZnSO_4$）、磷酸二氢钾（KH_2PO_4）等可增加生物膜的热稳定性;施用生长素、激动素等生理活性物质,能防止高温造成损伤。

（二）温度与园林植物的地理分布

1. 温度对植物分布的限制作用

温度是决定某种生物分布区的重要生态因子之一。其中,有些植物的分布受到极端温度的限制,而有些则受到有效积温的限制。

极端温度的限制主要是指最高、最低温度的限制,如苹果不能在热带栽培,由于高温的限制不能开花结实;低温对植物分布的限制作用更为明显,对植物来说,决定其水平分布北界和垂直分布上限的主要因素就是低温。如可可、椰子只能在热带分布,因为是受低温的限制。

有效积温对植物同样具有限制作用,不同植物所要求的有效积温是不同的。例如,虽然哈尔滨的年平均温度比英国伦敦低6℃以上,但10℃以上的有效积温哈尔滨比伦敦多500℃,所以伦敦附近只能种植低热量的麦类、马铃薯、甜菜等,种高热量的作物成熟不了;而哈尔滨附近则可种高热量的水稻,且产量较高。

2.我国园林植物分布分类

以日温大于等于10 ℃和低温为主要指标,可以把我国分为六个热量带(高原和高山除外),由于每个带温度不同,都有相应的树种和森林类型,植物种类也由热带的丰富多样逐渐变为寒带的稀少,形成各具特色的植物种和森林(表1-6)。

表1-6　我国热量带划分表

分类	积温	最冷月平均温度	植被分布
赤道带	9000 ℃	>26 ℃	热带植物,椰子、木瓜、羊角蕨、菠萝蜜等
热带	≥8000 ℃	≥16 ℃	热带雨林,樟科、番荔枝科、龙脑香科、使君子科、楝科、桃金娘科、桑科、无患子科
亚热带	4500～8000 ℃	0～16 ℃	壳斗科、樟科、冬青科、茶科等常绿阔叶树;马尾松、柏树、杉木等针叶树
暖温带	3400～4500 ℃	-8～0 ℃	落叶阔叶林
温带	1600～3400 ℃	-28～-8 ℃	针叶与阔叶混交林、草原、荒漠
寒温带	<1600 ℃	≤-28 ℃	落叶松林

(三)温周期现象与物候现象

1.温周期现象

植物对温度昼夜变化节律的反应称为温周期现象。植物生长与昼夜温度变化的关系更为密切。自然界温度有规律的昼夜变化,使许多生物适应了变温环境,多数生物在变温环境下比在恒温环境下生长得更好。昼夜变温对植物的生态作用有以下几个方面:

(1)种子的发芽:多数种子在变温条件下可发芽良好,而在恒温条件下反而不发芽;

(2)植物的生长:一般在植物最适温度范围内,变温对园林植物的生长具有促进作用;

(3)开花结果:一般温差大,开花结果相应增多;

(4)植物产品品质:昼夜温差大,有利于提高植物产品的品质。这是由于生长期中白天很少出现极端的、不利于林木生长的温度。白天适当高温有利于光合作用,夜间适当低温减弱呼吸作用,使光合产物消耗减少,净积累相应增多。

2.物候现象

地球表面的大部分地区都有季节变化,在中纬度低海拔地区变化最为明显。植物长期适应于一年中气候条件(主要是温度条件)的季节性变化,形成与此相适应的发育节律,称为物候现象。如大多数植物在春季开始发芽生长,继之出现花蕾;夏秋季温度较高时开花、结果和果实成熟;秋末低温条件下落叶,进入休眠。植物的器官(如芽、叶、花、果)受当地气候的影响,从形态上所显示的各种变化称为物候期或物候相。

物候期受纬度、经度和海拔的影响。1918年,英国生物化学家霍普金斯提出了生物气候定律,即在其他因素相同的条件下,北美温带地区,每向北移纬度1°,向东移经度5°,或上升约122 m,植物的阶段发育在春天和初夏将各延期4天,在晚夏和秋天则各提前4天等。

物候研究方法有观测物候谱、物候图或等物候线。在地图上把某种植物各发育期同时来临的地点连接起来的线称"等物候线"。其中同时开花的线称"等花期线"。绘制等物候线的图便是"物候图"。由于植物的物候期反映过去一个时期内气候和天气的积累,是比较稳定的形态表现,因此通过长期的物候观察,可以了解植物生长发育季节性变化同气候及其他环境条件的相互关系,作为指导园林生产和绿化工作的科学依据。对确定不同植物的适宜区域及指导植物引种工作具有重要价值。

(四)温度调控在园林中的应用

1.温度调控与引种

引种会受到很多种因素的限制,而气候相似性则是引种成功的决定因素。相似的气候条件,例如,低纬度高海拔地区与高纬度低海拔地区;南方喜温的植物与较北地方的阳坡;北方平原上的植物与较南地方的阴坡。

温度因子对引种的限制最明显。温度相似的区域引种成功率最大,从高温区向低温区引种比从低温区向高温区引种要困难。

2.温度调控与种子的萌发与休眠

种子的温度处理可以促使种子早发芽,出苗整齐。对于冷水处理比较容易发芽的种子,如果用冷水、温水处理,则会促进种子的萌发。采用变温来处理出苗比较缓慢的种子,可加快出苗速度,提高苗木的整齐度。对于休眠的种子,可经过低温沙藏和变温处理打破休眠,促进种子及早发芽。

3.温度调控与园林植物开花

根据不同植物的开花习性,采取相应措施以促进或延迟园林植物的开花期。

升温能促进部分园林植物开花。一些多年生花卉如在入冬前放入高温或中温温室培养,一般都能提前开花,例如月季、茉莉、米兰、瓜叶菊、旱金莲、大岩桐等常采用此方法。对于正在休眠越冬但花芽已形成的花卉,例如牡丹、杜鹃、丁香、海棠、迎春、碧桃等一些春季开花的木本花卉,经霜雪后,移入室内,逐渐加温打破休眠,温度保持在20～35 ℃,就能提前开花,可提前到春节前后。

降低温度,可以延长休眠期,推迟植物开花的时间。一些春季开花的较耐寒、耐荫的晚花品种花卉,春暖前将其移入5 ℃的冷室,减少水分的供应,可推迟开花。也可以通过降温避暑的方法,使不耐高温的花卉开花。

4.温度调控与贮藏

在园林生产中,园林植物的种子、苗木、种条、接穗的贮藏,通常采用低温沙藏的方法。沙藏储存种子的方法又叫低温层积处理,就是在低温沙藏条件下,使种子暂时进入休眠的状态,但是沙子中有一定的含水量和含氧量可维持其微弱的生命活动。沙藏法适合球茎、鳞茎、地下根茎类花卉的种子储存。

第四节　水与园林植物

一、城市水环境

（一）水资源

水资源是人类赖以生存和发展的重要自然资源之一，同时又是一个国家和地区战略性的经济资源。目前人类比较容易利用的淡水资源，主要是河流水、淡水湖泊水，以及浅层地下水，储量约占全球淡水总储量的 0.3%。

水资源与其他固体资源的本质区别在于其具有流动性，它是在水循环中形成的一种动态资源，具有循环性。水循环系统是一个庞大的自然水资源系统，水资源在开采利用后，能够得到大气降水的补给，处在不断地开采、补给和消耗、恢复的循环之中，可以不断地供给人类利用和满足生态平衡的需要。作为一种动态的可更新资源，水资源具有可恢复性和有限性的特点。全球水资源通过蒸发、降雨、径流等形式不断处于消耗与补充的循环中，陆地水量与海洋水量基本是稳定的。

城市水资源按照存在形式划分，可分为地表水和地下水。由于传统水资源禀赋不足的现状难以改变，不能通过简单的节水以及外调水工程来解决，因此非传统水资源利用将成为城市重要的节水手段。非传统水资源通常是指不同于传统地表供水和地下供水的水资源，包括再生水、雨水、海水等。

1. 地表水

地表水是指陆地表面上动态水和静态水的总称，亦称"陆地水"，包括各种液态的和固态的水体，主要有河流、湖泊、沼泽、冰川、冰盖等。它是人类生活用水的重要来源之一，也是各国水资源的主要组成部分。地面水的水量和水质受流经地区地质状况、气候、人为活动等因素的影响较大。其中，河流具有流程长、汇流面积大、取用方便的特点，但是水量不稳定，流量与水质随季节和地理位置的变化而变化。由于流程长，河流沿途易受各种废水和人为因素的侵入污染，表现出水质极不稳定；湖泊的水体大，水量充足，取用方便，其水质、水量受季节的影响一般比江河水小。但是，湖泊的水体长期裸露地表，易污染，必须注意保护。

2. 地下水

地下水是由降水和地表水经土壤地层渗透到地面以下而形成的。地下水又可分为浅层地下水、深层地下水和泉水。地下水存在于地壳岩石裂缝或土壤空隙中，具有水质清澈、无色无味、水温恒定、不易受到污染等特点，但它的径流量小，矿化度和硬度较高。

地下水资源是我国广大北方地区以及部分南方城市开发利用的主要水源。随着我国城市化的进程，城市规模不断扩大，城市经济不断发展，对地下水的需求日益增加，供需矛盾日趋尖锐，而且由于不合理开采形成了大面积的地下水漏斗，导致水源地出水能力下降、水井枯干、泉水断流、海水入侵、地面下陷、地面裂缝等，城市地质环境受到严重的破坏。

3. 地表降水

降水是指从云中降落到地面的液态或固态水,包括降水、降雪、雾和露、霜。一般水质较好、矿物质含量较低,但水量无保证。雨是从云中降到地面的液态水滴,直径一般为0.5~7 mm,下降速度与直径有关,雨滴越大,其下降速度也越快;雪是从云中降到地面的各种类型冰晶的混合物,在高纬度地区和一些高海拔地区温度低,降雪是地表水的主要来源;雾和露水在降水量中所占比例很低,但在一些高山地区云雾比较多,而干旱少雨的荒漠地区,辐射降温强烈,水汽凝结成露水,有限的露水对荒漠植物的生命活动发挥了重要作用。

降水的表示方法主要是降水量和降水强度。降水量是指一定时段内从大气中降落到地面未经蒸发、渗透和流失而在水平面上积聚的水层厚度。降水量是表示水多少的特征量,通常以 mm 为单位。降水强度是指单位时间内的降水量。降水强度是反映降水急缓的特征量,单位为 mm/d 或 mm/h。

地球表面降水分布极不均匀,在赤道南北两侧 20°范围内,温度高,湿热空气急剧上升增加,年降水量最高,为 1000~2000 mm 以上,太平洋的一些岛屿上甚至达到 5000~6000 mm;从赤道向两极降水量逐渐减少,在纬度 20°~40°地带,由于下沉运动占优势,不利于云雨形成,降水量明显减少。

降水量在不同季节存在很大差异。在我国一般夏季降水量最大,可达全年降水量一半左右,其次是春季和秋季,冬季降水量最少。我国降水量多少和同期的温度高低呈正相关,这对植物发育很有利。我国由于受季风气候的影响,降水量高于同纬度其他地区。

陆地上的降水量还与海陆位置、地形密切相关,受水分大循环的影响,随着距海洋渐远,海洋性气候渐弱,大陆性气候渐强,降水量相应减少。大致从东南沿海向西北内陆,由 1500 mm 以上逐渐减少到 50 mm 以下。

地形也影响降水分布,在迎湿热风的山体一侧,由于地形抬升造成温度下降,水汽易凝结,降水量大,而背风一侧降水少。

我国地域辽阔,由于南北纬度和东西经度的差异以及距海洋远近的不同,再加上山脉的阻碍,各地降水量差异很大,大致可划分出几条等雨线,其中,400 mm 等降水量线是我国一条重要的地理分界线。

在城市,由于城市的热岛效应、阻滞效应、凝结核效应等原因,使得城市中的降水量一般比郊区多 5%~15%。

4. 再生水

再生水(中水)属于非常规水源,是指废水或雨水经适当处理后,达到一定的水质指标,满足某种使用要求,可以进行有益使用的水。再生水水质指标低于生活饮用水的水质标准,但又高于允许排放的污水质标准。

再生水水源有生活污水、工业废水和径流污水三种类型。其中,工业废水水量较大,约占污水总量的 60%~80%,主要是工业生产过程中排出的废水,如化肥、采矿、食品等工业生产排放。工业废水中重金属等有害物质含量过高,污染水体,破坏生态环境,危害人类身体健康;生活污水主要是指人们日常中使用过的水,通常来自家庭、机关、学校、建筑、公共设施等排出的污水,主要是冲厕和洗涤用水,集中排入城市的下水管道,经由下水管道输送到再生水厂处理之后进行排放;径流污水是由降雨、降雪形成,大气降水过程中冲刷污染物、城市垃圾、建筑物、地面等产生的污水,大部分流入地下排水系统。三种不同类型的污水经地下排水系统输送到再生水厂进行处理。处理后,要么排入河流湖泊中,要么重新被人们利用。但排入河流湖泊会造成水体污染和水资源浪费,不符合可持续发展及水资源循环利用理念。

再生水是国际公认的"第二水源"。再生水回用主要是指城市污水经过物理、化学、生物等方法处理后,达到某种用水水质要求,可以进行有益使用的水。从经济的角度看,再生水的成本最低,能够节约大量的自然水资源。在美国、日本、以色列等国,厕所冲洗、园林和农田灌溉、道路保洁、洗车、城市喷泉、冷却设备补充用水等,都大量使用了再生水;从环保角度看,再生水能够显著减少城市污水的排放量,从而有效减轻城市附近自然水域的污染物负荷,实现对城市生态环境的有效保护和改善,实现水生态的良性循环。

(二)城市水环境特点

城市化的主要特征表现为人口密集、建筑物密度增加、地面硬化,并镶嵌分布形状大小不一的城市绿地。由于土地利用的性质改变,城市兴建了大量的楼房、道路和排水管网,直接改变了城市地面雨洪径流和地下径流的形成条件。与自然土壤相比,地面透水性减小,不透水的地面扩大,改变了降水、蒸散、渗透和地表径流;排水管道的修建,缩短了汇流的时间,增大了径流曲线的峰值;同时城市居民生活和生产过程中需水量增加,减少了地下水补给,伴随的就是因污水排放量的增加而污染清洁水源(图1-9)。

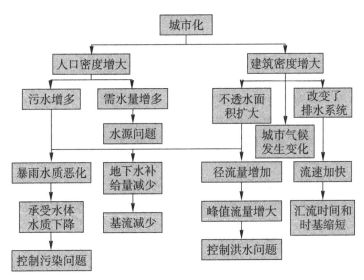

图1-9 城市化水环境问题

随着城市化进程的推进,人类对自然的干扰强度日趋加剧,城市水文现象受人类活动的强烈影响而发生明显的变化(图1-10)。城市社会经济发展对清洁水源的需求和污水的排放已成为城市水文变化的基本特征,城市化进程对水的流动、循环、分布,水的物理、化学性质以及水与城市植物的相互关系,产生了各种各样的影响。

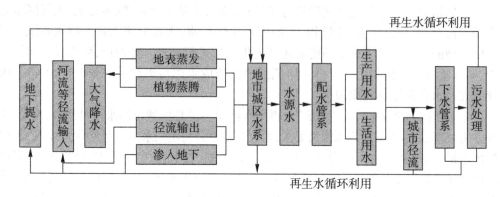

图 1-10　城市化地区水循环过程

（三）城市水环境问题

1. 淡水资源短缺

水是生命体生产生活的重要资源,是城市发展的重要基石。中国淡水资源总量为 28 000亿 m^3,占全球水资源的6%,仅次于巴西、俄罗斯和加拿大,居世界第四位,但人均只有2300 m^3,仅为世界平均水平的1/4、美国的1/5,在世界上名列121位,是全球13个人均水资源最贫乏的国家之一。

进入21世纪以后,水资源短缺已经成为一个全球性的问题。随着城市化进程的推进,中国城市面临着严重的水资源危机。城市因为人口密集、地域狭窄,又是文化、商业和经济发展的中心,其对水资源的需求以及开发力度都是非常强烈的,最易遭受水资源匮乏。

我国水资源分布不均状况较为严重。总体而言,我国南方水资源丰富,北方水资源较少。在西南水资源较为丰富充裕的地区中,人口密度相对较小,经济实力较为薄弱;在中部、东部等人口较为稠密、经济发达地区,由于自然气候、地质状况、实施利用等原因,其往往产生缺水较为严重现象,使得水资源和用水矛盾日益突出。另外,我国的降雨量时空分布不均匀,以及全球气温升高、极端异常天气等自然因素和工业化导致的水污染加剧、城市化用水量增多、硬化比例加大等人为因素也是引发城市缺水的主要原因。到目前为止,全国600多座城市中,仍有近半数城市存在供水紧张的现象,有近100座城市存在严重缺水的问题。

2. 水污染严重

水污染是指进入水体的污染物质超过了水体的自净能力,使水的组成和性质发生变化,从而使动植物生长条件恶化,人类生活和健康受到影响。由于目前我国污水处理率低,相当部分污水直接排入水体,以及农村中农药和化肥的使用,使得我国水资源受到了严重的污染。据统计,我国80%的水域和45%的地下水已被污染,90%以上的城市水域严重污染。很多城市的地下水均出现了水质富营养化、铁锰超标等问题。

水污染的污染源有自然污染源和人为污染源。自然污染源是指自然界自发向环境

园林生态规划设计方法与应用

36

排放有害物质、造成有害影响的场所;人为污染源是指人类社会经济活动所形成的污染源,主要包括工业废水、生活污水、农业污水。在人为污染中,工业污染是造成地表水和地下水污染最主要的污染源。在工业生产过程中要排放出大量废水,其中夹带着许多原料、中间产品或成品,如重金属、有毒化学品、酸、碱、有机物、油类、悬浮物、放射性物质等,这些都会造成污染。此外,生活污水中也含有大量有机物、病原菌和虫卵等,生活污水排入水体或渗入地下也会造成水污染。

3. 水生态环境受到破坏

水是地球生物赖以生存的物质基础,水资源是维系地球生态环境可持续发展的首要条件。对于城市来说,水资源是整个社会发展的重要基石,要依据水资源承载能力来优化城市空间布局、产业结构、人口规模。

水资源是被人类在生产和生活活动中广泛利用的资源,不仅广泛应用于农业、工业和生活,还用于发电、水运、水产、旅游和环境改造等。国际上一般用40%作为地表水资源开发利用限值,用地下水可更新量作为地下水资源开发利用限值。

我国社会经济的飞速发展,使得人类对水资源的需求不断上升,由此导致全国范围内的水资源过度开发问题突出。例如,湖泊不合理的围垦,使其面积日益缩小,调洪能力下降;流域内的过度开发使生态环境遭到了严重的破坏,很多河流泥沙淤积严重,出现干枯、断流,生物多样性减少的状况;地下水资源的超采,使得地下水位持续下降,水质变差,形成地下漏斗与地面沉降等地质灾害。

4. 城市洪涝灾害频发

首先,随着城市化的不断推进发展,高强度土地开发改变了原有自然地域的土地覆盖类型,城区下垫面出现严重的硬化,具有良好透水性的天然池塘、洼地、农田、森林被水泥、沥青修筑的硬化路、广场等不透水铺装取而代之,使得城市在降雨后,径流量急剧增高,很快出现峰值,然后又迅速降低,其径流曲线非常陡峻,急升急降。

其次,伴随着全球气候变迁,极端气候频发,降雨严重不均匀。我国大部分地区的降水年内分配很不均匀,多集中在夏季(6~8月),北方夏季雨量占全年的70%~80%,南方约占全年的50%~60%。因此,夏季的降雨常常形成暴雨。

再次,我国城市目前还是依赖排水设施进行雨水的收集与排放,但是很多城市排水设施不足,面对暴雨会出现排泄不畅的情况,导致在多雨季节会经常出现城市内涝现象,严重危及民众的生命财产安全,造成巨大的社会经济损失。

最后,城市河道淤塞和被侵占,使许多河流的河床抬高,降低了过洪能力,增加了洪水泛滥的机会。在我国现有的数百座城市中,约三分之二受到暴雨洪涝灾害威胁。

二、水对园林植物的生态作用

(一)水是生物生存的必要条件

水是自然界的重要组成物质,是环境中最活跃的要素。它不停地运动,且积极参与自然环境中一系列物理的、化学的和生物的过程。

水也是生物体不可缺少的重要的组成部分。水是园林植物的重要组成成分,一般植物体内含水量为60%~80%,即使风干的种子含水量亦维持在6%~10%的水平,有些植物的果实含水量高达92%~95%。

水的重要性体现在水是生化反应的溶剂,水可以维持细胞和组织的紧张度,能调节生物体和环境的温度,水是生物新陈代谢的直接参与者和光合作用的原料,水对植物体的生命活动起重要的调控作用。

园林植物体内的一切生理生化代谢活动,包括光合作用,蒸腾作用,有机物的水解反应,养分吸收、运输、利用,废物的排出和激素的传递都必须借助于水分的参与才能进行。水分维持了园林植物细胞和组织的膨压,使其叶片器官保持直立状态,保证发挥正常的生理功能。蒸腾作用消耗大量的水分,调节缓和了园林植物。

(二)植物体内的水分平衡

植物只有在吸水、输导、蒸腾三方面比例适当时,才能维持植株体内的水分平衡,进行正常的生长发育。植物体内水分平衡是指植物在生命过程中吸收和消耗的水分之间的平衡。水分从土壤到植物根系,通过植物茎输送到叶片,再通过蒸腾作用进入到大气,形成土壤–植物–大气连续体(SPAC)。

无论是在植物中还是在土壤中,水总是从水势高的地方流向水势低的地方。水势是用来衡量单位体积水的自由能,可定义为水的化学势除以水的偏摩尔体积,水势单位与压强单位相同(Pa),是推动水在生物体内移动的势能。

陆生植物体内的水分主要来源于根系吸水,根系吸水的动力是根压和蒸腾拉力。当植物根系细胞的细胞液浓度高于土壤溶液时,便产生根压,此时溶质势小,根系从周围土壤中吸收水分,直至溶质势与压力势相等。蒸腾拉力是植物被动吸水的动力,也是根系吸水的主要动力,它是由枝叶的蒸腾作用引起的。当植物的叶片蒸腾失水时,叶肉细胞的水势下降,将茎部导管中的水柱向上拉升,结果引起根部细胞水分不足,水势下降;当土壤水势比根部高时,根部细胞就从土壤中吸收水分。

影响植物根系吸水的环境因子主要有土壤因子和大气因子。当土壤温度较低时,水的黏滞性增加,移动速度减缓,同时植物体内的原生质黏性增大,水分不易通过原生质,降低了植物根系的吸水能力。大气因子如光、温、风和大气湿度等对植物的蒸腾作用有很大的影响。植物的蒸腾作用主要通过气孔进行,光照能影响气孔开放度,从而对蒸腾作用产生影响,在强光下温度升高,叶肉细胞间隙的水汽压也随之增加,而空气中的水汽压相应变小,叶内外水汽压差增大,也就增加了蒸腾量。风能将叶表附近的水汽吹走,使叶内外蒸汽压差迅速增大,从而加强蒸腾作用。空气湿度直接与水汽压有关,空气湿度越高,叶内外的蒸汽压差越小,蒸腾作用越弱。

植物在长期的进化过程中形成了自我调节水分的吸收和消耗,以维持体内水分平衡的能力,如通过气孔的自动开闭调节水分的消耗。当水分充足时,气孔张开,水分和空气畅通;当干旱缺水时,气孔变小甚至关闭,减少水分消耗。植物这种自我调节能力只在一定范围内有效,当土壤水分严重不足时,土壤颗粒间的管道由于被空气充入而使水流中断,这时水只能沿土壤颗粒表面流动,速度变慢,水势急剧变小,根系吸水困难,植物开始经受干旱胁迫;当土壤含水量继续下降时,由于土壤颗粒表面凹凸不平,附着在土壤颗粒上的水膜的表面也凹凸不平,水由于表面张力的作用而产生很大的负压,土壤水势进一步下降,干旱胁迫加剧,植物开始萎蔫;当土壤水势下降到低于植物根系的水势时,植物就不能从土壤中吸水,当改善土壤供水后也不能恢复时,植物即永久萎蔫,此时的土壤水势称为永久萎蔫点。

(三)水对园林植物生长发育的影响

水在大气、土壤中的形态数量及其动态都对园林植物产生重要的影响。大气中的水汽状态,可见的如云和雾,不可见的扩散在整个大气中。相对湿度影响光照条件、植物蒸腾、物理蒸发。当相对湿度下降时,园林植物蒸腾速率提高;相对湿度过高,不利于园林植物传播花粉,易引起病害。当水汽以雾的状态运动时,遇到园林植物,极易凝结在园林植物的表面上,成为土壤水分的一种补充。在热带,由雾增加的降水量在全年降水量中占有较大比例;而在干旱区,雾、露水可缓和干旱引起的植物枯萎;在一定海拔的山区,雾是山地植物生长发育必需的环境要素。

1. 水量对园林植物的影响

水量对植物的生长有最高、最适和最低 3 个基点。低于最低点,植物萎蔫,生长停止;高于最高点,根系缺氧、窒息、烂根;只有处于最适范围内,才能维持植物的水分平衡,以保证植物最优的生长条件。

植物吸收水分来自土壤。土壤水分过多或积水时,产生水涝现象,使得植物生长很快停止,叶片自下而上开始萎蔫,接着枯黄脱落,根系逐渐变黑,整个植株不久就会枯死。陆生植物的根系涝害是由于土壤空隙被水所充满,通气状况严重恶化,因而造成植物根系处于缺氧环境,抑制了有氧呼吸,阻止水分和矿物元素的吸收。

干旱是一种严重缺水现象,可分大气干旱和土壤干旱。干旱导致植物各种生理过程降低,如气孔关闭,减弱了蒸腾降温作用,引起叶温的升高;当叶片失水过多时,原生质脱水,叶绿体受损伤,抑制光合作用。干旱又引起植物体内各部分水分的重新分配。幼叶在干旱时向老叶夺水,促使老叶死亡,以致减少了尚能进行光合作用的有效叶面积,幼叶也会向花芽夺水,导致花芽脱落。

植物的需水量很大,一株玉米每天消耗 2 kg 左右的水,生长期需水超过 200 kg。需水量跟季节有关,例如草坪,夏天高温天气需要每天喷洒,春秋天视情况每周喷洒 1~2次,冬季不进行浇灌。

2. 降雨量对植物生长量的影响

降水一般不为植物直接吸收,但降水是土壤水分补给的主要来源。降水量与植物生长量密切相关,一般降水量大,植物生长量大。降水量是陆地生态系统净初级生产力的主要决定因素,在干燥气候环境中,净初级生产力随年降水量的增加几乎呈直线上升,当年降水量超过 2000 mm 后,生产力增加减缓,在湿润的气候中,增加较平缓,总体上净初级生产力与降水量呈指数方程关系。同样降水量强度小、持续时间长,效果理想。

植物在不同的生长发育时期对水分的要求也不一样。在种子萌发时期,需充足的水分软化种皮,增强透性,将种子内凝胶状态的原生质转变为溶胶状态,才能保证种子萌发。

第一章

园林生态学基础

生长期内的降水能满足植物代谢所需的水分,促进植物生长。在花果期,降雨过多不利于昆虫的活动和风媒授粉,降低植物授粉效率,延长果实成熟期,而干旱会增加落花落果,降低种子质量。暴雨、冰雹还会造成植株体的损伤。可以说,生长期降水的生态效应取决于降水强度、持续时间、频度和季节分配。

雪也是北方地区一种重要的降水方式。雪对植物的生态作用具有两面性,降雪对植物有利的方面表现为保护植物越冬、杀死害虫、补充土壤水分等,"瑞雪兆丰年"是我国人民对降雪有利于植物生长发育的总结,同时降雪还会造成植物的雪害,如雪压、雪折、雪倒等。

(四)水分与植物分布

水分状况作为一种主要的环境因素,通常是以降水、空气湿度和生物体内外水环境三种方式对生物施加影响。这三种方式相互联系,共同影响着生物的生长发育和空间分布。

降水是决定地球上水分状况的一种重要因素,因此,降水量的多少与温度状况成为生物分布的主要限制因子(表1-7)。我国从东南至西北,可以分为3个等雨量区,因而植被类型也可分为3个区,即湿润森林区、半干旱草原区及干旱荒漠区。

表1-7　我国年降雨量与植被分布

年降雨量	水分状况	自然植被
<250 mm	干旱	荒漠
250～500 mm	半干旱	草原、草甸、荒漠草原
500～1000 mm	半湿润	森林草原
>1000 mm	湿润	森林

降水量大的区域植物自然分布较多且以阔叶林为主,因为水量充沛,能满足蒸腾需要,同时较强的蒸腾作用也可让植物生长代谢加快。随着降水量的减少,针叶树种开始逐步增多,以应对水量较少的环境,少到一定量后将无法满足高等植物需求,于是植被变为草本,最后到沙漠,仅季节性植物和部分极端耐旱植物生存。

三、园林植物对水分条件的生态适应

由于植物所处环境的水分条件会发生变化,而其生长发育阶段对水分要求也有差异,几乎所有植物都不同程度地受到水分胁迫。水分胁迫分为水分不足和水分过剩两个方面。为生存繁衍,植物体在遇到水分胁迫时,通常会在形态、生理及生化代谢上发生一系列变化以适应或忍耐这种胁迫。

（一）植物对水分胁迫的适应

1. 植物对水分不足的适应

（1）植物的避旱性

避旱性是指植物在种子或者孢子阶段避开严重干旱胁迫以完成生命周期的特性。此类植物称为避旱植物，特征是个体小，根茎比值大，短期完成生命史。它们多生活在荒漠地区，当有少量降水时，迅速吸收水分，并常在几周内完成萌发、生长、开花、结实、死亡整个生命过程。

（2）高水位延迟脱水

为了保持从土壤中吸收水分，植物必须具有深广而密布的根系，耐旱性强的植物的一个普遍特点就是根系生长迅速，我国黄土高原土层深厚，一些树种的根系可扎得很深。沙漠地区的骆驼刺地面部分只有几厘米，而地下部分可以深达 15 m，扩展的范围甚至可达 600 m²，这样可以更多地吸收水分。

为了减少水分损失，许多旱生植物叶面积很小。如仙人掌科的许多植物叶片呈刺状，海南岛荒漠及沙滩上的光棍树、木麻黄的叶都退化成很小的鳞片，松柏类植物叶片呈针状或鳞片状，且气孔下陷，夹竹桃叶表面被有很厚的角质或白色的茸毛，能反射光线。很多单子叶植物具有扇状的运动细胞，在缺水的情况下，它可以收缩，使叶片卷曲，通过减小叶面积减少水分的散失。

（3）低水势忍耐脱水

保持膨压主要是通过渗透调节和提高细胞弹性来实现的。渗透调节可以在水分胁迫下保持细胞的膨压，维持细胞的伸展，推迟萎蔫和气孔关闭，维持一定的光合作用，从而避免或减少光合器官受到光抑制作用。淡水生植物的渗透压一般只有 2 ~ 3 Pa，中生植物一般不超过 20 Pa，而旱生植物渗透压可高达 40 ~ 60 Pa，甚至可达 100 Pa，高渗透压使植物根系能够从干旱的土壤中吸收水分，同时不至于发生反渗透现象使植物失水。

植物忍受和适应极度干旱胁迫的能力主要取决于原生质体忍耐脱水的能力。扁桃叶能干燥到饱和亏缺的 70% 而不受伤害，油橄榄为 60%，无花果为 25%，可见树种间的差异是很大的。

不难看出，在植物遇到干旱胁迫时，首先要通过保持水分吸收和减少水分损失来维持体内的水分平衡，进而通过渗透调节和细胞壁的弹性变化来保持一定的膨压，以提供植物在干旱条件下继续生长的物理力量。由于植物维持体内的水分平衡和保持膨压的能力总是有限的，所以，植物最终的耐旱能力还是取决于细胞原生质的耐脱水能力。

2. 植物对水分过剩的适应

（1）植物的避涝性

一些浅根湿生植物在水涝胁迫条件下根系多分布在土壤表层，便于吸收氧气，且根系变细，根毛增多，增加根系表面积有利于氧的吸收。一些深根植物对缺氧的适应是根部细胞间形成大量通气间隙，便于氧气扩散，根系生长在深层土壤中也可获得氧气。有的湿生植物如池杉淹水时间长后，出现向上生长的根，露出水面，吸收空气中的气。一些红树林植物长出大量的气生根，也是适应水淹环境的结果。

一些水生植物并不形成特定的气体运输结构,但可以通过改变内部组织解剖结构形成通气组织,促进氧气扩散进入根部的同时使根部的 CH_4、H_2S 和 CO_2 等气体排出体外。例如,一些蓼科植物的皮层细胞相互分离,细胞间形成空隙,但不形成新的细胞,形成自上而下直到根系的通道。一些植物的不定根也可以解体和融化形成通气组织。

为免受还原性金属毒害,一些湿生植物形成通气组织后,根系能伸长到深层厌气土层中,根部的部分氧气能渗漏到根外,形成有氧微环境,这种有氧微环境可使缺氧环境下土壤中过量积累的可溶性还原性金属在进入细胞前进行氧化作用,形成难溶的氧化物,在根表面形成一层氧化膜,从而阻止这些重金属进入细胞,产生毒害作用。

（2）植物的耐涝性

在水涝胁迫下,植物由于缺氧,其呼吸代谢以乙醇发酵为主,中间产物乙醛和末端产物乙醇过量积累对细胞产生毒性。一些湿生植物在水涝中常采用其他发酵途径,如乳酸发酵、苹果酸发酵等,降低乙醛和乙醇产量以减少毒害,适应缺氧环境。

一些对水涝适应性较好的植物,如柳树在水分胁迫中,植物体中乙烯大增,生长素向根部运输受阻,导致茎干基部生长素增加,此时高含量乙烯可使植物对生长素更加敏感,因而可以促进水面处茎节部的皮孔和不定根的形成,从而使植物对水涝的适应性大大提高。此外,乙烯增加与植物通气组织的形成也有密切关系。

（二）植物水分的生态类型

植物长期适应不同的水分条件,形成了对水分需求不同的生态习性和适应性,从形态生理及生化代谢特性上发生变异,并由此形成了不同的植物类型。根据栖息地,把植物分为水生植物、陆生植物两类。

1. 水生植物

水生植物(aquatic plant)是所有生活在水中的植物的总称。水体和陆地环境有很大差异,水体环境的主要特点为弱光,缺氧,密度大,黏性高,温度变化平缓,能溶解各种无机盐类。

水生植物与陆生植物具有本质的区别。首先,水生植物具有发达的通气组织,以保证各器官组织对氧的需要。如荷花从叶片气孔进入的空气,通过叶柄、茎进入地下茎和根部的气室,形成一个完整的通气组织,以保证植物体各部分对氧气的需要。其次,植物机械组织(如导管等)不发达甚至退化,以增强植物的弹性和抗扭曲能力,适应水体流动。同时,水生植物在水下的叶片多分裂成带状、线状和丝状,而且很薄,以增加吸收阳光、无机盐和二氧化碳的面积。有的水生植物出现异型叶,毛茛在同一植株上有两种不同形状的叶片,在水面上呈片状,而在水下则丝裂呈带状。

水生植物(特别是生活在咸水环境中的植物)的细胞具有很强的渗透调节能力,以保证体内的水分平衡。水生植物类型很多,根据植物体处在水体中的深浅位置不同,可划分为沉水植物、浮水植物和挺水植物三类。

（1）沉水植物

沉水植物植株沉没在水下,为典型的水生植物。沉水植物的根退化或消失,表皮细胞可直接吸收水体的气体、营养物和水分,叶绿体大而多,以适应水体中的弱光环境,无性繁殖比有性繁殖发达,如金鱼藻、狸藻、黑藻、苦草、菹草等。

（2）浮水植物

浮水植物叶片漂浮在水面,气孔分布在叶的上面,维管束和机械组织不发达,茎疏松多孔,根漂浮或伸入水底,无性繁殖速度快,生产力高。浮水植物通常可分为完全漂浮（如槐叶萍、浮萍、凤眼莲等）和扎根漂浮（如睡莲、王莲、眼子菜等）两种类型。

（3）挺水植物

挺水植物的植物体大部分挺出水面,直立挺拔,根系浅,茎秆中空。挺水植物种类较多,常见的有荷花、千屈菜、菖蒲、香蒲、再力花、水葱、泽泻、慈姑、梭鱼草、花叶芦竹、芦苇等。

2.陆生植物

陆生植物是指生长在陆地上的植物。根据植物与水分的关系,可进一步划分为湿生植物、旱生植物、中生植物三种类型。

（1）湿生植物

湿生植物(hydrophyte)是指在潮湿环境中生长,不能忍受较长时间的水分不足的植物,即抗旱能力最弱。湿生植物的根系通常不发达,具有发达通气组织,如气生根、膝状根、板根等,热带雨林植物多为此种类型。根据湿生植物生活环境特点,还可进一步划分为阴性湿生植物和阳性湿生植物两个亚类。常用于园林中的湿生植物有水松、水杉、池杉、赤杨、枫杨、落羽杉、垂柳、大海芋、秋海棠、马蹄莲、龟背竹、翠云草、华凤仙、竹节万年青、蒲桃、灯心草、观音莲座等。

（2）旱生植物

旱生植物(xerophyte)生长在干旱环境中,能长期耐受干旱环境,且能维持水分平衡和正常的生长发育,例如马尾松、雪松、麻栎、栓皮栎、构树、石楠、旱柳、橡皮树、文竹、天竺葵、天门冬、杜鹃、山茶、锦鸡儿、肉质仙人掌等。

旱生植物在形态结构上的特征主要表现在两个方面:一方面是增加水分摄取,另一方面是减少水分丢失。发达的根系是增加水分摄取的重要途径。为减少水分丢失,许多旱生植物叶面积很小。另一类旱生植物具有发达的贮水组织。除以上形态适应外,还有一类植物是从生理上去适应,旱生植物适应干旱环境生理特征表现在它们的原生质渗透压特别高,同时不至于会发生反渗透现象使植物失水。

（3）中生植物

中生植物(mesophyte)是指生长在水分条件适中环境中的植物。中生植物的形态结构和生理特征介于旱生植物和湿生植物之间。中生植物具有完整的保持水分平衡的结构和功能,其根系和输导组织均比湿生植物发达。绝大多数园林树木和陆生花卉都属于此类,如油松、侧柏、牡荆、桑树、乌桕、紫穗槐、月季、扶桑、茉莉、棕榈及大多数一二年生草花、宿根球根花卉等。

（三）水分调控在园林中的应用

1.合理浇灌

浇灌是满足植物对水分的需要、维持植物水分平衡的重要措施。不同生态习性的植物需水量不同,喜湿多浇,耐旱少浇;不同生长发育阶段需水量不同,播种期多浇,出苗后少浇,开花期增加,结实与休眠期少浇;不同季节和天气情况下需水量不同,晴天多浇,阴湿天少浇或不浇,冬季不需要浇,春季多于冬季,夏季增多;不同土壤上生长的植物,其浇水量也有所差别,盐碱土上的植物要"明水大浇",沙质土上的植物,应"小水勤浇",黏重土上的植物,灌水次数和灌水量应当减少。

2. 灌水防寒

灌水后,一方面,土壤的导热能力调高,土壤深层的热容易上升,从而提高了表土和近地面空气的温度;另一方面,土壤的热容量提高,增强了土壤的保温能力。

在园林花木栽培中,南方冬季寒冷时进行冬灌能减少或预防冻害。北方在深秋灌冻水,可以提高植物的抗寒能力,而早春灌水则有保温增湿的效果。

3. 调整花期

干旱的夏季,充分灌水有利于植物生长发育并促进开花。夏季的干旱高温常会迫使一些花木进入夏季休眠,或迫使一些植物加快花芽的分化,花蕾提早成熟。

4. 抗旱锻炼

园林植物本身具有一定的抗旱潜力。在植物苗期内逐渐减少土壤水分供给,使其经受一定时间的适度缺水锻炼,促使其根系生长,叶绿素含量增多,光合作用能力增强,干物质积累加快。经过锻炼的植物,即使在发育后期遇到干旱,其抗旱能力仍较强。

第五节　土壤与园林植物

一、城市土壤

(一)土壤的形成与类型

1. 土壤的形成

土壤是指发育于地球陆地表面能够生长绿色植物的疏松多孔表层物质。土壤是由岩石风化后再经成土作用形成的,是母质、气候、生物、地形、时间等自然因素和人类活动综合作用下的产物。

(1)母质

母质是指最终能形成土壤的松散物质,这些松散物质来自母岩的破碎和风化(残积母质)或外来输送物(运移母质)。土壤的矿物组成、化学组成和质地深受母质的影响。母岩可以是火成岩、沉积岩、变质岩。基性岩母质多形成土层深厚的黏质土壤,同时释放出大量的营养元素,呈碱性或中性反应。冲积物母质质地较好,营养丰富,土壤肥力水平高。

(2)气候

主要是温度和降水,影响岩石风化和成土过程,土壤中有机物的分解及其产物的迁移,影响土壤的水热状况。

（3）生物

生物是土壤形成的主导因素。植物、动物、细菌、真菌关系到有机物的分解，土壤的通气性、水的渗入等。特别是绿色植物将分散的、深层的营养元素进行选择性的吸收，集中地表并积累，促进肥力发生和发展。

（4）地形

地形主要起再分配作用，使水热条件重新分配，从而使地表物质再分配。不同地形形成的土壤类型不同，其性质和肥力不同。

（5）时间

时间是决定土壤形成发展的程度和阶段，影响土壤中物质的淋溶和聚积。良好的土壤形成可能需要经历 2000～20 000 年。

（6）人类活动

人类自有种植业生产以来，通过栽培作物、耕作、施肥、灌溉等途径，开始直接干预土壤的发生、发展而成为一个重要的成土因素，并随着社会生产的发展而日益增大其影响的范围和强度。

土壤由固相、液相和气相三相物质组成（图 1-11）。固相物质是土壤矿物质、土壤有机质及土壤生物，而分布于土壤大小孔隙中的成分为土壤液相（土壤水分）和土壤气相（土壤空气）。

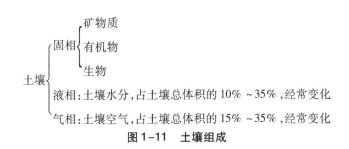

图 1-11　土壤组成

2. 土壤的类型

由于影响土壤发育的因素很多，因此土壤的分类各不相同。从土壤的特点来看，亚、欧大陆中，山地土壤占 1/3，灰化土和荒漠土分别占 16% 和 15%，黑钙土和栗钙土占 13%；北美洲灰化土较多，约占 23%；南美洲砖红壤、砖红壤性土的分布面积最大，几乎占全洲面积的一半；非洲土壤以荒漠土和砖红壤、红壤为最多，前者占 37%，后两者占 29%；澳大利亚的土壤以荒漠土面积最大，占 44%，其次为砖红壤和红壤，占 25%。

中国土壤资源丰富、类型繁多。我国主要土壤发生类型可概括为红壤、棕壤、褐土、黑土、栗钙土、漠土、潮土（包括砂姜黑土）、灌淤土、水稻土、湿土（草甸、沼泽土）、盐碱土、岩性土和高山土等 13 个系列。其中以黑土的质量最优良，这种土壤有机质含量高，土壤肥沃，土质疏松，最适农耕。

在自然环境条件的综合作用下，我国土壤类型在地理空间的分布与组合呈现出有规律的变化，具有明显的水平地带分布和垂直地带分布的特点，即土壤分布的地带性。土壤的水平地带性是指平原地区的土壤随纬度或经度的变化呈现有规律的分布。

（1）土壤的纬度地带性

土壤的纬度地带性即土壤地带大致沿纬线方向延伸，按纬度方向逐渐变化的规律。产生的原因是太阳辐射在球形地表分布不均，造成不同纬度上热量的差异，从而引起温度、降水等气象要素自赤道向两极呈规律性变化，与此相应地引起生物、土壤呈带状分布。我国土壤的纬度地带性表现为由南向北依次为砖红壤、赤红壤、红壤、黄壤、黄棕壤、棕壤、褐土、暗棕壤、寒棕壤（表1-8）。

表1-8　我国土壤的纬度地带性

气候带	植被类型	土壤类型
热带	季雨林或雨林	砖红壤
南亚热带	亚热带季雨林	赤红壤
中亚热带	常绿阔叶林	红壤、黄壤
北亚热带	常绿、落叶阔叶混交林	黄棕壤
暖温带	落叶阔叶林	棕壤、褐土
温带	针阔混交林	暗棕壤
寒温带	针叶林	寒棕壤

（2）土壤的经度地带性

土壤的经度地带性是指土壤随经度不同而出现的变化。由于距离海洋的远近及大气环流的影响而形成海洋性气候、季风气候以及大陆干旱气候等不同的湿度带，这种湿度带基本平行于经度，而土壤亦随之发生规律的分布，称之为土壤分布的经度地带性。如我国西部的干旱内陆由东向西土壤呈现明显的经度地带性分布，依次为黑钙土、栗钙土、棕钙土、灰钙土、灰漠土。在地处欧亚大陆东部的中国温带地区，从沿海至内陆分布的土壤依次为暗棕壤、黑土、黑钙土、栗钙土、棕钙土、灰漠土、灰棕漠土。

（3）土壤的垂直地带性

土壤的垂直地带性是山地土壤随海拔不同而变化的规律，是在水平地带性的基础上发展起来的。在不同水平地带内，土壤的垂直带谱不同。土壤垂直带只有在山体具有一定高度时才能表现。一般说来，山地土壤具有粗骨性、薄层性、层次过渡不明等特点，是与之对应的纬度地带性土壤的一种特殊变态。

（4）区域性特征

区域性特征主要由区域性自然条件的独特性所致，即土壤的非地带性分布，如盐碱土、水稻土、风沙土可出现在任何气候带内，并且可与地带性的土壤交叉分布。

（二）城市土壤的特点

城市土壤是指由于人为的、非农业作用形成的，并且由于其他污染物的混合、填埋或污染而形成的厚度大于或等于 50 cm 的城区或郊区土壤。城市土壤的形成是人类长期活动的结果，主要分布在公园、道路、体育场馆、城市河道、郊区、企事业和厂矿周围，或者简单地成为建筑、街道、铁路等城市和工业设施的"基础"而处于埋藏状态。

随着城市化的发展，人类活动的增加，城市土壤的自然特性发生了很大的变化，既继承了原有自然土壤的某些特征，又由于人为干扰活动的影响，使得土壤的自然属性、物理属性、化学属性遭到破坏，原来的微生物区系发生改变，同时使一些人为污染物进入土壤，从而形成不同于自然土壤和耕作土壤的特殊土壤，其特征如下：

1. 土壤层次凌乱

城市土壤并不像自然土壤具有完整规律的发生层。腐殖质层被剥离或者被埋藏，其他土层破碎且没有统一的出现规律，土层深浅变异较大。同时城市土壤剖面中包含不同颜色和厚度的人造层次，层次之间过渡明显。

2. 土壤密实

在城市地区，土壤坚实度明显大于郊区的土壤。城市中由于人口密度大，人踩车压，以及各种机械的频繁使用，土壤坚硬，密度逐渐增大，土壤的孔隙度很低。一般愈靠近地表，坚实度愈大。土壤坚实度的增大使土壤的空气减少，导致土壤通气性下降，土壤中氧气常不足，这对树木根系进行呼吸作用等生理活动产生极不利的影响，严重时可使根系组织窒息死亡。

一般人流践踏地区影响深度为 3~10 cm，车辆辗压影响深度为 30~35 cm；在某些特殊地段，经机械多层压实后其影响深度可达 1 m 以上。土壤紧实制约土壤透气性、透水性和持水能力，妨碍植物根系的正常延伸，影响植物的稳定性，易倒伏，同时影响植株本身的正常生长。

3. 土壤侵入体多

城市中，由于居民生活、建设施工、工业生产等人类活动，给城市土壤带来了许多外来物，像碎石、煤渣、玻璃、砖块、塑料以及生活垃圾、工业废弃物等，最终导致城市土壤的结构多为土、砾石和垃圾的混合物，颗粒组成中以砂粒和砾石居多，有些土壤中砂和砾石的含量竟高达 80%~90%，黏粒及细粒少，土壤质地多为砂质和石质，其质地较粗，持水性差，不利于绿色植物的生长。

4. 土壤养分匮乏

城市土壤属于高输出、低输入的养分循环模式。一方面，城市园林植物的枯枝落叶大多被移走或焚烧，使土壤无法像森林地区的自然土壤那样回归根系和养分循环。而且，城市地面硬化造成城市土壤与外界水分、气体的交换受到阻碍，使土壤的通透性下降，大大减少了水分的积蓄，造成土壤中有机质分解减慢，加剧土壤的贫瘠化。另一方面，城市土壤的养分元素通过淋溶流失、氧化挥发和植物吸收等不断输出，最终导致城市土壤越来越贫瘠。贫瘠的土壤，严重影响了植物根系的生长，使得园林植物生长衰弱，抗逆性降低，甚至会导致其死亡。

5. 土壤污染严重

土壤污染是指土壤中的有害物质含量过高，超过了土壤的自净能力时，会导致土壤功能失调，肥力下降，影响植物的生长和发育，或污染物在植物体内积累，通过食物链危害人类健康。城市土壤污染比较严重。城市的土壤大多为零星、孤立分布，面积都比较小，其物质能量的代谢和循环转化单一而缓慢，生物种类少，环境容量小，对污染的自净能力小。而城市中工业"三废"的排放、市民的生活排污导致土壤酸化、盐碱化,直接影响土壤的性质,影响土壤中的水循环,抑制土壤微生物的活性及物质能量循环。甚至含有重金属的固体废物,经过长期曝晒,被雨淋后溶于水中,最终导致城市土壤污染日益严重。凡是进入土壤并影响土壤的理化性质和组成,导致土壤的自然功能失调、土壤质量恶化的物质,统称为土壤污染物。城市土壤污染发生类型有水质污染型、大气污染型、固体废物污染型、生产污染型和综合污染型。

土壤污染的明显标志是土壤生产力的下降,而且土壤中的污染物超过植物的忍耐限度,会引起植物的吸收和代谢失调;一些污染物在植物体内残留,会影响植物的生长发育,甚至导致遗传变异。

二、土壤对园林植物的生态作用

(一)土壤物理性质与园林植物

1. 土壤质地与结构
(1)土壤质地
土壤质地是指土壤中各粒级土粒含量(质量)百分率的组合,又称为土壤机械组成,是最基本的物理性质之一。土粒按直径大小划分为:砂粒 0.02 ~ 2.0 mm,粉砂 0.002 ~0.02 mm,黏粒小于 0.002 mm。

依据物理性黏粒或物理性沙粒的含量,并参考土壤类型,将土壤质地分成沙土、壤土和黏土三大类。紧实的黏土和松散的沙土都不如壤土能有效地调节土壤水和保持良好的肥力状况(表1-9)。

表1-9　土壤质地分类及特点

土壤类型	土粒构成	特点
沙土	砂粒含量超过50%,黏粒含量小于15%	含沙量多,颗粒粗糙,土壤疏松,黏结性小,渗水速度快,保水性能差,通气性能好,易干旱,因养料流失,保肥性能差
黏土	黏粒含量在40%以上,砂粒20%以下	含沙量少,颗粒细腻,质地黏重,结构致密,湿时黏,干时硬,渗水速度慢,保水保肥性能好,但透水透气性差
壤土	砂粒含量在 20% ~ 30%,黏粒30% ~40%	含沙量一般,颗粒一般,质地较均匀,渗水速度一般,保水性能一般,通气性能一般,是适宜性较好的土壤

土壤质地对土壤的许多性质和过程均有显著影响。土壤的孔隙状况和表面性质受土壤质地的控制,而这些性质又影响土壤的通气与排水、有机物质的降解速率、土壤溶质的运移、水分渗漏、植物养分供应、根系生长、出苗、耕作质量等。

园林生产中经常遇到土壤质地不适应所选用植物需要的情况,或者某一地区由于母质的原因,土壤质地不利于大规模生产的需要,必须对土壤质地进行改良。常见的措施有增施有机肥,改良土性;掺沙掺黏,客土调剂,逐年客土改良;对于沿江沿河的沙质土

园林生态规划设计方法与应用

壤,采用引洪漫淤方法;对于黏质土壤,采用引洪漫沙方法;翻淤压沙、翻沙压淤;种树种草、培肥改土等。

（2）土壤结构

土壤结构包含土壤结构体和土壤结构性。土壤结构体是指土壤颗粒（单粒）团聚形成的有不同形状和大小的土团和土块。土壤结构性是指土壤结构体的类型、数量、稳定性以及土壤的孔隙状况。按照土壤结构体的大小、形状和发育程度可分为团粒结构、粒状结构、块状结构、核状结构、柱状结构、棱柱状结构、片状结构等。

团粒结构最理想的粒径在 0.5～10 mm 之间,大小孔隙均匀,属于结构良好的土壤。结构不良的土壤,如块状结构、核状结构、柱状结构、片状结构等,往往土体紧实,通气透水性差,或者漏肥、漏水、透气,土壤的微生物活动受到抑制,土壤肥力差,不利于植物根系的生长。

地球表面每形成 1 cm 厚的土壤,约需要 300 年或更长时间。土层厚度一般划分为三种,大于 100 cm 为深厚土壤,50～100 cm 为中等厚度土壤,小于 50 cm 为浅薄土壤。在我国的黄土高原,黄土颗粒细,土质松软,含有丰富的矿物质养分,利耕作,黄土厚度在 50～80 m 之间,最厚达 150～180 m。我国的华北平原,是中国第二大平原,地势低平,多在海拔 50 m 以下,是典型的冲积平原,是由于黄河、海河、淮河等所带的大量泥沙沉积所致,多数地方的沉积厚达 700～800 m,最厚的开封、商丘一带达 5000 m。

一般人为地把发育良好且未经扰动的土壤剖面分为 A、B、C 三个层,即表土层、心土层、底土层（表 1-10）。表土层又称淋溶层（A 层）,第二层是心土层,又称淀积层（B 层）,第三层是底土层,又称母质层（C 层）。另外,山地土壤在母质层之下多为母岩层（D 层）。

表 1-10　土壤分层及特点

名称	土壤层次	特点
表土层	枯落物层（A0）	枯枝落叶堆积而成
	腐殖质层（A1）	厚度小于 10 cm,枯落物腐烂分解形成腐殖质积累,土壤颜色深,有机质含量高
	淋溶层（A2）	厚度可达 25 cm,受降水淋溶作用形成,出现在北方针叶林,在阔叶林和草地中不存在
心土层	淀积层（B）	厚度约 30～100 cm,比较紧实,通透性差,养分丰富
底土层	母质层（C）	深度在 1 m 以下,母岩风化沉积而成,多出现在山区土壤剖面,平原少见

表土层的生物积存作用较强,含有较多的腐殖质,肥力较高。耕作土壤的表土层,又可分为上表土层与下表土层。上表土层又称耕作层,为熟化程度较高的土层,其肥力、耕性和生产性能最好;下表土层包括犁底层和心土层的最上部分（又称半熟化层）。表土层

的作用是生长植物,为植物提供有利的生长环境,表土层有机质丰富,这层土壤里植物根系最密集。

心土层位于表土层与底土层之间,由承受表土淋溶下来的物质形成,通常是指表土层以下至 50 cm 深度的土层。在耕作土壤中,心土层的结构一般较差,养分含量较低,植物根系少。但是,心土层是起保水保肥作用的重要土层,是生长后期供应水肥的主要土层。

底土层在土壤中不受耕作影响。底土层在心土层以下,一般位于土体表面 50 ~ 60 cm 以下的深度。此层受地表气候的影响很少,同时也比较紧实,物质转化较为缓慢,可供利用的营养物质较少,根系分布较少。一般常把此层的土壤称为生土或死土。

2. 土壤水分与空气

(1)土壤水分

土壤水分是土壤的重要组成物质,也是土壤肥力的重要因素,是植物赖以生存的生活条件。土壤水分来源于大气降水、灌溉水、地下水上升和大气中水汽的凝结。土壤水并不是纯水,而是含有多种无机盐与有机物的稀薄溶液,是植物吸水的最主要来源,也是自然界水循环的一个重要环节,处于不断变化和运动中,它是土壤现出各种性质和进行各种过程不可缺少的条件。

根据水分在土壤中的物理状态、移动性、有效性和对植物的作用,土壤水分可划分为吸湿水、毛管水、重力水等不同的形态。吸湿水是存在于土壤颗粒表面的水膜,它紧紧被束缚在土粒上,难以被植物吸收利用;毛管水是靠土壤毛管孔隙的毛管引力而保持的水分,这部分水受力小,具有活动性,可被植物吸收利用;重力水是在重力作用下沿土壤中大毛管移动的水分,它可被植物吸收利用,但由于重力作用很快排走,因此大多没有机会被植物吸收利用。

土壤水分有利于矿物质养分的分解、溶解和转化,有利于土壤中有机物的分解与合成,增加了土壤养分,有利于植物吸收。土壤水分还能调节土壤温度,灌溉防霜就是此道理。

土壤水分的过多或过少,对植物、土壤动物与微生物均不利。土壤水分过多,引起有机质的嫌气分解,产生 H_2S 及各种有机酸,对植物有毒害作用,并因根的呼吸作用和吸收作用受阻,使根系腐烂。在积水和透气不良的情况下,土壤空气含量可降到 10% 以下,抑制植物根系呼吸。土壤水分过少时,植物受干旱威胁,并由于好气性细菌氧化过于强烈,使土壤有机质贫瘠,影响幼苗的存活和树木高、径生长。

土壤含水量直接影响植物的正常生长,土壤水分取决于降水、土壤质地和土壤结构,土壤含水量的多少与土壤紧实度、地面硬质铺装以及地下水位的高低有关。城市土壤密实度高,同时由于路面和铺装的封闭,自然降水很难渗入土壤中,大部分排入下水道,以致自然降水量无法充分供给树木,而地下建筑又深入地下较深的地层,从而使树木根系很难接近和吸收地下水。因此,土壤含水量不足,供水多靠人工补给,园林植物常处于缺水状态,易造成生长不良。

(2)土壤空气

土壤空气主要来自大气。土壤中,植物根系、动物和微生物的呼吸作用和有机质的分解,不断消耗 O_2 ,放出 CO_2 ,使土壤空气中 O_2 和 CO_2 的含量明显不同于大气。土壤中 O_2 浓度一般为10% ~12% , CO_2 一般在0.1%左右。与大气相比,土壤空气的组成具有如下特点:土壤空气中的 CO_2 含量高于大气, O_2 含量低于大气,相对湿度比大气高。土壤空气各成分的浓度在不同季节和不同土壤深度下变化很大,并且土壤水分和空气存在于土壤孔隙中,二者彼此消长,即水多气少,水少气多。

土壤空气与大气的交换能力或速率称为土壤通气性。如交换速度快,则土壤的通气性好;反之,则土壤的通气性差。土壤空气状况是土壤肥力的重要因素之一,不仅影响植物的生长发育,还影响土壤肥力状况。对植物生长的影响表现为:

1)影响种子萌发。对于一般作物种子,土壤空气中的氧气含量大于10%则可满足种子萌发需要,如果小于5%,种子萌发将受到抑制。

2)影响根系生长和吸收功能。所有植物根系均为有氧呼吸, O_2 含量低于12%才会明显抑制根系的生长。植物根系的生长状况自然影响根系对水分和养分的吸收。

3)影响土壤微生物活动。在水分含量较高的土壤中,微生物以厌氧活动为主,反之,微生物以好氧呼吸为主。

4)影响植物生长的土壤环境状况。通气良好时,有利于有机质矿化和土壤养分释放;通气不良时,有机质分解不彻底,可能产生还原性有毒气体。

城市土壤由于路面和铺装的封闭,阻碍了气体交换,土壤密实,贮气的非毛管孔隙减少,土壤含氧量少,直接影响植物生长。可以通过深翻松土,增加大孔隙,促进空气交换或多施有机肥,形成良好的团粒结构或修筑排水渠道,及时排水,利于气体流通等办法进行土壤空气的调节。

(3)土壤容重、孔隙度和紧实度

土壤容重、孔隙度和紧实度这3个指标是反映土壤蓄水、透水、通气性的重要物理指标。土壤容重是指在田间自然状态下,单位体积土壤(包括粒间孔隙)的烘干土质量,单位也是 g/cm^3 或 t/m^3 。多数土壤容重在1.0 ~1.8 g/cm^3 ,沙土多在1.4 ~1.7 g/cm^3 ,黏土一般在1.1 ~1.6 g/cm^3 ,壤土介于二者之间。对于质地相同的土壤来说,容重过小表明土壤处于疏松状态,容重过大则表明土壤处于紧实状态。对于园林植物来说,土壤过松过紧都不适宜,过松则通气透水性强,易漏风跑墒;过紧则通气透水性差,妨碍根系延伸。

土壤中土粒或团聚体之间以及团聚体内部的空隙称为土壤孔隙。土壤孔性,也称为土壤孔隙性,是指土壤孔隙的数量、大小、比例和性质的总称。通常是用间接的方法,测定土壤密度、容重后计算出来的。

土壤孔隙度的变幅一般在30% ~60% ,适宜园林植物生长发育的土壤孔隙度指标是耕层的总孔隙度为50% ~56% ,通气孔隙度在10%以上,如能达到15% ~20%更好。土体内孔隙垂直分布为"上虚下实",耕层上部(0 ~15 cm)的总孔隙度为55%左右,通气孔隙度为10% ~15% ;下部(15 ~30 cm)的总孔隙度为50%左右,通气孔隙度为10%左右。"上虚"有利于通气透水和种子发芽、破土,"下实"则有利于保水和扎稳根系。

近年来,城市土壤容重普遍有增大的特点。城市土壤容重偏大、孔隙度降低、紧实度增加,土粒受挤压后形成理化性能差的片状或块状结构,造成其透气性、水分渗透性变差,土壤中有效水的含量减少,对水分的调节能力下降。这样一方面土壤植物根系提供水肥气热的能力受到影响;另一方面大气降水至地面时不易下渗,容易形成汇流,难以保持水分。

3. 土壤温度

土壤温度(即土温)是土壤肥力的一个重要指标,直接影响到土壤中所进行的物理的、化学的和生物的诸多过程,例如矿物质盐类的溶解速度、土壤气体交换、水分蒸发、土壤微生物活动以及有机质的分解,从而间接影响植物的生长,主要表现在以下几个方面:

(1)影响养分转化与吸收

土温的高低对微生物活动的影响较为明显,如硝化细菌与氨化细菌适宜生长的土温范围为 28~30 ℃,土温过低导致土壤缺氧。旱作遇低温时显著减少作物对钾的吸收,因此施用钾肥对旱作抵御低温有良好的作用,部分作物低温时对磷的吸收会下降,因此,在冷性土上应该注意补充磷肥。

(2)影响土壤肥力

温度变化对矿物的风化作用产生重大影响,它可促进矿物质分解,增加养分。土壤中有益微生物在高温季节(24 ℃以上)活动旺盛,从而促进有机质矿质化作用,使土壤养分有效化。温度上升加强气体扩散作用,昼夜温差变化使气体热胀冷缩,都能加速土壤空气的更新。温度对水分运动影响也很大。

(3)影响种子萌发

作物的种子必须在适宜的土温范围内才萌发,土温过低会影响种子萌发,造成畸形苗。例如,小麦、大麦和燕麦为 1~2 ℃;谷子 6~8 ℃;玉米 10~12 ℃。种子萌发的速率随平均土温的提高而加快,所以作物播种后需注意天气变化。

(4)影响作物根系生长

土壤温度升高对植物根系的呼吸、营养吸收和水分利用等过程都存在显著的影响。温带木本植物根系生长的最低温度在 2~5 ℃,芽开放前,根已开始生长,一直延续到晚秋。温暖地区的植物,根系生长要求温度较高,如柑橘类的根在 10 ℃以上才能生长。根系生长的最适土壤温度为 20~25 ℃。在永冻层的土壤中,根系都很浅,源于土壤冻结会导致根系停止生长。土温过高,也会使根系或地下储藏器官生长减弱。

(5)影响植物的生长发育

在一定温度范围内,土温越高,植物生长越快。一年之内某一段时期低温或高温的出现,常常给园林植物带来危害。

(二)土壤化学性质与园林植物

1. 土壤酸碱度

酸碱度是土壤重要的基本性质之一,直接影响着土壤中养分存在的形态和有效性,对土壤的理化性质、微生物活动以及植物生长发育有很大影响。一般花岗岩上发育的土壤呈沙砾质或壤质,通透性能好,呈微酸性反应;石灰岩上发育的土壤呈中性至微酸性反应,质地细。土壤酸性或碱性通常用土壤溶液的 pH 值来表示(表1-11)。我国一般土壤的 pH 值变动范围在 4~9,多数土壤的 pH 值在 4.5~8.5 范围内,极少有低于 4 或高于 10 的。"南酸北碱"概括了我国土壤酸碱度的地区性差异。

土壤碱性除用 pH 值表示外,还可用总碱度和碱化度两个指标表示。我国北方多数土壤 pH 值为 7.5 ~ 8.5,而含有碳酸钠、碳酸氢钠的土壤,pH 值常在 8.5 以上。总碱度是指土壤溶液中碳酸根和重碳酸根离子的总浓度。通常把土壤中交换性钠离子的数量占交换性阳离子数量的百分比,称为土壤碱化度。一般碱化度为 5% ~ 10% 时为轻度碱化土壤,10% ~ 15% 时为中度碱化土壤,15% ~ 20% 时为强度碱化土壤,>20% 时为碱土。

表 1–11　土壤酸碱度分级

类型	强酸性	酸性	中性	碱性	强碱性
pH 值	<5.0	5.0 ~ 6.5	6.5 ~ 7.5	7.5 ~ 8.5	>8.5

土壤酸碱度是土壤各种化学性质的综合反应,它对土壤肥力、土壤微生物的活动、土壤有机质的合成与分解、各种营养元素的转化和释放、微量元素的有效性以及动物在土壤中的分布都有着重要影响。

(1)影响土壤养分物质的转化和有效性,土壤中氮、磷、钾、钙、镁等养分有效性受土壤酸碱性变化的影响很大。土壤在 pH 值 6 ~ 7 的微酸性条件下,养分的有效性最高。

(2)微生物对土壤 pH 值也有一定的适应范围。细菌在 pH 值 6 ~ 8、放线菌在 pH 值 6 ~ 8、真菌在 pH 值 5 ~ 6 的最适范围内,分解有机化合物最佳。

(3)影响土壤理化性质,pH 值过高或过低都会影响矿物质盐的溶解度,从而影响养分的吸收。

(4)影响植物发育,不同植物对土壤酸碱性都有一定的适应范围,一般园林植物在弱酸、弱碱和中性土壤上(pH 值为 6 ~ 8)都能正常生长。

目前,城市土壤向碱性的方向演变,pH 值比周围的自然土壤高。这可能与用偏碱性的水浇灌植物以及城市建筑废弃物、灰尘、沉降物等含大量的碳酸盐类物质有关。土壤过碱时,植物所需铁、镁等矿物质的有效性就会降低(变成不溶性),因此种植在该土壤上的植物会发生黄化现象。

2. 土壤矿质元素

土壤中约 98% 的养分呈束缚状态,贮备在矿物质和有机质中,通过风化作用和腐殖质的矿质化,变为可利用状态,被植物吸收利用。土壤养分的来源大体上有以下几个方面,即土壤矿物质风化所释放的养分、土壤有机质分解释放的养分、土壤微生物的固氮作用、植物根系对养分的集聚作用、大气降水对土壤加入的养分、施用肥料,包括化学肥料和有机肥料中的养分。

土壤中所有无机物质的总和称为土壤矿物质,主要来自岩石与矿物的风化物。一切自然产生的化合物或单质称为矿物,例如石英、白云母、黑云母、长石、金刚石、蒙脱石、伊利石、高岭石等。一般耕作土壤,矿物质占土壤固体部分总重量的 95% 以上,是组成土壤的基础物质。土壤矿物质的主要元素有氧、硅、铝、铁、钙、镁、钾、钠、钛和碳等,这 10 种元素约占土壤矿物质总重量的 99%,其他各种元素总共只占 1% 左右。这些元素各有不同的作用,有的是植物生长所必需的营养元素,有的是构成土壤骨架的基本材料。

目前已确定植物必需的元素共有17种,其中碳、氢、氧、氮、磷、钾、钙、镁、硫等9种元素植物需要量相对较大,在植物体内含量相对较高,称为大量元素;铁、锰、铜、锌、硼、钼、氯和镍等8种元素植物需要量极微,称为微量元素,稍多反而对植物有害,甚至致其死亡。除碳、氢、氧外,其他的营养元素几乎全部来自土壤。

3. 土壤有机质

土壤有机质主要是动植物残体的腐烂分解物质和新的合成物质,虽然含量少,但对土壤物理、化学、生物学性质影响很大,同时它又是植物和微生物生命活动所需的养分和能量的源泉。土壤有机质的来源有死亡的动植物、微生物残体,施入的农家肥,工业及城市垃圾废水、废渣等。土壤有机质有以下几种作用:

(1)植物养分的主要来源,腐殖质既含有氮、磷、钾、硫、钙等大量元素,还含有微量元素,经微生物分解可以释放出来供吸收利用。

(2)能够改良土壤物理性质,它是形成团粒结构的良好胶结剂,可以提高黏土的疏松度,改变砂土的松散状态。

(3)促进土壤微生物的活动,它可为微生物提供丰富的养分和能量,又能调节土壤酸碱度,因而有利微生物活动。

土壤有机质主要由腐殖质和非腐殖质组成,其中腐殖质质占85%~90%。腐殖质是一类在土壤微生物作用下,酚类和醌类物质经过聚合形成的由芳环状结构和含氮化合物、糖类组成的复杂多聚体,是性质稳定、新形成的深色高分子化合物。非腐殖物质主要是一些比较简单、易被微生物分解的糖类、有机酸、氨基酸、氨基糖、木质素、蛋白质、纤维素、半纤维素、脂肪等高分子物质。

土壤有机质在土壤生物,特别是土壤微生物的作用下所发生的分解与合成作用为土壤有机质的转化,分为矿质化过程和腐殖化过程。矿质化过程是指有机质在微生物的作用下分解为简单化合物同时释放出矿质养分的过程。腐殖化过程是指有机质在微生物的作用下合成为复杂稳定的腐殖质的过程。

土壤有机质为植物提供所需的各种营养元素,是表征土壤肥力的重要指标。近年来,城市土壤有机质含量呈不断下降趋势,主要是由于城市土壤多为回填土,来源广泛,土壤扰动较大,植被覆盖率不高,能够回归到土壤的枯枝落叶较少,有机质得不到补充。城市土壤有机质偏低,其保肥、供肥能力也低,影响城市植物生长及其绿化功能,需加大管理措施,定期对其补充有机物料。

(三)土壤生物与园林植物

土壤是许多生物的栖息场所,土壤生物与土壤密不可分,它既依赖于土壤而生存,又对土壤的形成、发育、性质和肥力状况产生深刻影响,它是土壤有机质转化的动力。

土壤生物是指全部或部分生命周期在土壤中生活的生物。土壤有机质是存在于土壤中所有含碳有机化合物的总称,包括土壤中各种动、植物和微生物残体,土壤生物的分泌物与排泄物及这些有机物质分解和转化后的物质。

土壤生物有以下主要功能:

(1)影响土壤结构的形成与土壤养分的循环,如微生物的分泌物可促进土壤团粒结构的形成,也可分解植物残体,释放碳、氮、磷、硫等养分。

（2）影响土壤无机物质的转化,如微生物及其他生物分泌物可将土壤中难溶性磷、铁、钾等养分转化为有效养分。

（3）固持土壤有机质,提高土壤有机质含量。

（4）通过生物固氮,改善植物氮素营养。

（5）可以分解转化农药、激素等在土壤中的残留物质,降解毒性,净化土壤。

土壤生物主要包括动物、植物、微生物等,其中,土壤微生物种类多、数量大,是土壤生物中最活跃的部分。

1. 土壤微生物

土壤中的微生物种类繁多,数量极大,每克肥沃土壤中通常含有几亿到几十亿个微生物,贫瘠土壤每克也含有几百万至几千万个微生物,一般说来,土壤越肥沃,微生物种类和数量越多。

微生物是生态系统中的分解者或还原者,它们分解有机物质,释放出养分,促进土壤肥力的形成;微生物直接参与使土壤有机体中营养元素释放的有机质矿质化过程和形成腐殖质的过程;在形成土壤团粒结构方面,微生物也起着直接的和间接的作用;土壤中某些菌类还能与某些高等植物的根系形成共生体,如菌根、根瘤,它们有的能增加土壤中氮素的来源,有的能形成维生素、生长素等物质,利于植物种子发芽和根系生长;还有一些特殊的微生物,能使土壤环境得到改善而促使植物生长。

土壤微生物包括细菌、真菌、放线菌和藻类、原生动物等五大类,其中细菌数量最多,放线菌、真菌次之,藻类数量最少。

（1）土壤细菌

土壤细菌是指栖于土壤中的微小单细胞原核生物,其个体甚小,每克土壤可以含有几百万到几亿个,肥沃土壤含量更高。土壤细菌包括异养细菌、固氮细菌、自养细菌等。

异养细菌是靠分解土壤中的有机物获取能源和营养,土壤中的大多数细菌是异养型的,主要作用是分解有机质,释放二氧化碳和矿质养分,尤其是氮、磷、硫等。

固氮细菌是能够进行生物固氮作用的一类微生物,它们利用生物体的糖类等作为碳源和能源,也属于异养细菌,特点是能够利用大气中的分子态氮。例如,豆科植物根系能与土壤中的根瘤菌共生,全世界豆科植物近两万种,大多数都能形成根瘤固氮。被固定的氮可转化为氨基酸供豆科植物利用,豆科植物则为根瘤菌提供糖分和水分。

自养细菌是能直接利用光能或无机物氧化时所释放的能量,并能同化二氧化碳,进行营养的细菌,如硝化细菌、硫黄细菌、硫化细菌、铁细菌、氢细菌。在土壤中的主要作用是通过生物氧化机制促进养分转化,并消除还原性有毒物质在土壤中的积累。

（2）土壤真菌

土壤真菌是生活于土壤中呈菌丝状的单细胞或多细胞的异养型微生物,外形上多呈分枝状的菌丝体。土壤真菌在表土层分布最多,营腐生、寄生或共生生活,最适于在通气良好的酸性土壤中生存。

土壤真菌分解植物残体能力强,纤维素、木质素、单宁等难分解的有机质能被其分解,并能把细菌和放线菌无能为力的一些分解继续进行下去,但其分解速度慢。在酸性环境中,土壤真菌是分解土壤有机质的主要微生物类群,它比细菌耐酸性,在 pH<4 时也能生长。

（3）土壤放线菌

土壤放线菌是单细胞微生物,个体大小介于细菌和真菌之间,呈分枝状的菌丝。它们均属好气性异养型,对营养要求不高。土壤放线菌以分解有机物为主,能够广泛利用纤维素、半纤维素、蛋白质、木质素等含碳和含氮化合物。这类微生物会产生天然的活性物质,被广泛用于生产抗生素、抗癌制剂、除草剂、抗寄生虫和抗真菌制剂以及酶。

放线菌对酸性敏感,最喜欢生活在有机质丰富的微碱性土壤中,泥土所特有的"泥腥味"就是由放线菌产生的。它们中绝大多数是腐生菌,能将动、植物的尸体腐烂、"吃"光,然后转化成有利于植物生长的营养物质。

（4）土壤藻类

土壤藻类是含有叶绿素的低等植物,能利用光能将 CO_2 合成有机质,个体细小,主要分布在光照和水分充足的土壤表面,分为蓝藻、绿藻、硅藻。不少蓝藻能够固定空气中的游离氮素,在积水的水面和水稻田中常用大量的藻类发育,为土壤积累有机物质。藻类分布的范围极广,对环境条件要求不严,适应性较强,在只有极低的营养浓度、极微弱的光照强度和相当低的温度下也能生活。

（5）土壤原生动物

土壤原生动物是一些原始的单细胞有机体,易被土粒黏附,按照运动方式分为变形虫、鞭毛虫、纤毛虫。原生动物分解有机物,也吞食有机物的残片和捕食细菌、单细胞藻类和真菌孢子,它们对土壤有机质的分解、养分转化是有利的。

2. 土壤动物

土壤动物是指在土壤中度过全部或部分生活史的各种大小动物,生存在土壤中或落叶下。土壤动物的主要作用是有机物的机械粉碎、纤维素和木质素的分解以及土壤的疏松、混合和结构的改良。土壤动物能够影响土壤的形成和发育、物质的转化、土壤肥力的提高、指示污染和肥力。

土壤动物种类繁多,包括众多的脊椎动物、软体动物、节肢动物、环节动物、线形动物、扁形动物和原生动物等,如蚯蚓、线虫、蚂蚁、蜗牛、螨类等,一般为土壤生物量的 10%～20%。

土壤脊椎动物是生活在土壤中的大型高等动物,包括土壤中的哺乳动物（鼠类、兔类）、两栖类（蛙类）、爬行类（蜥蜴、蛇等）。其中哺乳动物有掘土习性,以植物的根、地下茎和种子为食物,对植被破坏较大。

土壤节肢动物包括依赖土壤而生活的某些昆虫或其幼虫,螨类,弹尾类（跳虫）、蚁类、蜘蛛、蜈蚣等,数量较多。土壤节肢动物以死亡的植物残体为食物,对土壤物质的混合、疏松起着积极作用。

土壤环节动物是进化的高等蠕虫,以蚯蚓最为典型。蚯蚓在地球上大约存活了2.5亿年,昼伏夜出,以畜禽粪便和有机废物垃圾为食,蚯蚓可使土壤疏松,改良土壤,提高肥力,促进农业增产。

土壤线虫个体比蚯蚓小,躯体纤细,属于较低等的微小蠕虫。其在土壤中数量巨大,多呈长圆柱形,在有机质分解、养分矿化和能量传递过程中起着关键作用,但同时是常见土传病害的头号杀手之一,尤其是根结线虫,对农业危害极大。

3. 土壤植物

土壤植物是土壤重要的组成部分,就高等植物而言,主要指高等植物地下部分,包括植物根系,地下块茎、块根(甘薯、马铃薯等)。越是靠近根系的土壤,其微生物数量也越多。通常把受到根系明显影响的土壤范围称为根际。

根际是土壤中根系作用最为强烈的土壤范围,即植物根系与土壤的交界面,一般包括距根表面 1~4 mm 的土壤范围,根系与根际土壤有着十分密切的关系。由于根向根际土壤中分泌大量的糖类和一定量的氨基酸、维生素等营养物质,加之根细胞的死亡脱落,使根际土壤中微生物的数量和活性均明显提高,这种现象被称为根际效应。

植物根系作为一个生物因子,对土壤形成发育过程中各种物理、化学以及生物特性的形成产生广泛而深刻的影响;根系脱落或死亡后,可增加土壤下层的有机物质,并促进土壤结构的形成;根系腐烂后,留下许多通道,改善了通气性并有利于重力水上升;根系分泌物、根周围微生物的活动能增加植物某些营养元素的有效性,改变土壤的 pH,促进矿物及岩石的风化;林木根系可增强土壤抗冲、抗蚀性。

三、园林植物对土壤的生态适应

(一)园林植物对土壤养分的生态适应

不同的植物种类对土壤养分的要求不同。按照植物土壤养分的适应状况可将其分为两种类型:不耐瘠薄植物和耐瘠薄植物。

不耐瘠薄植物对土壤养分的要求较为严格,稍有缺乏就能影响其正常的生长和发育。养分供应充足时,植株长势良好,一般表现枝繁叶茂、开花结实量相应增多等特征。特别是一二年生草本花卉,大多对养分的要求较高,养分缺乏时,不但生长受到抑制,且开花量及其品质都会下降,甚至不开花。木本植物中不耐瘠薄的有械树、核桃楸、水曲柳、椴树、红松、云杉、悬铃木、白蜡、榆树、苦楝、乌桕、香樟、夹竹桃、玉兰、水杉等。绿地土壤养分缺乏的现象较为常见,因此,在选择园林植物时,要充分考虑其对土壤养分的要求,并采取相应的措施保证园林植物的正常生长。

耐瘠薄植物是指对土壤养分要求不严格,或能在土壤养分含量较低的情况下正常生长的植物类型。耐瘠薄植物种类较多,特别是一些曾长期生长在瘠薄环境中,后又被引种栽培的植物。木本植物中的丁香、树锦鸡儿、樟子松、油松、旱柳、刺槐、臭椿、合欢、皂荚、马尾松、黑桦、蒙古栎、木麻黄、紫穗槐、沙棘、构树、月季,草本植物中的画眉草、结缕草、高羊茅、马蔺、地被菊、荷兰菊等均属此类植物。在绿地土壤养分含量较低的情况下,应优先考虑种植耐瘠薄植物。

(二)园林植物对土壤酸碱性的生态适应

不同种类植物对土壤酸碱度的要求不一样,大多数植物生活的土壤 pH 值为 3.5~8.5,但最适生长的 pH 值则远比此范围窄。土壤 pH 值低于 3 或高于 9,多数植物根细胞原生质严重受害,难以存活。

根据植物对土壤酸碱度的适应范围和要求,可把植物分为:

1. 酸性土植物

酸性土植物是指在或轻或重的酸性土壤上生长最好、最多的种类。土壤 pH 值在 6.5 以下,例如杜鹃、乌饭树、山茶、油茶、马尾松、石南、油桐、吊钟花、栀子花、大多数棕榈科植物、红松、印度橡皮树等,种类极多。

2. 中性土植物

中性土植物是指在中性土壤上生长最佳的种类。土壤 pH 值在 6.5 ~ 7.5 之间。大多数的花草树木与农作物均属此类。

3. 碱性土植物

碱性土植物是指在或轻或重的碱性土壤上生长最好的种类,土壤 pH 值在 7.5 以上,例如柽柳、紫穗槐、沙棘、沙枣(桂香柳)等。

(三)园林植物对盐渍化的生态适应

盐碱土是指盐土和碱土以及各类盐化和碱化土的统称。盐碱土一般分布在地势低平,地下水位较高,半湿润、半干旱和干旱的内陆地区。地下水中的可溶性盐分沿土壤毛细管上升到地表后,水分蒸发了,而盐分则聚积形成了盐碱土。

盐土和碱土是指含有可溶性盐类,而且盐分浓度较高,对植物生长直接造成抑制作用或危害的土壤。盐土中以含氯化钠和硫酸钠为主,这两种盐类聚集在土壤表层,形成白色盐结皮;碱土中含可溶性盐少,淀积层有坚实的柱状结构,富含碳酸钠。

一般植物不能在盐碱土上生长,但是有一类植物却能在含盐量高或碱性强的土壤中生长,具有许多适应盐、碱生境的形态和生理特征,这类植物统称为盐碱土植物,包括盐土植物和碱土植物两类。

我国的盐土分布较广,碱土仅零星分布。以盐土植物为例,在生理上,盐土植物具有一系列的抗盐特性,根据它们对过量盐类的适应特点不同,可分为三类:

1. 聚盐性植物

聚盐性植物能从土壤中吸收大量的可溶性盐分,并把这些盐类积聚在体内而不受伤害,这类植物的原生质对盐类的抗性特别强,能忍受 6% 甚至更浓的氯化钠溶液。聚盐的方式通过肉质化或茎叶脱落,例如盐角草。

2. 泌盐性植物

它们的植株吸收了大量的盐分,可以通过叶子表面的吐盐结构——泌盐腺,将多余的盐排出体外。如热带海滨分布的各种红树就属于耐盐植物。

3. 不透盐植物

这类植物一般只分布在盐渍化程度较轻的土壤上面。它们的细胞膜通透性非常小,盐分很难通过,如长冰草、海蒿等植物。

盐土植物在形态上常表现为植物体干而硬,叶子不发达,蒸腾表面强烈缩小,气孔下陷;表皮具有厚的外壁,常具灰色茸毛。在内部结构上,细胞间隙强烈缩小,栅栏组织发达。有一些盐土植物枝叶具有肉质性,叶肉中有特殊的贮水细胞,使同化细胞不致受高浓度盐分的伤害,贮水细胞的大小还能随叶子的年龄和植物体内盐分绝对含量的增加而增大。

第六节　大气与园林植物

一、城市大气环境

(一)大气成分及其生态作用

1. 大气成分

大气是指环绕地球的全部空气的总和,在自然地理学中被称为大气圈或大气层。在大气层中,空气的分布是不均匀的。一般认为大气的厚度超过1000 km,离地面越高空气越稀薄。在地球表面12 km范围以内的空气层,其质量约占空气总质量的95%。

大气对人类生存具有非常重要的意义,地球大气的总质量约为6000万亿t。一个成年人每天大约要呼吸10 m³的空气,在总面积达60~90 m²的肺泡组织上进行气体的吸收和交换,以维持正常的生理活动。10 m³空气相当于13 kg,因此,充足和洁净的空气对人体健康是时刻不可缺少的。

一般情况下,它们在空气中的组成是保持相对恒定的,正常情况下空气是清洁的。然而由于人类的生产和生活活动,向大气中排入了许多物质,从而引起空气成分改变,其中,二氧化硫、飘尘、氮氧化物、碳氢化物、一氧化碳、二氧化碳等是排放到大气中的主要污染物,使大气质量变得越来越差。

2. 大气的生态作用

在大气成分中,与生物关系最密切的是氧气和二氧化碳。二氧化碳是光合作用的主要原料,又是生物氧化代谢的最终产物。氧气几乎是所有生物所依赖的物质(除极少数厌氧生物外),没有氧气,生物就不能生存。

(1)N_2的生态作用

N_2是一切生命结构的原料。N_2是大气成分中最多的气体,但绿色植物一般不能直接利用,只有在雷电作用下氮气变为氧化物才能被直接利用,少数有根瘤菌共生体系的植物也可以通过菌根来固定大气中的游离氮。所以,大部分植物吸收的氮元素来自土壤中有机质的转化和分解产物。活性氮在植物的生命活动中有极重要的作用,但土壤中的氮素经常不足。当氮素缺乏时,植物生长不良,甚至叶黄枝死,所以生产上常常施以氮肥进行补充。在一定范围内增加土壤氮素,能明显促进植物的生长。

(2)O_2的生态作用

O_2是动植物呼吸作用所必需的物质,绝大多数动物没有O_2就不能生存。大气中的O_2主要来源于植物的光合作用,少量的O_2来源于大气层中的光解作用,即在紫外线照射下,大气中的水分子分解成O_2和H_2。植物在光合作用过程中吸收CO_2释放出O_2。植物自身呼吸作用也消耗少量的O_2。但是,植物呼吸消耗的O_2只占自身产生量的1/20,大量的O_2被用于大气平衡和其他生物包括人类的呼吸消耗。据估算,每公顷森林每日吸收

1 t CO_2,呼出 0.73 t O_2;每公顷生长良好的草坪每日可吸收 0.2 t CO_2,释放 0.15 t O_2。如果成年人每人每天消耗 0.75 kg O_2,释放 0.9 kg CO_2,则城市每人需要 10 m^2 森林或 50 m^2 草坪才能满足呼吸需要。

在大气高空中,由于紫外线的作用会形成高空臭氧层,它们多分布在 20～25 km 的空间。臭氧层的存在能够有效地吸收太阳紫外线辐射,保护地球上的人类及生物免受过多紫外线辐射的危害。因为过多过强的紫外线不但能杀死部分细菌,抑制植物生长,也会使人的皮肤发生癌变。地球一旦失去臭氧层的保护,生物将无法生存。

(3)CO_2 的生态作用

CO_2 的来源是植物呼吸作用和矿物质的燃烧。CO_2 首先是植物光合作用的主要原料,在一定范围内,植物光合作用强度随 CO_2 浓度增加而增加。在高产植物中,生物产量的 90%～95% 是取自空气中的 CO_2,仅有 5%～10% 是来自土壤。据分析,在植物干重中,碳占 45%,氧占 42%,氢占 6.5%,氮占 1.5%,灰分元素占 5%。其中碳和氧皆来自 CO_2,所以 CO_2 对植物具有重要的生态意义。

在近地层,CO_2 浓度并非一成不变,它有日变化和年变化,这是随着植物光合作用的强弱而发生的。在一天中,中午光合作用最强时,CO_2 浓度最低,而晚上呼吸作用不断放出 CO_2,在日出前 CO_2 浓度达到最高值。在一年中,一般夏季 CO_2 浓度最低,冬季最高。在强光照下,作物生长盛期,CO_2 不足是光合作用效率的主要限制因素,增加 CO_2 浓度能直接增加作物产量。

其次,CO_2 是造成温室效应的主要因素。有研究表明,自从人类工业开始之后,大气内的 CO_2 含量就增加了 40%。CO_2 能吸收地面的长波辐射,就像一个大棉被盖在半空中,使大气不断变暖,地球平均气温越来越高。而地球升温会使部分地区水灾严重,部分地区又高热干旱,农作物大面积受灾减产,森林草原退化,物种濒临灭绝,还会加剧飓风的形成,使风暴天气更加频繁。因此,减少 CO_2 是控制温室效应的主要手段。

(4)水蒸气及其他杂质的生态作用

大气中的水蒸气含量随着时间、地点和气象条件等不同有较大变化,范围在 0.01%～4%。其含量虽不多,但对云、雾、雨、霜、露等天气现象起着重要作用,同时还导致大气中热能的输送和交换。

大气中的各种杂质是由于自然过程和人类活动排到大气中的各种悬浮微粒及气态物质形成的。悬浮微粒除水汽凝结物如水滴、云雾和冰晶等外,主要有尘粒、火山灰、烟尘等。气态物质主要有硫氧化物(如 SO_2)、氮氧化物(如 NO_2)、CO、CO_2、H_2S、NH_3、CH_4 等。大气中的杂质对辐射有吸收和散射作用,是大气中的各种光学现象及大气污染的重要影响因素。

(二)城市大气污染

当前,大气污染已成为全球面临的公害,在城市地区尤为严重。大气污染是指大气中的烟尘微粒、SO_2、CO、CO_2、碳氢化合物和氮氧化合物等有害物质在大气中达到一定浓度和持续一定时间后,破坏了大气原组分的物理、化学性质及其平衡体系,超过大气及生态系统的自净能力,使生物和环境受害的大气状况。

1. 大气污染源

大气污染源可分为天然污染源和人为污染源两大类。天然污染源是指自然界自行向大气环境排放污染物的污染源。例如,火山喷发、森林火灾、大气中自然尘、森林植物释放物、海浪飞沫等。人为污染源是指人类的生产活动和生活活动所形成的污染源。例如,燃料(煤、石油、天然气等)的燃烧过程向大气输送污染物;工业生产过程中排放到大气中的污染物,其特点是种类多,数量大;现代化交通运输工具如汽车、飞机、船舶等排放的尾气;施用农药和化肥的农业活动也成为大气的重要污染源。

2. 污染物种类

排入大气的污染物种类很多,引起人们注意的有 100 多种。我国大气污染属煤烟型污染,以粉尘和酸雨危害最大,污染程度在加重。依照污染物的形态,可分为颗粒污染物与气态污染物。

(1) 颗粒污染物

颗粒污染物是指空气中分散的微小的固态或者液态物质,其颗粒直径在 0.005 ~ 100 μm,其总量称为总悬浮颗粒。一般可以分为烟、雾、灰霾和粉尘等。

颗粒物英文全称为 particulate matter,科学家用 PM 表示每立方米空气中这种颗粒的含量,这个值越高,就代表空气污染越严重。其中,$PM_{2.5}$ 是指大气中直径小于或等于 2.5 μm 的颗粒物,也称为可入肺颗粒物。PM_{10} 又称为可吸入颗粒物,指直径大于 2.5 μm、等于或小于 10 μm,可以进入人的呼吸系统的颗粒物。总悬浮颗粒物也称为 PM_{100},即直径小于或等于 100 μm 的颗粒物。

一般而言,粒径 2.5 μm 至 10 μm 的粗颗粒物主要来自道路扬尘等;2.5 μm 以下的细颗粒物($PM_{2.5}$)则主要来自化石燃料的燃烧(如机动车尾气、燃煤)、挥发性有机物等。与较粗的大气颗粒物相比,$PM_{2.5}$ 粒径小,富含大量的有毒、有害物质且在大气中的停留时间长、输送距离远,因而对人体健康和大气环境质量的影响更大。

在城市高强度的经济活动中,要消耗大量能源。据统计,一个百万人口的城市,每天要消耗煤 3000 t、石油 2800 t、天然气 2700 t,同时排放出粉尘约 150 t、二氧化硫 150 t、一氧化碳 450 t、一氧化氮 100 t。当这些粉尘和有害气体进入空气后,会改变大气的组成成分,影响城市空气的透明度和辐射热能收支,减弱能见度,为云雾提供丰富的凝结核,从多方面影响气候。如果污染物超过大气的自净能力,还会造成城市大气污染。

$PM_{2.5}$ 多少才算正常? 针对中国具体情况,我国的标准是 75 μg/m^3(表 1-12)。

表 1-12 依据 $PM_{2.5}$ 的空气质量标准

空气质量等级	优	良	轻度污染	中度污染	重度污染	严重污染
24 小时 $PM_{2.5}$ 平均值标准值(μg/m^3)	0 ~ 35	35 ~ 75	75 ~ 115	115 ~ 150	150 ~ 250	250 及以上

(2) 气态污染物

气态污染物包括气体和蒸气。气体是某些物质在常温、常压下所形成的气态形式。

常见的气体污染物有硫氧化物、氮氧化物、碳氢化物、碳氧化物等;蒸气是某些固态或液态物质受热后,引起固体升华或液体挥发而形成的气态物质,例如汞蒸气、苯、硫酸蒸气等。

气态污染物又可以分为一次污染物和二次污染物。一次污染物是指直接从污染源排到大气中的原始污染物质;二次污染物是指由一次污染物与大气中已有组分或几种一次污染物之间经过一系列化学或光化学反应而生成的与一次污染物性质不同的新污染物质,例如硫酸烟雾和光化学烟雾。

1)硫氧化物　硫常以二氧化硫(SO_2)的形态进入大气,也有一部分以亚硫酸盐及硫酸盐微粒形式进入大气。大气中的硫约2/3来自天然污染源,其余是细菌活动产生的硫化氢。人为污染源产生的硫排入的主要形式是 SO_2,主要来自含硫煤燃烧、石油炼制、有色金属冶炼、硫酸制造等。

SO_2为刺激性气体,易溶于水,几乎全部被上呼吸道吸收,对眼、上呼吸道黏膜有强烈刺激作用。SO_2通过气孔进入植物叶子,破坏叶子内部组织,造成叶子变黄、卷叶,以致植物倒伏。SO_2排放进入大气后还可形成酸雨,酸雨使水质酸化,导致水生态系统变化,浮游生物死亡,鱼类繁殖受到影响;酸雨也危害森林,破坏土壤,使农作物产量降低;酸雨还腐蚀石刻、建筑。

硫氧化物大多数是 SO_2,部分是 SO_3。在气体污染物中,SO_2是城市中分布很广、影响较大的污染物,是我国大气污染监测的主要指标,它主要是燃煤的结果。在稳定的天气条件下,SO_2聚集在低空,与水生成 H_2SO_3,当它氧化成 SO_3 时,毒性增大,并遇水形成硫酸,继之形成硫酸烟雾。硫酸烟雾的毒性更大,尤其是在低风速和逆温层引起的空气滞留的情况下,危害十分严重。

2)氮氧化物　氮氧化物主要是一氧化氮(NO)和二氧化氮(NO_2),它们是在高温条件下,由空气中的氮与氧反应生成的。NO 不溶于水,危害不大,但它在常温下很容易跟空气中的氧化合生成棕色、有刺激气味的 NO_2。当它转变为 NO_2 时就具有和 SO_2 相似的腐蚀与生理刺激作用。NO_2有毒,空气中含量为 0.1 g/t 时,即可嗅到它的臭味;含量在 150 g/t 以上对人的呼吸器官就有强烈刺激作用,会引起肺水肿等疾病。NO_2遇水便形成硝酸。

在城市地区气态污染物主要是 NO_2,绝大部分来自工业生产和交通运输,汽车尾气是氮氧化物的主要来源。近年来,我国城市的雾霾天气越来越严重。雾霾是雾和霾的组合词。雾是由大量悬浮在近地面空气中的微小水滴或冰晶组成的气溶胶系统,是近地面层空气中水汽凝结(或凝华)的产物。霾是由空气中的灰尘、硫酸、硝酸、有机碳氢化合物等粒子组成的。雾霾主要由 SO_2、氮氧化物和可吸入颗粒物组成,它也能使大气浑浊,视野模糊并导致能见度恶化。目前,我国不少地区把阴霾天气现象并入雾一起作为灾害性天气预警预报。

3)碳氢化物　碳氢化物包括多种烷烃、烯烃和芳香烃等复杂多样的有机化合物,主要来源是石油燃料的不完全燃烧和挥发,其中汽车尾气占很大比例。碳氢化物中的多环芳烃具有明显的致癌作用。碳氢化物是形成光化学烟雾的主要成分。

光化学烟雾是一种浅蓝色烟雾,是氮氧化物和碳氢化物等一次污染物在紫外线的照射下发生各种光化学反应而生成的以臭氧为主,醛、酮、酸、过氧乙酰硝酸酯等一系列二次污染物与一次污染物的特殊混合物,多出现在汽车密集地区。在夏、秋季副热带高压控制下,在太阳辐射强、温度高的中午前后,容易发生光化学反应。光化学烟雾毒性大,氧化性强,对人体健康、动植物生长及物品的危害较大。光化学烟雾是 1940 年在美国的洛杉矶地区首先发现的,继洛杉矶之后,日本、英国、德国、澳大利亚和中国先后出现过光化学烟雾污染。

4)碳氧化物　一氧化碳(CO)和二氧化碳(CO_2)都是空气中固有的成分,但自然情况下含量很低。CO 的本底浓度大约为 0.1 mg/m^3,但在污染地区可达 $80 \sim 150$ mg/m^3,主要是汽车尾气所致。CO 是一种无色、无味、无臭的气体,人们不易察觉,但吸入人体后可迅速降低血红蛋白与氧的结合能力,CO 与血红蛋白的结合能力比 O_2 强近200 倍。当空气中的浓度达到 120 mg/m^3 时,可使人头痛、眩晕、感觉迟钝;当浓度达360 mg/m^3 时,即使几分钟,也能损伤视觉,甚至可能产生恶心和腹痛。

3.影响大气污染的环境因素

大气污染主要发生在离地面约 12 km 的范围内,随大气环流和风向的移动而飘移,使大气污染成为一种流动性污染,具有扩散速度快、传播范围广、持续时间长、损失大等特点。一个典型的大城市每天向大气中排放几千吨空气污染物,如果没有大气的自然净化作用,空气会很快因污染而对人类及动植物造成致命伤害。大气的自然净化过程包括降水的洗涤作用、悬浮颗粒的重力沉降作用、污染物跟其他物质间的化学反应等。

大气污染是由多种污染源造成的,并受该地区的地形、气象、绿化面积、能源结构、工业结构、工业布局、建筑布局、交通管理、人口密度等多种自然因素和社会因素的综合影响(图 1-12)。

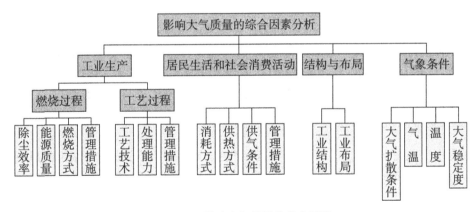

图 1-12　影响大气质量的综合因素

(1)气象因素

1)风和大气湍流的影响　在降低污染物的危害方面,最重要的还是大气本身的分散和稀释作用,而这两种作用的强弱又主要取决于风和大气稳定度两个气象因素。

风是指水平的气流,风对一个地区的大气污染或大气环境质量的影响是显而易见的,它包括风向和风速两个方面。风向决定污染物扩散的方向,风速决定污染物扩散和稀释的快慢、程度。同时,大气中几乎时时处处都存在着不同尺度的湍流运动。在大气边界层内,气流受下垫面的强烈影响,湍流运动尤为剧烈。由于湍流的扩散作用,大大加快了污染物的扩散速度,污染物从高浓度区向低浓度区输送,逐渐被分散、稀释。

2)温度层结和大气稳定度　温度层结是指大气的温度和密度在垂直方向上呈不均匀状态的分布。一般来说,晴朗的白天,特别是中午,太阳辐射最强,温度层结是递减的,大气处于极不稳定状态;晴朗的夜间,黎明前逆温最强;日出及日落前后为转换期,均接近中性层结。

大气稳定度是指大气在垂直方向上大气稳定的程度。稳定的大气状况,特别是逆温天气,对污染物的扩散不利,此时大气的对流运动很弱,稀释作用很小。

3)降水　降水对污染物有净化作用,可以有效地吸收、淋洗空气中的各种污染物。降水的净化作用与降水强度有关。降水强度越大,对污染物的净化作用也就越强。因此大雨是净化城市空气的有效因子。另据日本的经验,一小时降水量在 1 mm 以下的降水,不论它持续多长时间,地面污染物浓度都不会降低。

（2）地理因素

地形、地貌、海陆位置、城镇分布等地理因素可以在一定范围内引起空气温度、气压、风向、风速、大气湍流等的变化,因而对大气污染物的扩散也产生间接影响。例如处于山谷地形中的工业城市往往空气污染比较严重。因为在山谷中,白天山坡的温度比山谷中的温度高,气流沿谷底向上吹,形成谷风;夜间山坡的温度比谷底低,冷空气沿山坡向谷底吹,形成山风。这样工厂排放的污染物常在谷地和坡地之间回旋,不易扩散。又如在沿海地区,由于水陆面热导率和热容量的差异,常出现海陆风。白天在太阳辐射下,形成从海面吹向陆地的海风;夜间正好相反,又形成从陆地吹向海面的陆风。有些沿海工业城市为了海运方便,将工业区建在海滨,生活区设在内地,因此在海风作用下,造成生活区严重的空气污染。

城市中的高大建筑物和构筑物会使运动着的大气产生涡流。在涡流区,大气污染物很难逸散,使涡流区完全处在污染状态中。在污染源多的地域,恰当地利用地形地势,避开高大建筑物和构筑物的影响是促使污染物迅速扩散、减少污染的重要条件。

（三）城市的风

风是由于地面上气温分布不均所引起的气压分布不均而形成的。城市的风场非常复杂。首先,具有较大粗糙的下垫面,摩擦系数拉大,使城市风速一般比郊区农村降低20% ~30% 。

其次,在城市内部局部差异很大,有些地方为"风影区",风速极小,还有些地方的风速也可能大于同高度的郊区。产生这种差异的原因为当风吹过建筑物时因阻碍摩擦产生不同的升降气流、涡流和绕流等,致使风的局部变化更为复杂。

再次,街道的走向、宽度及绿化情况、建筑物的高度及布局,使不同地点所获的太阳辐射有明显差异,在局部地区形成热力环流,导致城市内部产生不同的风向和风速。如当风遇到建筑物阻挡时,风向常发生偏转,而且风速发生变化,向风一侧的风速下降10%,背风一侧的风速下降55%。在街道绿化较好的干道上,当风速为 1.0 ~1.5 m/s

时,可降低风速50%以上;当风速为3～4 m/s时,可降低风速15%～55%。如果风向与街道走向一致,则会由于狭管效应,风速比开阔地增强。据观测,当风速为8～12 m/s时,在平行于主导风向的行列式的建筑区内,风速可增加15%～30%。

另外,由于热岛效应,城市中心的热气流形成一个低压中心,当热气流上升到一定高度则降低温度并向四周下沉,继之冷空气再流向热岛中心,如此反复,在城市与郊区之间形成一个缓慢的热岛环流。

在规划设计中,常用风向玫瑰图(图1-13)来表示,即在极坐标底图上点绘出的某一地区在某一时段内各风向出现的频率或各风向的平均风速的统计图。最常见的风向玫瑰图是一个圆,圆上引出16条放射线,它们代表16个不同的方向,每条直线的长度与这个方向的风的频度成正比。在风向玫瑰图中,频率最大的方位,表示该风向出现次数最多。

图1-13 风向玫瑰图

二、大气对园林植物的生态作用

(一)大气污染对园林植物的危害

大气中的污染物主要是通过气孔进入叶片中并溶解在叶汁液中,通过一系列的生理生化反应对植物产生毒害。当大气污染物的浓度超过植物的忍耐限度,植物细胞、组织或者是器官就会受到伤害,生理功能和生长发育受阻碍,甚至整个植株死亡。大气污染的症状首先表现在叶片上,具体症状见表1-13。

表1-13 大气对植物的伤害症状

污染物	症状
SO_2	叶脉间呈不规则的点状、条状或块状坏死区,多为土黄或红棕色,正常和受害部分界线明显,但幼叶不易受害
HF	叶尖、叶缘处出现褐色或深褐色的坏死区,逐渐增大,最后叶片脱落。正常和受害部分界线明显
Cl_2	出现褐斑,与SO_2对植物的伤害症状类似,不同的在于受伤组织和健康组织没有明显的界线,叶缘卷缩。尤其是生理活动旺盛的叶片大多为叶脉间点块状伤斑,与SO_2的症状较为相似,与正常组织之间界线模糊,或有过渡带。严重时全叶失绿成白色甚至脱落
NH_3	大多为脉间点块状伤斑褐色或褐黑色,与正常组织之间界线明显,严重时全株枯死
O_3	叶片失绿,叶表出现褐色、红棕色或白色斑点,斑点较细,一般散布整个叶片
大气飘尘和降尘	堵塞气孔,妨碍正常的光合作用、呼吸作用和蒸腾作用;引起叶片褪绿,生长不良,部分组织木栓化,纤维增多,果皮粗糙,商品价值和产量降低

大气污染对植物的危害可以分为急性危害、慢性危害和不可见危害三种类型。急性危害是指在高浓度污染物影响下,短时间内产生的危害,使植物叶子表面产生伤斑,或者

直接使叶片枯萎脱落;慢性危害是指在低浓度污染物长期影响下产生的危害,使植物叶片褪绿,影响植物生长发育,有时还会出现与急性危害类似的症状;不可见危害是指在低浓度污染物影响下,植物外表不出现受害症状,但植物生理已受影响,使植物品质变坏,产量下降。

大气污染除对植物的外观和生长发育产生上述直接影响外,还会产生间接影响,主要表现为由于植物生长发育减弱,降低了对病虫害的抵抗能力。

被大气污染的植物一般出现在城市工矿区域,例如,SO_2污染常常出现在火力发电厂、含硫矿物的冶炼厂等;氟和氟化物污染出现在冶金工业的电解铝厂和炼钢厂、化学工业的磷肥厂和氟塑料厂、陶瓷厂、玻璃厂、砖瓦厂及大量燃煤工业等;氯气污染出现在化工厂、制药厂、电气厂、玻璃厂、农药厂、化纤厂等生产单位、纺织厂和造纸厂(漂白)、自来水厂(消毒灭菌)等易散出氯气的区域。

(二)园林植物的抗性

植物在进行正常生长发育的同时能吸收一定量的大气污染物并对其解毒,叫作植物的抗性。不同植物对大气污染的抗性不同,这与植物的结构、叶细胞生理生化特性有关。树种对大气污染的抗性取决于叶片的形态解剖结构和叶细胞的生理生化特性。根据研究,叶片的栅栏组织与海绵组织的比值和树种的抗性呈正相关;气孔下陷、叶片气孔数量多但面积小,气孔调节能力强,树种的抗性较强;此外在污染条件下,抗性强的树种细胞膜透性变化较小,能够增强过氧化酶和聚酚氧化酶的活性,保持较高的代谢水平。

不同植物的抗性不同。相同条件下,同种植物的不同个体及同一个体的不同生长发育阶段对大气污染的抗性不同(表1-14)。树种的抗性的普遍规律是常绿阔叶树>落叶阔叶树>针叶树。

表1-14　常见树种对有毒气体的抗性

有毒气体	强抗性树种	中等抗性树种	弱抗性树种
SO_2	臭椿、国槐、垂柳、构树、毛白杨、丁香、女贞、合欢、刺槐	枫杨、侧柏、银杏、白蜡、广玉兰	雪松、苹果、文冠果、水杉、连翘
HF	旱柳、丁香、刺槐、侧柏、女贞、泡桐、大叶黄杨、棕榈、法桐	三角枫、广玉兰、紫薇、凌霄	榆叶梅、唐菖蒲、葡萄、美人蕉
Cl_2	构树、合欢、臭椿、夹竹桃、广玉兰、水杉、刺槐	女贞、蚊母树、悬铃木、山茶、梧桐	木槿、栀子、无花果
O_3	银杏、夹竹桃、连翘、悬铃木	梨、樱花	胡枝子、垂柳、杨

(三)园林植物的环境监测

1. 植物的监测作用

植物监测是指利用某些对环境中的有害气体特别敏感的植物的受害症状来检测有

园林生态规划设计方法与应用

害气体的浓度和种类,并指示环境被污染的程度。能够对污染产生敏感反应的植物,被称为"环境污染指示植物"或"污染报警植物"。利用植物监测具有以下优点:

(1)能较早地发现大气污染。

(2)能够反映几种污染物的综合作用强度。

(3)依据不同污染物可以形成不同的危害症状,初步检测污染物的种类,也可以通过植物受害面积和程度初步估测污染物的浓度。

(4)具有长期、连续监测的特点,利用多年生的树木作为监测植物,可记录该地区的污染历史和累积受害情况。

用植物监测环境污染,方法简单,使用方便,成本低廉,在生产实际中具有很大的应用价值。

2.指示生物

指示植物法是通过指示植物对污染的反应来了解污染的现状和变化。对某一环境特征具有某种指示特性的生物,则叫作这一环境特征的指示生物。

指示植物通常是敏感植物。指示植物法是植物监测最常用的方法,要求指示植物对污染物反应敏感,受污染后的反应症状明显,且干扰症状少,生长发育受损。

一般可对大气污染区的指示植物生长发育情况进行调查,或定点栽植指示植物观察其变化,根据指示植物受伤害后所表现出的症状或对其生长指标或者生理生化指标进行检测,推知大气污染的种类、强度和污染历史,常见的指示植物见表1–15。

表1–15　常见大气污染指示植物

有毒气体	指示植物
SO_2	紫花苜蓿、荞麦、雪松、马尾松、白杨、白桦、杜仲、腊梅等
HF	唐菖蒲、葡萄、玉簪、杏、梅、榆树、郁金香、山桃树、金丝桃等
Cl_2	向日葵、翠菊、万寿菊、鸡冠花、枫杨、桃、女贞、臭椿、油松等
O_3	烟草、矮牵牛、光叶榉、梓树、皂荚、丁香、牡丹等

3.地衣、苔藓监测法

地衣、苔藓是广泛分布的低等植物,对环境因子的变化非常敏感,在大气中 SO_2 的含量为 0.015 ~ 0.105 mg/m³ 的地区,一般地衣绝迹。当 SO_2 的含量超过 0.17 mg/m³ 时,大多数苔藓不能生存。地衣、苔藓作为指示植物具有以下特点:

(1)这两类植物对 SO_2 和 HF 等的反应比高等植物敏感。

(2)地衣、苔藓生长在树干上,故可以减少土壤或水体污染的干扰。

(3)地衣、苔藓所需水分和养分等全部依赖于雨水和露水,同时以植物整体吸收养分,而高等植物靠气孔来吸收大气中的污染物,故前者吸收污染物的量相对较多。

(4)生长速度比高等植物慢,一旦受损不易恢复,有利于掌握长时间的污染积累结果。

(5)两者为多年生长绿色植物,一年四季均可作为监测物。而高等植物往往冬季落叶,难以显示受害情况。

(6)取材方便,成本低,有直观效果,但在自然条件下难以获得精确可靠的定量数据。

(7)形体小,分类困难,不经过专门的学习不易掌握辨识方法。

（四）风对园林植物的生态作用

1. 风对植物生长的影响

风能影响和制约环境中的温度、湿度、CO_2浓度的变化,从而间接影响园林植物生长发育。适度的风可保持植物的光合作用和呼吸作用,也可以促进地面蒸发和植物蒸腾,散失热量,降低地面和植物体温度。据测定,风速达 0.2~0.3 m/s 时,能使蒸腾作用加强 3 倍。

但是强风会造成园林植株矮化,风力越大,树木就越矮小;风还能加强蒸腾作用,导致水分亏缺,使得植物呈小型化、矮化,呈现树皮厚、叶小革质、多毛茸、气孔下陷等现象,以及具有强大根系的旱生结构,而且,单向风会对树冠的形状和大小产生强烈的影响。在盛行单向风的地方,植物往往畸形,乔木树干向背风方向弯曲,树冠向背风面倾斜,形成"旗形树"。

2. 风对植物繁殖的影响

许多园林植物的花粉和种子都靠风进行传播。禾本科植物是依靠风作媒介。有些植物借助于风力传播种子和果实,这些种子和果实或者很轻,如兰科、石南科、列当科等的每粒种子,质量不超过 0.002 mg;或者具有冠毛,如菊科、杨柳科、萝藦科以及铁线莲属、柳叶菜属;或是具有翅翼,如紫葳科以及桦属、榆属、槭属、白蜡属、梓属。这些冠毛或翅翼能借助风力迁移到很远的地方。"风滚型"是风播的一种特殊适应类型,在沙漠、草原地区,风滚型传播体常随风滚动,传播种子。

3. 风对植物的危害

风的有害生态作用主要表现在台风、焚风、海潮风、冬春的旱风、高山强劲的大风等。风速超过 10 m/s,对树木产生强烈的破坏作用。各种树木的抗风力不同,主要取决于风速、风的阵发性、植株种质的特性及其他环境特点。同一树种,扦插繁殖比播种繁殖的根系浅,易倒伏;稀植和孤立的树木比密植的易受风害。沿海城市树木常受台风危害,如南方沿海城市,大风过后,许多大树被连根拔起,主干折断,小枝纷纷被吹断;一般六级风时,大树枝摇动,较高的草本植物不时倾伏于地;到八级风时,大风已能折毁大小树枝;十级大风则可吹倒大树,一般建筑物则遭到严重破坏。

4. 风对生态系统的影响

风带来的空气流动,产生大气中热量、水分等物质与能量的输送,影响和制约着不同地区的天气和气候。风还对区域环境尤其是大气环境的净化产生重要影响。

风传送的污染物会损害生态系统的结构和功能。各种类型的风把 SO_2、O_3、氟化物传送到污染源下风处,首先危害或杀死敏感植物甚至危害全部植被。风是生态系统中 H_2O、O_2、CO_2、污染物输入、输出和循环的主要动力。

风传播的病原和害虫,能毁灭部分或全部植被,植被的消失能改变动物和其他生物的栖息地和食物来源。如果植被破坏面积很大,会对土壤性状产生不良影响,降低土壤肥力和生态系统的生产力,从而改变生态系统的功能。少量的风积物进入生态系统有利于提高立地生产力;但当风积物沉积过多过厚,许多植物便遭受危害,甚至死亡。

三、园林植物对大气的作用

(一)园林植物对空气的净化作用

植物在保持正常生命活动的同时,通过吸收同化、吸附阻滞等形式消纳大量的污染物质,从而达到净化空气的目的。植物的这种净化功能主要表现在减少粉尘,吸收有毒气体,减少细菌,减弱噪声,增加空气负离子,吸收 CO_2、释放 O_2 以及吸收放射性物质等方面。

1. 减少粉尘

园林植物具有很强的阻滞尘埃的作用。城市中的尘埃除含有土壤微粒外,还含有细菌和其他金属性粉尘、矿物粉尘等,它们既会影响人体健康又会造成环境的污染。园林植物的枝叶可以阻滞空气中的尘埃,相当于一个滤尘器,使空气清洁。

园林植物一方面具有降低风速的作用,随着风速的减慢,空气中携带的大粒灰尘也随之下降,另一方面是植物叶表面不平,多绒毛,且能分泌黏性油脂及汁液,吸附大量飘尘。据测定,1 hm^2 松林每年可滞留粉尘 36.4 t,1 hm^2 云杉林每年可吸滞粉尘 32 t。不同树种的滞尘能力有差异,如桦树比杨树的滞尘量大 25 倍。

植物对粉尘的阻滞作用因季节不同而有变化,冬季叶量少,甚至落叶,夏季叶量最多,植物吸滞粉尘能力与叶量多少呈正相关关系。

在我国,各种植物的滞尘能力差别很大(表 1-16),其中榆树、朴树、广玉兰、女贞、大叶黄杨、刺槐、臭椿、紫薇、悬铃木、腊梅、加杨等植物具有较强的滞尘作用。通常,树冠大而浓密、叶面多毛或粗糙以及分泌有油脂或黏液的植物都具有较强的滞尘力。

表 1-16　吸滞粉尘能力强的常见园林树种

区域	吸滞粉尘树种
北方地区	刺槐、沙枣、国槐、榆树、核桃、构树、侧柏、圆柏、梧桐等
中部地区	榆树、朴树、木槿、梧桐、法桐、悬铃木、女贞、广玉兰、臭椿、龙柏、圆柏、楸树、刺槐、构树、桑树、夹竹桃、丝棉木、紫薇、乌桕等
南方地区	构树、桑树、鸡蛋花、黄槿、刺桐、吊灯树、黄槐、苦楝、黄葛榕、夹竹桃、阿珍榄仁、高山榕、银桦等

林带能有效降低风速,从而使尘埃沉降下来,疏林降尘效果比密林好,因为风可掠过密林,并将粉尘一起携带,越过林带。而在透风的疏林内,随气流进入的粉尘则滞留在树丛中或林带边沿。所以营建防尘林带时,密度宜适中,乔、灌木树种混合配制,落叶与常绿树种混合配制,这样能更好地发挥其降风减尘效果。

2. 吸收有毒气体

城市中的空气中含有许多有毒物质,几乎所有植物都能吸收一定量的有毒气体而不受伤害。植物通过吸收有毒气体,降低大气中有毒气体的浓度。如在正常情况下,树木中硫的含量为干重的 0.1% ~ 0.3%,当空气存在 SO_2 污染时,树体中硫含量提高 5 ~ 10 倍。氟、氟化物是毒性较大的污染物,在正常情况下,树木中的氟含量为 0.5 ~ 25 mg/cm^3,在氟污染区,树木叶片含氟量提高几百倍至几千倍。

植物种类不同,吸毒能力有差异,同时也与叶龄、生长季节、有毒气体的浓度、接触污染时间以及环境温度、湿度等有关。植物净化有毒气体的能力与植物对有毒物的积累量呈正相关,还与植物同化、转移毒气的能力相关。植物从污染区移至非污染区后,植物体内有毒物含量下降愈快,植物同化转移有毒气体的能力愈强。例如,汽车尾气排放而产生的大量 SO_2,臭椿、旱柳、榆、忍冬、卫矛、山桃既有较强的吸毒能力又有较强的抗性,是良好的净化 SO_2 的树种。丁香、连翘、刺槐、银杏、油松也具有一定的吸收 SO_2 的功能。普遍来说,落叶植物的吸硫能力强于常绿阔叶植物。对于 Cl_2,如臭椿、旱柳、卫矛、忍冬、丁香、银杏、刺槐、珍珠花等也具有一定的吸收能力。

大片的树林不但能够吸收空气中部分有害气体,而且由于树林与附近地区空气的温度差,可形成缓慢的对流,从而有利于打破空气的静止状态,促进有害气体的扩散、稀释,降低下层空气中有害气体的含量。

3. 减少细菌

在空气中含有千万种细菌,其中很多是病原菌。园林植物可以杀灭多种细菌,从而达到改善空气质量的功效。一方面是由于植物的降尘作用,减少细菌载体,从而使大气中细菌数量减少。另一方面,植物本身具有杀菌作用,许多植物能分泌杀菌素。据统计,城市中空气的细菌数比公园绿地中多 7 倍以上,公园绿地中细菌少的原因之一是很多植物能分泌杀菌素。分泌杀菌素的园林植物主要有以下几种类型:

(1)芳香类,树木体内含有芳香油而具有杀菌力,如桉树、肉桂、柠檬、茉莉、丁香、金银花等。

(2)广谱类,杀灭细菌、真菌、原生动物,如侧柏、柏木、圆柏等,松柏林每天能造出 30 kg/hm^2 杀菌素等。

(3)选择类,对某类病虫害有杀灭作用,如稠李叶捣碎物可杀死苍蝇,夜香树具有驱蚊作用,景天科植物的汁液能消灭流行性感冒病毒,桧柏可以杀死白喉、伤寒、痢疾等病原菌。

不少树种除了具有杀菌作用外,还可驱虫。城市绿化植物中具有较强杀菌力的种类有黑胡桃、柠檬桉、大叶桉、白千层、臭椿、悬铃木、茉莉花、薜荔,以及樟科、芸香科、松科、柏科的一些种类。这些植物释放的挥发性物质往往还有使人精神愉快的效果。

4. 减弱噪声

城市噪声随着工业的发展日趋严重,对居民的身心健康危害很大。一般噪声超过 70 dB 便会使人体感到不适,如果高达 90 dB,则会引起血管硬化。国际标准化组织(ISO)规定住宅室外环境噪声的容许量为 35 ~ 45 dB。城市噪声来源主要有以下三个方面,即机动车辆、铁路、航空噪声的交通运输噪声,气动源和根动源的工业噪声以及建筑施工,或其他生活和社会活动场所的噪声。

园林植物具有明显的减弱噪声作用。一方面是噪声声波被树叶向各个方向不规则反射使声音减弱,另一方面是噪声声波造成树叶条微振而使声音能量消耗。因此,树冠、树叶的形状、大小、厚薄、叶面光滑与否、树叶的软硬以及树冠外缘凹凸的程度等,都与减噪效果有关。一般来讲,具有重叠排列的、大的、健壮的、坚硬叶子的树种,减噪效果较好,分枝低、树冠低的乔木比分枝高、树冠高的乔木减噪作用大。

树木的减噪作用首先取决于树木枝、叶、干的特性,其次是树木的组合与配置情况。不同的林带配置,其防噪效果不同。据测试,40 m 宽的林带可以减低噪声 10 ~ 15 dB,公路两旁各 15 m 宽的乔灌木林带可降低噪声的一半。一般在配置防噪声林带时,应选用常绿灌木结合常绿乔木,总宽度 10 ~ 15 m,灌木绿篱宽度与高度不低于 1 m,林带中心的树行高度大于 10 m,株间距以不影响树木生长成熟后树冠的展开为度,若不设常绿灌木绿篱,则应配置小乔木,使枝叶尽量靠近地面,以形成整体的绿墙。

5. 增加空气负离子

空气负离子具有降尘作用,小的空气正、负离子与污染物相互作用,容易吸附、聚集、沉降,或作为催化剂在化学中改变痕量气体的毒性,使空气得到很好的净化。另外,空气负离子具有抑菌、除菌作用,对多种细菌、病毒生长有抑制作用。空气负离子还能与空气中的有机物起氧化作用而清除其异味,即具有除臭作用。医学研究表明,空气中带负电的微粒使血中含氧量增加,有利于血氧输送、吸收和利用,具有促进人体新陈代谢、提高人体免疫能力、增强人体机能、调节机体功能平衡的作用。

陆地上空气负离子浓度为 650 个/cm³,但分布很不均匀,在森林和绿地的地方,太阳光照射到植物枝叶上会发生光电效应,且植物释放出芳香类挥发物,促进空气发生电离,加上园林绿地有减少尘埃的作用,使林区和绿地空气中负离子浓度大为提高,如空气负离子浓度(个/cm³)在城市居室为 40 ~ 50,在街道绿化地带为 100 ~ 200,在旷野郊区为 700 ~ 1000,在农村为 5000,在海滨、森林、瀑布等疗养地区则可达 10 000 以上。

在城市和居住区规划时,可通过增加绿化面积、在公园和广场等公共场所设置喷泉等,来增加环境空气中负离子浓度,有利于改善城市环境的空气质量,增强人体对气候的适应能力。因此,通过合理开发、利用自然环境中形成的空气负离子,在维护良好生态环境的同时,对人类预防疾病和保持人体健康方面也有重要作用。

6. 吸收 CO_2、释放 O_2

植物通过光合作用吸收 CO_2、排放出 O_2,又通过呼吸作用吸收 O_2、放出 CO_2,在正常生长发育过程中,植物通过光合作用吸收的 CO_2 比呼吸作用放出的 CO_2 多,因此植物有利于增加空气中 O_2 的含量,减少 CO_2 的含量。

CO_2 既是光合作用的原料,又是主要的温室气体。在大城市中,空气中的 CO_2 有时可达 0.05% ~ 0.07%,局部地区甚至可达 0.20%。尽管 CO_2 是一种无毒气体,但当空气中的浓度达 0.05% 时,人呼吸时会感到不适,当含量达到 0.20% ~ 0.60% 时,就会对人体产生伤害。

据日本学者研究,1 hm² 落叶阔叶林每年可吸收 14 t CO_2、释放 10 t O_2,常绿阔叶林可吸收 29 t CO_2、释放 22 t O_2,针叶林可吸收 22 t CO_2、释放 16 t O_2。一个成年人每天呼吸需消耗的 O_2 为 0.75 kg,排出 0.9 kg CO_2,如果在晴天适宜的条件下,25 m² 的叶面积就可以释放出一个人所需的氧气并吸收掉呼出的 CO_2。

7. 吸收放射性物质

物质具有放射性是很正常的事,因为很多化学元素及其同位素都会发生衰变,我们日常生活中接触辐射是不可避免的,只要我们接收的辐射不超过一定量,就不会对我们的身体产生实质性的伤害。例如,生活中常见的花岗岩和大理石、陶瓷、香烟等,都具有放射性。不合格的产品,有可能携带过量的放射性物质。在室内,仙人球、绿萝、龟背竹、千年木、吊兰等,都具有吸收辐射的功能,并且能吸收有害物质,净化家中的空气。

绿色植物可以减少空气中的放射性物质。树木的树冠、茎叶可以阻隔放射性物质的辐射和传播,而且能够过滤和吸收放射性物质。有研究表明,一些地区树林背风面叶片上的放射性物质颗粒只有迎风面的1/4。树林背风面的农作物中放射性物质的总放射性强度一般为迎风面的1/20 至1/5。又如每立方厘米空气中含有 1 毫居里的放射性碘时,在中等风速的情况下,1 kg 叶子在 1 小时内可吸滞 1 居里的放射性碘,其中2/3 吸附在叶子表面,1/3 进入叶组织。不同的植物净化放射性污染物的能力也不相同,如常绿阔叶林的净化能力要比针叶林高得多。因此,在有辐射污染的厂矿或带有放射性污染的科研基地周围设置一定宽度的绿化林带,能够在一定程度上防御和减少放射性污染的危害。在建造这种防护林时,要选择抗辐射树种。

(二)城市防风林带

1. 园林植物对风的影响及适应

植物能减弱风力,降低风速。降低风速的程度主要取决于植物的体形大小、枝叶茂密程度。乔木防风的能力大于灌木,灌木又大于草本植物;阔叶树比针叶树防风效果好,常绿阔叶树又优于落叶阔叶树。在风盛行地区,可营造防风林带减弱风带来的危害。防风林带宜采用深根性、材质坚韧、叶面积小、抗风力强的树种。

抗风力因树种不同而不尽相同(表 1-17)。通常木材质地坚硬、根系深的树种抗风力强,根系浅、树冠大、材质脆或柔软的树种往往抗风力较弱,易遭风折、风拔;同一树种也因繁殖方法、立地条件和栽培方式的不同而有异,扦插繁殖者比播种繁殖者根系浅,故易倒伏。

表 1-17　不同等级的抗风树种

抗风等级	抗风树种
抗风力强	马尾松、黑松、桧柏、榉树、核桃、白榆、乌桕、樱桃、枣树、葡萄、臭椿、朴树、板栗、槐树、梅、樟树、麻栎、河柳、台湾相思、柠檬桉、木麻黄、假槟榔、南洋杉、竹类及柑橘类树种
抗风力中等	侧柏、龙柏、旱柳、杉木、柳杉、檫木、楝树、苦槠、枫杨、银杏、广玉兰、重阳木、榔榆、枫香、凤凰木、桑、梨、柿、桃、杏、合欢、紫薇、木绣球、长山核桃等
抗风力弱	大叶桉、榕树、雪松、木棉、悬铃木、梧桐、加拿大杨、钻天杨、银白杨、泡桐、垂柳、刺槐、杨梅、枇杷、苹果树等

2. 防风林带

（1）防风林带结构

防风林带的防风效能与其结构有密切关系，一般根据林带的透风系数与疏透度将林带分为紧密结构、疏透结构、透风结构三种。透风系数是指林带背面 1 m 处林带高度范围内平均风速与空旷地相应高度范围内平均风速之比，疏透度是指林带纵断面透光空隙的面积与纵断面面积之比的百分数，不同结构的林带，其防风效果差异很大。

1）紧密结构　这种结构的林带是由主要树种、辅助树种和灌木组成的 3 层林冠，上下紧密，一般风通过面积小于 5%。透光系数在 0.3 以下，透风系数也在 0.3 以下。当中等风力遇到林带时，基本上不能通过，大部分空气从林带上部越过。在背风林缘附近形成静风区或弱风区，之后风速很快恢复到旷野风速，防风距离较短。不透风林带的防护范围仅为 10～15 倍林高，防护效果差，较少选用这种类型。

2）疏透结构　由主要树种、辅助树种或灌木组成的 3 层或 2 层林冠，林带的整个纵断面透风透光。从上部到下部结构不太紧密，透光孔隙分布均匀。透光度为 0.3～0.4，透风系数为 0.4～0.5 左右。有害风遇到林带分成两部分：一部分均匀通过林带，在背风面林缘处形成许多小漩涡；另一部分气流则从林缘上掠过，在背风林缘附近形成一个强风区，防护距离较大。疏透结构防风效果最好，有效防风距离为树高的 25 倍左右。

3）透风结构　这种结构的林带由主要树种、辅助树种或灌木组成 2 层或 1 层林冠，上部为林冠层，下层为树干层，有均匀的栅栏状大透光孔隙。透风结构的林带，一般在树木生叶期透光度为 0.4～0.6，透风系数大于 0.6。此种林带气流易通过，很少被减弱，仅有少量气流从林带上越过，气流动能消耗减少，防风效果不强。

（2）城市防风林带的设置

城市防风林带一般位于城市外围，可保护城市免受风沙粉尘等侵袭。防风林带的有效防风距离为树高的 25～35 倍，最佳防护范围为树高的 15～20 倍。大风通过林带后，风速降低 19%～56%。防风林由主、副林带相互交织成网格。

1）角度　主林带以防护主要有害风为主，其走向垂直于主要有害风的方向，如果条件不许可，交角在 45° 以上也可。副林带则用以防护来自其他方向的风，其走向与主林带垂直。

2）间距　根据当地最大有害风的强度设计林带的间距大小，通常主林带间隔为 200～400 m，副林带间隔为 600～1000 m，组成 12～40 hm^2 大小的网格。

3）树种　北方地区防护林常用树种，乔木有各种杨树、泡桐、银杏、白蜡、法国梧桐、水杉、臭椿、苦楝、沙枣、山定子、杜梨和核桃等；灌木可用紫穗槐、酸枣、枸杞和枸橘等。树木应栽植成间隔为 1.5～2.0 m 的正三角形。

4）林带的宽度　以主林带不超过 20 m、副林带不超过 10 m 为宜。林带的长度，至少应为树高的 12 倍以上。

第二章　生态系统保护与建设

第一节　植物种群与生物群落

一、植物种群

(一)植物种群及其基本特征

1.种群的概念

在自然界,生物很少是以个体形式单独存在的,通常是由很多同物种个体组成种群,以种群形式生存和繁衍,因而种群是生物存在的基本单位。当具体指某种群时,则其时间上和空间上的界线是随研究者的方便而划分的。

种群是指在一定空间中同种生物个体的组合。在自然界中,每一个植物种群都由许多个体组成,这些个体在一定时间内占据着一定的空间,其空间内既有适宜其生存的环境,又有不适于生物生存的环境。物种在其中分散的、不连续的环境里形成大大小小的个体群,这些个体群就是种群。所以,种群是物种在自然界存在的基本单位。例如,一个池塘的鲤鱼、黄山的马尾松等都是一个种群。

从生态学的观点来看,种群也是植物群落基本组成单位。因为植物群落实质上也就是特定空间中植物种群的组合,自然界中任何一个种群都是和其他物种的种群相互作用、相互联系的,种群的边界往往与包括该种群在内的生物群落界线一致。

种群具有独立的特征、结构和功能。种群除了与组成种群的个体具有共同生物学特征外,还有独特的群体特征,如出生率、死亡率、年龄结构、种群行为、生态对策等。这说明种群个体之间相互作用和影响,从而在整体上呈现有组织、有结构的特性。

2.植物种群的基本特征

(1)种群数量和密度

1)种群数量　一个种群所包含的个体数目称为种群大小或种群数量。种群的数量变化主要因出生和死亡关系及迁入和迁出关系而变化,出生和迁入是使种群数量增加的因素,死亡和迁出是使种群数量减少的因素。因此,常用出生率和死亡率、迁入率和迁出率来表示种群的数量变化。

出生率是指单位时间内种群出生的个数与初始个体总数的比值,它反映种群增加新个体的能力。出生率有最大出生率和实际出生率两种,前者是指种群在最理想条件下的出生率,后者是指种群在特定条件下的出生率。

死亡率是指种群死亡的速度,即单位时间内种群死亡的个体数,也有最低死亡率和实际死亡率两种,前者是指在最适条件下的死亡率,种群个体都能活到生理寿命,而后者是指特定条件下丧失的个体数,也称生态死亡率。最大出生率和最低死亡率都是理论上的概念,反映种群的潜在能力。

迁入率和迁出率是指单位时间内种群迁入或迁出个体数与种群个体总数的比值,它们是针对特定种群分布范围而言的。在自然界,植物个体迁移的可能性较小,但在园林建设中常通过迁入或迁出来改变植物种群密度。

2)种群密度　种群密度通常以单位面积上的个体数量或种群生物量表示。种群密度在生态学上不是按种的分布区来计算的,而是按种在分布区内最适宜生长的空间来计算的,可称为生态密度。生态密度的实质是反映种群个体所占有的实际空间,它关系到植物种群对光能与地力的利用效率,直接影响种群及群落的生产量,因此合理密植在生产实践中是提高单位面积产量的关键措施之一。

在任何一个地方,种群的密度都随着季节、气候条件、食物储量和其他因素而发生很大的变化。影响种群密度的因素主要有物种的个体大小、生存资源的供给能力、环境条件的周期性变化、外来干扰、天敌数量的变化和一些偶然因素等。

种群的密度统计方法有直接计数法和标记重捕法。直接计数法是指直接数出在统计范围内生物的数量。标记重捕法是指在被调查种群的生存环境中,捕获一部分个体,将这些个体进行标志后再放回原来的环境,经过一段时间后进行重捕,根据重捕中标志个体占总捕获数的比例来估计该种群的数量。标记重捕法适用于活动能力强、活动范围较大的动物种群。

(2)种群的性别比

种群的性别比是指种群雌性个体数量与雄性个体数量的比例。种群的性别比同样关系到种群当前的生育力、死亡率和繁殖特点。在高等动物中性别比多为 1∶1,昆虫中一般雌性较多。植物多属雌雄同株,没有性别比问题,但某些雌雄异株植物,其性别比可能变异较大。如银杏种群中,嫁接银杏可增加雌性比例,调节生理年龄,使之开花早,结果多。

(3)种群的年龄结构

种群的年龄结构是指各个年龄或年龄组的个体数占整个种群个体总数的百分比结构,它影响出生率和死亡率。一般而言,如果其他条件一致,种群中具有繁殖能力的成龄个体越多,种群的出生率越高;种群中老龄个体比例越大,种群的死亡率就越高。

一般用年龄金字塔来表示种群的年龄结构,从幼到老将各年龄级的比例用图表示。根据种群的发展趋势,种群的年龄结构可以分为 3 种类型,即增长型种群、稳定型种群和衰退型种群(图 2-1)。

1)增长型种群　锥体呈典型金字塔形,基部宽,顶部狭。表示种群有大量幼体,而老年个体较少,种群的出生率大于死亡率,是迅速增长的种群。

2)稳定型种群　锥体形状和老、中、幼比例介于增长型和衰退型种群之间。出生率和死亡率大致相平衡,种群稳定。

3)衰退型种群　锥体基部比较狭而顶部比较宽。种群中幼体比例减少。

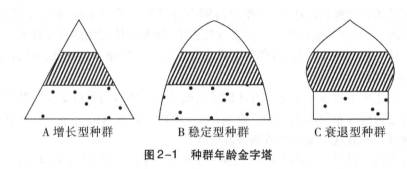

图 2-1　种群年龄金字塔

（4）种群的空间特征

种群的空间特征是指种群个体在水平空间的配置状况或在水平空间上的分布状况,或者说在水平空间内个体彼此间的关系。种群所占据的空间大小与生物有机体的大小、活力以及生活潜力有关,例如东北虎的活动范围是 $300 \sim 600 \ km^2$。种群的空间分布特征在一定程度上反映了环境因子对种群个体生存、生长的影响作用,对园林植物群落配置具有重要意义。植物种群的空间分布格局可分为均匀型、随机型和集群型 3 种类型（图 2-2）。

1）均匀型　种群内的个体分布是等距离的,或个体间保持一定的均匀间距。人工栽培植物种群多为均匀型分布,自然情况下较为少见。种群内个体间的竞争、自毒现象、空间资源的均匀分布都有可能造成植物种群的均匀分布。

2）随机型　种群个体的分布完全是随机的,随机分布较为少见。造成随机分布主要有环境资源分布均匀、某一主导因子呈随机分布、种群内个体间没有吸引或排斥 3 方面的原因。

3）集群型　种群个体的分布极不均匀,常成群、成簇、斑点状密集分布,是自然界最常见的一种种群分布格局。集群分布的形成原因主要有环境资源分布不均匀、繁殖特性或传播方式、种间相互作用等。

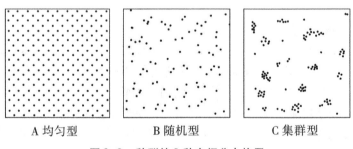

图 2-2　种群的 3 种空间分布格局

种群实际空间分布类型是由生物本身特性与环境条件相互作用而决定的。在大尺度范围内,种群分布类型主要受到温度、水分等气候因素和生物本身遗传特性的影响,在小尺度范围内,种群内个体之间的相互作用对其空间分布影响较大。

（5）种群的遗传特征

种群是同种个体的集合，它具有一定的遗传组成，是一个基因库。但不同的地理种群存在着基因差异，例如秦岭的大熊猫与四川的大熊猫在形态、颜色方面均有不同。

不同种群的基因库是不同的，种群的基因频率世代传递，在进化过程中通过改变基因频率来适应环境的不断改变。

（二）植物种群动态

1. 植物种群数量动态的描述

种群中的个体数量随时间而变化，这就是所谓的种群数量波动。种群的实际数量动态是由一系列"简单增长"所组成的，即一种生物进入和占领新栖息地，首先经过种群增长建立种群，以后变动的主要趋势有不规则或规则的（周期性、季节性）波动、种群大爆发、物种生态入侵、种群衰亡、种群平衡等。种群增长的基本模型有以下两种：

（1）指数增长模型

种群在生理、生态条件"理想"的环境中，即假定环境中空间、食物等资源是无限的，其种群增长率与种群本身密度无关，种群内的个体都具有同样的生态学特征，这样的种群增长表现为指数式增长。

自然界中，由于食物、空间和其他资源的限制，种群数量的指数式增长只是理论上的数值，它能够反映出物种的潜在增殖能力，又称内禀增长率。实际上，指数增长不可能长期维持下去，否则将导致种群爆炸。但是在短期内，一些具有简单生活史的生物可能表示出指数增长，如细菌、一年生昆虫，甚至某些小啮齿类和一些一年生杂草等。

（2）逻辑斯谛增长模型

种群在有限的资源下增长，随着种群内个体数量的增多，由于不利因素如竞争、疾病、环境胁迫等引起的妨碍生物潜在增殖能力实现的作用力，即环境阻力逐渐增大，种群增长曲线将不再是指数增长模型，而是逻辑斯谛增长模型（图2-3）。换句话说，当种群的个体数量增长到环境所允许的最大值即环境负荷量或最大承载力时，种群的个体数量将不再继续增加，而是在该水平上保持稳定增长。同时，随着种群密度上升，种群增长率逐渐减小，这种趋势符合逻辑斯谛方程，故称之为逻辑斯谛增长模型。

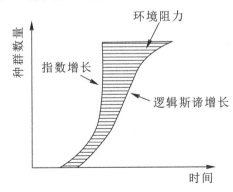

图2-3　种群的指数增长曲线与逻辑斯谛增长曲线

逻辑斯谛增长模型通常可划分为5个时期：

1）开始期 也可称潜伏期,由于种群个体数很少,密度增长缓慢;

2）加速期 随个体数增加,密度增长逐渐加快;

3）转折期 当个体数达到饱和密度的一半时,密度增长最快;

4）减速期 个体数超过饱和密度一半以后,密度增长逐渐变慢;

5）饱和期 种群个体数达到饱和不再增加。

2. 植物种群调节

在自然界中,绝大部分种群处于一个相对稳定状态。由于生态因子的作用,种群在生物群落中与其他生物成比例地维持在某一特定密度水平,这种现象叫作种群的自然平衡,这个密度水平叫作平衡密度。由于各种因素对自然种群的制约,种群不可能无限制地增长,最终都会趋向于相对平衡,而密度因素是调节其平衡的重要因素。种群离开其平衡密度后又返回到这一平衡密度的过程称为调节,能使种群回到原来平衡密度的因素称为调节因素。根据种群密度与种群大小的关系,可分为密度制约因素和非密度制约因素两类。

（1）密度制约因素

种群的死亡率随密度增加而增加,主要由生物因子所引起,如种间竞争、捕食者、寄生以及种内调节等生物因素。

（2）非密度制约因素

非密度制约的种群调节,可以对种群增长引起正的或负的效应,一般不受种群数量或密度的影响。典型的非密度制约因素是外界的自然因素,如温度、降水量、水肥条件和土壤状况等非生物因素。例如,寒潮来临,种群中总有一定比例的个体死亡,这种影响与种群密度没有明显关系,故属非密度制约因素。

（三）植物种群的种内关系与种间关系

生物在自然界长期发育与进化过程中,出现了以食物、资源和空间关系为主的种内关系与种间关系。存在于各个生物种群内部的个体间的关系称为种内关系,生活在同一生境中所有不同物种间的关系称为种间关系。

1. 植物种群的种内关系

在种内关系方面,动物种群和植物种群的表现有很大区别。动物种群的种内关系主要表现在领域性、等级制、集群和分散等行为上,而植物除了有集群生长的特征外,更主要的是个体间的密度效应,反映在个体产量和死亡率上。

在一定时间内,当种群的个体数目增加时,就必定会出现邻接个体之间的相互影响,称密度效应或邻接效应,种群的密度效应实际上是种群适应这些因素综合作用的表现。植物种群的邻接效应,会引起个体的死亡,而且还有个体上某些部分,如枝、叶、花、果、小根等的枯萎。在植物群落形成过程中,种群的邻接效应较突出的是自然稀疏,还反映在形态、繁殖、产量等方面的影响,并在很大程度上受到环境资源的限制。植物的这种效应,有两个特殊的规律,即"最后产量恒定法则"和"-3/2 自疏法则"。

（1）最后产量恒定法则

最后产量恒定法则是指在一定范围内，当条件相同时，不管一个种群的密度如何，最后产量差不多总是相同的。原因是在高密度情况下，植株之间的光、水、营养物的竞争十分激烈，在有限的资源中，植株的生长率降低，个体变小。

（2）-3/2 自疏法则

如果播种密度进一步提高和随着高密度播种下植株继续生长，种内对资源的竞争不仅影响到植株生长发育的速度，进而影响到植株的存活率，这一现象叫作自疏现象。在高密度下，有些植株发生死亡，即种群开始出现自疏。经常可以发现，同一种群随着个体的增大和年龄的增长，其密度呈现降低的现象。这种现象就是自疏引起的一种结果。如果种群密度很低或者在人工稀疏的种群中，自疏就难以发生。

2. 植物种群的种间关系

生物种群间的相互关系是构成生物群落的基础，是群集在一起的生物物种经过长期的相互适应及自然选择，所形成的直接或间接的相互关系。种间关系的形式很多，植物之间的相互关系主要表现在寄生作用、偏利作用、偏害作用、竞争作用、他感作用等方面。动物和动物之间，除了互相产生不利的竞争和捕食关系之外，还有偏害、寄生、互利等相互作用方式。动物与植物的相互关系除了植食作用以外，还表现有原始合作、偏利作用和互利共生作用等。微生物与动物和植物之间的关系主要表现为互利共生和寄生等。种群间的相互关系可以归纳为 9 种基本形式（表 2-1）。

表 2-1　两个种群间相互作用的基本类型

序号	关系类型	种群 A	种群 B	关系特点
1	竞争:直接干涉型	−	−	彼此互相抑制
2	竞争:资源利用型	−	−	资源缺乏时种群双方受抑制
3	捕食	+	−	种群 A 杀死或吃掉种群 B 一些个体
4	寄生	+	−	种群 A 寄生于种群 B,并有害于后者
5	中性	0	0	彼此互不影响
6	共生	+	+	彼此互相有利,专性
7	原始协作	+	+	彼此互相有利,兼性
8	偏利	+	0	对 A 种群有利,对种群 B 无利害
9	偏害	−	0	对 A 种群有害,对种群 B 无利害

注：表中的符号"0"表示中性，既无利也无害；"+"号表示有利，"−"表示有害或抑制。

（1）种间竞争

种间竞争是指两种或两种以上的生物共同利用同一资源而产生的相互排斥的现象。种间竞争有两种类型，一种是资源利用性竞争，即一个物种所利用的资源对第二个物种也非常重要，但两个物种并不发生直接接触，通过竞争相似的有限资源而发生间接抑制。第二种是相互干扰性竞争，即一种动物借助于行为排斥另一种动物使其得不到资源，通常是对领域的直接竞争。

1)竞争排斥原理　两个对同一种资源产生竞争的物种,不能长期在一起共存,最后要导致一个物种占优势,另一个物种被淘汰,这种现象即为竞争排斥原理或高斯假说。如果在同一地区生活,往往在栖息地、食性、活动时间等方面有所不同。

在自然条件下,竞争排斥能够发生。虽然,在自然环境中种群在生物群落中具有分层分布的特点,可以形成生物的垂直分布和水平分布等,但这并不代表空间就可以以此划分和隔绝,从此互不干扰。首先,分层分布是长期以来,生物进化自我调节来适应环境条件所产生的结果。也就是说,是先有矛盾,即先有种间的竞争排斥,随后才有生物为避免这种现象的影响所发生的分层分布。其次,空间上不同种群分布的空间并无绝对分隔。当优势种群逐渐增加,原本的空间已不足以满足它们个体生存所需,则优势种群就可能占用其他种群原本的生存空间,在空间上发生种间竞争。再者,当原来稳定的生物群落受到新种群的入侵时,也会破坏其原有的群落状况,发生竞争排斥。

2)生态位　生态位是生态学中非常重要的概念。近百年来,许多生态学者研究生态位并给出生态位的概念。1917 年,美国学者约瑟夫·格林尼尔最早将生态位定义为"物种的要求及在一特定群落中与其他群落关系的地位"。1927 年,英国学者查尔斯·埃尔顿定义生态位为"物种在生物群落中的地位与功能作用"。1957 年,哈钦森发展了生态位的概念,他把生态位看成一个生物单位(个体、种群或物种)生存条件的总集合体,提出了超体积生态位概念,其含义为"一个生物的生态位就是一个 n 维的超体积,这个超体积所包含的是该生物生存和生殖所需的全部条件,而且它们还必须彼此相互独立"。哈钦森对生态位的正式定义激发了大量的研究,旨在从物种个体的特征及其对环境因素的反应来解释野生群落结构。

奥德姆总结前人对生态位的解释之后认为,生态位不仅包括生物占有的物理空间,还包括了它在生物群落中的地位和角色以及它在温度、湿度、pH、土壤和其他生活条件的环境变化梯度中的位置。

一般情况下,不同的生物物种在群落或生态系统中共存,各自占据着不同的生态位;但由于环境条件的影响,当两个生物利用同一资源或共同占有其他环境条件时,它们的生态就会出现重叠与分化现象。不同生物在某一生态位维度上的分布可以用资源利用曲线来表示,该曲线通常呈正态分布(图 2-4)。

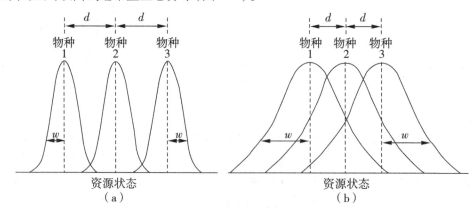

图 2-4　3 个共存物种的资源利用曲线

由图可见,3 条曲线分别代表 3 个物种的生态位,其中,d 为平均分离度,是曲线峰值间的距离;w 为曲线的标准差,表示种间的变异情况。比较两个或多个物种的资源利用曲线,就能全面地分析生态位的重叠和分离情形。如图所示,图 2-4(a)生态位窄,相互重叠少,表明物种之间的竞争小,而其种内竞争会很激烈,这样会使物扩大资源利用范围,有利于物种的进化;而图 2-4(b)生态位宽,相互重叠多,表明种间竞争激烈。随着生态位重叠越多,种间竞争越激烈,这样将导致竞争力弱的物种灭亡,或者通过生态位分化得以共存。

在同一地区内,生物的种类越丰富,物种间为了共同事物(营养)、生活空间或其他资源而出现的竞争越激烈,这样,对某一特定物种占有的实际生态位就可能越来越小。其结果是在进化过程中,两个生态上很接近的物种向着占有不同的空间(栖息地分化)、吃不同食物(食性上的特化)、不同的活动时间(时间分化)或其他生态习性上分化以降低竞争的紧张度,从而使两种之间可能形成平衡而共存。

(2)种间互助与共生

在自然界中,种间互助与共生形式多种多样,合作的程度也有浅有深,效果可以是互惠,也可以是单方受益、另一方无损。

1)互利共生 对两个种群都有利的种间关系,彼此紧密相关,缺少一方则另一方不能生存,称为共生或专性共生。共生现象在自然界中普遍存在,有植物与真菌共生、昆虫与真菌共生、植物与昆虫共生等。如菌根是真菌菌丝与许多高等植物根的共生体;地衣是单细胞藻类与真菌的共生体,单细胞藻进行光合作用,菌丝吸收水分和无机盐,彼此交换养料、相互补充,共同适应更恶劣的环境。

2)种间偏害共生 指两个物种共生在一起时,其中一个物种对另一物种起抑制作用,而对自身却无影响的共生关系。自然界中常见的抗生现象属于偏害范畴,抗生现象是指一个物种通过分泌化学物质抑制另一个物种的生长和生存,在细菌和真菌、某些高等植物和动物中都有发生。如胡桃分泌一种叫胡桃醌的物质,它能抑制其他植物生长。

(3)种间偏利共生

指两个种群共同生活在一起,对一方有利,而对另一方无利也无害的共生关系。前者为附生生物,后者是宿主。最典型的宿主植物为附生植物提供栖息场所的现象,如树皮上生长的苔藓和地衣;某些动物或植物为其他动物提供隐蔽场所和残食或排泄物的现象等都是偏利作用的表现。

(4)原始协作

共生的另一种类型,指两个种群双方都获利,这种关系是松散的,解除关系后双方仍能独立生存。原始协作存在于动物之间、动物与植物之间。如虫媒植物和传粉昆虫,虫媒植物一般都具有鲜艳的花朵,具有蜜腺,以此吸引各种昆虫为其传粉,而昆虫则在传粉的过程中获得食物。

(5)协同进化

生物与生物之间的相互作用对于整个生物界的生存和发展是极为重要的,它不仅影响每个生物的生存,而且还把各个生物连接为复杂的生命之网,决定着群落和生态系统的稳定性。同时,生物在相互作用、相互制约中产生了协同进化。

捕食者与被食者、寄生者与寄主都存在着对立统一关系,对于被食者来说,捕食者是其"天敌",它们对被食者产生有害作用。捕食者和被食者、寄生者和寄主在长期的进化过程中也形成了一定程度的协同,这使得负相互作用倾向于减弱。

种群间的协同进化是指一个物种的性状作为对另一物种性状的反应而进化,而后一物种的这一性状本身又对前一物种性状的反应而进化。例如,捕食作用能够限制种群的分布,对猎物种群的数量和质量起重要的调节作用,捕食者可控制猎物种群数量的过度上升,另外捕食者捕食的大多数是猎物中生理功能较差、体弱多病者,从而提高猎物的种群质量;捕食同竞争一样,是影响群落结构的主要生态过程;捕食是一个主要的选择压力,生物的很多适应可用捕食者和猎物间的协同进化来说明。

种群内部的协同也很普遍,如植物种群的个体多是成丛生长,在自然界中,孤生是罕见的,据观察研究,高等植物的幼苗在集聚的状态下更适于生存。

协同进化也可以发生在种群和环境之间。通过种群数量动态和遗传结构变化的研究,人们认识到种群自然调节机制,种群和其环境是高度协调的,并和谐地向前发展。生物种群与环境的关系当然也包括人与环境的关系。不过,人与一般的生物不同,人类具有更强的能力,既具有建设性,又具有毁灭性。目前人类社会生产所依赖的主要不是原始的生物群落,而是经过改造的有再生性和经济价值的人工种群或人工群落,这又是一种协同关系。

3. 化感作用

化感作用是一类特殊的种内、种间作用方式。很多生物体彼此间在化学上可能起着相互作用,在微生物之间、植物和动物之间、不同种的植物之间、动物之间,甚至同种生物的个体之间都广泛地存在着这种作用。化感作用是指生物分泌的化学物质对自身或其他种群发生影响的现象。生物分泌的这种物质称为化感作用物质,主要是一些生物碱酚类、萜类和醌类化合物,是生物界种间竞争的一种表现形式。植物的化感作用就是植物通过向环境释放化学物,对其他植物产生直接或间接的作用。

化感作用包括抑制作用和促进作用。如洋槐能抑制多种杂草的生长,榆树可使栎树发育不良,栎树、白桦可排挤松树,许多植物都不能在胡桃树下生长,薄荷属和艾属植物分泌的挥发油阻碍豆科幼苗生长,这些是一种植物抑制其他植物生长的现象。某些植物之间有相互促进作用,如皂荚和七里香、黄栌与鞑靼槭,它们生长在一起时,植株高度显著增加。

化感作用还包括自毒作用,化学物对自身产生毒害作用,农业生态系统中作物的连作障碍,如大麦、玉米、苹果、葡萄就有连作障碍,而通过两种或多种作物轮作的方式可有效地克服自毒作用。

植物的化感物质是植物体内的次生代谢物质,以挥发气体的形式释放出来,或者以水溶物的形式渗出、淋出和分泌出,既可由植物地上或地下部分的活组织释放,也可来自它们分解或腐烂以后。

植物间的化感作用具有重要的意义,不仅会影响植物群落的种类组成,也是植物群落演替的重要内在因素;同时在生产实践中具有重要的意义,如在林业生产上,应利用这种有利有害的基本原理,来指导植物之间的组合搭配,组建成高质量、高效益、和谐、稳定

园林生态规划设计方法与应用

82

的林分结构。

除高等植物之间的化感作用外,高等植物与微生物之间也存在化感作用,植物释放化感物质抑制真菌或细菌萌发和生长发育在自然界很普遍,如柏科和松科树木多能产生对细菌有抑制作用的抗生物质。许多真菌和细菌不仅能使植物感染致病,也能通过释放化感物质影响植物的生长发育,如大量微生物产生的次生物质被作为抗生素使用。

二、生物群落

(一)植物群落组成

1. 群落的概念及特征

(1)群落的概念

群落被认为是生态学研究对象中的一个高级层次,是指在特定空间或特定生境下,具有一定的生物种类组成及其与环境之间彼此影响、相互作用,具有一定的外貌及结构,并具特定功能的生物聚合体。它包括植物、动物、微生物等各个物种的种群共同组成的生态系统中有生命的部分。生物群落可简单地分植物群落、动物群落和微生物群落三大类,也可分为陆生生物群落与水域生物群落两种。

植物群落是指生存于特定区域或生境的各种植物种群的集合体,如一片树林、一片草原或一片绿地,都可看成一个群落。一个群落中不同种群不是杂乱无章地散布,而是有序协调地生活在一起。群落内的各种生物彼此相互影响、相互作用,具有一定的形态结构与营养结构,并执行一定的功能。

(2)植物群落的特征

1)具有一定的外貌 外貌是认识和区分群落类型的重要特征之一。一个群落中的植物个体,分别处于不同高度和密度,从而决定了群落的外部形态。在植物群落中,通常由其生长类型决定其高级分类单位的特征,如森林、灌丛或草丛的类型。

2)具有一定的物种组成 植物种类组成是区别不同群落的首要特征。一个植物群落中种类的多少及每种个体的数量,是度量群落多样性的基础。不过植物群落中的成员在生态学上的重要性互相不同,有优势种与从属种的划分。

3)具有一定的群落结构 群落结构是指群落的所有种类及其个体在空间中的配置状态。植物群落包括层片结构、垂直结构、水平结构、时间结构等。

4)群落具有形成群落环境的功能 植物群落能够产生群落环境,并且对其居住环境产生重大影响。如森林中的环境与周围裸地就有很大的不同,包括光照、温度、湿度与土壤等都经过了生物群落的改造。即使生物非常稀疏的荒漠群落,对土壤等环境条件也有明显改变。

5)不同物种之间相互影响 群落中的物种有规律地共处,即在有序状态下共存。植物群落并非种群的简单集合,哪些种群能够组合在一起构成群落取决于两个条件:一是必须共同适应它们所处的无机环境,二是它们内部的相互关系必须取得协调平衡。

6)具有一定的动态特征 植物群落是生态系统中具有生命的部分,生命特征不停地运动。其运动形式包括季节动态、年际动态、演替与演化等。这种改变和波动并不会引起群落的本质的改变,它的某些基本特征还是保持着。

7)具有一定的分布范围 任何一个植物群落都是分布在特定地段和特定生境上,不同植物群落的分布范围和生境不同。

8)群落的边界特征 在自然条件下,群落的边界有的明显,如水生群落与陆生群落之间的边界,可以清楚地加以区分;有的边界则不明显,而处在连续的变化中,如森林群落与草原群落间有很宽的过渡地带。

2.群落的种类组成

(1)种类组成的性质分析

群落的种类组成情况一定程度上反映群落性质,常根据其作用划分群落成员类型,常用类型有优势种和建群种、亚优势种、伴生种、偶见种或稀见种(图2-5)。

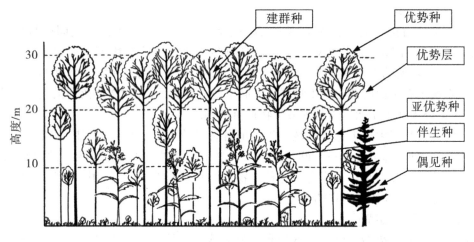

图2-5 群落的种类组成

1)优势种和建群种 优势种是指对群落结构和群落环境的形成起主要作用的植物种。它们通常是那些个体数量多、投影盖度大、生物量高、体积较大、生活能力较强即优势度较大的种。优势种对群落的结构和群落环境的形成具有明显的控制作用。群落的不同层次可以有各自的优势种,如森林群落的乔木层、灌木层、草本层和地被层。

建群种是群落的创造者、建设者。优势层的优势种常称为建群种,个体数量不一定很多,但却能决定群落结构和内部环境条件,是群落的建造者。如果群落只有一个建群种,则称该群落为单建种群落或单优种群落,如果具有两个或两个以上同等重要的建群种,则称该群落为共建种群落或共优种群落。热带雨林几乎全是共建种群落,北方森林和草原则多为单建种群落。

在森林群落中,乔木层中的优势种既是优势种,又是建群种;而灌木层中的优势种就不是建群种,原因是灌木层在森林群落中不是优势层。如果有多个组成,就是共建种,其余为附属种。

2)亚优势种 亚优势种的个体数量与作用都次于优势种,但在决定群落性质和控制群落环境方面仍起着一定作用的植物种。在复层群落中,亚优势种通常居于较低的亚层。

3）伴生种　伴生种为群落的常见物种，它与优势种相伴存在，但在决定群落性质和控制群落环境方面不起主要作用。

4）偶见种或罕见种　偶见种或罕见种是指在群落中出现频率很低的种类。有些偶见种的出现具有生态指示意义，可能是入侵种，也可能是衰退中的残遗种。

（2）种类组成的数量分析

群落的数量特征一般用以下几个参数来表征，其中，个体数量指标有多度、密度、频度、盖度等；综合数量指标有优势度、重要值等。

为了得到一份完整的生物种类名单，通常采用最小面积的方法。群落最小面积指的是基本上能够表现出群落类型植物种类的最小面积。一般来讲，组成生物群落的种类越丰富，其最小面积越大。例如，云南热带雨林最小面积 2500 m²，北方针叶林 400 m²，草原灌丛 25～100 m²，草原 1～4 m²。

1）多度和密度　多度是物种间个体数量对比的估测指标，是指一个群落中各个物种个体的数量及其之间的统计关系，通常采用抽样调查的方法进行。国内多采用 Drude 的七级制多度，分别是数量极多（Soc）、数量很多（Cop³）、数量多（Cop²）、数量尚多（Cop¹）、数量不多而分散（Sp）、数量很少而稀疏（Sol）、个别或单株（Un）。

密度指单位面积或单位空间内的个体数。一般对乔木、灌木和丛生草本是以植株或丛来计数，根茎植物以地上枝条计数。样地内某一物种的个体数占全部物种个体数的百分比称为相对密度。某一物种的密度占群落中密度最高的物种密度的百分比称为密度比。

2）盖度与显著度　盖度指在群落所在区域内所有植物在地面的垂直投影面积与区域总面积之比，通常采用抽样调查的方法进行，也叫投影盖度。后来又出现了"基盖度"的概念，即植物基部的覆盖面积占样地的百分数。对于草原群落，常以离地面 1 英寸（2.54 cm）高度的断面计算；对森林群落，则以树木胸高（1.3 m 处）断面积计算。

乔木的基盖度又称为显著度。群落中某一物种的分盖度占所有分盖度之和的百分比，即相对盖度。某一物种的盖度占盖度最大物种的盖度的百分比称为盖度比。

在林业上，常用郁闭度来表示林木层的盖度。郁闭度指森林中乔木树冠在阳光直射下在地面的总投影面积（冠幅）与此林地（林分）总面积的比，简单地说，郁闭度就是指林冠覆盖面积与林地面积的比例，它反映林分的密度。

3）频度　频度是某物种在调查范围内出现的频率，常按包含该种个体的样方数占全部样方数的百分比来计算，即

$$频度 = 某物种出现的样方数/样方总数×100\%　　　　　　（2-1）$$

4）优势度　优势度用以表示一个种在群落中的地位与作用，但其具体定义和计算指标因群落不同而不同，大多以多度、盖度、频度、重量、高度等或它们的组合，作为优势度的指标。

5）重要值　重要值也是用来表示某个种在群落中的地位和作用的综合数量指标，因为它简单、明确，所以在近些年来得到普遍采用。重要值是美国的柯蒂斯和麦金托什（1951）首先使用的，他们在威斯康星研究森林群落连续体时，用重要值来确定乔木的优

势度或显著度,计算公式如下:

$$重要值 =(相对多度+相对显著度+相对频度)/3 \qquad (2-2)$$

重要值在群落数量研究中具有重要意义。它是一个反映种群的大小、多少和分布状况的综合性指标,反映了种群在群落中的地位和作用;可确定群落的优势种,表明群落的性质;可推断群落所在地的环境特点,是用于群落分类的一个很好的指标。

（二）植物群落结构

1.群落的垂直结构

群落的垂直结构指群落在垂直方面的配置状态,其最显著的特征是成层现象,即在垂直方向分成许多层次的现象。

群落的成层现象实际上是生物群落与环境相互关系的一种特殊形式。分层现象不仅缓解了植物之间争夺阳光、空间、水分和矿质营养等的矛盾,而且由于植物在空间上的成层排列,扩大了植物利用环境的范围,提高了同化功能的强度和效率。如在发育成熟的森林中,上层乔木可以充分利用阳光,而林冠下为那些能有效利用弱光的下木所占据,林下灌木层和草本层能够利用更微弱的光线,草本层往下还有更耐荫的苔藓层。

成层的决定因素是环境条件,在优越的环境条件下,生物的种类多,群落的层次多,成层结构就复杂;反之,则层次少,成层结构就简单。生物群落成层现象有以下四种:

（1）植物的地上成层现象

植物的地上成层主要影响因素是光照、温度、湿度和空气等。成层现象在森林群落中表现最为明显,且以温带阔叶林和针叶林的分层最为典型,热带森林的成层结构则最为复杂。一般按生长型把森林群落从顶部到底部划分为乔木层、灌木层、草本层和地被层(苔藓地衣)四个基本层次,在各层中又按植株的高度划分亚层,例如热带雨林的乔木层通常分为三个亚层。草本群落则通常只有草本层和地被层。

（2）植物的地下成层现象

群落的地下分层和地上分层一般是相对应的,主要影响因素是矿物质、养分、水。森林群落中的乔木根系分布到土壤的深层,灌木根系较浅,草本植物的根系则大多分布在土壤的表层。草本群落的地下分层比地上分层更为复杂。

（3）动物的成层现象

生物群落中动物的成层现象也很普遍,动物之所以有成层现象,主要与食物有关,其次还与不同层次的微气候条件有关。以森林的群落结构为例,动物的成层亦呈现这种垂直结构,例如鹰、猫头鹰、松鼠居于森林上层,大山雀、柳莺等小型鸟类在灌木层活动,鹿、獐、野猪等兽类居于地面,蚯蚓、马陆等低等动物则在枯叶层和土壤中生存。

（4）水生群落的成层现象

水生群落的成层主要影响因素是光、食物、温度。水生群落则在水面以下不同深度形成物种的分层排列,这样就出现了群落中植物按高度(或深度)配置的成层现象,例如挺水植物、浮水植物、沉水植物。

水域中某些水生动物也有分层现象,这主要取决于阳光、温度、食物和含氧量等。比如湖泊,在一年当中湖水没有循环流动的时候,浮游动物都表现出明显的垂直分层现象,它们多分布在较深的水层,在夜间则上升到表层来活动,这是因为浮游动物一般都是趋向弱光的。

2.群落的水平结构

群落的水平结构是群落的水平配置状况或水平格局。由于在水平方向上存在地形的起伏、光照和湿度等诸多环境因素的影响,导致各个地段生物种群的分布和密度不同。以森林为例,在乔木的基部和被其他树冠遮盖的位置,光线往往较暗,这适于苔藓植物等喜阴植物的生存;在树冠下的间隙等光照较为充足的地段,则有较多的灌木与草丛。

群落的水平结构主要表现在镶嵌性、复合体和群落交错区。

（1）镶嵌性

镶嵌性是群落内部水平方向上的不均匀配置,使群落在外形上表现为斑块相间的现象,具有这种特征的群落叫作镶嵌群落。在镶嵌群落中,每一个斑块就是一个小群落,小群落具有一定的种类成分和生活型组成,它们是整个群落的一小部分。例如,在森林中,林下阴暗的地点有一些植物种类形成小型的组合,而在林下较明亮的地点是另外一些植物种类形成的组合。这些小型的植物组合就是小群落。

群落镶嵌性形成的原因,主要是群落内部环境因子的不均匀性、土壤温度和盐渍化程度的差异,光照的强弱以及人与动物的影响。例如,在群落范围内,由于小地形和微地形的变化可引起水平结构的镶嵌性;动物影响镶嵌性,例如田鼠活动的结果,在田鼠穴附近经常形成不同于周围植被的斑块。群落环境的异质性越高,群落的水平结构就越复杂。

（2）复合体

复合体是指不同群落的小地段相互间隔的现象。群落复合体作为一种特殊分布的植被类型,其分布范围或面积有大有小,复合体直径从几平方米到几十平方米或更大一些。这些群落由于小环境的变化,在不大的面积内,有规律地交替出现。群落复合体是一个非常重要的概念,它不仅正确地反映了植被空间分布复杂的客观现象,而且解决了各种植被分类系统间一些长期存在的矛盾,为群落区系特征分类、动态发生分类以及植被生境分类之间的联系找到了一个结合点。

群落复合体是由于地形条件起伏的变化,引起土壤水分、肥力、生境类型等生态因子的交替变化,而导致两个以上的植物群落有规律地重复出现的结构。镶嵌性和复合体具有以下几个方面的区别,见表2-2。

表2-2 比较镶嵌性和复合体

镶嵌性	复合体
内部斑点为同一群落的部分	内部斑点属于不同群落
任一斑点都具有整个群落的一切层	各斑点具有各自所属群落的层次
斑块较小(几十厘米至几米)	斑块较大(几米至几十米)
斑块间生物相互影响大	斑块间生物相互影响小

（3）群落交错区

群落交错区又称生态交错区，是指两个或多个群落之间（或生态地带之间）的过渡区域。由于群落交错区是由两种或两种以上的物质体系、能量体系、结构体系、功能体系之间所形成的界面，以及围绕该界面向外延伸的过渡带，因此，群落交错区也是种群竞争的紧张地带，其生境复杂多样，物种多样性高，某些种群密度大。

1）特点　①多种要素的联合作用和转换区，各要素相互作用强烈，常是非线性现象显示区和突变发生区，也是生物多样性较高的区域；②生态环境较复杂多样，抗干扰能力弱，对外力的阻抗相对较低，界面区生态环境一旦遭到破坏，恢复原状的可能性很小；③生态环境的变化速度快，空间迁移能力强，因而造成生态系统恢复的困难。

2）边缘效应　边缘效应是指在群落交错区内，单位面积内的生物种类和种群密度较相邻群落有所增加的现象。例如，在水陆交接的边缘部位，如海湾、珊瑚礁、沿河两岸、河口三角洲、近海区域等，常常进行着频繁而强烈的能量和物质交换，存在着水陆两种生活环境，具有较丰富的物种。人类可以有意识地利用边缘效应。

边缘效应对于生物多样性的研究和保护具有特定的价值，在这种特定的生境中有利于提高生物多样性。其原因是：

①在边缘地带会有新的微观环境，致使有高的生物多样性；

②边缘地带能为生物提供更多的栖息场所和食物来源，允许特殊需求的物种散布和定居，从而有利于异质种群的生存，并增强了种群个体觅食和躲避自然灾害的能力，允许有较高的生物多样性。

值得注意的是，群落交错区物种密度的增加并非普遍的规律，事实上，许多物种的出现恰恰相反，例如在森林边缘交错区，树木的密度明显比群落里要小。

3. 群落的外貌与季相

群落的外貌是认识植物群落的基础，也是区分不同植被类型的主要标志，如森林、草原和荒漠等，就是根据外貌区别出来的。就森林而言，针叶林、夏绿阔叶林、常绿阔叶林和热带雨林等，也是根据外貌区别出来的。群落的外貌取决于群落优势种的生活型和层片结构。

（1）生活型

生活型是生物对外界环境适应所形成的外貌形态，如乔木生活型、草本生活型等，它是不同生物在同一环境条件下的趋同适应。同一生活型的物种不但体态相似，而且其适应特点也是相似的。趋同适应是指不同种类的植物生长在相同环境条件下时，往往形成相同或者相似的适应方式和途径。

植物学家根据需要建立了多种生活型分类系统，其中最著名的是丹麦植物生态学家饶基耶尔于1907年按越冬休眠芽的位置与适应特性，将高等植物分成高位芽植物、地上芽植物、地面芽植物、地下芽植物、一年生植物等五大生活型类群（图2-6）。

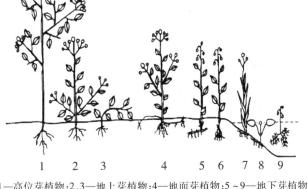

1—高位芽植物;2,3—地上芽植物;4—地面芽植物;5~9—地下芽植物

图2-6 饶基耶尔生活型图解

植物群落生活型的组成特征是当地各类植物与外界环境长期适应的反应(表2-3)。研究表明,一个较大地域的典型植被,有一定的生活型谱,而且有一定的植被类型,一般都以某一两种生活型为主,各拥有较丰富的植物种类。生活型谱是指群落内每类生活型的种数占总种数的百分比排列成的一个系列。例如,热带和亚热带湿润森林均以高位芽植物占优势,如对高位芽植物作进一步划分即可比较出差异;地面芽占优势的地区,反映了该地区具有严寒的冬季。

表2-3　植物生活型分类与特点

生活型	分布地带	芽的位置
高位芽植物	低纬度潮湿地带	更新芽位于距地面25 cm以上
地上芽植物	寒带与高山地区	更新芽位于土壤表面25 cm以下,多为灌木、半灌木或草本植物
地面芽植物	中纬度	更新芽位于近地面土层内,冬季地上部分全部枯死,多为多年生草本植物
地下芽植物	冷湿地区	更新芽位于较深土层中或水中,多为鳞茎类、块(根)茎类多年生草本或水生植物
一年生植物	干旱地区	以种子越冬

我国自然环境复杂多样,在不同气候区域的主要群落类型中生活型的组成各有特点。我国在《中国植被》一书中,按体态把植物分成四种生长型类群,即木本植物,可以再分为乔木、灌木、竹类、藤本植物、附生木本植物、寄生木本植物;半木本植物,包括半灌木和小半灌木,例如牡丹等;草本植物,含多年生草本植物、一年生植物、寄生草本植物、腐生草本植物、水生草本植物;叶状体植物,指苔藓及地衣、藻菌。

(2)层片结构

层片作为群落的结构单元,是在群落产生和发展过程中逐步形成的。通常把植物群落中相同生活型和相似生态生活要求的植物种的组合称为层片。层片具有一定的种类组成,具有一定的生态生物学特征,具有一定的环境。群落层片结构的复杂性保证了植物全面利用生境资源的可能性,并且能最大程度地影响环境,对环境进行生物学改造。

群落层片具有以下特征:

1)属于同一层片的植物是同一个生活型类别,但同一生活型的植物种只有其个体数量相当多,而且相互之间存在着一定的联系时才能组成层片。

2)每一个层片在群落中都具有一定的小环境,不同层片小环境相互作用的结果构成了群落环境。

3)每一个层片在群落中都占据着一定的空间和时间,而且层片的时空变化形成了植物群落不同的结构特征。

4)在群落中,每一个层片都具有自己的相对独立性,而且可以按其作用和功能的不同划分为优势层片、伴生层片、偶见层片等。

层片不同于植物群落垂直结构的层次,在概念上层片的划分强调了群落的生态学方面,而层次的划分,着重于群落的形态。层片是群落的三维生态结构,它与层次有相同之处,但又有质的区别。如森林群落的乔木层,在北方可能属于一个层片,但是在热带森林中可能属于若干不同的层片。一般层片比层次的范围要窄,因为一个层次可由若干生活型的植物组成,如常绿夏绿阔叶混交林及针阔混交林中的乔木层都含有两种生活型。在实践中,层片的划分比层次的划分更重要,但划分层次往往是区分和分析层片的第一步。

(3)群落的季相

群落外貌常随时间的推移而发生周期性的变化,这是群落结构的另一重要特征。随着气候季节性交替,群落呈现不同外貌的现象就是季相。

植物在一年四季的生长过程中,叶、花、果的形状和色彩随季节发生变化。在不同的气候带,植物季相表现的时间略有差异。温带地区四季分明群落的季相变化十分显著,如在温带草原群落中,一年可有四或五个季相。

植物季相变化是丰富植物空间景观艺术的精粹。园林植物配置要充分利用植物季相特色。例如,较多地栽种季相鲜明的植物,能给人以时令的启示,增强季节感,表现出园林景观中植物特有的艺术效果。

群落的季相广泛应用于资源监测、产量预报、病虫害预测、景观多样性等。

4.影响群落结构的因素

(1)生物因素

1)竞争 不同物种在资源利用上,可能在群落形成时资源并不是很紧张,因而会出现生态位重叠。但随着时间的推移,资源趋于缺乏,物种间出现竞争,竞争的结果往往是生态位发生分化,出现物种性状替代和特化,很多物种可共存,从而使群落结构趋于复杂化。

群落中的种间竞争出现在生态位比较接近的种类之间,通常将群落中以同一方式利用共同资源的物种集团称为同资源种团。同资源种团内的种间竞争十分激烈,它们占有同一功能地位,是等价种。如果一个种由于某种原因从群落中消失,别的种就可能取而代之,这对群落结构有重要影响。另外,同资源种团可作为群落的亚结构单位。

竞争在形成群落结构上的作用可通过在自然群落中进行引种或去除试验,观察其他物种的反应。如果反应较大,可能该物种是关键种,同时在竞争中具有优势。

2)捕食 捕食者可能消灭某些猎物物种,群落因而出现未充分利用的资源,种数减少;捕食者使一些种的数量长久低于环境容纳量,降低了种间竞争程度,允许更多的生态位重叠,更多的物种共存。

泛化种的作用是捕食提高多样性,过捕多样性降低。

特化种的作用是捕食对象为优势种,多样性增加;捕食对象为劣势种,多样性降低。

关键种在群落结构中具有重要作用。生物群落中,处于较高营养级的少数物种,其取食活动对群落的结构产生巨大的影响,称关键种。关键种可以是顶极捕食者,也可以是那些去除后对群落结构产生重大影响的物种。

（2）干扰

干扰（或扰动）是指正常过程的打扰或妨碍。群落或生态系统外部间断发生因子的突然作用或连续存在因子的超"正常"范围波动。其作用结果导致群落或生态系统特征（诸如种类多样性、营养输出、生物量、垂直与水平结构等）超出正常的波动范围。常见的干扰有火干扰、放牧、土壤物理干扰、土壤施肥、践踏、外来物种入侵等。

干扰可以认为是阻断原有生物系统生态过程的非连续性事件,它改变了生态系统、群落或种群的组成和结构,改变了生物系统的资源基础和环境状况。干扰体系的组成要素有类型、频次、强度和时间等,相关概念见表2-4。

表2-4 与干扰相关的概念

干扰重现间隔期	指一个地点相邻两次干扰之间相互作用的年数
干扰频率	指重现间隔期的倒数
干扰轮回期	指将与一个研究面积相等大小的一块土地全部干扰一遍的时间
干扰强度	指从干扰因素本身来看,在一定时期,一定面积上,该事件的物理力。比如火灾时,单位面积单位时间释放的热量
干扰烈度	用对现集体、群落或生态系统的影响来表示。比如火烧死的株数

在陆地生物群落中,干扰会使陆地生物群落形成断层（gaps）。断层对群落物种多样性的维持和持续发展有重要作用,干扰造成群落断层后,可能会逐渐恢复,也可能被群落的任何一个种侵入和占有,并发展为优势者。

同程度的干扰,对群落物种多样性的影响不同。1978年由美国生态学家约瑟夫·康奈尔提出中等干扰假说,他认为中等程度的干扰水平能维持高的多样性,原因是当干扰频繁时,先锋种不能发展到演替中期,因而多样性较低;干扰间隔期长,演替能发展到顶级期,多样性不高;而中等干扰能维持高的多样性,它允许更多物种入侵和定居,可以为先锋植物提供生存空间。

中等干扰能增加多样性,因此在自然保护、农业、林业和野生动物保护和管理上有重要意义。干扰可以增加群落的物种丰富度,因为干扰使许多竞争力强的物种占据不了优势,其他物种乘机侵入。如果要保护自然界的生物多样性,就不要简单地去阻止干扰。实际上,干扰可能是产生多样性的最有力手段之一。

(3)空间异质性

空间异质性可以在水平方向和垂直方向分别影响群落的水平结构和垂直结构。空间异质性的程度越高,意味着有更多的生境,所以能允许更多的物种共存,群落结构也更加复杂。

空间异质性包括非生物环境的空间异质性和生物环境的空间异质性,两种空间异质性都会影响物种多样性和群落结构。如在土壤和地形变化频繁的地段,群落含有更多的植物种,生物多样性也越高。植物群落的层次和结构越复杂,群落多样性也就越高,如森林群落的层次越多,越复杂,群落中鸟类的多样性就会越高。

(4)岛屿与岛屿效应

生态学意义上的岛屿强调隔离与独立性。岛屿理论认为物种的数目与面积之间有一定关系,当物种的迁入率和灭绝率相等时,岛屿物种数目趋向于动态平衡。岛屿的物种数和面积的关系:

$$S = CA^Z \text{ 或 } \lg S = \lg C + Z(\lg A) \tag{2-3}$$

式中,S 为种数;A 为面积;Z 和 C 为两个常数;Z 表示种数-面积关系中回归的斜率;C 表示单位面积种数的常数。

岛屿效应指岛屿面积越大,种数越多。岛屿效应说明了岛屿对形成群落结构过程的重要影响。因为岛屿处于隔离状态,其迁入和迁出的强度低于周围连续的大陆。位于岛屿的生物,移动受限,基因交流受限,加上生物族群量较低,容易近亲交配,造成遗传结构较单调。岛屿面积越小,遗传结构一般越单调,个体竞争程度较低,因而容易保存古老基因;另外,因为岛屿的生物族群量较低,使得物种较易局部灭绝。

自然保护区是具有明显边界,对某些物种进行有意识的保护的相对封闭的区域,从某种意义上讲就是受其周围环境包围的岛屿。岛屿生态理论对自然保护区设计的指导意义,即若每一小保护区的物种均相同,则应建立大保护区;小保护区可以防治传播疾病;在异质的空间里建立保护区,小保护区可以提高空间的异质性,有利于生物的多样性;对于大型动物,需要大保护区。

(三)植物群落动态

植物群落动态(dynamics)是指植物群落的形成、变化、演替以及进化,生物群落的种类组成、结构、功能过程随时间变化的过程和规律。对群落动态的研究可以揭示群落的运动、变化和发展规律,对认识群落的过去、现在以及预测群落的发展和未来都具有重要意义。植物群落动态以时间长短而言,有短期、中期、长期(表2-5)。

表2-5　植物群落动态类型

时间类型	持续时间	群落变化性质	事例	研究领域
短期	天	变化	蒸腾作用、光合作用、营养与代谢	植物群落生理生态学
	年际内	节律	季节与动态	植物群落生态学
	年际间	波动	植物生产力变化、植物种群变化、植物功能群变化	植物群落动态学
中期	数十年到数百年	演替	群落演替	植物群落动态学
长期	数百年到数千年	演化	气候变化引起的群落界线移动	植物群落动态学

1. 群落波动

群落波动是指短期内植物群落的年际变化,这种变化不涉及新物种的入侵,是围绕一个平均数波动,并且是可逆的。群落波动是植物群落动态的一个重要内容,群落的波动研究对人们认识森林和草地景观动态及其开发有重要的作用。

(1)波动产生的原因

波动的原因主要有以下三类:环境条件的波动变化、生物本身的活动周期及人为活动的影响。

1)环境条件的波动变化,如多雨与少雨年,突发性灾变,地面水文状况年度变化等;

2)生物本身的活动周期,如种子产量的波动,动物种群的周期性变化及病虫害暴发等;

3)人为活动的影响,如放牧波动最为明显,河谷受淹地段;由于泛滥时间和沉积作用的差异也会导致群落的波动。

(2)波动的类型

根据群落的变化形式,可将群落波动分为以下三种类型:

1)不明显波动　种群间的数量变化较小,群落的外貌、结构特征基本保持不变。这种波动可能出现在不同年份的气象、水文状况差不多一致的情况下。

2)摆动性波动　种群个体数量、密度、盖度、生产力等数量特征发生短期(1～5年)的波动。这种波动往往与群落中优势种的逐年更替有关。例如在乌克兰草原上,干旱的年份旱生植物较多,而在降水较丰富的年份水生植物较多。

3)偏途性波动　这是气候和水分条件的长期偏离而引起一个或几个优势种明显变更的结果。通过群落的自我调节作用,群落还可以恢复到原来的状态。这种波动的时期可能较长(5～10年)。

2. 群落演替

生物群落的演替(succession)是指在群落发展变化过程中,由低级到高级、由简单到复杂、一个阶段接着一个阶段、一个群落代替另一个群落的自然演变现象。在大多数情况下,生物群落演替过程中的主导组分是植物,动物和微生物只是伴随植物的改变而发生改变的。演替的每个阶段都有相关的动物参与群落形成,每个群落在为下一群落创造适宜环境的同时,越不利本身的生存和发展。

群落的波动和演替往往是同时发生的,两者既有区别又有联系,没有绝对的界线。演替是朝着一个方向连续变化的过程,波动是短期的可逆的变化。无论演替或者波动,群落生产力、组成和结构均会发生明显变化。处于演替过程中的群落,波动可促进或阻碍一个群落被另一个群落代替的过程。同时,波动过大甚至可以导致群落演替过程重新开始。

（1）群落演替的类型

植物群落的演替过程总是伴随着群落的发生发育过程,群落演替各阶段的每一植物群落类型都要经历相似的发育过程。按照不同的原则,可划分不同的植物群落演替类型以分析植物群落的演替特点,如可根据演替的延续时间、起始条件、主导因素、发展方向、代谢特征以及基质性质等划分植物群落的演替类型（表2-6）。

表2-6　演替类型

划分依据	演替类型
延续时间	世纪演替、长期演替、快速演替
起始条件	原生演替、次生演替
基质性质	水生演替、旱生演替
主导因素	内因性演替、外因性演替
代谢特征	自养性演替、异养性演替
演替趋向	进展演替、逆行演替

其中,原生演替与次生演替是按照群落演替的起始条件进行分类的结果。原生演替是指开始于原生裸地或原生荒原上的群落演替,也称为初生演替,是生物对该生境的首次占有。原生裸地的环境一般比较严酷,如在乱石窑上开始的演替就是初生演替,此外在沙丘上、火山岩上、冰川泥上以及在大河下游的三角洲上所发生的演替都是原生演替。

次生演替是指开始于次生裸地或闪生荒原上的群落演替,演替地点曾被其他生物定居过,如森林砍伐迹地、弃耕地上开始的演替。在这种情况下,演替过程不是从一无所有开始的,原来群落中的一些生物和有机质仍被保留下来,附近的有机体也易侵入。因此,次生演替比原生演替更为迅速。

按照基质性质分类可以将植物群落的演替分为水生演替与旱生演替。水生演替是指始于水生环境的演替。水生演替系列是从淡水湖沼中开始的,它通常有以下几个演替阶段:浮游生物群落阶段→沉水生物群落阶段→浮叶根生物群落阶段→挺水生物群落阶段→湿生草本生物群落阶段→森林生物群落阶段。

旱生演替是始于陆地干旱缺水的基质。旱生演替系列是从岩石表面开始的,它一般经过以下几个阶段:地衣植物阶段→苔藓植物阶段→草本植物阶段→灌木群落阶段→森林群落阶段,演替使旱生生境变为中生生境(表2-7)。

表2-7　旱生演替系列产生的原因与环境变化

演替阶段	优势类群	产生原因	环境变化
裸岩阶段	没有生物	原有生物全部死亡	新生裸地
地衣植物阶段	地衣	分泌有机酸从岩石中获取养分	土壤颗粒和有机物逐渐增多
苔藓植物阶段	苔藓类	与地衣争夺阳光的竞争中处于优势	土层加厚,有机物增多,土壤微生物越来越丰富
草本植物阶段	草本植物,昆虫和小动物	较高,更利于争夺阳光	土壤有机物更丰富,通气性变好
灌木群落阶段	灌木和小树,鸟类	比草本更高大	土壤有机物、含水量、通气性更好
森林群落阶段	乔木,动物繁多	比灌木更强地获得阳光的能力	生物与环境之间的关系更加丰富多样

(2)演替顶级学说

演替顶极是指任何一类演替均经过迁移、定居、群聚、竞争、反应、稳定六个阶段,当群落达到与周围环境取得平衡时(物种组合稳定),群落演替渐渐变得缓慢,最后的演替系列阶段称演替顶极,演替最后阶段的群落称顶极群落。它是一个在系统内外、生物与非生物之间达到稳定的系统,它的结构与物种的组成相对稳定,它的年产量与群落输出达到平衡,没有生产量的净积累。不管是原生演替还是次生演替,其进展演替的最终是形成成熟群落或顶极群落。

有关演替顶级学说主要有三种,单元顶极学说、多元顶极学说和顶极-格局假说。

1)单元顶极学说　单元顶极学说是1916年,由美国生态学家克莱门特提出的,这一学说对植物群落学产生了巨大影响。他认为在任何一个地区内,无论演替的初期条件如何,一般的演替系列的终点取决于该地区的气候性质,主要表现在顶极群落的优势种,能够很好地适应地区的气候条件,这样的群落称之为气候顶极群落。只要气候不变,人为或其他因素不干扰,此群落一直存在,一个气候区只有一个气候顶极群落,区域内其他生境给以充分的时间,最终都会演替到气候顶极。

2)多元顶极学说　多元顶极学说是由英国的坦斯利于1954年提出的。这个学说认为,如果一个群落在某种生境中基本稳定,能自行繁殖并结束它的演替过程,就可以看作顶级群落。在一个气候区域内,群落演替的最终结果,不一定都汇聚于一个共同的气候顶级。除气候顶级外,还可有土壤顶级、地形顶级、火烧顶级、动物顶级等。同时还可能存在复合型顶级,如地形-土壤顶级、火烧-动物顶级等。现在支持多元顶极学说的人越来越多。

3)顶极-格局假说　1953年,美国学者惠特克等在提出植被连续性概念的基础上,提出了顶极-格局假说,他赞成多元顶极学说,但认为在任何一个区域内,环境因子都是不断变化着的,随着环境梯度的变化,各种类型的顶级群落,如气候顶级、土壤顶级、地形顶级、火烧顶级等,不是截然呈离散状态,而是连续变化的,因而形成连续的顶级群落类型,构成一个顶级群落连续变化的格局。

在这个格局中,分布最广泛且通常位于格局中心的顶极群落,叫作优势顶极,它是最能反映该地区气候特征的顶极群落,相当于单元顶极学说的气候顶极。

4)三种演替顶级学说的比较　由于顶极-格局假说实际上是多元顶级学说的一个变形,因此,三种演替顶级学说的共性和区别是单元顶极学说与多元顶极学说之间的差异(表2-8)。

表2-8　单元顶极学说和多元顶极学说的差异

相同点	均承认顶极群落是经过单向变化而达到稳定状态的群落
	顶极群落在时间上的变化和空间上的分布均是和生境相适应的
不同点	单元顶极学说认为只有气候才是演替的决定因素,其他因素均是第二位的,但可以阻止群落向气候顶极发展。 多元顶极学说则认为,除气候以外的其他因素,也可以决定顶极的形成
	单元顶极学说认为,在一个气候区域内,所有群落均有趋同性的发展,最终形成气候顶级。 多元顶极学说不认为所有群落最后都会趋于一个顶级

（四）植物群落类型与分布

1.自然植被的群落类型

（1）植物群落分类

群落类型是指某一景观中,相似的一些地点、群落生境以及相似的植物种类组成的植物群落的概括。群落类型是在自然界长期发展过程中逐渐形成的,是植物与环境对立统一的产物。因此,它在一定程度上反映了自然条件的历史和现状,反映出一个地段的土地生产力。正确地认识和划分群落类型是合理利用植被资源和有效保护珍稀群落的基础。

但是,划分群落类型是一个复杂而困难的事情。植物的进化与演替是连续变化的过程,相互之间没有明显的界线。目前,群落类型的分类方法很多,学派不同。例如,在林业上分类为用材林、防护林、水源涵养林、经济林、风景林、商品林、公益林等。

群落类型分类的实质是对所研究的群落按其属性、数据所反映的相似关系进行分组,使同组的群落尽量相似,不同组的群落尽量相异。通过分类研究,可以加深认识群落自身固有的特征及其形成条件间的相互关系。

1)按群落外貌分类　以优势植物的生活型(生长型)作为分类基础,分类的基本单位为群丛,可以分为森林、矮疏林、密灌丛、草地、稀树干草原、灌木稀树干草原、树丛、稀树草地、草甸、干草原、草甸性草原、真草原、灌木干草原、草本沼泽、木本沼泽、荒原等。

这个是世界上最早的分类,也是常用的分类之一,便于掌握,特征明显,但是此分类简单,与生态学的关系不密切,有时候常把生态学上差异很大的植物分在一起。

2)按群落结构分类 按结构分类与按外貌分类有部分相关联,尤其是以优势植物的生活型并结合群落的空间结构和时间结构作为分类基础。按结构可将植物群落首先以株距大小分成郁闭植被、稀疏植被、最稀疏植被,再按垂直成层性分为森林、灌丛、草本植物等。但是忽视了生态特性,未考虑群落与环境的统一。

3)按植被区系成分分类 所有分类单位都以种类成分为依据,具体分类时以特征种和区别种为标准,相同的群丛纲、群丛目、群属应具有类似的特征种和区别种,群丛是具有一个或较多特征种的基本分类单位。

4)按物种优势度分类 以优势树种的生态学特征作为基础进行分类,能够反映生境的生态学特征,适用于某些局部地区。在优势种明显的地区,分类更为简便。缺点是在亚热带、热带地区,优势种不明显,以优势度分类有难度。

5)按生态条件分类 主要以植物群落分布的生态条件或环境状况作为分类基础,可以分为水生植物、陆生植物、中生植物;高温植物、低温植物、中温植物等。

6)按群落外貌-生态分类 以群落主要层优势种的外貌(群落的结构特征)、生态特征(生活型)和生态学指标(生态环境)为划分原则,避免单纯生态学、形态结构学原则的片面,客观反映各个分类等级内在本质。常常划分为 7 个群系纲,郁闭森林、疏林、密灌丛、矮灌丛、陆生草本、荒漠、水生植物。

7)按群落演替动态分类 强调演替在植物群落分类上的重要性,这是英美学派早期提出的分类原则,也叫群落动态分类或"个体发生"原则。整个分类系统将成熟与未成熟的群落划分成两个平行的系统,即顶极群落分类系统和演替系列群落分类系统,因而被称为双轨制分类系统。

(2)中国的植物群落分类

我国生态学家在 1980 年完成的《中国植被》一书中,参照了国外一些植物生态学派的分类原则和方法,采用了不重叠的等级分类方法,贯穿了"群落学-生态学"原则,即主要以群落本身的综合特征作为分类的依据,群落的种类组成、外貌和结构、地理分布、动态演替等特征及其生态环境在不同的等级中均作了相应的反映。

《中国植被》采用的主要分类单位有三级:植被型(高级单位)、群系(中级单位)和群丛(基本单位)。每一等级之上和之下又各设一个辅助单位和补充单位。高级单位的分类依据侧重于外貌结构和生态地理特征,中级和中级以下的单位则侧重于种类组成。分类系统为:一级,植被型组-植被型-植被亚型;二级,群系组-群系-亚群系;三级,群丛组-群丛-亚群丛(图 2-7)。

我国的植物群落共分为 10 个植被型组,29 个植被型,550 多个群系,至少几千个群丛。10 个植被型组为:针叶林、阔叶林、灌草和灌草丛、草原和稀树干草原、荒漠(包括肉质刺灌丛)、冻原、高山稀疏植被、草甸、沼泽、水生植被。

29 个植被型为:落叶针叶林、落叶针叶与常绿针叶混交林、常绿针叶林、针叶与阔叶混交林、落叶阔叶林、常绿与落叶阔叶混交林、常绿阔叶林、雨林、季雨林、红树林、竹林、常绿针叶灌丛、落叶阔叶灌丛、常绿阔叶灌丛、肉质刺灌丛、竹丛、丛生草类草地、根茎草类草地、杂类草草地、半灌木草地、灌草丛、稀树草丛、半乔木与灌木荒漠、半灌木与草本荒漠、高山冻原、高山垫状植被、高山稀疏植被、木本沼泽、草本与苔藓沼泽。

植被型组:如草地
　植被型:如温带草原
　　(植被亚型):如典型草原
　　　群系组:如根茎禾草　草原
　　　　群系:如羊草草原
　　　　　(亚群系):如羊草+丛生禾草草原
　　　　　　群丛组:如羊草+大针茅草原
　　　　　　　群丛:如羊草+大针茅+柴胡草原
　　　　　　　　亚群丛:群丛内生态条件、群落发育年龄有差异

图2-7　中国的植物群落分类

2. 中国的植被分区

基于地理地带性和植被地带性,尤其是水平地带性作为基础,并结合非地带性规律,我国的植被分为8个分区:

1)温带针叶林区域　主要是指大兴安岭北部山地,是我国最北的一个植被区域,也是我国的用材基地。气候严酷(年均温度在0 ℃以下,冬季长达9个月,夏季不超过1个月),其建群种为兴安落叶松、樟子松等。群落结构简单,林下草本不发达。

2)温带针阔混交林区域　位于东北平原以北和以东的广阔区域,南至丹沈一线,北至小兴安岭山地,全区呈弯月形。本区域为我国的主要木材生产基地,也是中药材和野生动物的重要栖息场所。

具有海洋性温带季风气候的特征,年均气温较低,大致在 -1 ~ 6 ℃之间,年降水量在600 ~ 800 mm,雨量多集中于6 ~ 8月。该区域垂直分布带较明显,植被为针阔混交林,以红松为优势种(红松阔叶混交林)。

3)暖温带落叶阔叶林区域　分布区域包括山东、河北大部、山西大部等地区(华北平原、辽河平原)。夏季酷热多雨,冬季严寒而晴燥,具有温暖带的特点。年均气温8 ~ 14 ℃,由北向南递增。地带性植被为落叶阔叶林,常见树种为槐树、臭椿、刺槐、榆树、毛白杨、旱柳、梧桐、合欢、桑树等。

4)亚热带常绿阔叶林区域　我国面积最大的植被区,约占国土面积的1/4。其北界为淮河秦岭一线,南界大致为北回归线,东界为东南沿海及台湾岛,西界至西藏高原东坡。亚热带季风气候,年降雨量一般高于1000 mm,无霜期250 ~ 350 天,东部春夏高温多雨,而冬季降温显著;西部云贵高原和川西山地夏季多雨、冬季干暖。土壤多为酸性的红壤或黄壤,北部为黄棕壤。

亚热带常绿阔叶林是常绿双子叶植物构成的阔叶树森林,主要是由壳斗科、樟科、山茶科、木兰科等组成。

5)热带季雨林、雨林区域　热带季雨林、雨林是我国森林类型中植被种类最为丰富的类型,分布于我国最南部。属于热带季风气候,高温多雨,年均温在20 ~ 22 ℃,全年基

本无霜,年降雨量超过 1500 mm,雨量多集中于 4~10 月(雨季),其余季节为干旱季。土壤为砖红壤。我国的热带季雨林以阳性耐旱的热带落叶树种为主,常见的有木棉(攀枝花)、五桠果属、合欢属、黄檀属等。

6)温带草原区域　我国的温带草原属于欧亚草原区域的一部分,连续分布在松辽平原、内蒙古高原、黄土高原地,面积很大,另一小部分分布在新疆阿尔泰山区。属于典型的大陆性气候,植被以针茅属为主,部分半湿润地区也有森林出现。

7)温带荒漠区域　分布于我国西北部的荒漠,包括新疆的准噶尔盆地、塔里木盆地、青海的柴达木盆地、甘宁以北的阿拉善平原、内蒙古的鄂尔多斯苔地等,约占国土面积的 1/5。气候极端干燥,温度变化剧烈,风沙强烈,年降雨量少于 200 mm。

8)青藏高原高寒植被区域　青藏高原高寒植被位于我国的西南地区,有巨大山脉、丰富的江河湖泊和大面积的冰川冻土,地貌极为复杂。植被类型也多种多样,发育着以山地森林垂直带为代表的植被,形成了独特的高原植被区系。

第二节　自然生态系统与生态系统服务

一、生态系统的组成与类型

(一)生态系统的组成

1.生态系统的概念

生态系统是指在一定的时间和空间范围内,由生物群落与环境组成的一个整体,该整体具有一定的大小和结构,各成员借助能量流动、物质循环和信息传递而相互联系、相互依存,并形成具有自我组织、自我调节功能的复合体。

生态系统概念提出之后,以奥德姆为代表的生态学家综合利用生物学、物理学、化学和系统学的相关理论,系统地研究了生态系统组分、结构、功能关系及过程机制,并且将生态学研究推向了生物学-地学-系统科学交叉融合的新阶段,将生态学的核心内涵确定为研究生态系统结构和功能及其与环境关系。这一科学内涵得到了生物学、地理学、资源环境科学以及人文科学领域的广泛认同,在对地球表层的森林、草地、灌丛、荒漠、农田、湿地及海洋等生态系统开展深入研究的同时,也不断地向景观、区域、流域及全球生物圈扩展,还不断在资源、环境、经济、社会等学科领域应用。

生态系统概念促使生态学进入了快速发展阶段,推动了生物系统与环境互馈关系的科学研究。生态系统概念将经典生态学或者基础生态学研究扩展到了生态系统生态学或者生态系统科学的新阶段,奠定了大尺度及全球生态环境科学研究的理论基础,促进了生物学、地理学及环境科学研究的大融合,推动了自然科学与人文科学和社会经济学的学科交叉。

2.生态系统的特征

生态系统是生态学上的一个结构和功能单位,属于生态学上的最高层次,具有以下特征：

（1）生态系统是动态功能系统，是具有生命存在并与外界环境不断进行物质交换和能量传递的特定空间，意味着生态系统具有内在的动态变化能力。

（2）生态系统具有一定的区域特征，生态系统都与特定的空间相联系，包含一定地区和范围的空间概念。

（3）生态系统是开放的自持系统，生态系统功能连续的自我维持基础就是它所具有的代谢机能，这种代谢机能是通过系统内的生产者、消费者、分解者三个不同营养水平的生物类群完成的。

（4）生态系统具有自动调节的功能，自动调节功能是指生态系统受到外来干扰而使稳定状态改变时，系统靠自身内部的机制再返回稳定状态的能力。

3. 生态系统的组成

生态系统是生物群落及其地理环境相互作用的自然系统，由非生物环境、生物的生产者、消费者以及分解者四部分组成（图2-8）。

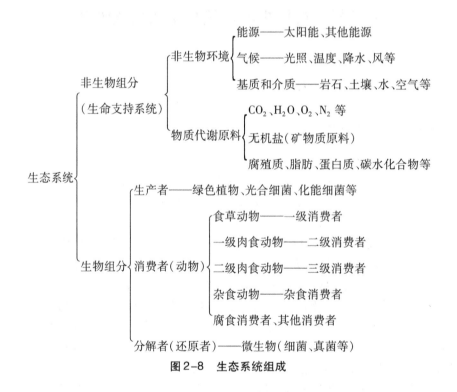

图2-8　生态系统组成

生产者是自养生物，主要是能进行光合作用的绿色植物，也包括能进行光能和化能自养的某些细菌。它们利用光能进行光合作用，将简单的无机物制造成有机物，并放出氧气。消费者是异养生物，主要是各种动物，它们不能利用太阳能生产有机物，只能直接或间接地依赖于生产者制造的有机物，通过取食植物获得营养元素和能量。分解者又称还原者，主要是细菌、真菌、放线菌及土壤原生动物和一些小型无脊椎动物，它们能将动植物残体的复杂有机物逐步分解为简单化合物和无机元素，并归还到环境中去，供生产者再利用。

非生物环境包括参加物质循环的无机元素和化合物、有机物质(如蛋白质、糖类、脂类和腐殖质等)和气候或其他物理条件(如温度、压力)等。

(二)生态系统的类型

1. 根据人类活动对其影响程度进行划分

(1)自然生态系统

凡是未受人类干预和扶持,在一定空间和时间范围内,依靠生物和环境本身的自我调节能力来维持相对稳定的生态系统,如原始森林、冻原、海洋等。自然生态系统是一个开放的系统,与外界既有物质交换,又有能量交换。

(2)人工生态系统

按人类的需求建立起来,受人类活动强烈干预的生态系统,如城市、农田、人工林、公园等。人工生态系统是一个封闭式的系统,人为地控制其物质、能量和信息流。

其中,城市生态系统是城市空间范围内居民与自然环境和社会环境相互作用形成的统一体,是人类在适应和改造自然环境基础上建立起来的人工生态系统,是一个自然、经济、社会复合生态系统。城市生态系统是一种非常脆弱的生态系统,对外界有很大的依赖性。而农田生态系统的组成因素较简单,稳定性较差,属于开放性系统,除了主要依靠太阳辐射能以外,还需要人类提供辅助能源,净生产力较高,农田生态系统常采用人工调控和自然调控相结合的"双向调控"措施,主要目的是获得更多的农产品以满足人类的需要。

(3)半自然生态系统

经过了人为干预,但仍保持了一定自然状态的生态系统,如天然放牧的草原、人类经营和管理的天然林等。半自然生态系统是自然与人工生态系统的综合,人类活动影响其物质、能量和信息流。

2. 根据生态系统的环境性质和形态特征进行划分

根据生态系统的环境性质和形态特征可以把生态系统划分为水生生态系统和陆地生态系统。水生生态系统又根据水体的理化性质不同分为淡水生态系统和海洋生态系统;陆地生态系统根据纬度地带和光照、水分、热量等环境因素,分为森林生态系统、草原生态系统、荒漠生态系统、冻原生态系统等。

其中,在地球陆地上,森林生态系统是最大的生态系统。森林生态系统是以乔木为主体的生物群落(包括植物、动物和微生物)及其非生物环境(光、热、水、气、土壤等)综合组成的生态系统,分为热带雨林、亚热带常绿阔叶林、温带落叶阔叶林和寒温带针叶林等生态系统。与陆地其他生态系统相比,森林生态系统有着最复杂的组成,最完整的结构,最旺盛的能量转换和物质循环,因而生物生产力最高,生态效应最强,具有涵养水源、保持水土等作用,有"地球之肺"之称。

草原生态系统分布在较干旱地区,动植物种类较少,在不同的季节或年份,降雨量不均匀,动植物的数量和种类会发生剧烈变化。植物以草本植物为主,少量灌木丛,乔木非常少见,动物以植食性动物为主。草原生态系统具有调节气候、防风护沙的作用,是畜牧业的重要生产基地。

荒漠生态系统主要分布在干旱地区,这里昼夜温差大,气候干燥,动植物种类十分稀少。

海洋生态系统由海洋和海洋生物构成。海洋占地球表面积的71%,整个地球上的海洋是连成一体的,因此可以看作是一个巨大的生态系统。海洋里的植物绝大部分是微小的藻类,还有部分大型藻类,如海带、紫菜等,动物则种类繁多。

淡水生态系统由河流、湖泊、池塘等淡水水域和淡水生物组成。植物分布在浅水区和水的上层。

需要特别指出的是湿地生态系统。湿地是位于陆地生态系统和水生生态系统之间的过渡性地带,在土壤浸泡在水中的特定环境下,生长着很多湿地的特征植物。湿地广泛分布于世界各地,拥有众多野生动植物资源,是重要的生态系统。湿地生态系统不仅为人类提供大量的食物、原料和水资源,而且在维持生态平衡、保持生物多样性和珍稀物种资源以及涵养水源、蓄洪防旱、降解污染调节气候、补充地下水、控制土壤侵蚀等方面均起到重要作用。湿地被称为"地球之肾"。

二、生态系统的结构与功能

(一)生态系统的结构

生态系统是由生物与非生物相互作用结合而成的结构有序的系统。生态系统的结构主要指构成生态诸要素及其量比关系,各组分在时间、空间上的分布,以及各组分间能量、物质、信息流的途径与传递关系。生态系统的结构包括三个方面,即物种结构、时空结构和营养结构。这三个方面是相互联系、相互渗透和不可分割的。

1. 物种结构

物种结构又称组分结构,是指生态系统中生物组分由哪些生物种群所组成,以及它们之间的量比关系。生物种群是构成生态系统的基本单元,不同的物种以及它们之间不同的量比关系,构成了生态系统的基本特征。由于自然界中物种的种类和数量千差万别,其研究非常复杂,因此,在实际工作中,主要以生物群落的优势种类、生态功能上的主要种类和类群为主,进行种类组成数量特征的研究。

2. 时空结构

时空结构是指生态系统中各生物种群在空间上的配置(空间结构)和在时间上的分布(时间结构)的特征。空间结构、时间结构与物种结构一起构成了生态系统的形态结构。大多数自然生态系统的形态结构都具有水平空间上的镶嵌性、垂直空间上的成层性和时间分布上的发展演替特征。

生态系统的空间结构即生态系统的空间配置,是生态系统水平结构与垂直结构相互联系和相互作用的综合。生态系统的水平结构是生物群落在水平面上的配置状况,是长期适应于特定的环境在水平面上形成的特定外部表现。生态系统的垂直结构是指生态系统各营养单元在垂直面上的分布情况。如植物可在系统内占据不同的垂直高度而生存,动物也在不同高度位置上寻食和建巢。

生态系统的时间结构是指生态系统的生物成分随时间的变化而发生相应变化的状况。从长时间看,可表现在生物物种的演替及带来的相应的环境变化;从短时间看,可表现在生态系统的季相和昼夜的变化状况。

3.营养结构

生态系统中由生产者、消费者和分解者三大功能类群都以食物营养关系所组成的食物链、食物网是生态系统的营养结构。

(1)食物链

食物链是不同生物之间通过食物关系而形成的链索式单向联系。生态系统中,不同生物之间在营养关系中形成的一环套一环似链条式的关系,即物质和能量从植物开始,然后逐级转移到大型食肉动物的过程。

(2)营养级

生物群落中的各种生物之间进行的物质和能量传递的级次叫作营养级。食物链上的每一个环节上的物种都是一个营养级,每一个生物种群处于一定的营养级上,生产者是第一营养级,作为食草动物的初级消费者为第二营养级,以初级消费者为食物的次级消费者占据着第三营养级,以此类推,而杂食性消费者却跨越几个营养级。

(3)食物网

在生态系统中,各种生物间的取食和被食的关系,往往不是单一的,多数情况下食物链间交错纵横,彼此交叉相连,构成一种复杂的网状结构,这样就形成了食物网。

生态系统的营养结构是以营养为纽带把生物、非生物结合起来,使生产者、消费者、分解者和环境之间构成一定的密切关系,可以分为以物质循环为基础的营养结构和以能量流动为基础的营养结构,是生态系统中物质循环、能量流动和信息传递的主要途径。

(二)生态系统的功能

1.能量流动

(1)生物生产

能量是生态系统的基础,是生态系统运转、做功的动力,没有能量的流动,就没有生命,就没有生态系统。生态系统能量的来源,是绿色植物的光合作用所固定的太阳能,太阳能被转化为化学能,化学能在细胞代谢中又转化为机械能和热能。

生物生产是生态系统不断运转,生物有机体在能量代谢过程中,将能量、物质重新组合,形成新产品的过程。生态系统的生物生产是从绿色植物固定太阳能开始的,太阳能通过植物的光合作用被转变为生物化学能,成为生态系统中可利用的基本能源。

1)生产量　生产量是一定时间阶段中,某个种群或生态系统新生产出的有机体的数量、重量或能量。它是时间上积累的概念。

绿色植物固定太阳能是生态系统中第一次能量固定,所以植物所固定的太阳能或所制造的有机物质就称为初级生产量或第一性生产量。在初级生产量中,有一部分是被植物自己的呼吸消耗掉了,我们把剩下的以可见有机物质的形式用于植物的生长和生殖的这部分生产量称为净初级生产量,而把包括呼吸消耗在内的全部生产量称为总初级生产量。

全球初级生产量分布的特点是：

第一，陆地比水域的初级生产量大。其主要原因是大洋区缺乏营养物质。这就是海洋面积占地球面积的71%，而海洋的净初级生产量只占全球1/3的原因。

第二，陆地上的初级生产量有随纬度增加而逐渐降低的趋势。在陆地各类型的生态系统中，以热带雨林的生产力最高。生产力由热带雨林→温带常绿林→落叶林→北方针叶林→稀树草原→温带草原→寒漠和荒漠依次减少。其是太阳辐射量、温度和降水量的依次减少所导致的。

第三，海洋中初级生产力由河口湾→大陆架→大洋区逐渐降低。这是由于河口湾有大陆河流所携带的营养物质的输入，但水中营养物质的浓度沿大陆架到大洋区逐渐降低。

地球上各种生态系统的总初级生产量占总入射日光能的比率都不高。影响初级生产量的因素除了日光外，还有三个重要的物质因素（水、二氧化碳和营养物质）和两个重要的环境调节因素（温度和氧气）。在陆地生态系统中最易成为限制因子的首先是水，各地区降水量与初级生产量有最密切的关系，特别是在干旱地区，植物的初级生产量几乎与降水量呈线性关系。其次是光和温度，在水域生态系统中起重要作用的是光和二氧化碳，对于水域生态系统来说水总是过剩的，而光强度随水深度而减弱，二氧化碳在水中的含量也比陆地少，从而限制水生生物的呼吸。在水域生态系统中水中叶绿素含量、营养物质（如氮、磷）也是初级生产量的限制因素。

2）生物量　生物量是指任一时间，一定面积的种群、营养级或生态系统有机物质的总量，等于现存量与未收获或非收获性有机物质的量之和，通常将现存量看成生物量的同义词。它可以用单位面积或体积的个体数量、重量或所含能量来表示。生物量（干重）的单位通常是用 g/m^2 或 J/m^2 表示。

生物量和生产量是两个完全不同的概念，生物量是指在某一特定时刻调查时单位面积上积存的有机物质，而生产量含有速率的概念，是指单位时间单位面积上的有机物质生产量。

在生态系统发育的各阶段中，生物量、总初级生产量、呼吸量和净初级生产量的变化具有以下规律：生态系统发育的早期，生物量、总初级生产量、呼吸量和净初级生产量都低。随着生态系统的发育，各能量参数都逐渐增加，到了生态系统的青壮年期，生物量继续增加，总初级生产量和净初级生产量达到最大。当生态系统成熟或演替达到顶级时，生物量最大，呼吸量也最大，总初级生产量和净初级生产量反而最小。随着生态系统的衰老，各能量参数都逐渐减小。

3）生产力　生产力是单位面积、单位时间的生产量，表示的是速率，单位是干重 $g/(m^2 \cdot a)$ 或 $J/(m^2 \cdot a)$。与生产量相似，生产力也可以分为总生产力、净生产力、初级生产力、次级生产力等。

初级生产力是指单位时间、单位空间内，生产者积累有机物质的量，初级生产是第一性生产，是指绿色植物的生产过程；总初级生产力是指在单位时间和空间内，包括生产者呼吸消耗掉的有机物质在内的所积累有机物质的量；净初级生产力是在单位时间和空间内，去掉呼吸所消耗的有机物质之后生产者积累有机物质的量；群落净生产力是单位时间和空间内,生产者被消耗者消耗后,积累的有机物质的量;次级生产力是指消费者利用初级生产的产品进行新陈代谢、经过同化作用形成异养生物自身的物质。

(2)生态系统的能流过程

1)能量流动的路径 生态系统的能量流动始于初级生产者(绿色植物)对太阳辐射能的捕获,通过光合作用将日光能转化为储存在植物有机物质中的化学潜能,这些被暂时储存起来的化学潜能由于后来的去向不同而形成了生态系统能流的不同路径(图2-9)。

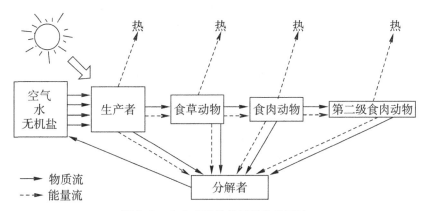

图2-9　生态系统的能量流和物质流

第一条路径(主路径):植物有机体被一级消费者(食草动物)取食消化,一级消费者又被二级消费者所取食消化,还有三级、四级消费者等。能量沿食物链各营养级流动,每一营养级都将上一级转化而来的部分能量固定在本营养级的生物有机体中,但最终随着生物体的衰老死亡,经微生物分解将全部能量散逸归还于非生物环境。

第二条路径:在各个营养级中都有一部分死亡的生物有机体以及排泄物或残留体进入到腐食食物链,在分解者(微生物)的作用下,这些复杂的有机化合物被还原为简单的CO_2、H_2O和其他无机物质。有机物质中的能量以热量的形式散发于非生物环境。

第三条路径:无论哪一级生物有机体,在其生命代谢过程中都要进行呼吸作用,在这个过程中,生物有机体中存储的化学潜能做功,维持了生命的代谢,并驱动了生态系统中物质流动和信息传递,生物化学潜能也转化为热能,散发于非生物环境中。

2)能量流动的特点 生态系统是一个开放系统,存在能量输入和输出。能量流动只能朝一个方向,不可逆。任何生态系统都需要不断得到来自系统外的能量补充,以便维持生态系统的正常功能。如果一个生态系统在一个较长的时间内没有能量输入,这个生态系统就会自行灭亡。生态系统的能量流动具有以下特点:

首先,生态系统中的能量流动按热力学定律进行。能量从一种形式转化为另一种形式,其流动总是从集中到分散,从高到低传递。在传递过程中总会有一部分能量成为无用能释放出去。流动中能量逐渐减少,每经过一个营养级,都有能量以热的形式散失掉。

其次,能量流动是单方向、非循环的。生态系统中的能量来自太阳发出的光能,被绿色植物转化为植物体内的化学能,经食物链再转化为消费者和分解者体内的化学能。

最后,能量沿食物链方向流动,逐级递减。在能流过程中,一部分化学能转变为供生物取食和运动的机械能并进一步以热能形式散失于环境中。能量的转化率不是百分之百,在上一个营养级向下一个营养级转化过程中,能量逐级减少,因此,各营养级所能维持的生物量也逐级减少,营养级的个数一般不超过4~5级。

2. 物质循环

生态系统的物质主要指生物生命所必需的各种营养元素。物质是生物维持生命活动所进行的生物化学过程的结构基础。

生态系统的物质循环是指生命有机体所必需的各种物质元素,在生态系统中沿着特定的途径,从环境到生物体,再从生物体到环境的周而复始的循环。

生态系统中物质与能量流动是互相依存、相互制约、密不可分的。能量在生态系统中是被消耗、单向流动、不可逆的,而物质循环是可逆、多向的,可返回原来的化学形态,也可脱离生态系统。

(1)物质循环的类型

物质循环可分为地球化学循环(大循环)、生物地球化学循环(小循环)和生物化学循环(内循环)。其中,大循环可以无生物参与,范围大、流速慢、周期长;小循环则必须有生物参与,范围小、流速快、周期短。小循环寓于大循环之中,没有大循环就没有小循环。小循环对大循环也有影响,自从生物界诞生以后,许多物质的大循环都有了生物的参与。生物化学循环(内循环)主要是指植物个体体内化学物质的再分配。

1)地球化学循环(大循环) 地球化学循环是指生态系统之间的化学物质的迁移与转换,可以分为气态循环和沉积循环。气态循环,例如 CO_2、N_2、O_2 和水汽的循环;沉积循环,如矿质元素、各类干湿沉降物(如尘埃、雨雪)等,大部分元素属于沉积循环。碳元素则参与两种循环。

一般地球化学循环的尺度较大,物质的输送距离可达百米至数十万米以上,养分元素一旦迁出就有可能一去不复返;地球化学循环的时间也很长,如海底沉积物中的元素可达几百万年之久,CO_2 固定在有机物中可达数千年之久。

地球化学循环中物质一部分发生永久性沉积,另一部分再迁往其他生态系统,这种现象可以用库和流通率来表示。在地球化学循环中,根据库容量的不同及各种元素在库中的滞留时间和流动速率,可把物质循环的库分为贮存库和交换库。

贮存库是指生态系统中,除运转的物质和能量外,有一部分属于贮存的物质和能量。包括生产者自身的一部分碳素,经过长期矿化作用形成泥炭,如化石、珊瑚礁等;有的则转化成为化石燃料,例如石油和煤等;有的则流入大海形成沉积物。它们都暂时或长期地离开了生态系统的循环而贮存起来。其特点是库容量大,元素在库中的滞留时间长,流动速度慢。一般为非生物成分,如岩石、沉积物等。

交换库是指生物体与大气圈、水圈和生物圈之间的物质循环和能量流动。与贮存库相反,它们之间的交换是迅速的,但容量小,而且很活跃,又称循环库。

流通率是指物质在生态系统单位面积和单位时间内的移动量。

2)生物地球化学循环(小循环) 生物地球化学循环是指生态系统内化学物质的交换,其主要特征是参与循环的大部分营养元素常限于某一特定生态系统内部,被充分地保持和累积,只有少量营养元素向地球化学循环转移,是生态系统内部生物组分与物理环境之间连续的、循环的物质交换。

这一过程实际上是元素从进入到离开某一特定生态系统这段时间内所发生的有序性物质迁移过程。生物地球化学循环的空间尺度较小,是植物个体从土壤中吸收养分到养分返回环境的过程。

(2)典型的物质循环

1)水循环 水是地球上分布最广泛的物质之一。水循环的主要蓄库在水圈,由水的三种形态(冰、水、汽)变化循环,遵循总量均衡的原理,保证世界各处水的到达。

自然界的水分循环,根据其循环途径可分为大循环和小循环。大循环是指由海洋蒸发到大气中的水汽,其中一部分被气流输送到大陆上空,以凝结降水的形式降落到地面,这些降水一部分被蒸发重新回到大气中,一部分形成地表径流汇入河川,再以河川径流的形式注入海洋;其余的部分则渗入土壤,再以地下水的形式注入海洋。在水分的大循环中,海洋表面的年蒸发量占地球表面的年蒸发量的84%,陆地上的蒸发量约占16%。每年通过各种降水到达海洋表面的水量为总降水量的77%,到达陆地表面的水量为总降水量的23%,其中有7%的降水通过地表径流归还海洋以达到平衡(图2-10)。

小循环是指由海洋和陆地蒸发的水汽(包括江、河、湖、水库等水面蒸发、潜水蒸发、陆面蒸发及植物蒸腾等)上升到空中,成云致雨,又降落到陆地或水面的过程。

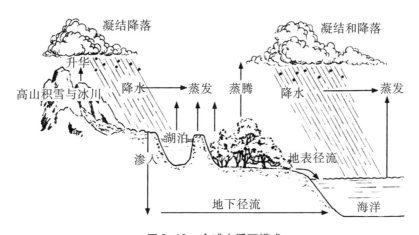

图 2-10 全球水循环模式

水循环具有重要的生态学意义。首先,实现了全球的水量转移。地球上的水在太阳能、大气环流、洋流和热量交换的作用下,通过蒸发和冷凝过程,在地球上不断地进行着循环转移。其次,推动全球能量交换和生物地球化学循环。水是很好的溶剂,是营养物质运转的介质。再次,水循环把陆地生态系统与水生生态系统连接起来,从而使局部生态系统与整个生物圈联系成一个整体。然后,水是地质变化的动因之一。一个生态系统岩石侵蚀流失,而另一个生态系统物质的沉降都是通过水循环来完成的。最后,水循环为人类提供不断再生的淡水资源。

2)碳循环 碳是生物圈里的主干元素,硅是岩石圈里的主干元素。地球上最大的两个碳库是岩石圈和化石燃料,含碳量约占地球上碳总量的99.9%。碳活动缓慢,起着贮存库的作用;地球上还有三个碳库:大气圈库、水圈库和生物库,这三个库中的碳在生物和无机环境之间迅速交换,容量小而活跃,实际上起着交换库的作用。

碳在生物体中占有机比重的45%以上,因此,碳循环的效率对生态系统的能量流动和物质循环十分重要。碳循环具有速度快的特征,在几分钟到几个月之内完成。在陆地,大气中CO_2经陆生植物光合作用进入生物体内,经过食物网内各级生物的呼吸分解,又以CO_2形式进入大气。另有一部分固定在生物体内的碳经过燃烧重新返回大气;在水域,溶解在水中的CO_2经水生植物光合作用进入食物网,经过各级生物的呼吸分解,又以CO_2形式进入水体;水体中的CO_2和大气中的CO_2通过扩散而相互交换,化石燃料燃烧向大气释放CO_2参与生态系统碳循环,生物残体也可沉入海底或湖底而离开生态系统碳循环。

但是,自工业革命以来,随着工业的发展,人口数量的增加,化石燃料的消耗量迅速上升,使CO_2排放数量大幅度增加。另外,由于森林的砍伐,森林面积不断缩小,植物吸收利用大气中CO_2的量减少,使大气中CO_2含量呈上升趋势,最终导致出现了温室效应,全球出现变暖趋势。

3)氮循环　空气中含有大约78%的氮气,占有绝大部分的氮元素。但氮的存在形式多样,它们的转换和利用都很复杂。氮循环是描述自然界中氮单质和含氮化合物之间相互转换过程的生态系统的物质循环,氮循环是全球生物地球化学循环的重要组成部分。

自然界中以氮气形态存在的氮称为惰性氮,对生态环境没有负面影响,在工业化生产以前,氮循环系统中,氮的收支是平衡的,即固氮作用和脱氮作用基本持平。但是当氮通过化学工业合成或燃烧后,就会被活化,形成氮氧化物和氮氢化物等物质,即加强了固氮作用。全球每年通过人类活动新增的"活性"氮导致全球氮循环严重失衡,并引起水体的富营养化、水体酸化、温室气体排放等一系列环境问题。

4)硫循环　硫是地壳中的第14大元素,硫在生物体中的含量也很低,仅为0.25%左右,但对大多数生物的生命过程至关重要。硫循环是指硫在大气、陆地生命体和土壤等几个分室中的迁移和转化过程。从全球变化的角度,人们关心硫循环是因为它是酸雨和大气气溶胶的主要成分。

自然界中硫的最大储存库在岩石圈。硫来源于化石燃料的燃烧、火山爆发和微生物的分解作用。在自然状态下,大气中的二氧化硫,一部分被绿色植物吸收,一部分则与大气中的水结合,形成硫酸,随降水落入土壤或水体中,以硫酸盐的形式被植物的根系吸收,转变成蛋白质等有机物,进而被各级消费者所利用。动植物的遗体被微生物分解后,又能将硫元素释放到土壤或大气中,这样就形成一个完整的循环回路。也有一部分硫元素随着地表径流进入河流,输往海洋,并沉积于海底。

但是,人类活动使局部地区大气中的二氧化硫浓度大幅升高,形成酸雨,对人和动植物产生伤害作用。

3. 信息传递

在生态系统中,除了物质循环和能量流动,还有有机体之间的信息传递。信息传递能调节生物的种间关系,维持生态系统的稳定,生命活动的正常进行、生物种群的繁衍都离不开信息的传递。

信息通常是指包含在情报、信号、消息、指令、数据、图像等传播形式中新的知识内容。在生态系统中,信息就是能引起生物生理、生化和行为变化的信号。信息来源于物质,与能量亦有密切关系,但信息既不是物质本身,也不是能量。正因为信息是事物运动的状态以及状态变化的方式而不是事物本身,它可以离开该事物母体,而载荷于别的事物介质得以散布。

生态系统的信息传递又称信息流,是指生态系统中各生命成分之间及生命成分与环境之间的信息流动与反馈过程,是生物之间、生物与环境之间相互作用、相互影响的一种特殊形式。

生态系统中信息传递的作用是促进能量流动和物质循环。它存在于个体与个体、种群与种群、生物群落与无机环境之间,能够把生态系统连成一个整体。信息传递具有双向运行的特点,可以使生态系统在一定范围内自动调节。

生态系统中的信息来源有无机环境和生物,一般把生态信息分为物理信息、化学信息、行为信息、营养信息和环境信息。

（1）物理信息

生态系统中以物理过程为传递形式的信息称为物理信息,生态系统中的各种光、颜色、声、热、电、磁等都是物理信息。物理信息的来源可以是无机环境,也可以是生物。动植物可以通过声音、颜色、光泽等物理特征传递安全、恐吓、求偶等各种信息。

（2）化学信息

化学信息是指生物在生命活动中产生的可以传递信息的化学物质,如植物的生物碱、有机酸,动物的性外激素等。一般是生态系统中由生物产生的次生代谢产物参与化学传递信息,协调各种功能,这种传递信息的化学物质通称为信息素。

（3）行为信息

行为信息指动物的特殊行为对同种或异种生物传递的信息,例如识别、挑战、炫耀等行为。动物的行为信息丰富多彩,如蜜蜂在找到蜜源后,可以通过跳舞向同伴传递蜜源信息。蜂舞有各种形态和动作,如蜜源较近时,做圆舞姿态;蜜源较远时,做摆尾舞等。其他工蜂则以触觉来感觉舞蹈的步伐,得到正确飞翔方向的信息。

三、生态平衡与生态系统退化

（一）概念与特征

1. 生态平衡的概念

生态平衡是指在一定的时间和空间范围内,生物与生物、生物与环境之间经过长期的相互作用、相互适应,在结构和功能上达到的一种相对稳定的状态。在这种状态下,能量和物质输入、输出平衡,生物种类和数目相对稳定,生态环境相对稳定,生产者、消费者、分解者构成的营养结构相互协调,系统保持高度的有序状态。

2. 生态平衡的特征

（1）生态平衡是一种动态平衡,因为能量流动和物质循环总在不间断地进行,生物个体也在不断地进行更新。

（2）在自然条件下，生态系统总是按照一定规律朝着种类多样化、结构复杂化和功能完善化的方向发展，直到使生态系统达到成熟的最稳定状态为止。

（3）受到外来干扰时，生态平衡将受到破坏，但只要这种干扰没有超过一定限度，生态系统仍能通过自我调节恢复至原来状态。

（二）生态平衡失调

生态系统的自我调节能力是有一定限度的。当外界所施加的压力超过了生态系统自身调节能力或补偿功能时，将会造成生态系统结构破坏、功能受阻、正常的生态关系被打乱以及反馈自控能力下降，这种状态被称为生态平衡失调。生态平衡失调的标志是物种数量减少，环境质量降低，生产力衰退，生物量下降。

1.影响生态平衡的因素

影响生态平衡的因素是多种多样的，可概括为自然因素和人为因素两大类。

（1）自然因素

自然因素主要是指自然界发生的异常变化，或者自然界本来就存在的对人类和生物有害的因素，如火山爆发、山崩海啸、水旱灾害、地震、台风、流行病等自然灾害。自然因素造成的生态平衡失调可使生态系统在短时间内受到严重破坏，甚至毁灭。但是，这些自然因素引起环境强烈变化的频率不高，而且在地理分布上有一定的局限性和特定性，因此，从全球范围来说，自然因素的突变对生态系统的危害不大。

（2）人为因素

人为因素主要指人类的各种活动对自然的不合理利用、工农业发展带来的环境污染等，是当今世界上干扰生态平衡的最严重的因素。千百年来，人类的各种生产活动愈来愈强烈地干扰着生态系统的平衡，对生态系统平衡的影响主要表现在不合理开发和利用自然资源、环境污染与破坏、物种发生改变、信息系统的破坏上。

2.生态危机

严重的生态平衡失调，从而威胁到人类的生存时，称为生态危机，即由于人类盲目的生产和生活活动而导致的局部甚至整个生物圈结构和功能的失调。

生态平衡失调起初往往不易被人们觉察，如果一旦出现生态危机就很难在短期内恢复平衡。也就是说，生态危机并不是指一般意义上的自然灾害问题，而是指由于人的活动所引起的环境质量下降、生态秩序紊乱、生命维持系统瓦解，从而危害人的利益、威胁人类生存和发展的现象。

工业革命以来，科学技术赋予了人类改造自然的强大力量。由于人类不加限制地使用这种力量，已经在全球范围内造成了深重的生态危机、环境危机和资源危机。生态危机主要表现为由生物多样性锐减导致的生态失衡；环境危机主要表现为全球性气候变化和多形态的环境污染；资源危机主要表现为化石能源和矿物资源的衰竭。这三类危机并非相互独立，而是相互联系、相互影响的。

因此，人类应该正确处理人与自然的关系，在发展生产、提高生活水平的同时，注意保持生态系统结构和功能的稳定与平衡，实现人类社会的可持续发展。

（三）生态系统的调节机制

1. 反馈机制

系统的组成和结构越复杂，它的稳定性就越大，越容易保持平衡；反之，系统越简单，稳定性越小，越不容易保持平衡。因为任何一个系统，各成分之间还具有相互作用的机制。这种相互作用越复杂，彼此的调节能力就越强；反之则越弱。这种调节的相互作用，称为反馈作用。

反馈有两种类型，即负反馈和正反馈。负反馈是比较常见的一种反馈，它的作用是使生态系统达到和保持平衡或稳态，反馈的结果是抑制和减弱最初发生变化的那种成分所发生的变化。例如，如果草原上的食草动物因为迁入而增加，植物就会因为受到过度啃食而减少，植物数量减少以后，反过来就会抑制动物数量。

正反馈是有机体生长和生存所必需的，但正反馈不能维持稳定，要使系统维持稳定，只有通过负反馈控制。因为地球和生物圈的空间和资源都是有限的，因此反馈使系统具有自我调节的能力，以保持系统本身的稳定与平衡。

2. 抵抗力与恢复力

生态系统的稳定性不仅与生态系统的结构、功能和进化特征有关，而且与外界干扰的强度和特征有关。生态系统的稳定性是指生态系统保持正常动态的能力，主要包括抵抗力稳定性和恢复力稳定性。

抵抗力是指系统抵御外界干扰使自身不致受到伤害的缓冲能力，抵抗力越强则系统越不容易出现伤害或崩溃现象，结构越复杂，抵抗力越强。恢复力是指当系统遭到外界干扰致使系统受损后迅速修复还原自己的能力，恢复力越强则系统恢复到正常的时间越短。

无论是抵抗力稳定性还是恢复力稳定性，其决定因素包括两个方面，即自身的结构与功能和外界的干扰强度。如果外界环境适宜，其抵抗力稳定性将与营养结构的复杂度呈正相关，而恢复力稳定性则与营养结构的复杂度呈负相关。

需要注意的是，恢复力稳定性不能简单地理解为和抵抗力稳定性呈负相关，还得看环境条件，环境条件越好，生态系统恢复力稳定性越高。对于一个生态系统来讲，其恢复力稳定性将随着外界破坏的加剧而降低，其恢复到原状所花的时间也就会变得更长。如果外界破坏摧毁了该生态系统的结构，那么其恢复力的稳定性也就随之被破坏。

（四）生态系统退化

生态系统退化是当前人类面临的一个全球性问题。生态系统退化时，生态系统的自我修复能力减弱，使得系统的各个部分的生存能力下降，而且还严重阻碍社会经济的持续发展，进而威胁人类的生存和发展。因此，如何保护现有的自然生态系统，综合整治与恢复已退化的生态系统，以及重建可持续的人工生态系统，成为人类目前亟待解决的重要课题。

生态系统退化是生态系统的一种逆向演替过程，在自然因素或人为干扰下，生态系统处于一种不稳或失衡状态，表现为对自然或人为干扰的较低抗性、较弱的缓冲能力以及较强的敏感性和脆弱性,生态系统逐渐演变为另一种与之相适应的低水平状态的过程,即为退化。

与健康生态系统相比,生态系统退化是指在一定的时空背景下,因自然因素、人为因素或二者的共同干扰,引起生态要素和生态系统整体发生不利于生物和人类生存的量变和质变,导致生态系统的结构和功能发生与其原有的平衡状态或进化方向相反的位移,具体表现为生态系统的基本结构和固有功能的破坏与丧失、生物多样性下降、稳定性和抗逆能力减弱、系统生产力降低。这类系统也被称为"受害或受损生态系统"。

我国自然生态系统的退化十分严重。由于人类过度活动的影响,工业化和城市化的加速发展,加之缺乏合理的开发利用,忽视生态保护和环境整治,使原有的自然生态系统遭到很大的破坏。大面积植被破坏后的严重水土流失,是加剧生态系统退化的主要原因。这类退化生态系统土地贫瘠,水源枯竭,生态环境恶化,从而严重地制约着农业生产的发展和影响人类生存空间的质量。因此,如何进行综合整治,使退化生态系统得以恢复,是提高区域生产力、改善生态环境、使资源得以持续利用、经济得以持续发展的关键。

1.退化的原因

生态系统的退化变化是复杂的,退化的原因是多方面的。自然因素和人为因素是生态系统退化的两大驱动力。自然干扰主要包括一些天文因素变异而引起的全球环境变化(如冰期、间冰期的气候冷暖波动)以及地球自身的地质地貌过程(如火山爆发、地震、滑坡、泥石流等自然灾害)和区域气候变异(如大气环境、洋流及水分模式的改变等),其中,外来物种入侵、火灾及水灾是最重要的因素。

人为因素主要包括人类社会中所发生的一系列的社会、经济、文化活动或过程(如工农业活动、城市化、商业、旅游、战争等),它们对生态环境的影响是多方面的、深远的、不确定的。其中,过度开发(含直接破坏和污染环境等)、毁林、农业活动、过度收获薪材、生物工业等人类活动是较为重要的影响因素。目前,人为退化生态系统是最常见的、分布面积也是最大的,对人为退化生态系统的研究也是当前的重点。

2.退化过程

干扰的强度和频度是生态系统退化程度的根本原因。过大的干扰强度和频度,会使生态系统退化为不毛之地,而极度退化的生态系统的恢复是非常困难的,常常需要采取一些生态工程措施和生物措施来进行退化生态系统恢复的启动,进而恢复植被。以正常的生态系统(相对稳定的生态系统)退化到荒漠状态的渐变过程为例,生态系统的退化过程大体可分为以下几个阶段(图2-11)。

第一阶段,植物种群及其年龄结构发生变化,优势种群年龄结构向右位移,老龄个体居优,中幼龄个体少,更新不成功。由于优势种的衰退,一些演替中间阶段种类种群得以发展,泛化种群也扩大。同时,以植物为依存的动物种群数量和年龄结构发生不良变化。该阶段退化较轻,通过消除干扰因素,自然恢复是容易成功的。

第二阶段,在第一阶段的基础上进一步退化。生物多样性下降,生产力下降,植物种类发生明显变化,其捕食者及其共生生物减少或消失;初级生产力下降导致次级生产力也降低,进一步导致腐生的微生物种类变化和生产力的降低。该阶段也导致系统环境的退化,如小气候、水文等的恶化。但土壤退化尚滞后于这些变化,表现不明显。这个阶段退化的逆转需花费大量的人力、物力,通过人为调控结合,自然恢复能力可以恢复,但所需时间较长。

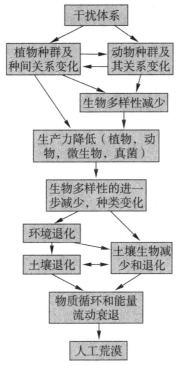

图2-11　生态系统渐变退化过程示意图

第三阶段,植被盖度变小,土壤侵蚀严重,水土流失加剧,环境退化严重,植物种类主要是一些耐旱的阳生广布种,植物无性繁殖能力强。在相对短时间内通过自然恢复几乎是不可能的事,必须先重建非生物环境(一定程度的改善),减少水土流失,增加土壤渗透性,提高土壤的水分维持能力,保护土壤表层,增加肥力,调整土壤盐基作用和创造适宜于幼苗定居的微生境。

第四阶段,植物盖度几乎完全丧失,形成"人工沙漠",即荒漠状态。这个阶段退化最为严重,而扭转退化取决于气候条件及土壤条件。恢复重建困难大,须结合工程措施,长期不懈地努力,更需足够的资金支持。

3.退化的特征

生态系统的退化特征是指生态系统偏离原有稳定状态后,所表现出来的与原有状态不同的一些特征。这些特征是生态系统受损后结构损伤的外部表现,又是其系统功能下降的具体体现。研究和认识生态系统退化特征,是正确判断生态系统受损程度和退化过程的基础。

与自然系统相比,退化生态系统的种类组成、群落或系统结构改变,生物多样性减少,生物生产力降低,土壤和微环境恶化,生物间相互关系改变,主要具有如下几个特点:

（1）生物多样性变化

系统的特征种类首先消失,与之共生的种类也逐渐消失,接着依赖其提供环境和食物的从属性依赖种相继不适应而消失。而系统的伴生种迅速发展,种类增加。物种多样性的数量可能并未有明显的变化,但多样性的性质发生变化,质量明显下降,价值降低,因而功能衰退。

（2）层次结构的简单化

复层嵌镶,多种群结构退化,优势种群碎片化,群落结构矮小化,景观碎片化、岛屿化。

（3）食物网结构变化

有利于系统稳定的食物网简单化,食物链缩短,部分链断裂和解环,单链营养关系增多,种间共生、附生关系减弱,甚至消失。由于食物网结构的变化,系统自组织自调节能力减弱。

（4）能量流动出现危机和障碍

主要表现为系统总光能固定的作用减弱、规模降低、能流格局发生不良变化;能流过程发生变化,捕食过程减弱或消失,腐化过程弱化,矿化过程加强而吸贮过程减弱;能流损失增多,能流效率降低。

（5）物质循环发生不良变化

生物循环减弱而地球化学循环增强。物质循环由闭合向开放转化,同时由于生物多样性及其组成结构的不良变化,使得生物循环与地球化学循环组成的大循环功能减弱,对环境的保护和利用作用减弱,环境退化。

（6）系统生产力下降

其由于光能利用率减弱,竞争和对资源利用的不充分,光效率降低,植物为正常生长消耗在克服环境的不良影响上的能量增多,净初级生产力下降;同时,第一性生产者结构和数量的不良变化也导致次级生产力降低。

（7）生物利用和改造环境能力弱化

主要表现在固定、保护、改良土壤及养分能力弱化;调节气候能力削弱;水分维持能力减弱,地表径流增加,引起土壤退化;防风、固沙能力弱化;净化空气、降低噪声能力弱化;美化环境等文化环境价值降低或丧失。

（8）系统稳定性差

稳定性是系统最基本的特征。但在退化系统中,由于结构成分不正常,系统在正反馈机制驱使下远离平衡,其内部相互作用太强,以至于系统不能稳定下去;当内部相互作用太弱时,干扰作用大于内部相互作用,随机作用使系统偏离平衡状态,稳定性也变得很差。

4.退化生态系统的类型

（1）陆地退化生态系统

根据退化过程及景观生态学特征,可以分为六类,即裸地、森林采伐地、弃耕地、荒漠化地、矿业废弃地、垃圾填埋场(表2-9)。

 园林生态规划设计方法与应用

114

表2-9 陆地退化生态系统类型及特点

类型	特点
裸地	又称光板地,指没有植物生长的裸露地面,是群落形成、发育和演替的最初条件和场所,环境条件极端,分为原生裸地和次生裸地
森林采伐地	森林采伐地是人为干扰形成的退化类型,其退化状态随采伐强度和频度而异。与此类型同质的还包括过度干扰破坏形成的草原迹地和灌丛迹地
弃耕地	在脆弱的自然因素影响下,由于各种人为因素,造成大批已开垦耕地不断被弃耕,退化状态因弃耕时间而定
荒漠化地	由于气候变化和人类活动的种种因素造成土地退化,主要表现在生物多样性降低、层次减少、盖度降低,草地产量和质量下降,载畜能力降低等
矿业废弃地	一方面源于一些矿产资源长期采挖造成的资源衰竭,另一方面源于矿产地乱采乱挖、矿渣粉尘乱放、污水污气乱排乱放等,导致周围植被受到破坏、环境受到污染、生态系统退化,而且采矿也会造成地质灾害
垃圾填埋场	指由于大量垃圾的堆放与填埋所形成一种特别的废弃地,这里缺少植被基础,主要成分是工业与生活垃圾,对环境的污染较为严重

（2）水生退化生态系统

水生生态系统的退化主要在于输入水量减少、水体面积缩减、水体污染和富营养化,导致水生生物种群数量减少,甚至灭绝,还可以细分为水体生态系统退化和湿地退化。

1)水体生态系统退化 水体生态系统退化是指在自然演替或发展过程中受自然干扰和人为干扰,结构和功能发生改变。主要有过多的营养及有机物质的输入导致富营养化;过度养殖;水体的水文及相关的物理条件的变化;由于农业、采矿使得水源涵养林破坏导致水土流失加剧,引起水体的沉积和淤塞;外来物种的引入引起水体生物群落的退化;大气及水中的酸性物质导致水体酸化,进而导致水体物质循环;有毒物质污染水体。

2)湿地退化 湿地生态系统是陆地生态系统与水生生态系统的过渡类型,具有蓄洪防旱、调节气候、控制土壤侵蚀、促淤造陆、降解环境污染等功能。湿地的退化主要表现为湿地面积萎缩,被用于农业、工业、交通和城镇用地或建坝淹没湿地,过度砍伐湿地植物、过度开发湿地内的水生生物资源、废弃物的堆积、排放污染物等,最终导致湿地调蓄旱涝、纳垢消污、消浪护岸等生态功能减弱。

四、生态系统服务与生态产品

(一)生态系统服务

1.概念

生态系统服务(ecosystem service,ES)的概念是随着生态系统结构、功能及其生态过程深入研究而逐渐提出并不断发展的。20世纪90年代以来,生态系统服务功能及其价值评估的研究取得了较大的进展,并逐渐成为生态学研究的热点。21世纪初,联合国的千年生态系统评估(millennium ecosystem assessment,MA)根据生态系统服务与人类福祉关系提出了服务分类框架。此后,生态系统服务的研究和应用越来越受到英美等发达国家的重视。

对于生态系统服务的定义,国内外广泛认同的是千年生态系统评估对生态系统服务的定义,即"人类从生态系统中获取的大量的利益,包括食物、水、木材、文化享受等人类认为有价值的物品和服务"。这一定义已被公众和学术界接受,并被广泛使用。此外,国内外众多学者都对生态系统服务进行了定义和分类。虽然国内外学者对生态系统服务定义的理解和分类方法有所不同,但大都涵盖三方面的内容,即自然生态系统是生态系统服务产生的主体,生态系统服务对人类经济社会的支持作用,生态系统服务通过生态系统过程和状况体现。

生态系统提供给人类赖以生存的物质基础和环境条件,是地球生命的重要支持系统。由于生态系统服务在时间上是从不间断的,所以从某种意义上说,其总价值是无限大的。当前,如何将生态系统服务纳入管理决策是保障区域生态安全面临的重大科学问题,也是当前国际生态学领域研究的前沿课题。中国的相关研究源于生态学及地理学领域,近些年逐渐受到城市规划、景观设计等领域学者的关注。

2. 分类

生态系统服务类型繁多,对其进行合理分类是生态系统服务研究的基础。目前已有的生态系统服务分类研究涵盖自然范畴和人类社会范畴,并涉及多种生态系统单元,如湿地、草地、河流、海洋等单个生态系统,以及农业、城市等复合生态系统。多数研究从人类受益的角度探讨服务分类,包括人类从生态系统中获得的全部收益、直接或间接收益、最终产品和服务等。同时,为准确地度量生态系统服务对人类福祉的贡献程度,一些研究还提出了可计量的服务分类体系。

现有的生态系统服务分类体系中,以千年生态系统评估(MA)的分类体系最具影响力。该分类体系详细阐述了自然生态系统对人类社会福祉的作用及生态系统服务之间的关系,因而被普遍认可。它将生态系统服务划分为供给、调节、文化及支撑四大类:

(1)供给服务

供给服务为生态系统提供给人类直接利用的物质材料,包括食物、木材、水等物质资源,满足人类生计及社会经济发展的需求。

(2)调节服务

调节服务为生态系统对环境介质和过程的调节,包括对气候、水质、疾病等的调节,例如雨洪调蓄、净化水质、小气候调节和抵御自然灾害等,给人类提供安全保障,避免一些灾害、疾病及寄生虫的危害。

(3)文化服务

文化服务为人类从生态系统中获得的休闲游憩、生态旅游、美学体验、精神享受等服务,与人类的文化、教育及精神需求相关。

(4)支撑服务

支撑服务则是维持生态系统稳定的必要过程及功能,包括养分循环、生物多样性、土壤形成、维持水循环和栖息地等服务,支持其他三类服务的产生。

生态系统类型不同,生态系统服务则有差异。例如,森林生态系统服务功能主要包括森林在固碳释氧、涵养水源、保育土壤、积累营养物质、净化大气环境、保护生物多样性、森林防护和森林游憩等方面提供的生态服务功能;湿地生态系统发挥着抵御洪水、调节径流、补充地下水、改善气候、控制污染、美化环境和维护区域生态平衡等方面的作用。

3. 生态系统服务与人类福祉的关系

生态系统服务是连接自然系统与人类福祉的桥梁。联合国的千年生态系统评估(MA)概念中,人类福祉指维持高质量生活的基本物质条件、健康、安全保障、良好的社会关系以及自由选择与行动。生态系统通过生态功能持续为人类提供产品与服务,满足人类福祉的需求(图2-12)。

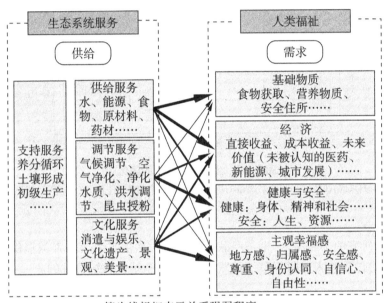

图2-12　生态系统服务与人类福祉的关系

资料来源:程宪波,陶宇,欧维新.生态系统服务与人类福祉关系研究进展
[J].生态与农村环境学报,2021,37(7):885-893.

(二)生态产品

1.概念

生态产品是一个较中国化的概念,国外并无"生态产品"的直接提法,但国外"生态系统服务""环境服务"的概念与"生态产品"类似。"生态产品"概念最早由我国学者在20世纪90年代提出,早期学者对生态产品的概念内涵认识并不统一,有的认为是"绿色生态的产品",有的认为是"来自生态的产品",还有的认为是"自然力+劳动力共同形成的产品"。2010年发布的《全国主体功能区规划》指出,"生态产品是指维系生态安全、保障生态调节功能、提供良好人居环境的自然要素,包括清新的空气、清洁的水源和宜人的气候等"。该定义是我国在政府文件中首次对生态产品概念进行科学规范的定义。

基于此,学者们从不同视角对生态产品的概念进行阐释。依据现有文献,大部分学者将生态产品作广义和狭义之分(图2-13)。其中,狭义的生态产品概念主要以《全国主体功能区规划》中的界定为基础,主要集中于自然要素本身,与"生态系统服务"的含义基本相近。广义的生态产品还包括通过清洁生产、循环利用、降耗减排等途径生产的生态农产品、生态工业品、生态旅游服务等。广义的生态产品概念考虑到自然要素与人类劳动的共同作用,更符合目前我国经济社会可持续发展阶段对生态产品价值实现与生态产品多样化供给的现实需要。

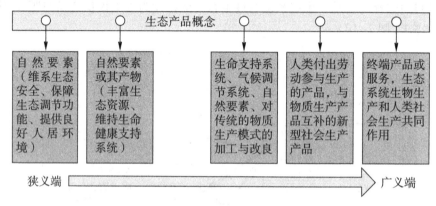

图2-13　生态产品概念的演化

资料来源:沈辉,李宁. 生态产品的内涵阐释及其价值实现[J]. 改革,2021,331(9):
145-155.

随着相关研究的不断深入,生态产品被普遍认为是生态系统为人类提供的最终产品与服务,其供给过程并未局限于单一自然要素,而是系统性和综合性的。

2.特征

全面把握生态产品的特征是正确理解生态产品价值的关键。基于生态产品的概念演化,可总结出其具有四方面的特征:

一是具有整体性。由于生态产品往往是对某一区域内的所有人同时提供,无法分割,因而生态产品往往作为一个整体提供给需求方。

二是具有公共性。一般来说,气候调节与生命维持类的生态产品属于公共产品,物质与文化类的生态产品属于公共资源,二者均易产生供给不足的问题。

三是具有外部性。生态产品的外部性来源于其公共性,生态产品在气候、环境、产品等方面产生的外部效应使得其社会效益远超个人所得效益,因此其本身价值容易被低估。

四是具有时空可变性。由于在不同时期、地区生态产品的开发重点、力度存在差异,其生产成本与人们需求具有差别,因而不同时期与区域内生态产品价值数量与形态存在差异。

3.生态产品价值实现

生态产品具有效用性,蕴含着巨大的生态价值和经济价值。生态产品具有经济价值是目前各国学者公认的观点。生态产品价值是将自然资源的生态效益转化为同时兼顾生态效益、经济效益和社会效益的生态产品的价值。

随着现代经济的不断发展,生态产品的劳动与生产方式呈现多样化的发展形态,加之生态产品本身的具体类型具有多样性,因而生态产品的价值构成也是复杂多变的。总体来说,生态产品的价值来源于生态生产和人类劳动(图2-14)。

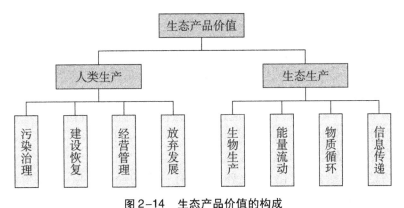

图2-14　生态产品价值的构成

资料来源:沈辉,李宁. 生态产品的内涵阐释及其价值实现[J]. 改革,2021,331 (9):145-155.

生态产品价值实现是解决生态环境中的外部性问题、维持生态系统平衡的关键。2021年4月,《关于建立健全生态产品价值实现机制的意见》印发,对推动形成生态文明建设新模式、指引健全生态环境治理体系、加快构建生态产品价值实现推进机制具有十分重要的现实意义。

生态产品价值实现是一个复杂的、涉及多学科融合的研究领域,该领域的理论和实践工作正在如火如荼地开展着,也取得了许多理论和实践探索成果,但在许多方面还有待进一步地深入探讨。

第三节　园林生态系统与公园城市

一、园林生态系统的组成与特点

经济、文化、社会等领域飞速发展,推动城市化的步伐越来越快,资源过度开发、环境污染恶化等生态环境问题接踵而至,这些已成为城市可持续发展的阻碍。而城市园林是协调人与自然之间关系的纽带,是在一定的地域,通过人工手段,将植物、山水、建筑有机结合构成的空间艺术实体。

园林生态系统是园林生物群落和园林生态环境之间相互联系、相互作用构成的生态系统。园林生物包括园林植物、园林动物、园林微生物和人,园林生态环境包括园林自然环境、园林半自然环境和园林人工环境。园林生物群落是园林生态系统的核心,是与园林生态系统紧密相连的部分。园林生态环境是园林生物群落存在的基础,为园林生物的生存、生长发育提供了物质基础。同时园林又是以人的活动为主体的开放系统,是一个由人类活动的社会属性、经济属性以及自然过程相互关系构成的社会-经济-自然复合生态系统。

(一)园林生态系统的组成

1.园林生物

园林生物是指生存于园林范围内的所有植物、动物和微生物,以及最特别的存在——人类。它的存在方式与结构状况对园林生态系统的功能和发展起着决定作用。

(1)园林植物

园林植物是指在园林绿化中栽培应用的植物,统称为园林植物。广义地说,即生长在各种类型园林中的植物,各种园林树木、草本、花卉等陆生和水生植物,包括原有品种和人工移入品种,以及园林建成后的入侵品种。

园林植物是能够绿化、美化、净化环境,具有一定的经济价值、生态价值和观赏价值,适用于布置人们生活环境、丰富人们精神生活和维护生态平衡的栽培植物。园林植物是园林生态系统的功能主体,是系统良性运转所需物质与能量的主要来源。

园林植物有不同的分类方法。按植物学特性进行分类,可划分为乔木类、灌木类、藤本类、竹类、草本植物以及仙人掌及多浆植物;按照用途分类,可以分为绿荫树、行道树、花灌木、绿篱植物、造型类、地被类、花坛植物;按照观赏部位划分,分为观花类、观叶类、观果类、观芽类、观姿态类、观茎类;按照栽培方式划分,有露地园林植物和保护地园林植物。

(2)园林动物

园林动物即生存于园林中的所有动物,包括鸟类、兽类、昆虫、爬行类、两栖类、鱼类等。园林动物是园林生态系统的重要组成成分,对于增添园林的观赏点,增加游人的观赏乐趣,维护园林生态平衡,改善园林生态环境有着重要的意义。

园林动物的种类和数量随不同的园林环境有较大的变化。在园林植物群落层次较多、物种丰富的环境中,特别是一些大型风景园林区,动物的种类和数量较多,而在人群密集、植物种类和数量贫乏的区域,动物则较少。因此如何保护园林动物以维护生态平衡,也是园林生态学研究的课题之一。

鸟类是园林动物中最常见的种类之一。人们常将鸟语花香看作园林的最高境界。应该说城市公园或风景名胜区都是各种鸟类适宜的栖居地,特别是植物种类丰富、生境多样的园林,鸟的种类亦丰富多样。如北京圆明园有鸟159种,优势种有大山雀、红尾伯劳、灰喜鹊、斑啄木鸟等。目前,野外观鸟发展成为一种世界范围的时尚休闲旅游活动。人们通过望远镜、照相机等光学工具,观察自然状态下野生鸟类的活动,在高山、大河、森林、草、湖泊及沼泽,寻找鸟的踪迹,观察鸟的活动,鉴定鸟的种类,陶冶情操,获得美的感受。

有植物必有昆虫。园林昆虫有两大类,一类是害虫,如鳞翅的蝶类、蛾类,多是人工植物群落中乔灌木、花卉的害虫。另一类是益虫,如鞘翅类的某些瓢虫,有园林植物卫士之称,专门取食蚜虫、虱类等。又如蜜蜂,在园林中起着传花授粉的作用。园林昆虫在园林生态系统中不占主要地位,对园林的景观形态亦无大的影响。但从生态学的角度看,保护园林昆虫对维护园林生态系统的生态平衡有重要的意义。

兽类是园林动物的种类之一。由于人类活动的影响,除大型自然保护景区外,城市园林环境和一般旅游景区中,大中型兽类早已绝迹,小型兽偶有出现。常见的有刺猬、蛇、野兔、松鼠、蝙蝠、黄鼬、花鼠等。在园林面积小、植物层次简单的区域,兽类的种类和数量较少;而在园林面积较大,植物层次丰富的区域,园林动物就较多。

鱼类是园林动物种类之一。中国园林,有园必有水,有水必有鱼,而且多为观赏鱼类,人工放养。鱼类在园林水系中起着重要的生态平衡作用,它们通过取食可净化水系,同时,观赏鱼的活动增加游人乐趣,特别是有大型水域的园林,鱼可供游人垂钓,另是一番情趣。

(3)园林微生物

园林微生物指在园林环境中生存的各种细菌、真菌、放线菌、藻类等。它们担当园林生态系统的分解者,存在于园林空气、水体和土壤中。园林环境中的微生物种类,特别是一些有害的细菌、病毒等,数量和种类较少,因为园林植物能分泌各种杀菌素消灭细菌。

园林土壤微生物的减少主要由人为影响引起,如风景区各种植物的枯枝落叶被及时清扫干净,大大限制了园林环境中微生物的发展,因此城市园林必须投入较多的人力和物力行使分解者的功能,以维持正常的园林生物之间、生物与环境之间的能量传递和物质交换。

(4)人

人类是园林生态系统中特别的存在,担当园林的管理者与消费者,不仅可以直接影响园林环境的形成和发展,其个体或群体的行为活动、心理需求还会对园林生态系统中其他组成成分造成影响,如行人频繁走动的地方,是植物受直接损伤、土壤环境恶化最严重的地方。

2.园林生态环境

园林环境通常包括自然环境、半自然环境以及人工环境三部分。

(1)自然环境

园林自然环境包含自然气候、自然物质和原生地理地貌三部分。自然气候,即光照、温度、湿度、降水等,为园林植物提供生存基础;自然物质是指维持植物生长发育等方面需求的物质,如自然土壤、水分、氧、二氧化碳、各种无机盐类以及非生命的有机物质等;原生地理地貌,即造园时选定区域的地理地貌,亦称小生境。原生地理地貌对园林的整体规划有决定性的作用,对植物布局和其后的生存发展有重要影响。如我国北方,一座小山阳面的植物和阴面的植物生长条件有很大的差异,必须布置不同类型的植物,且须兼顾景观效果。

(2)半自然环境

园林半自然环境是经过人工适度的改造,受人类影响较小的园林环境,仍以自然属性为主,例如各类公园绿地、生产绿地、附属绿地等。此类绿地在为人们提供休闲娱乐活动场地的同时,还要进行造景,例如挖掘人工湖、营造地形等,不仅改变原生地理地貌,也改变了局部小气候和景观异质性。另外,在半自然环境,可以通过选择合适的植物种类,来造就富有特色的植物景观丰富森林公园、植物园、防护林、绿化带、草坪、湿地等植物群落。

(3)人工环境

园林人工环境是指人工创建的、受人类强烈干扰的园林环境,该环境下的植物须通过人工保障措施才能正常生长发育,如温室、大棚及各种室内园林环境等都属于园林人工环境。在园林人工环境中所产生的土壤条件、光照条件、温度条件等构成园林人工环境的组成部分。

(二)园林生态系统的特点

园林生态系统来自自然生态系统,因而无论是生物组分还是环境组分都与自然生态系统有很多相似的特征。然而,园林生态系统又是人类对自然生态系统长期改造和调节控制的产物,因此又明显区别于一般自然生态系统。主要区别表现为以下几个方面:

(1)园林生态系统的植物种类构成不同于自然生态系统

自然生态系统的植物种类构成是在一定环境条件下,经过植物种群之间、植物与环境之间长期相互适应形成的自然植物群落,具有特定环境下的生态优势种群和丰富的生物多样性。园林生态系统中的植物种类是经过人类引种、选择、驯化、栽培的,其构成的群落是在人类干预下形成的。由于植物群落不同,系统内的生物种群亦不尽相同。特别是由于人类有目的地控制园林中对景观无利用价值和对园林生物有害的生物,使园林生态系统中的生物种类减少,物种多样性降低,生态系统稳定性也远低于自然生态系统。

(2)园林生态系统的稳定机制不同于自然生态系统

自然生态系统物种多样性十分丰富,生物之间、生物与环境之间相互联系、相互制约,建立了复杂的食物链与食物网,形成了自我调节的稳定机制,保证了自然生态系统相对稳定发展。园林生态系统生物种类减少,食物链结构变短,其稳定机制受强烈的人工影响。由于人工保障的结果,园林生物对环境条件的依赖性增加,抗逆能力减弱,自然调节稳定机制被削弱,系统的自我稳定性下降。因此,园林生态系统中需要人为的合理调节与控制才能维持其结构与功能的相对稳定性。例如,经常进行施肥、喷药、灌水、整形修剪等辅助能量的投入,以增加系统的稳定性。

(3)园林生态系统的开放程度高于自然生态系统

自然生态系统的生产是一种自给自足的生产,生产者所生产的有机物,几乎全部保留在系统之内,许多营养元素在系统内部循环和平衡。园林生态系统为了满足人类物质和文化生活发展的需要,建立清洁卫生的环境而不断地修剪树木、修剪草坪、清扫落叶残枝,输出一定量的有机物。从系统的输入机制看,除了太阳能以外,需要向系统输入化肥、农药、机械、电力、灌水等物质和能量。这就表明园林生态系统的开放程度远远超过自然生态系统。

(4)园林生态系统的环境条件不同于自然生态系统

园林生态环境的生物经过人类改良和培育,同时人类也在对园林的自然生态环境进行调控和改造,以便为园林生物生长发育创造更为稳定和适应的环境条件。例如,人类通过整改园林田地、施用肥料、灌溉排水、除草、病虫防治、建造温棚等措施,调节园林生物生长发育的光、温、水、气、热、营养物质、有害生物等环境条件,使园林生态环境显著不同于自然生态环境。

(5)园林生态系统运行的"目的"不同于自然生态系统

假如把生态系统的自然发展变化所达到的稳定称作自然生态系统的"目的",则自然生态系统的"目的"是使生物现存量最大,充分利用环境中的能量和物质,维持结构和功能的平衡与稳定。园林生态系统的"目的"则完全服从于人类在社会生活和生态环境方面的需求,即为居民提供良好的休憩、游赏环境,使人们在回归自然的过程中身心放松、精神愉悦、精力充沛。

(三)园林生态系统的类型

城市绿地是指在城市行政区域内以自然植被和人工植被为主要存在形态的用地。它包含两个层次的内容:一是城市建设用地范围内用于绿化的土地;二是除城市建设用地之外,对生态、景观和居民休闲生活具有积极作用、绿化环境较好的区域。

随着现代城市生态环境问题的日益突出,以及城市生活质量与居民需求层次的提高,以改善城市生态环境、美化城市景观为目标的城市绿地园林化建设已成为当前城市建设及可持续发展战略的重要内容。因此,城市绿地,即各种园林植物的分布地区或凡是栽植各种园林植物的地方均可以称为园林生态系统。也可以认为,园林生态系统是以城市绿地为载体,以生态学原理为指导,利用绿色植物特有的生态功能和景观功能,创造出既能改善环境质量,又能满足人们生理和心理需求的城市绿地,是实现城市绿地的生态服务功能,推动城市人居环境的绿色可持续发展的有效途径。

目前,国内专家对园林生态系统分类的说法尚未完全统一。根据《城市绿地分类标准》(CJJ/T 85—2017),城市建设用地内的绿地分为四大类,即公园绿地、防护绿地、广场绿地、附属绿地(表2-10)。

表2-10　城市建设用地内的绿地分类

类别名称	类别代码	内容
公园绿地	G1	向公众开放,以游憩为主要功能,兼具生态、景观、文教和应急避险等功能,有一定游憩和服务设施的绿地
防护绿地	G2	用地独立,具有卫生、隔离、安全、生态防护功能、游人不宜进入的绿地,主要包括卫生隔离防护绿地、道路及铁路防护绿地、高压走廊防护绿地、公用设施防护绿地等
广场绿地	G3	以游憩、纪念、集会和避险等功能为主的城市公共活动场地
附属绿地	XG	附属于各类城市建设用地(除"绿地与广场用地")的绿化用地,包括居住用地、公共管理与公共服务设施用地、商业服务业设施用地、工业用地、物流仓储用地、道路与交通设施用地、公用设施用地等用地中的绿地

城市建设用地外的绿地主要是指区域绿地。区域绿地是具有城乡生态环境及自然

资源和文化资源保护、游憩健身、安全防护隔离、物种保护、园林苗木生产等功能的绿地。区域绿地属于园林生态系统重要的一部分,是城市建设用地之外的非建设用地的重要生态资源的汇集地。依据绿地主要功能分为四个种类:风景游憩绿地、生态保育绿地、区域设施防护绿地、生产绿地(表2-11)。此分类突出了各类区域绿地在游憩、生态、防护、园林生产等不同方面的主要功能。

表2-11　城市建设用地外的绿地分类

类别名称	类别代码	内容
风景游憩绿地	EG1	自然环境良好,向公众开放,以休闲游憩、旅游观光、娱乐健身、科学考察等为主要功能,具备游憩和服务设施的绿地
生态保育绿地	EG2	为保障城乡生态安全,改善景观质量而进行保护、恢复和资源培育的绿色空间,主要包括自然保护区、水源保护区、湿地保护区、公益林、水体防护林、生态修复地、生物物种栖息地等各类以生态保育功能为主的绿地
区域设施防护绿地	EG3	区域交通设施、区域公用设施等周边具有安全、防护、卫生、隔离作用的绿地,主要包括各级公路、铁路、输变电设施、环卫设施等周边的防护隔离绿化用地
生产绿地	EG4	为城乡绿化美化生产、培育、引种实验各类苗木、花草、种子的苗圃、花圃、草圃等用地

　　随着社会经济的高水平发展,生态环境质量也越来越受到人们的关注,城市绿地从早期的游憩单一功能发展到后期的保育、防护等复合功能,空间形态也从微观场地逐渐发展到宏观区域尺度。

　　城市园林生态系统的建设必须以整体性为中心,发挥整体效应,只有将各种园林小地块连成网络,才能保证其稳定性,增强园林生态系统对外界干扰的抵抗力,从而大大减少维护费用,也能发挥最大的生态效益。

二、园林生态系统的结构与功能

(一)园林生态系统的结构

　　园林生态系统的结构主要指构成园林生态系统的各种组成成分及量比关系,各组分在时间、空间上的分布,以及各组分间能量、物质、信息的流动途径和传递关系。园林生态系统的结构主要包括物种结构、空间结构、时间结构、营养结构和层次结构五个方面。

1.物种结构

　　园林生态系统的物种结构是指构成系统的各种生物种类以及它们之间的数量组合关系。园林生态系统的物种结构多种多样,不同的园林系统类型其生物的种类和数量差别较大。如草坪类型物种结构简单,仅由一个或几个生物种类构成;小型绿地如行道树小游园等由几个到几十个生物种类构成;大型绿地系统,如公园、植物园、树木园、城市森林等,是由成百上千的园林植物、园林动物和园林微生物所构成的物种结构多样、功能健全的生态单元。

2. 空间结构

园林生态系统的空间结构是指系统中各种生物的空间配置状况,通常包括垂直结构和水平结构。园林生态系统通常比较注重空间特征的组合,是景观设计中重要的内容。空间结构的千变万化,可以构成丰富的园林景观,这也是园林设计中的魅力所在。

(1)水平结构

园林生态系统的水平结构是指园林生物群落,特别是园林植物群落在一定范围内植物类群在水平空间上的组合与分布。它取决于物种的生态学特性、种间关系及环境条件的综合作用,在构成群落的形态、动态结构和发挥群落的功能方面具有重要作用。因各地自然条件、社会经济条件和人文环境条件的差异,在水平方向上表现有自然式结构、规则式结构和混合式结构三种类型。

自然式结构是指植物在地面上的分布表现为随机分布、集群分布或镶嵌式分布,没有人工影响的痕迹。各种植物种类、类型及其数量分布没有固定的形式,表面上参差不齐,没有一定规律,但本质上是植物与自然完美统一的过程。各种自然保护区、郊野公园、森林公园的生态系统多是自然式结构。

规则式结构是指园林植物在水平方向上的分布按一定的造园要求安排,具有明显的规律性,如圆形、方形、菱形等规则的几何形状,或对称式、均匀式等规律性排列。一般小型公园植物景观多采取规则式结构。

混合式结构是指园林植物在水平方向上的分布既有自然式结构,又有规则式结构,两者有机地结合。在造园实践中,绝大多数园林采取混合式结构。因为混合式结构既能有效地利用当地自然环境条件和植物资源,又能按照人类的意愿,考虑当地自然条件、社会经济条件和人文环境条件提供的可能,引进外来植物构建符合当地生态要求的园林系统,最大限度地为居民和游人创造宜人的景观。

(2)垂直结构

园林生态系统的垂直结构是指园林生物群落,特别是园林植物地上营养器官在不同高度的空间垂直配置状况,即成层现象。园林生态系统的植物垂直结构主要有以下几种配置方式,即单层结构、灌草结构、乔草结构、乔灌结构、乔灌草结构及多层结构。其中多层结构除乔木、灌木和草本三个层次外,还包括藤本植物和附着、寄生植物,它们并不形成独立的层次,而是依附于各层次其他植物体上,所以被称为层间植物。

人们经常可以看到在不同类型的城市绿地,其垂直结构各有不同。有的是高大乔本,属于上层植物;有的是灌木丛,属于中层植物;有的是靠近地表的草本植物,如草坪和一些草本花卉等,属于下层地表植物。随着植物层次的差异,各种动物(如鸟类、蝶类以及各种昆虫等)也表现出不同空间的分布特征,不同垂直层次上的各种生物体各具有本身的特殊功能。

3. 时间结构

园林生态系统的时间结构是指由于时间的变化而产生的园林生态系统的结构变

化,主要体现在外界长期干扰或干预下造成的园林生态系统结构的自然变化,中等时间尺度下的群落演替变化以及以昼夜季节或年份为时间单位内的园林生物群落结构和特点出现的变化。

（1）长期变化

指园林生态系统随着时间的推移而产生的结构变化。这是在大的时间尺度上园林生态系统表现出来的时间结构。一方面表现为园林生态系统经过一定时间的自然演替变化,如各种植物,特别是各种高大乔木经过自然生长所表现的外部形态变化等,或由于各种外界干扰使园林生态系统所发生的自然变化;另一方面是通过园林的长期规划所形成的预期结构表现,以长期规划和不断的人工抚育为主。

（2）季相变化

指园林生物群落的结构和外貌随季节的更迭依次出现的改变。植物的物候期现象是园林植物群落季相变化的基础。在不同的季节,会有不同的植物景观出现,人们春季品花、夏季赏叶、秋季看果、冬季观枝干等。随着人类对园林人工环境的控制及园林新技术的开发应用,园林生态系统的季相变化将更加丰富多彩。

4.营养结构

园林生态系统的营养结构是指园林生态系统中的各种生物通过食物为纽带所形成的特殊营养关系,主要表现为各种食物链所形成的食物网。园林生态系统是典型的人工生态系统,其营养结构也由于人为干预而趋于简单,在城市环境中表现尤为明显。

园林生态系统的营养结构有如下特点:

（1）食物链上各营养级的生物成员在一定程度上受人类需求的影响

在造园时,人们按照改善生态环境、提供休闲娱乐及保护生物多样性等目的安排园林的主体植物,系统中的其他植物则是从自然生态系统中继承下来的。与此相衔接,食物链上的动物或微生物必然受到人类的干预。此外,为了保证园林植物的健康成长,人类不得不采取措施来控制园林生态系统中的虫、鼠、草等有害生物,以避免其对园林生物存活及生长发育造成有害的影响。同时,鸟类等有益生物则受到人类的保护,从而得以生存和发展。园林生态系统的这种生物存在状况决定了其食物链上各营养级的生物成员在一定程度上受人类需求的影响。

（2）食物链上各生物成员的生长发育受到人为控制

自然生态系统食物链上的生物主要是适应自然规律,进行适者生存的进化。园林生态系统中各营养级的生物成员,则在适应自然规律的同时还受人类干预完成其生活史,实现系统的各种功能,表现各种形态和生理特性。特别是园林的主体植物,其生长发育过程受到人为的控制和管理,从种子苗木选育、营养生长到生殖生长都受到人类的干预,从而使食物链上其他生物成员的生长发育也直接或间接地受到人为控制。

（3）园林生态系统的营养结构简单,食物链简短而且种类较少

自然生态系统的生物种类较多,其食物网较复杂,从而使系统内的物质、能量转换效率高,系统稳定性好。园林生态系统由于受到人为干预,生物种类大大减少,营养结构趋于简单,食物链简短,系统抗干扰能力及稳定性较差,在很大程度上依赖于人为的干预和控制。

为了提高园林生态系统的稳定性和抗逆性,人类不得不增加投入和管理,如灌水、施肥、使用化学农药和植物生长调节剂等以维持系统的稳定和正常运行。

5. 层次结构

层次结构是基于层级系统理论,该理论认为客观世界的结构是有层次性的,可以按照系统各要素特点、联系方式、功能共性、尺度大小以及能量变化范围等多方面特点划分的等级体系。有关学者将生态系统分为 11 个层级,即全球(生物圈)、区域(生物群系)、景观、生态系统、群落、种群、个体、组织、细胞、基因、分子。

园林生态系统具有明显的层次结构,由多个低层次的功能单元结合构成较高层次的功能性单位,既有其本身对局部环境重要作用的功能表现,又具有更高一层次的城市、区域层级上保证其整个系统良性循环形成的作用。园林的层次结构可分为由庭园、游园、社区公园、综合性公园、行道树带、防风、防污染林带等组成的城市绿地系统,由城市绿地系统和风景名胜区及城镇、农田、林地、草地等组成的大地景观等。由于每个组织层次都具有同样的重要性,每个层次都有它本身具有的特性,因此,对园林生态系统的认识和研究要从不同的层次来考虑,这样既能保证园林生态系统本身的作用发挥,又能促进整个大环境功能的发挥。

(二)园林生态系统的基本功能

园林生态系统通过由生物与生物、生物与环境构成的有序结构,把环境中的能量、物质、信息分别进行转换、交换和传递,在这种转换、交换和传递过程中形成了生生不息的系统活力,强大有序的系统功能和独具特色的系统服务。园林生态系统的功能一般从能量流动、物质循环、信息传递三个方面进行探讨。

1. 能量流动

(1)能量来源

能量是园林生态系统的驱动力,园林生态系统中各种生物的生理状况、生长发育行为、分布和生态作用,主要由能量需求状况的满足程度所决定。园林生态系统的能量来源主要是太阳辐射,同时各种人工辅助能也占相当大的比重。人工辅助能是指人们在从事生产活动过程中有意识投入的各种形式的能量,如施肥、灌溉、育种,目的是改善生产条件,提高生产力。一旦人工辅助能的补充终止,园林生态系统就会按照自然生态系统演替的方向进行,而不是按人工的意愿进行,因而对于园林生态系统就如同种庄稼一样,必须不断地投入能源,才能保证园林生态系统按照人们的意愿进行运转。人工辅助能在园林生态系统中所占的比重相对较大,且有增多的趋势。

(2)能量流动的途径

园林生态系统的能量流动途径一是食物链,另外就是人工控制途径。园林生态系统中的能量关系主要表现在三个过程:生产者(园林植物)吸收太阳能合成初级生产量;活的有机物质被各级消费者消费的过程;死的有机物质腐烂和被生物分解的过程。能量在上述三个过程的转化可视作能量流。

能量输入园林生态系统而得以储存,通过消费者的消耗和腐生生物分解等一系列能量转化的代谢活动,能量不断消耗并转化为热能输出系统。同时,由于园林植物的枯枝落叶及修剪枝叶,大部分经人工收集处理,使得能量消耗于系统外部。所以,园林生态系统必须不断进行能量的补充,否则生态系统就会瓦解(图2-15)。

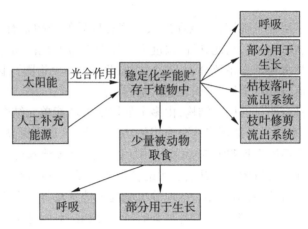

图2-15　园林生态系统能量流动的途径

(3)能量流动的特点

园林生态系统由于人为干扰,使其与自然生态系统的能量流动过程不同,主要表现在:捕食食物链中,园林动物数量较少,对园林植物的消耗也少;园林生态系统的开放程度大,其人工辅助能相对较多;只有小部分由园林微生物分解,将营养物质还原给园林生态环境,营养物质流失量大。

因此,根据能量转化与守恒定律,为促进园林生态系统中自然属性的发挥和自主调控机制,增强系统稳定性,减少人工能量的投入,应当尽量丰富系统内生物种类、数量和层级,使系统结构趋于复杂。

2. 物质循环

园林生态系统中生命成分的生存和繁衍,除需要能量外,还必须从环境中得到生命活动所需的各种营养物质。物质是能量的载体,没有物质,能量就会自由散失,也就不可能沿着食物链传递。所以,物质既是维持生命活动的结构基础,也是储存化学能的运载工具。

园林生态系统从大气、水体和土壤等环境中获得营养物质,通过园林植物吸收,进入生态系统,被其他生物重复利用,最后归还于环境中,这个过程就称作园林生态系统物质循环,也称为园林生态系统的养分循环。例如,园林树木的落叶被土壤中微生物分解成简单物质进入土壤后,被园林树木根系再吸收利用。

(1)物质循环的类型

园林生态系统的物质循环通常包含园林植物个体内养分的再分配、园林生态系统内部的物质循环和园林生态系统与其他系统之间的物质循环。

1)园林植物个体内养分的再分配　园林植物的根吸收土壤中的水分和矿质元素,叶吸收空气中的 CO_2 等营养物质满足自身的生长发育需求,并将贮藏在植物体内的养分转移到需要的部位。植物在其体内转移养分的种类及其数量取决于环境中的养分状况以及植物吸收的状况。一般在养分比较缺乏的区域,植物体内的养分再分配较为明显,通过养分在植物体的再分配以维持植物正常的生长发育。这也是植物保存养分的重要途径。

植物体内养分的再分配在一定程度上缓解了养分的不足。有些植物在不良的环境条件下形成了贮存养分的特化组织器官,但这不能从根本上解决养分的亏缺。因此,在园林生态系统中,要维护园林植物的正常生长发育,特别是在贫瘠的土壤环境,要通过人为补施水分、矿质元素等物质以满足植物生长的需要。

2)园林生态系统内部的物质循环　园林生态系统内部的物质循环是指在园林生态系统内,各种化学元素和化合物沿着特定的途径从环境到生物体,再从生物体到环境,不断地进行反复循环利用的过程。园林动物在生长发育过程中,其排泄物或其死体直接留在系统内,为微生物分解或为雨水冲刷进入土壤,变成简单物质后可为植物生长再吸收利用,即进入下一轮循环。

由于园林生态系统是人工生态系统,因而其系统内的物质循环扮演着次要的角色。人们为了保证园林的洁净,将枯枝落叶及动植物死体清除出系统外,客观上削弱了园林生态系统内部的物质循环。

3)园林生态系统与其他系统之间的物质循环　园林生态系统是人工生态系统,要维持系统的正常运行,满足人类对园林的观赏和游览需求,就必须从系统外输入大量的物质以保证园林植物的生长、发育并保持植物体或群落的样貌。与此同时,园林植物的残体、剪枝、落叶又被清除出园林系统,一进一出,构成园林生态系统与外界环境之间的物质循环。

(2)物质循环的特点

1)人工投入养分的量相对较多　所有生态系统中养分元素的绝大部分来源于土壤。除此之外,不同生态系统的养分元素的补充途径、方法和数量不一致。园林生态系统主要是以观景休闲为主,这就需要投入大量的人力和能量来进行维护。其中要投入大量植物所需的营养元素,绝大部分是氮、磷、钾。除此之外,就是植物生长不需要但又是维持植物生长所必须施用的一些物质,如施杀虫剂和杀菌剂,通过大气和其他途径输入养分元素相对较少,而在自然生态系统中,人工投入的养分元素基本上没有,只通过大气和沉降等途径获得养分元素,并积累起来。

2)养分元素流失量较大　与高投入的养分元素相比,园林生态系统中养分元素的流失量也相对较大,其流失是通过雨水冲刷、淋洗流失、枯枝落叶人为收集等途径流出系统,还有一部分是为了维持良好的景观而对植物人为地修剪,而被修剪掉的植物体部分被收集走,使养分元素流失。

3)人为控制养分元素的流失是降低养分成本的有效方法　园林生态系统养分成本的维持一方面是不断对植物进行修剪,消耗养分,另一方面是不断对消耗的养分进行补充,这两方面可以在园林生态系统的设计过程中通过有目的地选择园林植物而得到优化。例如可以选用一些观赏性强而生长缓慢的植物来减少植物的修剪次数,进而减少养分元素的损失;可以选择一些本身具有固定养分元素功能的植物来减少植物养分元素不断地被消耗掉,如蝶形花科植物具有固氮能力,能将大气中的氮固定下来作为本身生长所需的营养元素,从而不断提高园林生态系统中的养分元素,减少人为养分的投入,降低养分成本。

3. 信息传递

园林生态系统的信息流分物理、化学、营养和行为信息流动四种,如动植物的趋光性、趋肥性等,人的行为信息同样值得进行探讨。

园林生态系统中的信息传递一般来说相对较弱,主要原因是在设计过程中较少考虑植物之间的相互影响,特别是植物间的相克现象。但是以生态的要求进行植物景观设计时必须考虑不同植物间的信息传递,以求利用植物间的信息传递促进园林生态系统的健康发展。

信息传递是园林生态系统的功能之一。园林生态系统是一种人工控制的生态系统,人类利用生物与生物、生物与环境之间的信息调节,使系统更协调、更和谐;同时,也可利用现代科学技术控制园林生态系统中的生物生长发育、改善环境状况,使系统向人类需要的方向发展。

信息传递不像物质循环那样是循环的,也不像能量流动那样是单向的。信息传递是双向的,有从输入到输出的信息传递,也有从输出到输入的信息反馈。正是由于这种信息传递,才使生态系统产生了自动调节机制。

(1)园林生态系统信息的分类

园林生态系统中包含着多种多样的信息,主要可以分为物理信息、化学信息两大类。

1)物理信息　生态系统中以物理过程为传递形式的信息为物理信息,如光信息、声信息、电信息、磁信息等。光对植物的重要作用主要表现在光合作用上,但在一些情况下光也可以作为一种信息调节和控制植物的生长发育。例如,许多园林植物都具有明显的光周期现象,当日照时间达到一定长度时才能开花;有些植物能感受声音的信息,如含羞草在强烈声音的刺激下,就会表现出小叶合拢、叶柄下垂的运动;植物的组织和细胞存在着放电现象,任何外部的刺激,包括电刺激都会引起动态电位的产生,形成电位差,引起电荷的传播,植物细胞就是电刺激的接收器;植物对磁场也有反应,据研究,在磁场异常地区播种的小麦、黑麦、玉米、向日葵及一年生牧草,其产量比在磁场正常地区低。

2)化学信息　生态系统的各个层次都有生物代谢产生的化学物质参与传递信息、协调各种功能,这种传递信息的化学物质通称为信息素。信息素尽管量不多,但却涉及从个体到群体的一系列活动。化学信息是生态系统中信息传递的重要组成部分。在个体内,通过激素或神经体液系统调节各器官的活动;在种群内,通过种内信息素协调个体间的活动,以调节受纳动物的发育、繁殖、行为,并提供某些情报储存在记忆中;在群落内,通过种间信息素调节种群间的活动。

种间信息素类物质主要是各类次生代物,如生物碱、萜类、黄酮类、苷类和芳香族化合物等。在植物群落中,一种植物通过某些化学物质的分泌和排泄而影响另一种植物的生长甚至生存的现象是很普遍的。有些植物分泌化学亲和物质,起到相互促进的作用。

物种在进化过程中,逐渐形成释放化学信号于体外的特性,这些信号或对释放者本身有利,或有益于信号接收者,从而影响着生物的生长、健康或物种的生物特征。例如有些金丝桃属的植物,能分泌一种引起光敏性和刺激皮肤的化学物质——海棠素,使误食的动物变盲或致死;烟草中的尼古丁和其他植物碱可使烟草上的蚜虫麻痹;成熟橡树叶子含有的单宁不仅能抑制细菌和病毒,同时它还使蛋白质形成不能消化的复杂物质,限制脊椎动物和蛾类幼虫的取食。这些都是植物进行自我保护并向其他生物所发出的化学信息。

(2)信息在园林生态系统的应用

1)光信息　利用光信息可调节和控制园林生物的发生发展。许多植物都有较明显的光周期现象,并依此而分化出短日照植物和长日照植物及中性植物等类群。利用光信息可调节和控制生物的生长发育,这在花卉生产上应用较多,利用光周期现象控制植物开花时间。不同昆虫对各种波长的光反应不同,可以利用昆虫的趋光性诱杀园林害虫。

2)化学信息　园林管理实践中,人们常用激素控制植物的生长发育,如用矮壮素控制植物徒长,用乙烯利控制植物开花,用脱落酸疏枝疏叶,采取深松表土的方法促使植物扎深根,喷施叶面肥促使植物健壮生长。这些都是化学营养信息作用于园林生态系统的范例。

(三)园林生态系统的服务功能

生态系统的服务功能是指生态系统及其生态过程所形成及所维持的人类赖以生存的自然环境条件与效用,它给人类社会、经济和文化生活提供了必不可少的物质资源和良好的生存条件。园林生态系统的服务功能是指园林生态系统与生态过程为人类所提供的各种环境条件及效用。作为城市的绿色基础设施和国土绿化的有机组成部分,园林生态系统的服务功能主要包括净化环境功能、调节气候功能、维持生物多样性功能、水土保持功能、防灾减灾功能、休闲娱乐功能和文化教育功能。

1.净化环境功能

园林生态系统的净化环境功能主要表现在对大气环境的净化、对污染水体和污染土壤的净化。对大气环境的净化作用主要表现在维持碳氧平衡、吸收有害气体、滞尘效应、减菌效应、减噪效应、负离子效应等方面,空气的净化有利于人体健康。

城市和郊区的水体,由于工矿废水和居民生活污水的污染而影响环境卫生和人们身体健康。许多水生植物和沼生植物对净化污水有明显作用,树木可以吸收水中的溶解质,减少水中含菌数量;草地可以大量滞留有害重金属,吸收地表污物。

对土壤的净化作用是因为园林植物的根系能吸收、转化、降解和合成土壤中的有害物质,也称为生物净化。土壤中各种微生物对有机污染物有分解作用,需氧微生物能将土壤中的各种有机污染物迅速分解,厌氧微生物在缺氧条件下,能把各种有机污染物分解成甲烷、二氧化碳和硫化氢等。城市园林植物不仅可以净化土壤,还可以提高土壤肥力。植物根系能促进枯死枝叶的腐烂分解,从而提高土壤理化性状和生物性状。

2.调节气候功能

城市中由于街道纵横,建筑密集,同时每天消耗大量的能源,排放很多的人为热与人为水汽以及污染物,这就使城市中的气候要素产生显著变化,大气透明度差,气温较高,形成热岛;风速减小,蒸发减弱,湿度变小以及能见度差,雨量增多等。以城市绿地为载体的园林生态系统,对改善城市小气候有着积极的作用。园林植物通过叶面蒸腾作用,把水蒸气释放到大气中,可以增加空气湿度、云量和降雨。

城市中的道路、滨河等绿化带是城市的通风渠道。国内有学者称这种绿地为"引风林",它可将该城市郊区的气流引入城市中心地区,大大改善市区的通风条件,不断向市区吹进凉爽的新鲜空气。如果用常绿林带在垂直冬季的寒风方向种植防风林,可以大大减少冬季寒风和风沙对市区的危害。防风林的方向位置不同还可以加速和促进气流运动或使风向改变。城市中的大片园林绿地还可形成局部微风。

二氧化碳被认为是引起温室效应的主要原因。在城市中,通过植树造林、森林管理、植被恢复等措施,利用植物光合作用吸收大气中的二氧化碳并将其固定在植被和土壤中,从而减少温室气体在大气中浓度的过程、活动或机制,最终降低温室效应的影响。

3. 维持生物多样性功能

生物多样性是生态系统生产和生态系统服务的基础和源泉。人类社会文明的发展应归功于地球的生物多样性,生物多样性高低是反映一个城市环境质量高低的重要标志。在城市中,由于工业化的发展、环境的污染和人们对环境资源的过量开发,自然界的物种正以前所未有的速度减少,有一些物种正面临着灭绝的危机。目前,生物栖息地的丧失和破碎化是城市生物多样性降低的重要原因之一。

园林生态系统虽然是人工生态系统,但其主体仍然是自然界中的生物群落或模拟的自然生物群落。园林生态系统通过营建各种类型的绿地组合,不仅丰富了园林空间的类型,也是城市中物种丰富的地带之一,是园林植物、动物、微生物集中生存的空间,不仅增加了系统的物种多样性,又可保存丰富的遗传信息,例如城市中的植物园、动物园,起到了类似迁地保护的作用。影响园林生物多样性的主要因素有园林景观类型、园林景观面积、景观连通度、园林植物外来种、景观的人类干扰和园林文化多样性等。

4. 水土保持功能

城市水土流失主要是在城市开发建设过程中由于人为活动扰动地表、破坏植被、大量弃土弃渣造成的。城市人口密集,财富集中,一旦发生水土流失,直接危害到城市道路交通、供水供电、生态环境和其他城市基础设施的正常运转,产生的危害更为严重,同时治理难度大。特别是在水资源短缺的今天,城市的降雨与径流没有得到有效调节,使得淡水资源白白浪费的同时,还给城市带来洪涝灾害。

园林生态系统具有减少地表径流流量、污染,增强土壤渗透性,减轻土壤的侵蚀,回补地下水的重要作用。

首先,园林植物通过植物根系间的网兜效应或者是锚固作用,增强植物根系与土壤的凝聚力,增强土壤的抗冲蚀力;枝叶繁茂的树冠能有效阻止雨滴对地表的直接击溅,从而防止地表土壤遭到溅蚀;成林的树木能形成局地的小气候,增强土壤涵养水源的能力,防止水土流失。

其次,城市园林生态系统是储存雨水、汇集雨水、净化雨水的重要载体。雨水是我们长期忽略的一个重要水资源,通过增加园林绿地面积、构建植物群落、营造地形、设置海绵设施等方法,科学地利用雨水资源,提高海绵城市的调节能力,一方面节约淡水资源,另一方面实现雨水的循环利用。

5. 防灾减灾功能

随着社会经济的高速发展,城市的灾害风险也随之加大。目前,主要的城市灾害有地质灾害、气象灾害、火灾、交通事件、环境污染等，其中，暴雨、大雾、霾、大风、高温、雷电等各种气象灾害是城市灾害中发生次数最多、频率最高、损失最严重的灾种。

首先，建设良好、结构复杂的园林生态系统，具有削弱和预防自然灾害的重要作用，可以减轻各种自然灾害对环境的冲击及灾害的深度蔓延。例如，沿海城市在沿海岸线设防风林带，可减轻台风破坏；在山地城市或河流交汇的三角地带城市，多栽树可保水固土防洪固堤；由抗火树种组成的园林植物群落能阻止火势的蔓延；各种园林树木对放射性物质、电磁辐射等的传播有明显的抑制作用等。

其次，部分园林绿地具有防灾避险作用，在地震发生时，被当作疏散和避难所。此类绿地还兼顾其他灾害类型，同时具有生态、游憩、观赏、科普等城市绿地常态功能。

6. 休闲娱乐功能

城市园林生态系统不仅美化了城市的景观，而且在功能方面满足了居民基本的娱乐休憩。良好的园林生态系统除了风景优美，鸟语花香之外，还具备各类活动设施，例如儿童游乐设施、老人健身设施、青少年体育活动场地等，可以满足人们日常的休闲娱乐、锻炼身体、观赏美景、领略自然风光的需求。在这里，洁净的空气，不同属性的绿植，花草，潺潺的流水，通过五官的感触，使人能够缓解心情、释放压力、全身放松，缓解抑郁、焦虑的情绪，有助于身心健康。另外，城市园林生态系统也为人们提供一个非常重要的社会交往的机会，促进了邻里关系。

7. 文化教育功能

城市园林生态系统属于城市的开放空间，不仅是市民休闲娱乐活动的场所，也是传播市民文化的场所，也日益成为传播精神文明、科学知识和进行科研与宣传教育建设的重要场所。

各地独有的自然生态环境及人文环境孕育了各具特色的地方文化，园林生态系统在给人们休闲娱乐的同时，通过生物的多样性、文化小品、文化建筑等，让人们在对自然环境的欣赏、观察、探索中，学习到自然科学及文化知识，增加人们的知识素养，例如，欣赏、观摩植物的种类、生长过程、植物对环境的适应等。园林绿地中常设有各种展览馆、陈列馆、纪念馆、博物馆，还有专项的动物园、植物园等，使人们在游憩参观中受到教育。园林绿地还是文化交流的空间，常有画展、影展开展及雕塑、工艺品展出，可提高人们的艺术修养水平。

三、园林生态系统的平衡与调控

（一）园林生态系统的平衡

1. 概念

生态平衡就是生物与其环境的相互关系处于一种比较协调和相对稳定的状态。生态系统具有一种内部自我调控的能力，以保持自己的稳定性。这种调控能力依赖于成分的多样性、能量流动多样性及物质循环的多样性。

园林生态系统平衡指园林生态系统在一定时间内结构和功能的相对稳定状态，其物质和能量的输入、输出接近相等，在外来干扰下能通过自我调控或人为控制恢复到原初稳定状态。或者说是一定的动植物群落或生态系统发展过程中,各种对立因素(相互排斥的生物种类和非生物条件)通过相互制约、转化、补偿、交换等作用,达到一个相对稳定的平衡阶段。

园林生态系统的平衡通常表现为以下三种形式:

(1)相对稳定状态

相对稳定状态主要表现为各种园林植物和园林动物的比例和数量相对稳定,物质和能量的输出大体相当,生态系统内各种生产者在缓慢的生长过程中保持系统的相对稳定,各种复杂的园林植物群落,如各种植物园、树木园、风景区等基本上都属于这种类型。

(2)动态稳定状态

系统内的生物量或个体数量,随着环境的变化、消费者数量的增减或人为的干扰过程,会围绕环境容纳量上下波动,但变动范围一般在生态系统阈值范围以内。因此,系统会通过自我调控处于稳定状态。各种粗放管理的简单类型的园林绿地多属于该类型。但如果变动超过系统的自我调控能力,系统的平衡状态就会被破坏。

(3)"非平衡"的稳定状态

系统的不稳定是绝对的,平衡是相对的,特别是在结构比较简单、功能较小的园林绿地类型,物质的输入输出不仅不相等,甚至不围绕一个饱和量上下波动,而是输入大于输出,积累大于消费。要维持其平衡,必须不断地通过人为干扰或控制外加能量维持其稳定状态,如各种草坪以及各种具有特殊造型的园林绿地,必须进行适时修剪管理才能维持该景观,如果管理不及时,这种稳定性就会被打破。

2. 园林生态失调

园林生态系统作为自我调控与人工调控相结合的生态系统,不断地遭受各种自然因素的侵袭和人为因素的干扰,在生态系统阈值范围内,园林生态系统可以保持自身的平衡。如果干扰超过生态阈值和人工辅助的范围,就会导致园林生态系统本身自我调控能力的下降,甚至丧失,最后导致生态系统的退化或崩溃,即园林生态失调。

造成园林生态失调的因素很多,笼统地讲,主要有以下两个方面:

(1)自然因素

环境的自然因素,如地震、台风、干旱、水灾、泥石流、大面积的病虫害等,都会对园林生态平衡构成威胁,导致生态失调。自然因素的破坏具偶发性、短暂性,如果不是毁灭性的侵袭,通过人工保护,再加上后天精细管理补偿,仍能很好地维持平衡。园林生态系统内部各生物成分的不合理配置,如生物群落的恶性竞争,将削弱系统的稳定性,导致生态失调。

(2)人为因素

各种园林生物资源,包括园林植物、园林动物与园林微生物,对维护园林生态平衡发挥着重要的作用。但实际中,它们的作用常常被忽略。例如,城市园林绿地被侵占,园林生态系统破碎化严重,影响系统的整体服务功能的发挥,导致园林生态失调;又如任意改变园林植物种类,甚至盲目引进各种未经栽培试验的植物类型,为植物入侵提供了可能,也会给园林生态系统带来潜在威胁。而且,园林微生物在城市园林环境中,没有合适的空间,数量极少,使园林生态系统的物质循环出现入不敷出的现象,整体上处于退化状态。更有甚者,毁林开荒,随意倾倒垃圾、污水等行为,直接危害园林生态系统,导致其生态失调。

（二）园林生态系统的调控

园林生态系统作为一个半自然与人工相结合或完全的人工生态系统,其平衡要依赖于人工调控。通过调控,不但可保证系统的稳定性,还可增加系统的生产力,促进园林生态系统结构趋于复杂等,当然,园林生态系统的调控必须按照生态学的原理来进行。其调控手段主要有生物调控、环境调控、合理的生态配置、适当的人工管理和大力宣传,增加人们的生态意识。

1. 生物调控

园林生态系统的生物调控是指对生物个体,特别是对植物个体的生理及遗传特性进行调控,以增加其对环境的适应性,提高其对环境资源的转化效率,主要表现在新品种的选育上。我国的植物资源丰富,通过选种可大大增加园林植物的种类,而且可获得具有各种不同优良性状的植物个体,经直接栽培、嫁接、组培或基因重组等手段产生优良新品种,使之既具有较高的生产能力和观赏价值,又有良好的适应性和抗逆性。同时,从国外引进各种优良植物资源,也是营建稳定健康的园林植物群落的物质基础。但应该注意,对于各种新物种的引进,包括通过转基因等技术获得的新物种,一定要慎重使用,以防止各种外来物种的入侵对园林生态系统造成冲击而导致生态失调。

2. 环境调控

环境调控是指为了促进园林生物的生存和生产而采取的各种环境改良措施。具体表现在用物理(整地、剔除土壤中的各种建筑材料等)、化学(施肥、施用化学改良剂等)和生物(施有机肥、移植菌根等)的方法改良土壤,通过各种自然或人工措施进行小气候调节,通过引水、灌溉、喷雾、人工降雨等的水分调控等。

3. 合理的生态配置

充分了解园林生物之间的关系,特别是园林植物之间、园林植物与园林环境之间的相互关系,在特定环境条件下进行合理的植物生态配置,形成稳定、高效、健康、结构复杂、功能协调的园林生物群落,是进行园林生态系统调控的重要内容。

4. 适当的人工管理

园林生态系统是在人为干扰较为频繁的环境下的生态系统,人们对生态系统的各种负面影响必须通过适当的人工管理来加以弥补。当然,有些地段特别是城市中心区环境相对恶劣,对园林生态系统的适当管理更是维持园林生态平衡的基础。而在园林生物群落相对复杂、结构稳定时可适当减少管理投入,通过其自身的调控机制来维持。

5. 大力宣传,增加人们的生态意识

大力宣传,提高全民的生态意识,是维持园林生态平衡,乃至全球生态平衡的重要基础,只有让人们认识到园林生态系统对人们生活质量、健康的重要性,才能从我做起,爱护环境,保护环境,并在此基础上主动建设园林生态环境,真正维持园林生态系统的平衡。

四、生态园林城市与公园城市

（一）生态园林

1. 概念

现今，工业化的高度发展与城市化的进程加剧，给人们带来了生存环境的危机，生态园林成为城市园林发展的新阶段。早在 20 世纪初，西方就出现了从保护原野上自然景观出发而建造的生态园林。美国詹逊首先提出了以自然生态学的方法来代替以往单纯从视觉景象出发的园林设计；日本自"二战"结束开始，在城市周围营造人工植物群落式防护林，提倡与自然共存；英国在城市中开辟了一些自然绿地，即所谓"城市森林"等等。

新中国成立以来，在第一个五年计划时期，我国城市园林绿地的建设确定了"普遍绿化、重点美化"的方针，实现了从无到有的突破。1986 年，中国园林学会在温州召开"城市绿地系统–植物造景与城市生态"的学术研讨会上提出了"生态园林"的概念，初步明确新时期城市园林绿化建设以改善生态环境、植物造景为主。

自这一概念提出以来，经过二十多年的发展，围绕生态园林已经形成了相对成熟的理论体系。如今的生态园林，是以生态理论为基础，将景观学、植物生态学、城市生态系统理论等融合在一起，构建组成成分复杂、结构稳定性强、生态系统服务功能完善、环境舒适度高的良性园林生态系统。

生态园林的宗旨是人与自然的协调关系，追求和谐，谋求可持续发展，解决人类不断增长的需求与自然有限供给能力之间的矛盾，恢复生态系统的良性循环，保证社会经济的持续高效发展和人民生活稳步提高，从而促进城市生态的建设和发展。

2. 生态园林的特征

（1）公共性

生态园林是城市园林绿化的重要产品，是城市公共服务、产品的重要组成部分，具有明显的"公共性"特点。城市生态园林的建设，包括城区、郊区、近郊区、远郊区，是一个以绿色植物为主体的生态系统，发挥良好的生态环境效益，为城市居民提供生产、工作、生活、学习环境所需要的使用价值。其气候调节、防风避灾、休息游憩、美化环境等功能和作用都是面向城市大众的，所有市民都可以在同一时间，同一场所，同时使用。

（2）无界性

城市"生态园林"从根本上打破传统城市绿地的狭小范围，已不仅仅是城市公园、植物园和自然保护区，其规划、设计与建设不但涉及城市单位绿化、居住小区绿化，更涉及区域绿地、各类废弃地乃至农田等所有能起到调节作用的城乡绿地。近年来，我国经济发展迅速，全国各大城市都积极开展生态园林建设，开始了从城市公园到公园城市的嬗变。

（3）协调性

生态园林以其自身多种功能和综合效益的特点，能够调节城市生态环境状况。例如，通过植物的科学配置，能够调节气温和空气湿度，改善小气候，缓解热岛效应；能够吸收二氧化碳，释放氧气，吸收有害气体，吸滞粉尘，减轻噪声，改善环境质量；能够防风固

园林生态规划设计方法与应用

沙,保护土壤和自然景观。

（4）生物多样性

生物多样性是生态园林建设最重要的特征之一。在一个地区内,生物多样性能够反映地域内的物种种类,也能反映地域内物种的分布特点和自然环境特点。植物种类丰富的地域比种类单一的地域更能有效地利用资源,本身也具有更大的稳定性。由于现代都市中过多的人为干扰和其他因素,环境变化的速度十分快,生物的多样性能使植物有更强的适应能力,丰富的物种能够使园林的景观具有多样化特点,也能使园林的功能性更加齐全。

（二）生态园林城市

随着我国社会的发展进步以及城市化进程的推进,生态园林已经是社会发展的必然趋势。生态园林在不同的社会和时代,有着不一样的内涵。

1989年,在全国范围内开始评比"国家卫生城市",主要针对城市环境卫生及市民的健康教育,对环境的要求较为基础;1992年,建设部提出创建"园林城市",主要以园林绿化建设为切入点,以定量的绿化为联结,营建绿色空间;1996年,全国开展创建"国家环境保护模范城市"的活动,从城市环境经济指标和污染监测管理等方面进行考核;2004年,建设部提出建设"生态园林城市",作为"园林城市"建设的升级版。

随着"生态园林城市"的创建,我国城市绿化在数量上取得了突破,在绿化成效上也体现出多样丰富的效果。但进入新千年后,我国城市发展面临新的挑战,在城市快速扩张的同时,对城市空间和自然资源需求的增长与城市有限的土地资源和自然环境承载力之间的矛盾日益突出。城市生态环境逐渐恶化、城市人居环境品质下降、城市建设千城一面等现象已成为我国城市发展的通病。对于生态环境恶化的反应、城市特色危机的反思和传统文化的回归驱动了我国政府提出"生态园林城市"建设的更高目标。

2004年6月,建设部首次向全国发出创建生态园林城市的号召,同时颁布了《国家生态园林城市标准（暂行）》,并于2007年开始在全国进行试点。其提出的根本在于可持续发展。在2016年,正式对外公布徐州、苏州、昆山、寿光、珠海、南宁和宝鸡7个城市为首批"国家生态园林城市"。至此,"国家生态园林城市"的建设与申报活动在我国如火如荼地展开。可以说,"生态园林城市"的提出是对我国城市发展新阶段所面临的机遇和挑战的积极响应。

所谓生态园林城市,意在表明自然生态和城市的有机结合,其根本宗旨是实现城市环境中人与自然的"协调、和谐、可持续"发展,是为了解决城市环境中人与自然之间的矛盾,恢复城市生态系统的良性循环,从而实现城市环境生态健康发展。生态园林城市更加关注城市外围生态资源安全、城市环境质量、人在城市中的幸福感和资源的可持续循环利用,是现代科学技术发展基础上形成的社会、经济与生态环境协调发展的宜居城市模型。

（三）公园城市

面对资源约束趋紧、环境污染严重、生态系统退化的严峻形势,国家将生态建设放在了一个极其重要的位置。2012 年,在党的十八大报告中明确提出要大力推进生态文明建设,将生态文明建设提升至国家战略的新高度。同年,国务院办公厅提出"海绵城市"理念,2016 年国家林业局提出"国家森林城市"建设方案。2018 年习近平总书记在成都天府新区提出建设"公园城市"这一新型城市发展理念,强调"突出公园城市特点,把生态价值考虑进去"。

习近平总书记坚持从"人民城市为人民"的角度出发,提出了"公园城市"的生态环境建设理念,构筑了我国绿色城市新发展的宏伟蓝图,"美丽""宜居"是"公园城市"的内在要求。

公园城市作为新时代中国生态文明建设的伟大实践,是将城市绿地系统和公园体系、公园化的城乡生态格局和风貌作为城乡发展建设的基础性、前置性配置要素,把"市民-公园-城市"三者关系的优化和和谐作为创造美好生活的重要内容,通过提供更多优质的生态产品以满足人民日益增长的优美生态环境需求的新型城乡人居环境建设理念和理想城市建构模式。

相较于"园林城市"和"生态园林城市","公园城市"则着眼于我国城市化的美丽、健康、可持续发展。在评选指标层面,"公园城市"的相关指标更加丰富,包含城市的自然生态环境、市政基础设施指标,还融入了能源、人居、生态建筑、生态产业、环境教育等指标,提倡"人、城、境、业"高度和谐统一,而"生态园林城市"评价体系主要是从城市的生态环境、生活环境和基础设施这三个方面进行考察的。

因此,"公园城市"理念的提出,是当前及未来新时代"公园-城市"关系发展演变的发展方向,是在全面建成小康社会的目标下城乡人居环境建设理念的重要理论创新,也是城市生态文明建设理念的形象概括。

第四节　城市生态系统与生态城市

一、城市生态系统的组成与特点

(一)城市生态系统的组成

1.城市生态系统的概念

城市生态学是生态科学、环境科学、城市科学以及地理科学的交叉学科,以人类活动密集的城市为对象,其核心是城市生态系统,探讨其结构、功能、平衡和调节控制的生态学机理与方法,并将其运用到生态城市规划、建设和管理中去,为城市环境、经济的可持续发展和居民生活质量的提高寻找对策和出路。

城市生态系统是指城市空间范围内的居民与自然环境系统和人工建造的社会环境系统相互作用而形成的有机整体,它是以人为主体、人工化环境的、开放性的人工生态系统。从时空观来看,城市生态系统是人类生产、生活、文化、社交等活动的载体;从功能本质来看,它是一个经济实体、社会实体、科学文化实体和自然实体的有机体;从生物观来看,它是一个具有出生、生长、发育、成熟、衰老的生命有机体。

2.城市生态系统的组成

城市生态系统是一个高度复杂的自然-社会-经济复合生态系统,由自然生态系统、社会生态系统和经济生态系统复合而成(图2-16)。

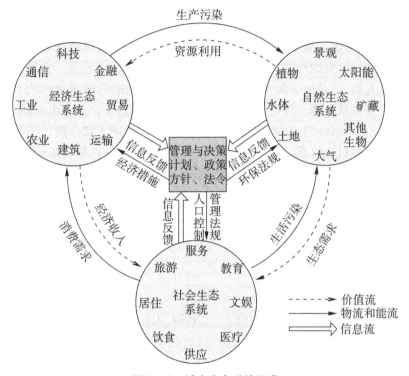

图2-16　城市生态系统组成

资料来源:沈清基.城市生态与城市环境[M].上海:同济大学出版社,1998.

(1)自然生态系统

城市中的自然系统包括城市居民赖以生存的基本物质环境,如阳光、空气、淡水、动物、植物、微生物、土地、矿藏等。

(2)社会生态系统

社会子系统以人口为中心,包括满足城市居民的就业、居住、交通、供应、文娱、医疗、教育及旅游等需求为目的,为经济系统提供劳力和智力。

(3)经济生态系统

经济子系统是以资源利用为核心,由工业、农业、建筑、交通、贸易、金融、信息、科教等下一级子系统所组成,以物资从分散向集中的高密度运转,能量从低质向高质的高强度集聚,信息从低序向高序的连续积累为特征。

社会生态系统、经济生态系统和自然生态系统这三大系统之间通过高度密集的物质流、能量流和信息流相互联系、相互作用共同构成一个整体,人类的管理和决策起着决定性的调控作用。城市生态系统不是经济、社会、自然三者之间的简单相加,而是三者的融合与综合,为城市的人们生存和发展提供必要的生活环境、生产条件和发展空间。

从环境学角度,城市生态系统由生物系统和非生物系统组成。生物系统是指城市居民、家养生物、野生生物等,在城市生态系统中人类起着重要的支配作用。城市中,人口密度大量增加,而植物的种类和数量少,植物生长量比例失调,野生动物稀缺,生物多样性减少,使得环境自净能力降低,城市的生态系统遭受破坏。

非生物系统包括人工物质系统、环境资源系统、能源系统。人工物质系统包含住宅、道路、工厂、通信设施等。城市是一类高强度人类影响的地方或区域,以人工建造环境为主。在城市土地上,原有地形地貌改变,人工物质大量在城市中积累。大量消耗资源、能源,同时排出废弃物,但是由于缺少分解者,废弃物由管网输送输出,改变了自然界的物质平衡,致使环境质量下降。环境资源系统包含水域、土地、矿产等。由于高强度的人类活动,城市的水、土、气性质和功能已经发生了很大变化,承纳了城市的污染物,改变了理化状态,环境的调节机能降低。城市建设消耗大量资源,造成自然资源的枯竭。能源系统包括生物能、自然能、化石能源等。生物能主要是沼气、秸秆、木材等,能量转化后产生大量废物;自然能包含太阳能、风能、潮汐能、地热能,但是目前利用率较低;化石能源主要是指煤、石油、天然气,前两种污染严重。能源是人类活动赖以生存和发展的重要物质基础,但是我国城市不合理的能源结构造成了严重的环境问题。

(二)城市生态系统的特点

1.人为性

首先,城市生态系统是以人为主体的生态系统,人在其中不仅是唯一的消费者,而且是整个系统的营造者。正是由于各种人类活动,改变了原有的自然景观格局,从根本上塑造了全新的系统结构、过程和功能,以提供满足人类需求的各种服务。

其次,城市生态系统是人工生态系统。城市生态系统的环境的主要部分是人工环境,如建筑物、交通、通信、供排水、医疗、文化、体育等城市设施。由于城市自然环境条件都不同程度地受到人的活动的影响,使得城市生态环境更加复杂和多样化,而且其能量和物质运转均在人的控制下进行,居民所处的生物和非生物环境都已经过人工改造,是人类自我驯化的系统。

2.不完整性

城市态系统的生命组分与环境组分发生了很大变化,动物、植物、微生物失去了在原有自然生态系统中的环境,致使生物群落数量减少,结构简单,而且,城市生态系统生产者的数量小于消费者,分解者很少甚至没有,分解功能也微乎其微,系统自身也难以消纳产生的废物。同时,维持城市生态系统所需要的大量营养物质和能量,需要从系统外的其他生态系统输入,许多输入物质经加工、利用后又从本系统中输出。因此,城市生态系统是一个不完全独立的生态系统,无法完成物质循环和能量转换。

3.开放性

一般的自然生态系统只要有足够的太阳光输入,依靠自身内部的物质循环、交换和信息传输,就可以保证和协调系统平衡和持续正常的发展。城市生态系统不能提供本身所需的大量能源和物质,必须从外部输入资源物质和能源,以及大量的人力、资金、技术、信息等,才能维系它本身的正常发展、演化及其形态、结构与功能的协调与平衡。

城市生态系统还具有强烈的辐射力。城市也向外部系统输出,输出的产品包括经过城市人工加工改造后能被外部系统使用的新型能源和物质。城市规模越大,它与外界的物质和能量交换就越多。因此,城市生态系统的开放性远比自然生态系统高。

4.高质量性

城市生态系统中,社会经济发展活跃,系统内物质、能量、人口、信息等流量大,运转快,而且,城市生态系统中建立了大量的人工设施,例如密集的居住区、工厂、办公楼、道路、仓储,使得城市相对于自然生态系统具有鲜明的高密度性和拥挤的特征,其单位面积上所含有的物质、能量、人口等物质性要素是任何自然生态系统都无法比拟的。

5.复杂性

城市生态系统是动态演进的复合生态系统。城市生态系统本质上是由社会、经济、自然子系统构成的复合生态系统,受到自然和社会经济等多重因素影响。在城市生态系统中,自然生态系统和人工技术工程互为补充、嵌套融合,强化了系统功能,加快了物流、能流及信息流的流通速度。高强度的经济社会活动下,城市生态系统结构和功能的演化速度更快、过程更复杂。

6.脆弱性

城市生态系统首先不是一个"自给自足"的系统,需靠外力才能维持。其次,它的食物链简化,系统自我调节能力小,其营养关系出现倒置,决定了其为不稳定的系统。同时,高强度的人类活动产生大量污染,在一定程度上破坏了城市自然系统的调节机制。

而作为一个高度人工化的生态系统,城市生态系统主要靠人工活动进行调节。但是人类活动又具有太多的不确定因素,不仅使得人类自身的社会经济活动难以控制,还因此导致自然生态的非正常变化。同时,影响城市生态系统的因素众多,各因素间具有很强的联动性,一个因素的变动会引起其他因素的连锁反应,因此城市生态系统的结构和功能相当脆弱。

二、城市生态系统的结构与功能

(一)城市生态系统的结构

城市是经济实体、社会实体和自然实体的统一,具有复杂的结构,结构的复杂性主要来源于组分的多样性和组分间交互作用的丰富性。

城市生态系统的结构是系统组成要素在系统一定空间范围内和一定演化阶段内相互连接、相互影响及发生关系的方式和秩序。城市生态系统结构合理与否将直接决定城市生态质量的优劣程度。这是由各子系统都有自身的结构与功能,其间相互作用与联系,相互依存与制约,城市生态系统通过形成的网络结构而发挥其综合功能,高效的城市生态系统结构才能产生高效的城市功能。

目前没有统一的城市生态系统结构的划分,因不同的研究出发点与方向划分的系统结构不同。常见的划分有营养结构、资源利用链结构、生命与环境相互作用结构、要素空间组合结构等。

城市生态系统中稳定生态关系的建立,主要取决于对系统结构的改善和功能的调节,良好的城市生态系统应具有合理的结构,最大限度地发挥其特定功能,以获得最佳的经济效果、相对稳定的生态关系和最优的生活质量。

1.营养结构

在城市生态系统中,以人为主体的食物链常常只有二级或三级(图2-17),即植物→人或植物→食草/食肉动物→人。而且作为生产者的植物,绝大多数是来自周围其他系统,系统内初级生产者绿色植物的地位和作用已完全不同于自然生态系统。与自然生态系统相比,城市生态系统由于物种多样性的减少,能量流动和物质循环的方式、途径都发生改变,系统本身自我调节能力很小,而其稳定性主要取决于社会经济系统的调控能力和水平。

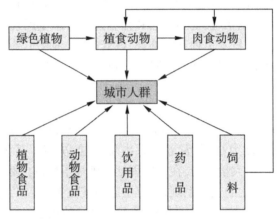

图2-17 城市生态系统的食物链

因此,城市生态系统的营养结构不同于自然生态系统,并且改变了原来自然生态系统中各营养比例关系,呈倒三角形(图2-18)。

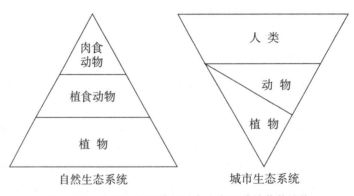

图2-18 自然生态系统与城市生态系统的营养结构

这种倒金字塔形的营养结构,决定了城市生态系统不可能是一个自我封闭、自我循环的系统。也就是说城市生态系统不可能自己解决城市生产、生活所需的物质和能量,城市生活和生产的代谢产物也不可能在城市内部分解与转化,这严重影响着城市生态系统的平衡。

2. 资源利用链结构

资源是指一国或一定地区内拥有的物力、财力、人力等各种物质要素的总称,可分为自然资源和社会资源两大类,前者如阳光、空气、水、土地、森林、草原、动物、矿藏等;后者包括人力资源、信息资源以及经过劳动创造的各种物质财富等。

在城市生态系统中,食物链只是把作为消费者的人类和城市动物、城市食品联系在一起,城市的大量组分却被排除在食物链之外。城市中更多的要素是通过一种资源利用链有机联系在一起的。因此,城市生态系统比其他自然生态系统多了资源利用链结构(图 2-19)。资源利用链结构由一条主链和一条副链构成。

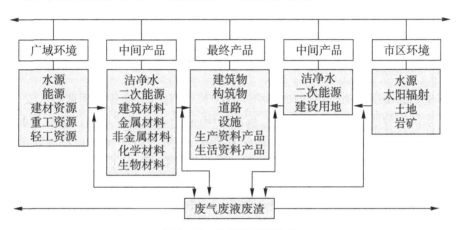

图 2-19 资源利用链结构

广域环境和市区环境的各类资源经过人类的初步加工,生产出一系列的中间产品,再经深度加工成为最终的产品,而这些产品最终又回到最广域环境和市区环境,构成其组成的一部分,或为人类所消费。这一系列运行过程构成了城市生态系统的运行主链。

在副链中,物质和能源等在转变为中间产品,中间产品转变为最终产品的过程中都会产生一定量的废弃物。经重复和综合利用后,有价值废弃物返还主链,或被排泄到市区环境和广域环境中。

城市的自然资源是有限而并非无限的,城市系统中的资源、产品和废弃物的多重利用和循环再生,是未来城市发展的基本要求。只有改变城市系统中的资源利用方式,使资源利用由单一的线性"链"状演变成复合的"网"状,在城市资源和废弃物之间、内部和外部之间构筑一个利于循环再生的通道,才能提高城市的生态和环境效益。

3. 生命与环境相互作用结构

城市生态系统不同于自然生态系统,它注重的是城市人类和城市环境的相互关系。城市生态系统是城市生命系统与其环境相互作用形成的复杂的网络结构(图 2-20)。

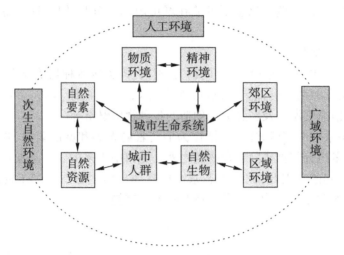

图 2-20　生命与环境相互作用结构

城市生命系统受人为干预,城市自然生物生长、发育和分布很大程度由人安排,使得城市生态系统的种群单一、优势种突出、群落结构简单;次生自然环境包括自然要素和自然资源。城市自然要素的演变适应人的生存需要,并可发挥一定的自然净化功能。同时,人类也改变了城市的局部气候、地质基础和土壤结构等;人工环境包括物质环境、精神环境,是人创造的财富(劳动产品、资金、精神环境);广域环境中,郊区环境是区域的内核,区域环境是郊区环境的延伸和补充。城市-区域是一种更大尺度的有机系统。

人类对环境施加的任何影响,环境都将按照自身的规律反馈给人类。因此,只有在开发和利用环境的同时,尊重自然,善待自然,按生态学规律办事,才能使环境赐予人类的宝贵财富能够被人类持续永久地利用,实现人类社会的可持续发展。

4.要素空间组合结构

城市作为一个完整的人与自然复合的生态系统,内部具有复杂的结构,特别是各种生态系统要素和功能在空间上存在很大变化。人类为了生产和生活需要,在城市建设过程中,会将城市内部划分成不同的用地功能单元,布置不同的活动,共同构成了一个整体城市。要素空间组合结构是指城市土地利用的空间排布形式,城市占有一定的地域空间,在人工要素和自然要素的作用下,具有一定形态的空间结构。

城市生态系统的结构不但受到自然因素的影响和控制,而且还受到社会经济因素的影响和控制,人类对城市结构和布局的规划决定了城市发展的基本空间格局。要素空间组合结构展现的不仅仅是城市各项主要用地之间的内在联系,也是城市经济结构、社会结构的空间投影。

2020 年 11 月,我国印发了《国土空间调查、规划、用途管制用地用海分类指南(试行)》,明确了国土空间调查、规划、用途管制用地用海分类应遵循的总体原则与基本要求,并提出了国土空间调查、规划、用途管制用地用海分类的总体框架及各类用途的名称、代码与含义,以期建立全国统一的国土空间用地用海分类。在城市内部,主要用地类型有居住用地、公共管理与公共服务用地、商业服务业用地、工矿用地、仓储用地、交通运输用地、公共设施用地、绿地与开敞空间用地、特殊用地、留白用地等。

要素空间组合结构有多种空间结构形态,最基本的可分为圈层式结构和镶嵌式结构两种。圈层式结构以市区生命系统与环境系统为内圈,郊区环境为中圈,区域环境为外圈。这种空间结构形式,体现了生命系统与各环境要素的内在联系,是人类生存的中心聚集倾向和广域关联倾向的必然结果。

镶嵌式结构可以再分为大镶嵌结构和小镶嵌结构。大镶嵌结构是指各圈层内部的各要素按土地利用所形成的团块状功能分区的空间结构形式。如以单一要素为主的居住区、工业区、商业区、文化区及多要素组合工业-居住-商业区、行政-文化-绿化区,各区按各自的特点分布在不同的位置上,形成有规律的块状和条状镶嵌结构。小镶嵌结构是指各功能分区内部组成要素按土地利用所形成的微观空间组合形式。如居住区内,由道路、居住单元、小片绿地和其他设施组成。镶嵌式结构水平是衡量城市规划质量与系统功能效率的一个重要标准。

城市空间结构是城市经济效益的重要制约因素之一。合理的布局可以缩短人、物、资金、能源、信息的流动时间和空间,提高经济效益;反之,则会降低经济效益。

(二)城市生态系统的功能

城市生态系统的功能是指系统及内部各子系统或各组成成分所具有的作用。不同于自然生态系统,城市生态系统是一个开放型的人工生态系统,它直接受人的目的、愿望和经济技术水平的控制。城市生态系统的功能就是在人的控制下,将外界输入的物流、能流、信息流、人流及货币流经过系统内部的转化作用,最后以一定的方式输出。在此过程中完成城市生态系统的生产、生活和还原三大功能。其中,生产功能是为社会提供丰富的物资和信息产品;生活功能是为市民提供方便的生活条件和舒适的栖息环境;还原功能是为保证城乡自然资源的永续利用和社会、经济、环境的平衡发展。

1.生产功能

城市生态系统的生产功能是指城市生态系统能够利用城市内外系统提供的物质和能量等资源生产出产品的能力,包括生物生产与非生物生产。城市生产活动的特点是:空间利用率高,能流、物流高强度密集,系统输入输出量大,主要消耗不可再生性能源,且利用率低。

(1)生物生产

城市生态系统的生物生产功能是指城市生态系统所具有的,包括人类在内的各类生物交换、生长、发育和繁殖过程,可分为生物的初级生产和生物次级生产。

生物的初级生产,即光合产物,生产粮食、蔬菜、水果和其他各类绿色植物产品。城市以第二、三产业为主,故初级生产不占主导地位,但城市植被的景观作用功能和环境保护功能对城市生态系统来说十分重要,因此,大面积地保留城市的农田、森林、草地、水域等是非常必要的。

生物次级生产,有相当一部分需要从城市外部输入,表现出对外界物质和能量输入的明显依赖性。城市的次级生产主要是人,故具有明显的人为可调性。城市生态系统的次级生产具有社会性,即其次级生产是在一定的社会规范和法律制度下进行的。所以为了维持一定的生存量,城市生态系统的生物次级生产在规模、速度、强度和分布上应与城市生态系统的初级生产、物质、能量的输入输出、分配等过程取得协调一致。

（2）非生物生产

城市生态系统的非生物生产是人类生态系统特有的生产功能,是指具有创造物质与精神财富,满足城市人类的物质消费与精神需求的性质。非生物生产又分为物质生产和非物质生产。

物质生产是指满足人们的物质生活所需的各类有形产品及服务,如各类工业产品、服务性产品等。城市生态系统的物质产品,不仅为城市地区的人类服务,更主要的是为城市以外的人类服务。因此系统内物质生产量巨大,所消耗的能源资源量也是惊人的,对城市区域自然环境的压力是不容忽视的。

非物质生产是指满足人们的精神生活所需的各种文化艺术产品及相关的服务,如小说、歌曲、音乐、绘画等艺术作品,其实质是城市文化功能的体现。

2. 生活功能

生活功能正常与否决定了一个城市吸引力的大小和城市发展水平。生活功能应以能否满足城市居民以下几方面的需求为标准:首先是基本需求,即衣、食、住、行等基本生活条件;其次是发展需求,生活消费品从低档向高档的发展趋势,日益增长的文化、信息、精神追求,家务劳动的社会化,闲暇时间的增加,活动空间的扩展等需求。

人类是城市生态系统中的消费者,城市的存在就是要为人类提供安全、舒适的生活环境,因此,生活功能是城市生态系统基本功能的一个重要方面。城市生态系统中的自然环境和人工创造的社会环境、经济环境,分别承担着满足城市居民特定需要的功能。

城市是一个人口与经济活动高度集中的区域,有各种服务性产品,如金融、医疗、教育、贸易等设施为城市地区的人类服务。它一方面满足居民基本的物质、能量和空间需求,保证人体新陈代谢的正常进行和人类种群的持续繁衍,是人类生存和发展不可缺少的物质因素;另一方面,社会经济环境具有生产、生活、服务和享受的功能,满足居民丰富的精神、信息和时间需求,让人们从繁重的体力和脑力劳动中解放出来。

3. 还原功能

城市中,人类活动从根本上改变了本地的地质、水文、气候、动植物区系及大气等的原来状况,破坏了原生态系统的自然平衡。同时,城市生态系统在执行生产和生活功能时,必然要消耗自然资源,产生废弃物。而由于城市人口集中,生态系统的物流、能流和信息流高度密集,周转迅速,且能源利用率低,给城市生态造成严重压力和环境污染。因此,为了确保城市生产和生活活动的正常进行,城市一方面必须具备消除和缓冲自身发展给自然造成不良影响的能力,另一方面在自然界发生不良变化时,又能较好地抵御这种变化所带来的不利影响并尽快使其复原。这是由城市生态系统的还原功能来完成的。

城市的还原功能包括自然净化功能(水体自净功能、大气扩散功能、土地处理功能等)和人工调节功能。城市的自然净化功能是脆弱、有限的,可以接纳、吸收、转化人类活动排放到城市环境中的有毒有害物质,在一定的程度上达到了自然净化的效果。而大多数还原功能需要通过各种人工措施进行净化还原,包括规划建设城市绿地、城市污水处理、垃圾处理、废气处理、城市卫生保健及防灾保安等,以加快废弃物的分解还原,保证城市生态系统的平衡和稳定。

总之,城市生态系统的生产、生活和还原三项功能是紧密联系在一起的,它们互相影响和制约对方,同时又互相为对方提供条件。较高的生产水平和城市经济发展状况,可以为城市提供高质量的生活环境,也为环境维护与改善提供了一定技术支持,还原能力得以提高。而且,还原功能较强的城市,其资源可被重复利用次数增多,城市发展的物质基础得以加强,生产功能也随之提高。

(三)生态流

生态流是反映生态系统中生态关系的物质代谢、能量转换、信息交流、价值增减以及生物迁徙等的功能流,是种群、物种、群落、物质循环、能量流动、信息传递、干扰扩散等在生态系统内空间和时间的变化。

城市生态系统的基本功能包括生产、生活和还原三大功能,这些功能的发挥是靠系统中连续不断和密集的物质流、能量流、信息流、人口流和价值流等生态流来实现和维持的。对于城市生态系统而言,生态流在城市复合生态系统中高效畅通地流动,把城市生态系统内的生活、生产、资源、环境、时间、空间等各个组分以及外部环境联系了起来,是城市可持续发展、生态系统和谐稳定的外在表现。一个可持续发展的、生态和谐的城市生态系统,其内部的子系统之间,必然是相互制约、相互促进,既有效分工又合理协作。

因此,弄清了这些流的动力学机制和调控方法,就能基本掌握城市这个复合体中复杂的生态关系。下面主要介绍一下城市生态系统的能量流、物质流、信息流和人口流。

1.城市生态系统的能量流

(1)能量来源与能源结构

能量是地球上生命的一个基本因素,能量是做功的能力,分为动能(运动的能)和势能(储存备用的能量)。所谓能源是指可以提供能量的物质,它能够为人类提供某种形式能量的自然资源及其转化物。能源是人类赖以生存和发展工业、农业、国防、科学技术,改善人民生活所必需的燃料和动力来源。按照来源,能量通常分为四大类:

第一类是来自太阳的能量,除了直接的太阳辐射能外,煤炭、石油、天然气、生物能(生物转化了的太阳能)、水能、风能、海洋能等,都间接来自太阳能;

第二类是以热能形态蕴藏于地球内部的地热能;

第三类是地球上的各种核燃料,即原子核能,它是在原子核发生裂变和聚变反应时释放出来的能量;

第四类是月亮和太阳等天体对地球的吸引力所引起的能量,如潮汐能。

按对环境影响程度,可分为清洁型能源,如水能、风能;污染型能源,如煤炭。

城市是消耗能源的主要区域。能源结构是指能源总生产量和总消费量的构成及比例关系,包括能源的生产结构、能源的消费结构。生产结构是指各种一次性能源,如煤炭、石油、天然气、水能、核能等的产量所占比重;消费结构是指能源消耗量中各种不同途径消耗量的构成。一个城市的能源结构反映该城市生产技术发展水平。

目前我国的一次能源结构以煤炭为主,虽然近年来风电、光伏等可再生能源发展迅速,对天然气的利用也有所增加,但煤炭消费在能源结构中比重依然最高,而高耗能项目主要包括钢铁、煤炭、水泥、电解铝等产业。另外,城市的环境污染与城市能源的消费结构关系更为密切,因为燃料或能源的有效利用系数只有1/3,其余2/3作为污染物排放到环境中。80%的环境污染来自燃料的燃烧过程。

城市中人类生活和城市的运行,离不开能量的流动,而城市生态系统中能量的流动又是以各类能源的消耗与转化为主要特征的。城市生态系统的能量来源不仅仅局限于生物能源(太阳能为主),还包括大量的非生物能源(辅助能),大部分的能量在非生物之间变换与流转,反映在人力制造的各种机械设备的运行之中。随着城市的发展,它的能量、物资供应地区越来越大,从邻近地区到整个国家乃至全世界。

(2)能量流动的基本过程

能量流动是指各种形态的能量在系统内部和与其他系统之间的流动状况。一般来说,城市的能量流是随着物流的流动而逐渐转化和消耗的,它是城市居民赖以生存、城市经济赖以发展的基础。因此,城市生态系统必须不断地从外部输入物质和能量,如输入食物、煤、石油、天然气、水能等,并经过加工、储存、传输、使用、余能综合利用等环节,使能量在城市生态系统中流动。

城市生态系统能量流动的方式和方向主要是由社会经济目的决定的。能量流动一般要经历从自然界→加工转化、便于输送或贮存→做功利用→转移至产品中或投入使用中的过程(图2-21)。

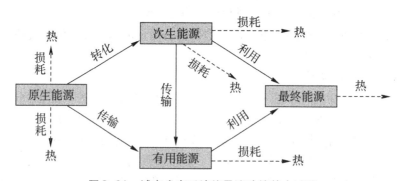

图2-21　城市生态系统能量流动的基本过程

从自然界获取的能源被称为原生能源,其中只有少数可以直接利用,如煤、天然气等,大多数都需要加工转化后才能使用。原生能源一般皆需从城市外调入,其运输量十分惊人。

经过加工或转化,便于输送、贮存和使用的能量形式称为次生能源,其形式较单一,如电力、柴油、液化气等。

有用能源指使用者为了达到使用目的,将次生能源转化为特殊的使用形式,如马达的机械能、炉子的热能、灯的光能等。

最终能源则是能量使用的最终目的,它是存在于产品中或投入所创造的环境中的能量形式。如抽水机把机械能转变为水的势能;炼钢炉把热能转变为钢材内部的分子能;光能最终变为热量耗散掉等。

在原生能源转化为次生能源的过程中(如煤、石油转化为电力、柴油),是最容易产生污染的环节。此外,提高次生能源向有用能源、最终能源传输、流动过程中的传输率、降低损耗,也是减少城市环境污染的有效途径。

在能量流动中,除利用太阳能外,化石能源和其他外来能源的输入是城市生态系统主要能源,各种人工运输设施(如管道和输电线路等)和工具(如机动车等)是城市生态系统能量流动的主要方式。

(3)能量流动的特点

在传递方式上,城市生态系统是通过农业部门、采掘部门、能源生产部门、运输部门等传递能量。能量流动方式要比自然生态系统多。

在能量流运行机制上,城市生态系统的能量流动以人工为主,如一次能源转换成二次能源、有用能源等皆依靠人工。

在能量生产和消费活动过程中,城市生态系统是以热能耗散出去,除造成热污染外,还伴随有一部分物质以"三废"形式排入环境,使城市环境遭受污染。

2. 城市生态系统的物质流

(1)物质来源

城市的物质流高度密集的地方,是物资生产、流通、消费的热点。工业产品、生产所需要的原材料、商品销售都集中在城市。借助于这些流的输入、转移、变化和输出,城市不断地进行着新陈代谢,以保持其生态系统的活力。

城市生态系统物质循环的物质来源有两种:其一为自然性来源,包括日照、空气(风)、水、绿色植物(非人工性)等;其二为人工性来源,包括人工性绿色植物,采矿和能源部门的各种物质,具体为食物、原材料、资材、商品、化石燃料等。

进入城市内的物质主要有建筑材料、生产资料和生活用品三类。在城市生态系统中变动最快、对城市生态系统的功能影响最大的是水、氧气、食物、燃料、建筑材料和纸。其中,水是城市的生命线,也是城市流量最大,速度最快的物质,是食物、原料、传递物质和能量的载体。纸是城市中周转最快、周转量最大的一类物质。建筑材料包括砂、石、砖、瓦、石灰、水泥、沥青、钢筋、木材等是城市中流动量最大的一类物质。氧气的消耗,一部分与生物活动有关,另一部分在使用各种化学燃料为主的有机物质时被消耗。

(2)物质流类型

城市生态系统借助物质的输入、输出、迁移、转化,进行着新陈代谢和与外界的物质交换。物质流是指各项资源、产品、货物、人口、资金等在城市各个区域、各个系统、各个部分之间以及城市与外部之间的反复作用过程。

物质流类型包括自然流(又称资源流)、货物流、人口流和资金流。自然流是自然力推动的物质流,如空气流动、自然水体的流动、地壳物质运动和野生生物运动等。自然流具有数量巨大、状态不稳定、对城市生态环境质量影响大的特征。尤其是其流动速率和强度,更是对城市大气质量和水体质量起着重要的影响作用。货物流,一般认为它是物质流中最复杂的,它不是简单的输入与输出,其中还经过生产(形态、功能的转变)、消耗、累积及排放废弃物等过程。

每个城市每天都要从外界输入大量的粮食、水、原料、劳动资料等,同时又要向外界输出大量产品和"三废"物质等,已成为很严峻的城市问题。

废弃物质流指城市各种生产性废物和生活性废物的流动,如城市污水流入河流、城市废气排放大气环境、污染物沿生物食物链转移等。随着城市社会经济的发展以及城市居民消费的增加,城市废弃物增长迅速。城市的废弃物对城市的生态环境造成了重大威胁。近年来,我国城市的建设已经注意到废弃物质流的影响,开始了废物的回收处理。因此,在进行城市生态建设时,要充分考虑对可重复利用的资源进行回收利用,依据循环经济的思想,将生产、流通、消费、回收及环境保护纵向结合,谋求建立资源的高效利用和有害废弃物少排放的废物流网络。

城市物质流的传送方式,或借助于各种交通及传递工具运送,或由人或动物运送,也可以借助于流体移动。其中,建筑材料、生活用品和食品是主要物质输送形态,交通和管道等是物质流动的主要方式。

不同规模、不同性质的城市其物质输入输出的规模、性质、代谢水平不同,如工业城市输入以原材料、能源资源为主,输出以加工产品为主;风景旅游城市输入以消费品为主,输出以废弃物垃圾为主。

城市物质流的输入输出收支平衡非常重要。凡输入等于或略大于输出的城市,其规模和内部积蓄量变动较小,维持着相对的动态平衡;输入比输出大得多的城市是发展型的城市;输入比输出小得多的城市,是整体已开始衰落的城市。

(3)物质流的特点

1)城市生态系统所需物质对外界有依赖性 绝大多数城市都缺乏维持城市的各种物质,皆需从城市外部输入城市生产、生活活动所需的各类物质,离开了外部输入的物质,城市将立即陷入困境。

2)城市生态系统物质既有输入又有输出 城市生态系统在输入大量物质满足城市生产和生活的需求的同时,也输出大量的物质。

3)生产性物质远远大于生活性物质 这是由于城市的最基本的特点是经济集聚(生产集聚),城市首先是一个生产集聚的区域所决定的。

4)城市生态系统的物质流缺乏循环 城市生态系统中分解者的作用微乎其微,数量也很少,再加上物质循环中产生的废物数量巨大,故城市生态系统中废物难以分解、还原。物质被反复利用,周而复始地循环(利用)的比例是相当小的。

5)物质循环在人为状态下进行 城市生态系统的物质循环皆在人为状态下进行。人们为了增加产品种类,提高生产效率,满足物质享受,使得城市生态系统的物质循环受到了很大影响。

6)物质循环过程中产生大量废物 由于科学技术的限制以及人们认识的局限,城市生态系统物质利用的不彻底性导致了物质循环的不彻底,物质循环的不彻底又导致了物质循环过程中产生大量废物。

3.城市生态系统的信息流

(1)概念与特征

生态系统区别于一般物理系统的一个显著特征是其内部有连续的信息积累。城市不只是一个进行物质能量交换的物理实体,更是一个有着自我调节、自我学习、自我组织功能的信息集合体。城市从其诞生那天起,就靠城市中人的活动去获取、加工、储存和传递信息,去建立城市各个部分之间以及城市和外部系统之间的联系,从而组织起城市复杂的生产和生活活动来。可以说,城市是人类社会中信息最密集的场所,城市中最本质的流是信息流。

信息流是人对城市生态系统的各种"流"的状态的认识、加工、传递和控制的过程。城市生态系统的任何运动都要产生一定的信息,如属于自然信息的水文信息、气候信息、地质信息、生物信息、环境质量信息及物理信息、化学信息等;属于经济信息的新产品信息、价格信息、市场信息、金融信息、劳动力和人才信息、国际贸易信息等。

对于城市生态系统来说,信息流输入时是分散、无序的,输出时是经过加工、集中、有序的信息。信息流也是附于物质流中的,其载体有手机、电视、计算机、报纸、视频、电台、书刊、电话、照片等,具体通过文字、语言、音像、思维及感觉来传播的,包括听、读、看等被动式的传播途径及想、问、写等主动式的传播途径。

信息流具有客观性、普遍性、无限性、动态性、依附性、计量性、变换性、传递性、系统性、转化性等多种特征。

一个城市信息的流量反映了城市的发展水平和现代化程度。人类社会的每一项重大变革,都是社会性技术或信息取得重大突破的结果。

(2)智慧城市

智慧城市是作为数字时代技术赋能型城市发展的新模式、新趋势。随着信息技术与城市发展的融合,智慧城市应运而生。2008 年,IBM 公司提出了智慧地球方案,智慧城市概念引起了热烈反响。该方案指出,全球的基础结构正在迈向智慧化的发展历程,互联网的平台让可感应、可度量的信息资源互联互通,从而实现城市、产业的智能发展。此后,智慧城市在国际上引起广泛关注和建设热潮。

所谓智慧城市,指综合运用现代科学技术整合信息资源,统筹业务应用系统,优化城市规划、建设和管理的新模式,是一种新的城市管理生态系统。具体来说,就是运用信息和通信技术手段感测、分析、整合城市运行核心系统的各项关键信息,从而对包括民生、环保、公共安全、城市服务、工商业活动在内的各种需求做出智能响应。

从技术发展的视角,智慧城市建设要求通过以移动技术为代表的物联网、云计算等新一代信息技术应用实现全面感知、泛在互联、普适计算与融合应用。

智慧城市在我国被认为是推动新型城镇化、提升城市综合竞争力的重要举措。近年来,我国智慧城市建设进程速度非常快,如北京市、上海市、广州市、深圳市、佛山市、武汉市、宁波市等,已成为国内智慧城市建设的典范。

智慧城市的实质是综合利用各类信息技术和硬件产品,以"数字化、智能化、协同化、互动化、融合化"为主要特征,优化和提升城市的运行效率,实现人们的生活更加便利、环境更加友好、资源能够更加合理地利用的可持续发展城市。

4.城市生态系统的人口流

人口流可以说是一种特殊的物质流动,包括人口在时间和空间上的变化。前者即人口的自然增长和机械增长,后者是反映城市与外部之间人口流动中的过往人流、迁移人流以及城市内部人口流动的交通流动。

密集的人口流是城市生态系统功能的重要动态表现。城市人口空间流动的主要表现形式是交通流。人口流的结构和动态随城市性质、城市吸引力和时间而变化。政治中心城市以行政、外交、公务人员的出差、开会等流动为主,经济中心城市以经营管理人员的业务往来为主,旅游文化城市以游客的观光游览为主,而交通中心城市则以过往旅客的中转逗留为主。此外,城市生态系统中的人口流还指城市系统内部人口的流动,即城市人口在城市之间的位移所形成的"流"。

城市生态系统密集的人口流给系统带来了正效应,如城市的人才劳力流,它是使一个城市生态系统富有生机的主导因素。但过度密集的人口流也给城市生态系统带来了一系列的城市生态问题,如交通拥挤、住房紧张、环境污染、生态破坏等。

三、城市生态环境问题

(一)城市化及其生态效应

1.城市化

城市化(urbanization)是由传统的农业社会向现代城市社会发展的自然历史过程。它表现为人口向城市的集中,城市数量的增加、规模的扩大以及城市现代化水平的提高,使社会经济结构发生根本性变革并获得巨大发展的空间。

城市化是不可避免的全球进程。20世纪90年代以来,我国进入快速城市化阶段,至2021年,中国城市化率接近65%,而世界上发达国家城镇化率均超过80%,并趋于稳定。当前,我国城市建设正在由过去大规模的增量建设,向存量提质改造和增量结构调整并重进行转变。

城市化是社会经济发展的必然结果,是社会进步的表现,是一个国家社会经济发展水平的体现。城市化使得土地资源被高效利用,节省了土地资源;可以将城市功能集中设置,大量聚集人口,提升区域消费力;大量吸收农村剩余人口,创造出了比较多的就业机会;使原有的(落后的)产业结构得到改善,从而促进发展,提高了城市竞争力;工业的集中化,也提高了工业生产的效率;人口急剧增多促使交通集中化,提高了人们的出行效率。

然而,任何事物都有两面性。在城市化过程中,它在促进区域发展与进步的同时,也产生了一些不容忽视的负面效应和矛盾问题。城市化的集聚效应所造成的城市人口的持续增长和高度集中,迫使人类强烈干预自然环境,使其发生剧烈的变化。人口高度密集和经济活动强度剧增使城市面临资源耗竭、环境污染和生态破坏等问题,同时由于基础设施水平和管理决策水平落后导致城市布局混乱、交通拥挤、住房紧张、用地困难等"城市病"现象。

2.生态效应

城市作为人类聚集地的一种形式,是以居民活动为中心的社会-经济-自然复合生态系统。城市化过程通过直接或间接地改变地面形态及原本自然的生物地球化学过程,使生态系统的结构、过程和功能受到影响或发生不可逆转的变化。

纵观我国城市化发展历程、现状和态势,不可避免地对资源与生态环境造成巨大影响,同时也面临能源和自然资源的超常规利用以及生态环境恶化带来的压力和制约。其

园林生态规划设计方法与应用

特征表现为:耕地资源流失过速,城市水资源稀缺程度加剧,能源供需平衡压力日益增大,城市环境污染严重,生态恶化明显、城市地区的生态占用不断增加,需要的生态支撑面积越来越大。

生态效应指人为活动造成的环境污染和环境破坏引起生态系统结构和功能的变化。城市化是一种强烈的地表人类活动过程,对资源及生态环境可能产生剧烈影响,城市化带来了显著的生态效应。

一般认为,城市化带来的生态环境效应表现为改变了城市区域生物地球化学循环,排放大量温室气体,造成严重环境污染;改变气候特征,出现"热岛"效应;改变下垫面景观结构特征,水分循环系统发生变化;以及生物多样性降低和外来物种入侵等。

城市的发展依赖于良好的自然环境,同时也深刻地影响着自然环境。现在城市面临的许多生态环境问题都与忽视自然的作用有关。在城市生态系统中,人和自然都是重要的组分,都在发挥着重要作用,共同维持和调控各种生态过程和功能,为城市生活的人们提供各种服务。

(二)城市生态环境问题

城市是社会生产力发展到一定阶段的产物,是人类创造出来的人工生态系统。城市人口密集,建筑密集,生产力高度发展,汇集着大量的物质和财富,交换着大量的商品和信息,这里有大量的物质和能量在流动,又有大量的废弃物排泄到环境,因而城市是人与自然矛盾最突出的地方。

以人类活动为中心的城市化过程就是人们对自然资源和环境条件利用与改造的过程,在一定技术水平制约下,人们对其生产规模和生活质量过高的追求往往导致人地关系的不协调,也就是通常被称为生态环境问题。

1. 自然生境遭到破坏,生物多样性低

首先,人类生存空间的扩展侵占了野生动植物的生存空间。由于城市的快速发展建设,原有的森林、湿地、草原等自然环境不断被开发利用建设成工厂、住宅、广场、车站、机场等,自然环境中的植被被不断地砍伐、清除,代之以不透水铺装和建筑物,造成了自然生境面积急剧缩小,使得野生动植物的生存空间狭窄,城市内的原有的生物栖息地的丧失和破碎化。其次,城市水、土、大气等环境污染以及热岛效应、干岛效应等现象也对城市生物多样性造成了多种不良影响,出现了本地物种多样性降低、外来物种多样性增加、物种同质化、分布均质化等一系列问题。

2. 大气污染严重,灾害天气增多

城市由于人口密集、工业和交通发达,消耗了大量的石化燃料,并产生了烟尘和各种有害气体,以至于城市内污染源过于集中,污染量大而又复杂。加上城市高密度的建筑群以及特殊的城市气候,往往使城市大气环境的污染状况更为复杂和严重。大气环境质量主要受地面扬尘和沙尘、机动车尾气排放、工业企业废气排放、能源消耗等影响,主要污染物是颗粒物、氮氧化物、二氧化硫等,容易引发雾霾、酸雨等次生灾害。研究发现,相比其他污染问题而言,大气污染更容易直接影响和伤害城市居民的身体健康。

近年来,随着城市化发展,城市的气象灾害也日趋严重。城市化最为直接的物理表

现就是土地覆盖的变化,各种人工构筑物的扩展改变了城市下垫面的构成和功能,进而影响城市物理环境和陆表生态过程,导致城市热岛效应、温室效应、干岛效应以及洪涝灾害等。

3. 水污染普遍,水资源短缺

水是城市存在的基本条件。据统计数据可知,我国目前1/3的河流、3/4的湖泊、1/4的沿海水域的水质都偏差,并且这些水域都在我国城市周边,对城市的地下水造成严重威胁。污染主要有工厂排放的污水、生活污水、垃圾污染以及农业上化肥、杀虫剂、除草剂的大量使用,而污水排到河流中污染了地表水。其中,工业污水严重污染江河、湖泊和地下水,尤其是以金属原材料、化工、造纸等行业的废水污染最为严重。我国城市及其附近河流以有机污染为主,主要污染指标是石油类、高锰酸盐指数和氨氮。

淡水资源是地球有限的不可再生资源。近年来,工业用水和生活用水的数量逐年加大,再加上水体的污染,最终导致了城市水资源的紧缺,水资源已经成为制约城市发展的主要因素。目前,全国2/3的城市都面临着缺水的困境,1/6的城市遭受着严重缺水的困扰,特别是西北地区尤为严重,部分城市长年缺水。一般自然供水很难解决,城市的淡水资源主要受地区降水量和地表江河过境径流量影响。不少城市水资源开采量已远远地超过了可供水量,而过度开采地下水又会造成地面沉陷,诱发地震灾害,影响经济的发展和人们生活水平的提高。

4. 土壤退化,土地资源浪费

土壤(地)退化是指土壤数量减少和质量降低。数量减少表现为表土丧失或整个土体毁坏或被非法占用;质量降低表现为化学生物方面的质量下降。人为因素是加剧土壤退化的根本原因。在遭受强烈人为扰动和重新堆积后,造成城市土壤的原有性状被破坏,调节功能衰退,土壤生物多样性减少,成分复杂,侵入体多,土壤生产力下降及土壤荒漠化、干旱化、板结化、酸化、盐碱化、养分亏缺与失衡等一系列的退化现象。同时城市内大量污染物未经处理直接排放,造成土壤污染、土质下降。

城市废弃地是一种因人类及自然因子的严重干扰,生态环境发生巨大改变,生态系统的组成与结构发生了急剧变化的退化生态系统。废弃地是一种极度退化的生态系统,有闲置废弃地、低效利用地、污染废弃地、退化废弃地,还可以分为工程建设废弃地、矿业废弃地、地质灾害废弃地、垃圾堆积场。例如,随着城市不断地扩张,原先存在于城市外围的工业厂房逐渐成为城市进一步发展的障碍。近年来,中国城市生活垃圾数量有了大幅度增长,对于全国绝大多数城市来说,已经建成的垃圾填埋场,就要被填满,即将关闭封场。

城市废弃地作为阻碍城市绿色发展的关键因素之一,对我国生态环境、土地资源、城市空间肌理等多方面均产生较大程度的破坏与浪费。

5. 城市绿地不足,生态系统服务功能下降

城市绿地是城市生态系统的重要组成部分。受城市人类活动和工业聚集的影响,城市规模不断扩大,建设用地不断增加,城市绿化、休闲娱乐用地严重不足。城市绿地的多种环境功能正在逐步丧失,已经成为尖锐的环境新问题。

城市绿地具有改造环境的功能,可以降温增湿,以改善城市小气候环境和减弱温室

效应,保持水土和改良土壤,吸收二氧化碳和平衡城市空气的碳与氧,净化空气和消减噪声,保护生物多样性等。但城市化过程的快速推进,导致大量植被、绿地被占用和破坏,绿地数量减少、绿化覆盖率低,质量下降、生态功能蜕化,严重影响了城市生态环境质量,降低了城市生态承载力和环境容量。

四、生态城市建设

(一)城市生态调控

城市是由社会、经济和自然三个子系统构成的复合生态系统,一个符合生态规律的生态城市应该是结构合理、功能高效和关系协调的城市生态系统。所谓结构合理是指适度的人口密度、良好的环境质量、充足的绿地系统、完善的基础设施、有效的自然保护;功能高效是指资源的优化配置、物力的经济投入、物流的畅通有序、信息的快速便捷;关系协调是指人和自然协调、社会关系协调、资源利用和资源更新协调以及环境承载力协调。

城市生态环境问题的产生与存在是人类社会与自然环境间关系失调的结果,其生态学实质是城市生态系统的结构、过程和功能的失调,通常表现为资源利用效率低下,系统关系的不和谐,系统自我调节能力低下。因此,人类应当研究城市生态系统的特征及规律,运用科学的理念,防止城市生态系统失调,建立新的生态平衡,创造出良好的人居环境。

城市生态调控就是依照生态学原理、社会经济学原理和管理学原理,依据复合生态系统理论、充分应用现代科学技术对城市的生态结构和生态过程进行合理的调控,增强城市的生态调节功能,包括资源的持续供给能力、环境的持续容纳能力、自然的持续缓冲能力及人类社会的自组织与调节能力,促进城市生态系统的良性循环,以达到经济效益和生态效益的统一,实现城市的生态平衡和城市建设与发展的可持续性。

生态环境调控的目的是要将人类聚居地建成一个高效、有序、和谐的社会-经济-自然复合生态系统,使其内部物质代谢、能量流动和信息的传递关系形成一个环环相扣的网络,使物质和能量达到多层分级利用,废物循环再生,各部门、各行业之间形成发达的共生关系。系统的功能、机构充分协调,系统能量损失最小,物质利用率最高,经济效益最好。

1.调控原则

(1)循环再生原则

生物圈中的物质是有限的,原料、产品和废物的多重利用和循环再生是生态系统长期生存并不断发展的基本对策。只有将城市生态系统中各条"食物链"接成环,在城市废物和资源之间、内部和外部之间搭起桥梁,建立生态工艺、生态工厂、废品处理厂等,把废物变为能够被再次利用的资源,才能提高城市的资源利用效率,改善城市环境。

(2)协调共生原则

城市生态系统中各子系统之间、各元素之间是互相联系、互相依存的,在调控中要保证它们的共生关系,达到综合平衡。共生可以节约能源、资源和运输,带来更高的效益。如采煤和火力电厂的配置、公共交通网的配置等。

（3）持续再生原则

城市生态系统是一个自组织系统，在一定的生态阈值范围内，系统具有自我调节和自我维持稳定的机制，其演替的目标在于整体功能的完善，而不是局部组分结构的增长。城市自我调节能力的高低取决于它能否真正像生命有机体一样控制其部分组分的不适当增长，以和谐地为整体功能服务。

（4）保持和扩大多样性原则

生物多样性的价值是巨大的，是人类赖以生存的基础，它提供着人类基本所需的全部食品、许多药物和工业原料。保持和扩大多样性，通常是指区域或城市对生物多样性的持续需求。生物多样性是维持城市生态系统平衡的必要条件，某些物种的消亡可能引起整个系统的失衡，甚至崩溃。

（5）最小风险原则

城市人口密集给社会带来高效益的同时，也给人类生产生活的进一步发展带来风险。要使经济持续发展，生活稳步上升，城市生态系统必须采取自然生态系统的最小风险对策，即各项人类活动应处于上下限风险值相距最远的位置，使城市发展机会更大。

（6）废物最小化原则

降低资源损耗，减少城市人群生产、生活产生的废物，不产生或少产生固体废物，使需要贮存、运输和处理处置的固体废物数量降低到最少的程度。注意节约和加强物资循环利用，通过各种方法从固体废物中回收有用组分和能源，加速资源循环，保护环境。而且综合利用固体废物，可以收到良好的经济效益和环境效益。

2. 调控途径

城市生态调控的核心就是充分发挥人的主导作用，通过各种手段来优化各类生态关系，实现经济与环境的协调和人与自然的和谐发展。城市的生态调控主要包括三条途径：

（1）生态工艺的设计与改造

根据自然生态最优化原理设计和改造城市工农业生产和生活系统的工艺流程，疏浚物质、能量流通渠道，开拓未被有效占用的生态位，以提高系统的经济、生态效益。其基本内容包括能源结构的改造，生物资源的利用，物质循环与再生，共生结构的设计，资源开发管理对策，化学生态工艺以及景观生态设计等。

（2）共生关系的规划与协调

运用系统科学方法、计算机工具和专家的经验知识，对城市生态系统的结构与功能、优势与劣势、问题与潜力，进行辨识、模拟和调控，为城市规划、建设和管理提供决策支持。生态规划的最终目标是要调整、改革城市管理体制，增强和完善城市共生功能并改善城市决策手段，建立灵活有效的决策支持系统。

（3）生态意识的普及与增强

城市系统受人的行为所支配，而人的行为又受其观念、意识所支配。因此，在城市管理部门及市民中普及和增强生态意识，包括系统意识、资源意识、环境意识和持续发展的意识等，倡导生态哲学和生态美学，克服决策、经营及管理行为的短期性、盲目性、片面性及主观性，从根本上提高城市的自组织、自调节能力，是城市生态调控最迫切、最重要的一环。

（二）生态城市建设

1. 生态城市概念

生态城市的提出是人类从工业文明向生态文明转化的产物，也是人类的生态意识由生态失落向生态觉醒转变的标志。

20世纪初，美国芝加哥学派的创始人帕克教授在《城市》中明确提出城市研究的人类生态学方向后，学者们开始着手研究城市生态学。1971年，联合国教科文组织（UNESCO）在"人与生物圈（MAB）"计划中提出了"生态城市"的概念。这一崭新的城市概念和发展模式一经提出，就受到全球的广泛关注和认可。

生态城的"生态"，包括人与自然环境的协调关系以及人与社会环境的协调关系两层含义；生态城的"城"指的是一个自组织、自调节的共生系统，是自然、城、人形成的共生共荣的有机整体。因此，生态城市是与生态文明相适应的人类社会生活新的空间组织形式，即为一定地域空间内人-自然系统和谐、持续发展的人类住区，是人类住区发展的高级阶段和模式。

特别是1992年联合国环境与发展大会后，可持续发展思想的提出，使以可持续发展为基本特征和目标的生态城市得到了世界各国的普遍关注和接受。目前世界上许多城市，如华盛顿、法兰克福、墨西哥、东京、首尔、罗马、莫斯科以及我国的天津、北京、长沙都开展了生态城市的研究。

2. 生态城市建设

生态城市是从生态系统的角度综合看待城市，它不仅反映了人类谋求自身发展的意愿，更重要的是它体现了人类对人与自然关系的规律更加丰富的认识。

生态城市建设是一种渐进、有序的系统发育和功能完善过程，是在对城市环境质量变异规律的深化认识的基础上，有计划、有系统、有组织地安排城市人类今后相当长的一段时间内活动的强度、广度和深度的行为。

1984年，联合国在其"人与生物圈（MAB）"报告中提出了生态城规划的5项原则：生态保护战略（包括自然保护，动植物区系及资源保护和污染防治）；生态基础设施，即自然景观和腹地对城市的持久支持能力；居民的生活标准；文化历史的保护；将自然融入城市。

随着生态城市建设不断地兴起，各国对城市生态建设的模式进行了实践探索并取得了不错的成绩。自20世纪70年代以来，美国、巴西、新西兰等一些国家的城市已经成功地建设了生态城市，大致是从土地的利用效率、交通的运输方式、社区管理方法、城市绿化以及原生化这几方面进行规划和管理，为其他正在建设生态城市的国家提供了宝贵的经验。

我国对生态城市的建设起步相对较晚。20世纪80年代，我国学术界引进了城市生态化理念，引起了国内学者的广泛关注。1988年，江西宜春市成为我国第一个生态城市建设试点城市。到20世纪90年代，由环保部组织实施的国家生态示范区试点开始进行建设。1999年，海南率先获得国家批准建设生态省。到目前为止，我国涵盖省、市、县的1000多个地区开展了生态建设，并取得了优化区域生态人居环境的显著成效。

3. 低碳生态城市

低碳生态城市产生的背景是全球气候变暖。低碳生态城市正成为城市转型发展的全球共识和时代主题。

2003年,英国的能源白皮书《我们能源的未来:创建低碳经济》中提出了"低碳经济"概念。在2009年8月的《中国低碳生态城市发展战略》中则正式提出了"低碳生态城市"概念,即低碳生态城市是以低能耗、低污染、低排放为标志的节能、环保型城市,是一种强调生态环境综合平衡的全新城市发展模式,是建立在人类对人与自然关系更深刻认识的基础上,以降低温室气体排放为主要目的而建立起的高效、和谐、健康、可持续发展的人类聚居环境。

"低碳生态城市"是一个复合型概念,融合了"生态城市"和"低碳城市"的内涵,可以理解为低碳型生态城市。低碳生态城市是生态城市发展理念和低碳经济发展模式相融合而形成的新型城市建设推动的新型形态,是城市发展过程中不能缺少的一个重要阶段。"生态城市"以循环经济为核心,强调城市与自然环境的共生,二者的切入点有所差异;"低碳城市"主要从"减碳"的角度考虑城市建设,强调城市建设空间的紧凑性和复合性。

目前低碳城市建设在全球范围内广泛展开。伦敦、东京、纽约等世界级城市先后提出低碳城市建设目标并制订相关规划或行动计划。国外低碳城市实践要点主要集中在能源、建筑、交通三大领域,且注重综合型低碳城市建设并大都根据其自身资源禀赋及其社会发展和城市化阶段制定了较为有效的低碳发展模式和策略。

我国作为"世界工厂",产业链日渐完善,国产制造加工能力与日俱增,同时碳排放量加速攀升。2008年初,国家建设部与世界自然基金会(WWF)在中国大陆以上海和保定两市为试点联合推出"低碳城市"。国家发改委2010年发布了《关于开展低碳省区和低碳城市试点工作的通知》,开展低碳试点城市建设,目前第三批试点正在进行。

为进一步推进低碳生态城市发展建设,2021年的两会,中国提出了碳达峰、碳中和目标。碳达峰是指我国承诺2030年前,CO_2的排放不再增长,达到峰值之后逐步降低;碳中和是指企业、团体或个人测算在一定时间内直接或间接产生的温室气体排放总量,然后通过植物造树造林、节能减排等形式,抵消自身产生的CO_2排放量,实现CO_2"零排放"。可以说,"双碳"发展已经成为我国践行绿色生态目标的基本战略,为生态城市建设提出了具体的节能减排目标。

第三章　园林生态规划方法与应用

第一节　园林生态规划概述

一、园林生态规划概念

（一）生态规划

1. 概念演化

生态规划的产生可追溯到 19 世纪末,从产生、发展到逐步走上成熟,已经历了 100 多年,其发展过程正好反映了这 100 年间人类对自然认识的转变。在漫长的发展过程中,大量学者、机构从不同角度对其概念进行了研究及阐述。

（1）萌芽期

19 世纪中叶,一些学者在不断反思的过程中,逐渐认识到自然保护的重要性和景观的价值,提出了景观、生态是一个自然的系统,并开始了生态规划的初步尝试。早期的生态规划多集中在农业景观规划和城市景观规划。例如,马什于 1864 年首先提出了合理规划人类活动,使之与自然协调而不是破坏自然。1898 年,英国城市规划师霍华德提出了"田园城市运动"。

（2）形成期

20 世纪初至中叶,出现了大量涉及开放空间系统、城市公园及国家公园的规划设计,生态思想渗透到规划领域,为规划注入了活力。例如,1915 年,格迪斯在《进化中的城市》一书中指出应根据地域自然环境的潜力与制约因素来制定规划方案。

在当时的生态学规划工作者及其他社会科学家已经自觉或不自觉地开始运用生态学原理,对生态规划的指导思想、方法以及规划的实施途径等方面进行了探讨。这些著作开创了生态规划的新思想,标志着生态规划的产生和形成。

（3）成熟期

20 世纪中期,随着工业化和城市化的飞速进展,人们对自然界的干扰不断加剧,致使生态系统功能失调,引起了一系列全球性的生态环境问题;另一方面,遥感和计算机等新技术在研究和规划中得到初步应用,促进了生态规划的迅速发展。

1960 年,美国宾夕法尼亚大学的麦克哈格首先提出了地域生态规划。在他具有划时代意义的著作 *Design With Nature* 中,系统地阐述了生态规划的思想,得到了许多生态学家和城市规划学者的认可。这一模式突出各项土地利用的生态适宜性和自然资源的固有属性,重视人类对自然的影响,强调人类、生物和环境三者之间的伙伴关系。

20世纪70年代以后,景观生态学蓬勃发展起来,它以生态学理论框架为依托,吸收现代地理学和系统科学之所长,研究景观和区域尺度的资源、环境经营与管理问题,具有综合整体性和宏观区域性特色。后期,景观生态学逐渐与生态规划相结合,成为大尺度土地利用、资源管理以及野生动物保护的有力工具,并取得了较大的生态、经济和社会效益。

2. 生态规划的主要内容

随着人类科学技术水平发展,人类对自然系统的影响日益扩大,其中,城乡空间成为人地矛盾最为集中的区域,也毋庸置疑地成为生态规划研究的重点关注区域。通过梳理以往生态规划概念,可以认为,生态规划是应用生态学的基本原理,根据经济、社会、自然等方面的信息,从宏观、综合的角度,参与国家和区域发展战略中长期发展规划的研究和决策,并提出合理开发战略和开发层次,以及相应的土地及资源利用、生态建设和环境保护措施。从整体效益上,使人口、经济、资源、环境关系相协调,并创造一个适合人类舒适和谐的可持续的生存环境。在方法论上,生态规划主要是运用现代生态学理论与方法,以及地理信息系统技术。

生态规划是一个概念范畴,土地生态规划、城市生态规划、园林生态规划和环境生态规划等与生态规划相关的规划都源于"生态规划",或可视为"生态规划"的一种类型或组成部分,相互之间各有侧重。

生态规划具有以人为本、以资源环境承载力为前提、系统开放、优势互补、高效、和谐、可持续的特点和科学内涵,主要遵循整体优化及功能高效原则、协调共生原则、生态平衡原则、区域分异原则、趋适开拓原则、高效和谐原则、保护生物多样性原则和综合性原则。

生态规划主要包括以下内容:

(1)根据生态适宜度,制定区域经济战略方针,确定相宜的产业结构,进行合理布局,以避免因土地利用不适宜和布局不合理而造成的生态环境问题。

(2)根据土地承载力或环境容量的评价结果,搞好区域生态区划、人口适宜容量、环境污染防治规划和资源利用规划等,提出不同功能区的产业布局以及人口密度、建筑密度、容积率和基础设施密度限值。

(3)根据区域气候特点和人类生存对环境质量的要求,搞好林业生态工程、城乡园林绿化布局、水域生态保护等规划设计,提出各类生态功能区内森林与绿地面积、群落结构和类型方案。

3. 生态规划在我国的发展

20世纪80年代,生态规划的概念引入我国。经历了从延续西方生态规划及相关学科研究到探索适合我国的生态规划理论、技术途径,其研究历程大致可分为3个时期,即研究探索期、融合发展期和繁荣发展期(表3-1)。

依据学科发展的演变,生态规划研究经历了"从单一学科到多学科,再到多学科交叉"的过程,生态规划的属性与定位相应则经历了"从物质空间规划到非物质空间的关系协调性规划,再到二者结合"的过程,规划目标也从单一的解决生态关系协调、空间布局优化,到经济、人口、资源、环境等诸方面,与国民经济发展和生态环境保护、资源合理开发利用紧密结合起来。

表 3-1　生态规划不同时期研究侧重点、主要内容及观点

研究时期	时间	研究侧重点	主要内容及观点
研究探索期	1980—1997 年	复合生态系统	提出了城市生态规划的概念,目的是保持生态系统的良性循环,是一种关系协调性规划
		土地利用	生态规划是以生态学为基础的土地利用规划
		城市规划	生态规划是遵循生态学原理和国土规划指导的一种规划方法
融合发展期	1998—2005 年	景观生态学	提出以景观生态学原理优化土地利用格局
		城市规划方法	城市规划学科及工作实践应考虑生态学原理的渗透融合,适时从生态学的角度考虑城市发展战略
		城市环境	从环境科学的角度提出生态城市建设中的生态建设对策
		城市空间	城乡空间下的生态规划是城市规划学科日趋生态化发展的必然产物
繁荣发展期	2006 年至今	城市生态规划	探讨中国城市生态规划发展的特点及研究重点
		城市规划理论体系	城市规划的生态化是生态规划与城市规划融合的基本途径
		区域景观规划	区域景观规划中生态规划决策框架的构建
		景观生态规划	紧密结合中国生态环境面临的实际问题,以景观生态学重点研究方向为切入点研究服务于国民经济发展和国土生态安全的规划方法

资料来源:韩挺,徐娉,丁禹元.城乡空间视角下的生态规划发展研究:概念演化、特征与趋势[J].城市住宅,2021,28(9):127-129.

迄今为止,我国的生态规划在理论、方法和实践方面都取得了一系列成效。在理论方面,我国的马世骏、王如松提出了复合生态系统理论,黄光宇提出了生态城市规划复合系统原则,王如松提出了共轭生态规划与泛目标生态规划,俞孔坚提出了"反规划"等理念等。规划技术则从简单的适应性分析等技术向遥感、GIS、复杂模型和计算机模拟等更高级技术发展,规划方法更加多样,规划内容也向综合、完整的巨系统发展。

实践方面,近年来,我国陆续出现了包括中新天津生态城规划、上海市生态空间专项规划、黄河流域生态环境保护规划、青藏高原生态屏障区生态保护和修复重大工程建设规划等具有代表性的生态规划实践。住建部、生态环境部也先后出台了一系列有关生态规划的技术标准。

(二)园林生态规划

1. 风景园林规划

风景园林规划是一门集自然、艺术、人文、工程、社会、人类领域科学的基础性理论知

识于一身的学科和专业,具有多学科交叉、跨界、协同的特性。随着城市发展、人们生活水平的提高,现代园林也在不断发展。传统风景园林规划主要注重地形、植物、建筑、水体,然而现代风景园林规划又加入了生态保护、城市微气候、人文历史等因素,叠加了社会、经济、环境三方面的功能。

当前,生态文明建设和国土区域空间规划的时代背景下,大地景观规划与生态恢复成为时代赋予风景园林规划的重要历史使命,具有系统考虑发展、土地利用、景观环境和景观格局的特点,是结合资源保护利用、城乡建设、景观环境保护为一体的规划体系。风景园林规划具有显著的实践性,往往依托自然条件,运用绿地、山水等资源进行系统规划,如绿道网络规划、生态安全格局构建、自然保护地体系规划、流域生态修复、风景区生态旅游规划设计等。

2. 园林生态规划

生态规划理念的本质是合理地协调人口、资源以及环境等因素,目的是实现人与自然的和谐相处,从而提高人们的生活环境与生活质量。当前,全球经济在不断发展,资源在不断消耗,生态资源也不断破坏。而生态学的最根本作用是合理地分配各种生态资源,提高生态资源的利用率,营造人与自然和谐相处的和谐环境。因此,将生态学应用于风景园林规划设计中,可以最大程度地保障自然资源,促进自然资源的合理利用和可持续发展,让园林规划设计实现生态效能、经济效能、社会效能。

园林生态规划是指运用生态学原理,以区域园林生态系统的整体优化为基本目标,在园林生态分析、综合评价的基础上,建立园林生态系统的优化空间结构和模式,最终的目标是建立一个结构合理、功能完善、可持续发展的园林生态系统。园林生态规划是帮助人类、建筑物、社区与自然环境和谐共处,其本质就是一种系统认识和重新安排人与环境关系的复合生态系统规划。

园林生态规划的主要内容在不同尺度上具有差异。在宏观层面,从城市自然环境、空间要素、用地功能等不同的角度指导园林生态绿地的空间布局;在中观层面,为城市绿地建设提供规划指引,例如城市绿地指标体系建设、公园绿地规划、生态廊道规划、湿地系统规划、生物多样性保护规划等;在微观层面,较为关注保护现有生态系统、园林植物的合理搭配、水资源利用、重视土壤修复等。

比较生态规划与园林生态规划,二者既有差异也有共同点。生态规划强调大、中尺度的生态要素的分析和评价的重要性,如城市生态规划;而园林生态规划则以在某个区域生态特征的基础上的园林配置为主要目标,如对城市公园绿地、广场、居住区、道路系统、主题公园、生态公园等的规划。

园林生态规划的方法一直受到相关行业的广泛关注,并被深入研究。总体来说,经历了一个从自然生态到人文生态再到整体人文生态系统的发展过程。早期的规划方法只考虑自然生态因素,后期则同时考虑人文生态因素,后者更加注重解决如何使人与自然和谐共处的问题,而不是将生态规划与人的活动隔离。并且,多数园林生态规划方法的发展不是孤立的,各方法之间是一个相互交错发展的关系。有些方法的本质思想类似,如生态网络、绿道网络、绿色基础设施等,但是各个方法在发展过程中的侧重点不一样,解决的问题也有所区别。在园林生态规划方法的发展过程中,多数方法都是实践案例先于理论的产生,都是规划实践者经过一定案例的积累逐渐建立比较完善的方法体系,再反过来指导实践。

二、规划原则

1. 保护自然原则

园林生态规划理念应当秉承保护自然原则,尊重自然,保护环境,尽量维护原本生态系统的完整性。例如,应尽可能地保护本地区的生物多样性,保护城市中具有地带性特征的植物群落,包括有丰富乡土植物和野生动植物栖息的荒废地、湿地、自然河川、低洼地、盐碱地、沙地等生态脆弱地带,保护乡土树种及稳定区域性植物群落组成,保护野生草花与杂草,保护湿地生态系统等。

在进行各类生态空间的布局时,需要与当地原有的地形地貌、水体和生态群落等元素相协调,利用原有的自然地形特点和现有人工设施重塑新的景观格局,减少对当地生态环境的破坏,达到人与自然和谐相处的目的。

2. 可持续性原则

自然的资源是有限的,由于人类的过分开采、浪费现象频繁出现,地球资源日趋减少,资源的供应量已不能满足社会不断发展的需求。因此,园林生态规划应强调可持续发展,贯彻落实长远发展的理念。一方面,保护不可再生资源,尽可能减少包括能源、土地、水以及生物资源的使用,提高使用效率;另一方面,高效利用能源,充分利用和循环利用资源,尽可能减少包括能源、土地、水、生物资源的使用和消耗,提倡利用废弃的土地、原材料(包括植被、土壤、砖石等)服务于新的功能,循环使用,不仅可以大大减少资源的消耗和降低能耗,还可节约财力、物力,减少扔向自然界的废弃物。

3. 全域统筹原则

在生态文明建设的大背景下,山水林田湖草沙被看作是一个生命共同体。自然界是相互联系并相互影响的,因此,园林生态规划中要从城市全域空间体系的角度出发,对整个城市内部及外部生态空间进行整体性的规划和控制,做到城乡一体,统筹发展。园林生态规划应发挥整体优势高于局部之和的优势,充分体现出生态空间的多要素、多功能、多结构、多类型等的多元特征,着眼于城市外部大环境,用生态性的原则将外部自然环境引入城市内,并且以此来满足市民对自然的各种需求和渴望。

4. 地域性原则

我国地大物博、资源丰厚,各城市都有自己独特的自然生境,地域性相对较强。同时,城市的自然条件、绿化基础、性质特点、规划布局也不尽相同,即使在同一城市中,各区的条件也不同。因此,园林生态规划应当结合当地特点,因地制宜、注重现状,充分分析和挖掘当地具体的景观地域特征和生态内涵,尊重原有地形地貌、绿地现状和基底,另外结合当地富有特点的地域文化,将当地的生态环境与现有生态资源进行整合,全方位提升规划与设计的质量。

5. 科学性原则

自然界中的生态模式具有科学性,有一定的规律。园林生态规划的内容应遵循自然环境生态性特征,只有符合自然发展规律,才具有其合理性。在进行生态规划设计时,设计者应遵循科学性原则,即尊重自然规律,从实际出发,制定合理可行的规划设计方案,确保园林生态的科学性、经济性、有效性。在设计方法上,引入新技术,采用科技化、信息化的设计手段,对当地的自然环境与生态资源进行合理有效地分析,对设计方案进行较为准确的预判,提升判断的针对性和科学性。

6. 功能性原则

园林生态系统能够在一定的时空范围内发挥重要的生态效应,如维持碳氧平衡、杀菌抑菌、合成有机物、保持生物多样性、涵养水源、调节气候、防止水土流失、保护土壤与维持土壤肥力、净化环境、贮存必要的营养元素、促进元素循环、维持大气化学的平衡与稳定等,这些功能即是城市绿地的生态服务功能。

园林生态规划的重点任务是根据土地的不同性质、地段及其所具有的内涵进行适宜的开发和利用,不仅要充分发挥其气候调节、环境净化、雨洪调节、灾害避难等生态系统服务功能,也要关注它的景观功能、使用功能、经济功能等,满足市民对绿色生态空间的多元需求,提高土地资源的利用率并能引导城市空间合理发展,最终实现区域绿地的生态、景观、经济等多重效益的综合彰显。

三、规划程序

园林生态规划是一项复杂的系统工程,在规划方法和过程中应体现控制论的思想。早期的规划一般采用简单的顺序,可以概括为调查—分析—规划方案。随着理论、实践、技术的发展,园林生态规划的过程或规划程序也在不断的进步,结合景观生态规划、城市生态规划以及风景园林规划,将园林生态规划的过程概括为以下六个步骤:

1. 明确规划设计的目标和范围

在进行生态规划时,需要事先确定所要规划的范围,这一范围一般是由政府决策部门根据规划区域的实际建设情况进行确定;接受园林生态规划任务后,应科学确立规划目标,在研究国家战略、城市发展要求,分析背景的基础上,根据具体问题来最终制定。

2. 园林生态环境调查与资料收集

园林生态环境调查是园林生态规划的重点工作,主要是调查收集规划区域的气候、土壤、地形、水文、生物、人文等方面资料,包括对历史资料、现状资料、卫星图片、航片资料、访问当地人获得的资料、实地调查资料等的收集,然后进行初步的统计分析、因子相关分析以及现场核实与图件清绘工作,建立资料数据库。

3. 园林生态系统分析与评估

对设计范围内外各主要因素及各种资源开发利用方式进行生态分析与评价,分析园林生态系统结构与功能状况,评估生态系统健康度、可持续度等,最终找到项目的优势、劣势、制约因子和关键生态问题,为后面的规划方案提供依据。

4. 规划方案的制定

首先应根据区域发展要求和生态规划的目标,在园林环境生态调查与分析的基础上,确定园林生态规划的思想和原则;其次,根据生态分析与评价的结果,综合考虑项目的自然环境、资源及社会条件等,合理划分生态功能分区,并进一步确定各功能分区的位置、性质、功能、范围和面积等内容;最后,根据各生态功能区的属性,制定具体的生态措施,同时编制园林生态规划的图纸和文件。

5. 规划方案的分析与决策

根据设计的规划方案,一般可以从生态、环境、美学、文化、社会、经济、可持续发展等方面进行论证,供决策者参考。同时,为了使园林生态规划更具实效性、可行性和持久性,园林生态规划必须考虑规划项目涉及的各方利益主体,解决公众关心的焦点问题,体现公众意愿。因此,公众参与应贯穿整个生态规划的全过程。

6. 规划方案的实施与执行

园林生态规划方案确定后,需要制定详细的实施措施,建立规划支持保障系统,包括科技支持、资金支持和管理支持系统,促使规划方案的全面执行,实现园林生态规划中确定的目标;园林生态规划是一个动态的过程,随着时间的推移,客观情况的变化,还需要对原有的园林生态规划进行调整、充实、修正和提高,提出规划分期建设及重要修建项目的实施计划等。

具体的规划编制流程如图 3-1 所示。

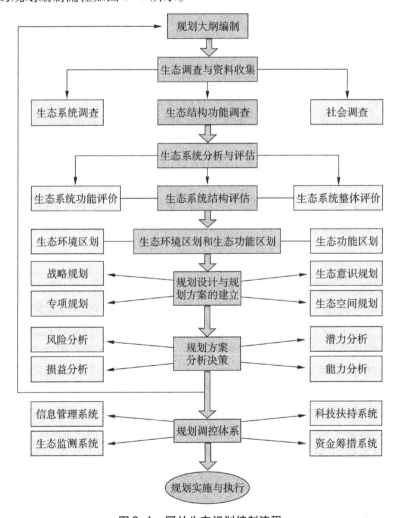

图 3-1　园林生态规划编制流程

第二节 园林生态规划理论基础

一、园林生态学

(一)园林生态学的产生

20世纪六七十年代,随着全球性环境保护运动的日益扩大和深入,生态学理论也高度渗透到各个学科。在20世纪20年代,荷兰、英国、美国等欧美国家就出现了"生态园林"的概念,其涵义主要以保护原野上的自然景观为主,考虑在园林中设计与自然完全一样的植物生境和植物群落。

我国的园林生态学理论是在1986年中国园林学会提出"生态园林"一词之后产生。1993年,中国风景园林学会副理事长兼秘书长李嘉乐先生发表文章《生态园林与园林生态学》,提出要建立一门"园林生态学"。1994年中国第一本有关园林生态学的著作——《城市园林生态学》(许绍惠等)出版。1997年李嘉乐发表《园林生态学拟议》,提出了园林生态学的基本概念和学科内容框架构想。2001年冷平生编著的《园林生态学》作为大专院校教材出版,这本教材的出版也就标志着园林生态学科作为一门独立学科正式登上了学术殿堂。随后,在我国园林和生态学领域,对园林生态学科的研究与讨论又掀起了新的高潮。

从20世纪90年代中期以来的三十余年间,各专家学者对于园林生态学定义的论述各有不同。但可以确定的是园林生态学属于应用生态学范畴,与其主要理论密切相关的生态学分支学科有城市生态学、植物生态学、景观生态学、人类生态学以及风景园林学。作为新兴学科,园林生态学的理论和方法研究还较薄弱,有待进一步完善。

(二)园林生态学的研究内容

伴随着全球社会经济的快速发展,各种问题如环境、资源和人口等日益凸显,严重影响着人类社会的可持续发展,生态学已成为解决复杂社会问题不可或缺的重要工具学科。园林生态学是生态学在园林领域应用的一个分支学科,属于应用生态学的范畴。

作为风景园林学和生态学紧密结合的交叉学科,园林生态学是把生态学引进城乡园林绿化,通过分析探讨风景园林中的各种生态问题,以及园林生态系统组分结构及其功能,继而寻求实现一定社会、经济、自然条件下的园林生态环境可持续发展途径。园林生态学不仅要进行基础性的理论研究,更要为园林、城市可持续发展提出切实可行的技术途径,理论与实践紧密结合,为园林生态管理、评价、规划、设计提供理论依据,以合理利用资源、改善城市环境、建设健康的人居环境,最终实现城市的可持续发展为目的。作为一门新兴独立的应用生态学分支学科,不同学者对园林生态学的研究内容方面存在一些差异。

进入21世纪以来,中国人居环境和风景园林事业发展迅速,生态园林城市建设蓬勃

园林生态规划设计方法与应用

166

发展,园林生态科学研究也发生了重大的转变。

目前,园林生态学的发展进入新的阶段,其研究范畴基本涵盖了风景园林学科领域内有关生态的内容,主要涉及六个方面,即植物群落与生物多样性研究、园林绿地生态系统服务功能研究、园林绿地生态规划设计研究、城乡绿地景观格局文化与优化、生态修复与生态工程研究、园林生态建设与生态管理研究。

1.植物群落与生物多样性研究

植物群落与生物多样性研究主要是针对各类园林绿地中植物群落组合与结构、园林植物生态配置、园林植物应用、树种筛选、植物碳汇功能等方面;生物多样性的保护包含保护重要生态系统、自然保护区建设,入侵生物防控等。

2.园林绿地生态系统服务功能研究

园林绿地生态系统服务功能研究重点关注与城市居民相关的生态系统服务,例如园林植物的净化空气、减少雾霾、调节温湿度、改善城市热岛效应、减缓雨洪灾害、防灾减灾的价值与应用,基于自然环境疗法的疗愈景观、区域小气候特征、微气候影响因素、人居热环境的舒适度等城市微气候方面的研究。

3.园林绿地生态规划设计研究

园林绿地生态规划设计研究主要涉及较大尺度的城乡区域内的乡村、森林、流域、湿地、道路绿带等生态空间规划,以及各类公园绿地的生态规划与设计,包含国家公园、森林公园、郊野公园、湿地公园、城市公园等以及居住区、城市开放空间和街区等场地的生态设计等。

4.城乡绿地景观格局变化与优化

积极优化国土空间各要素的配置,重构城市绿地生态空间的安全格局,主要包括生态绿地的格局演变与驱动力、绿地系统空间布局和结构研究、城市绿道网络、绿色基础设施、通风廊道的科学评判与布局,探讨绿地格局与城市生态环境、绿地格局与居民使用和健康、绿地格局与城市的协调发展等。

5.生态修复与生态工程研究

以实现山水林田湖草沙生命共同体与城乡人居生态环境的协同共建为目标,研究植物在净化水环境、去除土壤重金属等方面的生态技术,有关由于水污染、大气污染、土壤污染等原因造成的生态系统退化的河流、湖泊、湿地、采矿和工业废弃地、山地等生态恢复的方法和途径,另外还包含人工湿地、水土保持、防风固沙、水源涵养等园林生态工程。

6.园林生态建设与生态管理研究

注重城市园林生态系统修复管理方法和机制的研究、有关生态园林城市、公园城市、韧性城市、海绵城市、无废城市、低碳城市建设的方法和途径;城市蓝绿空间管理的法律法规、标准、指南、规范等的研究和制定等。

我国园林有着悠久的历史,并对世界园林产生过巨大的影响。新的历史时期赋予园林新的历史使命,把生态学引进城乡园林生态系统,结合生态学的原理和方法进行城乡园林生态规划与设计,研究植物群落与生物多样性、园林绿地生态系统服务功能、园林绿地生态规划设计、城乡绿地景观格局变化与优化、生态修复与生态工程、园林生态建设与生态管理等内容,将大大推动我国生态文明的建设,也将促进城市与乡村的可持续发展。

二、景观生态学

（一）概念

景观生态学起源于欧洲。1939 年,德国植物学家特罗尔运用 RS 和 GIS 研究东非地区的土地利用情况,首次提出了"景观生态学"一词。景观生态学是以景观为对象,重点研究景观的结构、功能和变化以及景观的科学规划和有效管理的一门宏观生态学科。景观是由异质生态系统组成的陆地空间镶嵌体,一般指几平方公里到数百平方公里范围内,由不同类型的生态系统以某种空间组织方式的异质性地理空间单元。景观具有系统整体性、时空尺度性、生态流与空间再分配、结构的镶嵌性、文化性、景观演化的人类主导性和多重价值的特征。

景观生态学结合地理学、生态学、系统理论、生态系统理论、生物学等多种学科的理论,它强调综合生态学的功能性、垂直性与地理学的空间性、水平性的研究途径。景观生态学通常关注比传统生态学更大的地理空间的生态学现象、生态过程及生态功能,为大尺度的宏观生态学发展提供了重要理论基础。

至 20 世纪 70 年代,由于全球性生态、环境、人口和资源等一系列问题的日益严重,以及遥感和计算机技术的飞速发展,使得景观生态学发展成为把生物圈与技术圈、把人类与其环境统一起来进行综合研究的一门新型交叉学科,在进行区域景观规划、评价和变化预测等研究中具有独特的作用。

景观生态学引入中国相对较晚,直到 20 世纪 90 年代才进入蓬勃发展阶段,并逐渐形成了独具中国特色的景观生态学研究体系。几十年来,中国学者结合中国国情,开展了许多具有特色的工作,例如土地利用格局与生态过程及尺度效应、城市景观演变的环境效应与景观安全格局构建、景观生态规划与自然保护区网络优化、景观破碎化与物种遗传多样性、源汇景观格局分析与水土流失危险评价等方面。

未来,在实践应用方面,将紧密结合中国生态环境面临的实际问题,重点关注生物多样性保护与国家生态安全格局的关系、快速城镇化过程对区域生态服务功能及其生态安全的影响、城市生态用地流失对城市生态安全的影响、城市生态服务效应与人居环境健康之间的定量关系、景观服务/生态系统服务权衡与景观可持续性等方面。

（二）研究内容

景观生态学所涉及的研究对象与相关概念类型多样、数量庞大。在《景观生态学》中,美国著名生态学家福尔曼指出,景观生态学的主要研究内容是景观结构、景观功能以及景观动态(图 3-2)。

景观结构是景观要素和景观分类以及景观作用的组合,其中景观的空间结构特征即是景观格局,包括景观组成单元的类型、数目及空间分布与配置,由自然或人为形成的一系列大小、形状各异、排列不同的景观要素共同作用形成,是各种复杂的物理、生物和社会因子相互作用的结果。

景观功能指的是要素和组分的作用,即在组分间物质、能量和生物有机体的流动,景观结构对景观功能起着决定作用。

景观动态是指景观在结构单元和功能方面随时间的变化,包括景观结构单元的组成成分、多样性、形状和空间格局的变化,以及由此导致的物质、能量和生物在分布与运动方面的差异。

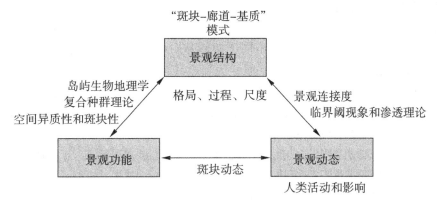

图3-2 景观生态学的核心内容

资料来源:邬建国.景观生态学:格局、过程、尺度与等级[M].北京:高等教育出版社,2007.

(三)"斑块-廊道-基质"模式

1986年,美国生态学家福尔曼、法国生态学家戈德伦在《景观生态学》一书中提出了"斑块-廊道-基质"模式理论,完美地描述了景观空间结构,为人类理解景观内部物质和能量的变化与流动提供了简明的方式。

1. 斑块

斑块是景观中内部属性、结构、功能、外貌特征相对一致,与周围景观要素有明显区别的块状空间地域实体或地段,如城市里面的公园、林地、广场,农业景观中的村庄片林、农田、水田、水塘,林区景观中不同类型的林地、灌丛、农田,采伐迹地等。

斑块是在景观的空间比例尺上所能见到的最小异质性单元,即一个具体的生态系统。根据斑块的起源可以将其分为环境资源斑块、干扰斑块、残存斑块、引进斑块(种植斑块和聚居地)。影响斑块起源的主要因素包括环境异质性、自然干扰和人类活动。

斑块是景观的基本单元,每一个斑块作为最基本的生态系统,为某种生物种群提供适宜的生境,成为该种群的栖息地。斑块的数量、面积大小、形状和分布状况直接影响着这类斑块在景观中的地位、作用和发展趋势。

斑块大小即斑块的面积,是影响斑块生态功能的一个重要因素。通常而言,斑块内的物种、物质、能量与斑块面积呈正相关关系,但这种相关并非线性的,而是呈曲线状。一般来说,只有大型的自然植被斑块才有可能涵养水源,连接河流水系和维持林中物种的安全和健康,庇护大型动物并使之保持一定的种群数量,并允许自然干扰(如火灾)的交替发生。总体来说,大型斑块可以比小型斑块承载更多的物种,特别是一些特有物种只可能在大型斑块的核心区存在。对某一物种而言,大型斑块更有能力持续和保存基因的多样性。

自然界中,斑块的形状都不规整,很难准确地用几何形状说明。一般常见的斑块形状有圆形、扁长形、矩形、正方形、环状和半岛状等。斑块的形状与环境变化及更新过程有关,对生物的散布和觅食具有重要作用。分析斑块形状,可以了解物种动态,例如物种分布是稳定、扩展、收缩还是迁移,甚至可以了解迁移路线。

2. 廊道

廊道是斑块的一种特殊形式,是不同于两侧基质或斑块的狭长地带,亦可以看成一个线状斑块,如道路、树篱、河流等。一般认为廊道具有以下功能:隔离作用,流的加强和辐散作用,过程关联作用等。长宽高的对比是其最基本的空间特征,也是功能特征的综合性标志。目前尚没有一个公认的定量标准去区别廊道与斑块,一般来说,长宽比在10~20以上的斑块,且分割景观,又相连的,可认为是廊道。

福尔曼总结了廊道的五大功能,即栖息地、通道、过滤、源和汇。由于廊道有利于物种的空间运动和本来是孤立的斑块内物种的生存和延续,因此,廊道应是连续的。而且廊道是有益于物种空间运动和维持的,两条廊道比一条要好,多一条廊道就减少一分被截流和分割的风险。同时,廊道如果达不到一定的宽度,不但起不到维护保护对象的作用,反而为外来物种的入侵创造条件。所以,廊道建设越宽越好。

廊道的结构特征包括弯曲度、连通性、狭点、形状等属性。弯曲度是指廊道中两点间的实际距离与它们之间的直线距离之比,与沿廊道的移动有关;连通性是通过单位长度廊道中断(裂口数)的数量来度量的;狭点是指廊道中的狭窄处,廊道的连通性主要取决于狭点。

按照廊道的起源,廊道可以划分为干扰廊道、残遗廊道、环境资源廊道、种植廊道、再生廊道五种类型。根据其组成内容或生态系统类型分为森林廊道、河流廊道、道路廊道等。

目前在实践中应用较多的是生态廊道。生态廊道是指具有保护生物多样性、净化污染物、控制水土流失、防风护沙、调控水资源等生态服务功能的廊道类型,主要由植被、水体等生态性结构要素构成。城市生态廊道的建设可以为城市营造良好的人居环境,兼具宣传、教育功能,而且生态廊道可以构建城市绿色网络,在一定程度上既控制了城市的无序扩展,也强化了城乡景观格局的连续性,保证了自然背景和乡村腹地对城市的持续支持能力。

3. 基质

基质往往表现为斑块廊道的环境背景,是景观中面积最大、连接性最强、优势度最高的地域。基质的特征很大程度上决定着景观的性质,制约区域的动态变化和管理措施选择,基质最基本的空间指标是区域中其面积比重和孔隙度。

基质是景观经营中最基本的单元,通过对基质的修饰,可以创造任何空间格局。在提高生物多样性与生物保护中,基质具有提供小尺度栖息地、提高保护区的质量、控制景观连通性的作用。

基质的判定标准,首先可以通过相对面积进行判断,一般来说,如果某种景观要素所占面积超过现存的任何其他景观要素类型的总面积,或占景观面积的50%以上,那么它很可能是基质,也可以通过连通性的办法进行判断。如果景观中的某一要素(通常为线状或带状要素)连接得较为完好,并环绕所有其他现存景观要素时,可以认为是基质,如具有一定规模的农田林网、树篱等。最后可以利用动态控制进行判断,如果景观中的某一要素对景观动态控制程度较其他要素类型大,也可以认为是基质。

在实际研究中,要确切地区分斑块、廊道和基质有时是很困难的,也是不必要的,这与尺度有密切关系。这是由于许多景观中并没有在面积上占绝对优势的植被类型或土地利用类型;斑块、廊道和基底的区分往往是相对的,总是与观察尺度相联系;广义地讲,基质可看作是景观中占主导地位的斑块,而许多所谓的廊道也可看作是狭长型斑块。

三、恢复生态学

(一)恢复生态学发展历程

1. 概念

恢复生态学是 20 世纪 80 年代迅速发展起来的现代应用生态学的一个分支,主要致力于那些在自然灾变和人类活动压力下受到破坏的自然生态系统的恢复与重建。1996年,美国生态学年会把恢复生态学作为应用生态学的五大研究领域之一。

一般认为,恢复生态学是研究生态系统退化的原因、退化生态系统恢复与重建的技术与方法、生态学过程与机制的学科。恢复生态学与生态学分支(如遗传生态学、种群生态学、群落生态学、生态系统生态学、景观生态学、保护生态学等)、生物学、土壤学、水文学、农学、林学、工程与技术学、环境学、地学、经济学、社会伦理学等学科紧密相连。可以说,恢复生态学是一门以基础理论和技术为软硬件支撑的多学科交叉、多层面兼顾的综合应用学科。

恢复生态学的研究对象是在自然灾害和人类活动压力条件下受到损害的自然生态系统的恢复与重建问题,具有十分强烈的应用背景。内容包括重建生物生境、恢复生态系统功能、各类型生态系统恢复与重建、干扰生态系统恢复的因素及其生态原理、恢复区的建立与管理、土壤恢复、地表固定、表土贮藏、重金属污染地生物修补等,涉及自然资源的持续利用,社会经济的持续发展和生态环境、生物多样性的保护等众多研究领域。

恢复生态学是一门复杂的科学,其应用技术研究包括:
(1)退化生态系统的恢复与重建的关键技术体系研究;
(2)生态系统结构与功能的优化配置与重构及其调控技术研究;
(3)物种与生物多样性的恢复与维持技术;
(4)生态工程设计与实施技术;
(5)环境规划与景观生态规划技术;
(6)典型退化生态系统恢复的优化模式试验示范与推广研究。

2. 恢复生态学的实践

恢复生态学是一门综合性很强的学科,也是一项十分复杂的系统工程。人类从事生态恢复的实践已有近百年的历史,早期主要关注山地、草原、森林和野生生物等自然资源管理研究。1935 年,美国科学家在威斯康星州麦迪逊边缘的一块废弃农场上(24 hm^2)

改种牧草,如今,这块废弃地已成为威斯康星大学具有美学和生态学意义的植物园,这是最早的生态恢复范例,并发现了火在维持及管理草场中的重要性。

此后,美国开展了很多大规模的生态恢复运动,例如退化湿地、草地、河流等恢复与重建,也开展了由民间组织和土地道德论者发起的小规模恢复活动;在工业化历史悠久的英国,主要是开矿废弃地植被的恢复和重建及富营养化水体生态系统的恢复;在澳大利亚,也主要针对开矿废弃地和退化草地的恢复和改良;在日本,主要利用宫胁法在人类干扰地区快速恢复自然植被。

当前,在恢复生态学理论和实践方面走在前列的是欧洲、北美、新西兰、澳大利亚和中国。其中,欧洲偏重矿地恢复,北美偏重水体和林地恢复,而新西兰和澳大利亚以草原管理为主,中国则更多地强调以土地退化和土壤退化为主的研究。

3. 我国恢复生态学的发展

从 20 世纪 50 年代开始,我国就开始对退化生态系统进行定期定位观测、试验和综合整治研究。代表性的工作有"三北"防护林工程建设,长江、沿海防护林工程建设和太行山绿化工程,在农牧交错区、风蚀水蚀区、干旱荒漠区、丘陵、山地、干热河谷等生态退化或脆弱区的生态恢复,以及淮河、太湖、珠江、辽河、黄河流域防护林工程建设等。从 20世纪 90 年代开始重视湖泊的退田还湖,污染防治和生态恢复,如云南省的滇池、山东省的微山湖、湖北省的东湖等。20 世纪末以来,国家先后实行了退耕还林(草)工程、天然森林保护工程、退牧还草工程、京津风沙源治理工程等生态工程建设项目。上述重大生态工程建设极大促进了我国恢复生态学研究与实践的发展。

综合我国多年来的研究,从生态系统层次上,有森林、草地、农田、水域等方面的研究,也有地带性生态系统退化及恢复方面的研究,如干旱、半干旱区、荒漠化及水土流失地区生态恢复的工程、技术、机制方面的研究。总体而言,我国恢复生态学的研究在某些领域已达到国际同类水平,在国际学术界产生了一定的影响。

(二)生态修复

1. 概念

生态修复是恢复生态学中出现的新词,是生态恢复重建中的一个重点内容。

生态修复是根据生态学原理,通过一定的生物、生态以及工程的技术与方法,人为地改变和阻止生态系统退化的主导因子或过程,使受到损害的生态系统的功能和结构得以恢复和完善,实现生产力高、生物多样性丰富、系统趋于稳定的目的,如矿山生态修复、垃圾填埋场生态恢复、棕地生态修复等。

生态修复与生态恢复相比,更强调人类对受损生态系统的重建与改进,强调人的主观能动性。"生态修复"一词主要应用在我国和日本,"生态恢复"的称谓主要应用在欧美国家,在我国也有应用。

国外对生态修复的研究较早,尤其是欧美国家,已形成了一些成功的工程实践案例。以美国为代表,纽约清泉公园是由垃圾填埋场转化的世界级公园,典型生态修复工程包括组织多样化的活动项目、修复大型栖息地和创建兼具多样化体验的多层次交通系统等。

在我国,随着生态文明建设的发展,生态修复内涵逐步丰富完善。经过几十年的探索,形成了较为成熟的生态修复理论和技术方法体系,主要包括土地综合整治与生态修复,盐碱地修复及改良剂研发,微生物复垦关键技术,水污染控制,湿地生态系统的保护和恢复,流域水污染治理与水环境修复技术,沿海生态修复保护技术,矿区地质环境治理、污染修复、土地复垦、尾矿等固体废弃物综合利用,城市雨洪管理,植物景观与生态修复设计,重金属污染土壤植物修复技术等。

2. 山水林田湖草生态修复

中共十八大以来,习近平总书记从生态文明建设的宏观视野出发,提出"山水林田湖一个生命共同体"的理念,这是一种全新的生态系统保护和修复理念,为我国深化生态系统保护和修复工程体制改革提供了重要的理论支撑。

"山水林田湖生命共同体"的核心要义是从过去的单一要素保护修复转变为以多要素构成的生态系统服务功能提升为导向的保护修复,具有整体性、系统性和功能性特征。2016 年,财政部、国土资源部、环境保护部印发了《关于推进山水林田湖生态保护修复工作的通知》,明确以"山水林田湖是一个生命共同体"为重要理念指导开展山水林田湖草生态保护修复工作,在生态环境受损区、重要生态功能区、生态脆弱区及生态敏感区对国土空间实施整体保护、系统修复、综合治理。其中,将陕西黄土高原、京津冀水源涵养区、甘肃祁连山、江西赣州四个地区列为国家第一批山水林田湖生态保护修复工程试点。截至 2019 年,分三批共支持了 25 个山水林田湖草生态保护修复工程试点。

山水林田湖草生态保护修复工程面向的是全域国土空间,强调区域生态系统的森林、草地、湿地、河流、湖泊、农田等要素间存在相互依存、相互制约的关系。由于山水林田湖草生态保护修复工程项目工程量巨大、内容繁杂,囊括了农田整治、退化污染土地修复治理、矿山生态系统修复治理、水环境综合治理、森林草原生态系统修复治理及生物多样性保护等多个内容。2020 年 9 月,自然资源部办公厅、财政部办公厅、生态环境部办公厅联合印发《山水林田湖草生态保护修复工程指南(试行)》,全面指导和规范各地山水林田湖草生态保护修复工程实施,推动山水林田湖草一体化保护和修复。

(三)生态工程

1. 概念

生态工程研究起源于欧美国家自然资源管理实践与传统生态学研究。1962 年,美国生态学家奥德姆首先使用了"生态工程"一词,并将其定义为"人类运用少量的辅助能,对那种以自然能为主的系统进行的环境控制",为生态工程成为一门新兴学科奠定了基础。

我国著名生态学家马世骏从 20 世纪 50 年代就开始了生态工程的研究与实践,并于1979 年将生态工程定义为:"生态工程是应用生态系统中物种共生与物质循环再生原理、结构与功能协调原则,结合系统分析的最优化方法设计的促进分层多级利用物资的生产工艺系统。生态工程的目标就是在促进自然界良性循环的前提下,充分发挥资源的生产潜力,防止环境污染,达到经济效益与生态效益同步发展。"自此,形成了具有中国特色的生态工程研究领域及独立的学科,并在研究与应用实践中获得了蓬勃发展。

目前,生态工程作为一门学科也逐渐得到学界广泛认可。按生态工程的研究和应用的具体对象类型和主要功能,可分为许多类型,如农业生态工程、农村生态工程、工业生态工程、废水处理与利用生态工程、水体利用和保育生态工程、交通生态工程、住宅及城镇生态工程等。

生态工程着眼于生态系统的自我设计原理和自我调节能力,强调的是资源的综合利用与获取高的生态效益,其表现形式是先进工艺技术的系统组合和不同学科与不同产业的边缘交叉与横向结合。这些特点表明生态工程不同于终端治理的环境工程技术,它是一类低消耗、多效益、可持续的工程体系,因而在城市生态建设中具有巨大的发展潜力和良好的应用前景。

2. 生态工程实践

生态工程建设是一个复杂的系统工程,它是生态学、系统学和技术科学相互交叉的学科分支,涉及的学科面较广,层次繁多。

20世纪,随着各国工业化和城市化进程加快,面对环境污染和生态破坏问题,许多国家实施了重大生态工程,如美国"罗斯福工程"、苏联"斯大林改造大自然计划"、加拿大"绿色计划"、法国"林业生态工程"、日本"治山计划"、韩国"治山绿化计划"、中国"绿色坝工程"、印度"社会林业计划"、菲律宾"植树造林计划"等。

近年来,国外生态工程也侧重于整体系统观、"基于自然的"理念、"拟自然"技术的应用,如欧洲莱茵河在经历污水治理、水质恢复等阶段后,开始侧重于从生态系统的角度看待莱茵河流域的可持续发展,持续实施了生态修复、提高补充两个阶段工程后,使莱茵河成为生物多样性丰富、更加贴近自然的河流生态系统。

国外大尺度的城市生态恢复工程大都结合生态规划同时进行,在完成生态系统功能恢复的期间,将生态规划、环境整治、生态恢复等一系列手段相结合,来建设自然协调的城乡环境,并且通过广泛的公众参与来增强生态恢复成果的效应。

我国在生态工程领域起步较早,先后实施了一系列重大生态工程。修复内容由治山、治水、治沙等单一内容逐渐拓展到"山水林田湖草沙"一体化保护和修复,工程实施区的自然生态系统总体稳定向好,生态系统服务功能逐步增强,取得了显著成效。

近年来,中国深入开展自然资源管理体制改革,推动了生态工程对象从自然要素转向社会-自然要素。生态工程研究对象开始强调区域自然恢复与社会人文、政策决策的耦合研究,尝试从协调人地矛盾源头出发,提升生态系统服务和人类福祉。同时,社会要素与自然要素的相互影响机制有待揭示,如生态修复制度创新对生态工程的影响如何、生态产品价值路径如何实现等。

3. 生态工程的主要技术方法

自生态工程概念提出的60多年来,其理论和技术方法体系得到不断完善。从研究尺度来看,小尺度上的研究侧重于水体、土壤、植被、矿山等单要素技术方法研究,而大尺度的研究侧重于生态安全格局构建、生态网络建设、生态修复区划、多生态要素修复集成等技术。

当前,生态工程技术方法体系正趋于加快完善阶段,既强调小尺度、单要素技术的拟自然、再野化等特征,也注重大尺度、多要素技术的耦合性、协调性。生态修复的效果取决于修复方案的科学性,因而生态工程方案往往是多种技术的有机组合。不同类型、不同尺度的生态工程,所采用的技术方法明显不同(表3-2)。

表3-2　生态工程的主要技术方法

工程对象	技术类型	主要技术
水体	物理	截污分流与引水冲污、底泥疏浚、人工曝气等技术
	化学	化学除藻、底泥封闭、复合混凝沉淀、电催化氧化等技术
	生物-生态	微生物强化、植物净化、人工湿地、生物膜净化及生物-生态组合等技术
土壤	物理	物理分离法、溶液淋洗法、固化稳定法、冻融法和电动力法等
	化学	溶剂萃取法、氧化法、还原法和土壤改良剂投加技术等
	生物	微生物修复、植物修复和动物修复,其中以微生物与植物修复应用最为广泛
矿山	土壤重构	排土、换土、去表土、客土与深耕翻土方法等物理改良技术,化学改良技术等
	生物恢复	植物修复、土壤动物修复、土壤微生物修复以及菌根生物修复技术等
	废水控制与处理	膜处理法、混凝土法、生物膜法、SBR法、生物氧化法及湿地处理法等
生态系统	生态评价与规划	土地资源评价与规划、环境评价与规划、景观生态评价与规划等技术
	生态系统组装与集成	生态工程设计、景观设计、系统构建与集成:自然保护地构建、生态功能群重建生态网络构建等技术

资料来源:王夏晖,王金南,王波等.生态工程:回顾与展望[J].工程管理科技前沿,2022,41(4):1-8.

四、城乡规划学

(一)城乡规划学

城乡规划学是研究、揭示、认识和解释人类聚居活动的集体行为在城乡土地使用和空间发展过程中的规律,并通过规划途径使之更为合理地符合人类自身发展的需要,以实现可持续发展。"城乡规划"作为学科以及社会实践的名称,在不同历史时期有不同的表述,如"城市规划""都市计划""都市规划""城镇规划""市镇设计""市乡计划"等。

城乡规划相对于许多经典学科而言是一门非常年轻的学科。现在国际上公认的城乡规划学科诞生,是以英国利物浦大学设立城市规划系、美国哈佛大学推出城市规划研究生培养计划的1909年为标志。西方传统的城市规划来源于建筑学和建造工程学科,最早可以追溯到古希腊和古罗马时代传统的建筑和城市形态空间设计。西方现代城市规划,概括地说开始于20世纪的工业革命。由于工业革命引起的城市化、城市社会问题和矛盾远远超出用传统建筑学思维和空间形态方式可以解释和解决的范围,现代城市规划思想由此产生和发展。

我国早期的城市规划营造思想可追溯至春秋战国时代。经过后世多年的发展,形成了以中国哲学思想和文化理念为特色的东方城乡规划理论体系和历史发展脉络。我国的城乡规划学科自 1950 年代中期初步建立起来,1978 年改革开放之后,我国的城市规划和城市建设事业进入全新的历史时期。城乡规划建设如火如荼的实践,尤其是 20 世纪 80 年代后期和 90 年代早期,规划理论和实践探索更加蓬勃发展,一批在海外学成回国的从业人员引入了大量发达国家的规划理论和实践经验,结合我国的规划实践,逐步形成了丰富的研究成果。2011 年,我国"城乡规划学"一级学科的正式设立,标志着城乡规划学科的发展进入到一个新的阶段。

城乡规划是一门应用性学科,是基于建筑学和工程学的知识基础,汇聚了自然科学、社会科学、人文学科、艺术学科和管理学科等相关的内容,在此基础上建构起以城市和区域发展研究、土地和空间使用安排和决策、规划实施管理为核心的知识体系,具有以应用为导向的交叉学科和跨学科的特征(图 3-3)。

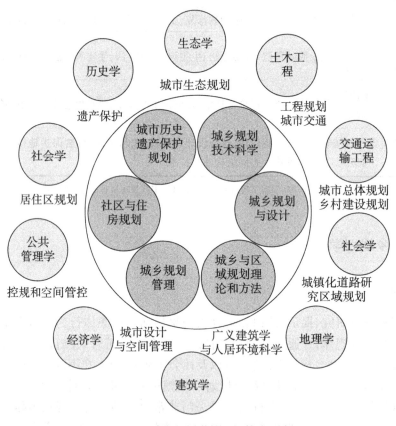

图 3-3 城乡规划学的知识构成示意

资料来源:石楠.城乡规划学学科研究与规划知识体系[J].城市规划,2021,45(2):9-22.

园林生态规划设计方法与应用

城乡规划学科的理论总体上分为两个部分：

（1）城乡空间发展理论包括城市发展的规律、城市空间组织、城市土地使用、城市环境关系等方面的相关理论。这些理论主要描述和解释城市发展的现象、发展演变及其规律的内容。

（2）城乡规划基础理论涉及规划性质、思想，规划技术、方法等，是关于认识和处理城乡规划工作的本质内容，依据怎样的思想来规划和建设城乡环境等。通常包括三个部分，即规划的整体框架、现在与未来的发展演进关系、实际操作的技术方法解释等。

城乡规划学从诞生之初就奠定了以解决实际问题为核心的宗旨，无论是知识构成还是方法体系，都有着十分强烈的应用科学特征。在具体的实践探索中，我国形成了"现状分析—资料收集—数据分析—情景模拟—目标决策—规划图则—规划文本—审批实施"的城乡规划工作范式。

在规划编制审批体系方面，我国形成了以市级总体规划为中坚的上下衔接关系，如在市级层面以上编制全国、省、市域的城镇体系规划与发展规划、区域规划、土地利用规划等相关规划，并实现各级规划的上下对接，以此作为国家与地区调配资源的政策手段；在市级层面以下编制以控制性详细规划为核心的实施性规划，其中城市设计需注重精细化、品质化的公共空间营造及场所、文脉的维护，居住小区、社区生活圈规划需注重公共服务质量和效率等，并与历史保护、市政工程、公共交通等专项规划协同，共同推动人居环境的建设。

在规划法规政策体系方面，通过《城市规划条例》（1984年）、《中华人民共和国城市规划法》（1990年）、《城市规划编制办法》（2006年）、《中华人民共和国城乡规划法》（2007年）、《城市、镇控制性详细规划编制审批办法》（2011年）、《城市设计管理办法》（2017年）等法律法规，规范了规划的编制与实施；《城市居住区规划设计规范》、《城市用地分类与建设用地标准》等技术规范也陆续完善，城乡规划作为一种行政职能正朝着治理能力现代化的方向迈进。

（二）国土空间规划

国土空间规划是新时代规划体系的重要内容。2019年，《中共中央、国务院关于建立国土空间规划体系并监督实施的若干意见》进一步明确了"将主体功能区规划、土地利用规划、城乡规划等空间规划融合为统一的国土空间规划"，并对国土空间规划体系建设提出了明确的要求，提出"国土空间规划是国家空间发展的指南、可持续发展的空间蓝图，是各类开发保护建设活动的基本依据"。

在党和国家战略部署指引下，国土空间规划的相关制度正在逐步建设中，相应的国土空间规划制定工作也在有序推进。就整体而言，国土空间规划的本质是"规划"，"国土空间"是规划的对象。城乡规划学为国土空间规划工作提供了核心知识体系。但是由于规划的对象有所扩大，即由以各级居民点为主的建成环境扩展到地域性的各类自然和人工环境的全要素，由主要侧重于开发、利用方面扩展到国土空间的保护、开发、利用、修复等多类型的空间使用方面。因此，这就需要有更多的学科加入规划工作中，协同开展相关的研究和安排各项内容和要素，但规划的特质并未改变，即对各类国土空间使用进行预先安排并不断付诸实施，以实现未来发展目标而引导和控制各类国土空间的使用活动。

目前，我国国土空间规划体系的"四梁八柱"基本框架已经明晰，也可以简单归纳为"五级三类四体系"（图3-4）。从规划运行方面来看，把规划体系分为四个子体系，按照规划流程可以分成规划编制审批体系、规划实施监督体系，从支撑规划运行角度有两个技术性体系，一是法规政策体系，二是技术标准体系。"八柱"是从规划层级和内容类型方面，把国土空间规划分为"五级三类"。"五级"是从纵向看，对应我国的行政管理体系，分五个层级，就是国家级、省级、市级、县级、乡镇级，其中国家级规划侧重战略性，省级规划侧重协调性，其他三级规划侧重实施性；按其规划内容类型上分为"三类"，分别是总体规划、详细规划和专项规划。总体规划强调的是规划的综合性，是对一定区域，如行政区全域范围涉及的国土空间保护、开发、利用、修复做全局性的安排。详细规划强调实施性，一般是在市县以下组织编制，是对具体地块用途和开发强度等作出的实施性安排。专项规划强调的是专门性，一般是由自然资源部门或者相关部门来组织编制，是对特定的区域、流域或者领域等，为体现特定功能对空间开发保护利用作出的专门性安排。

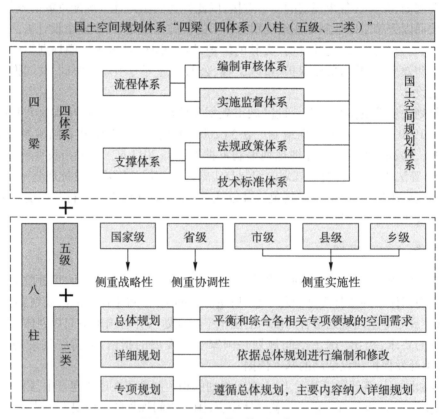

图3-4　五级三类四体系示意图

国土空间规划具有研究对象的复杂性、涉及学科的广泛性、理论研究的滞后性和制度受多种思想的影响和制约的特点。2021年12月，自然资源部、国家标准化管理委员制定的《国土空间规划技术标准体系建设三年行动计划（2021—2023年）》印发，旨在加快建立全国统一的国土空间规划技术标准体系,充分发挥标准化工作在国土空间规划全生命周期管理中的战略基础作用。国土空间规划技术标准体系由基础通用、编制审批、实施监督、信息技术等四种类型标准组成。目前,从中国国情出发,我国已经出台了一系列相关技术标准,为各类规划编制、审批、实施、管理提供有力的技术依据。

国土空间规划以自然资源的保护利用为基本前提,资源环境约束越来越成为空间开发的制约因素。2020 年 1 月,自然资源部印发了《资源环境承载能力和国土空间开发适宜性评价指南(试行)》,简称"双评价",涉及全国、省级(区域)和市县三个尺度层级,包含陆域和海域两大空间载体。文件指出,以底线约束、问题导向、因地制宜、简便实用为原则,将资源环境承载能力和国土空间开发适宜性作为有机整体,主要围绕水资源、土地资源、气候、生态、环境、灾害等要素,针对生态保护、农业生产(种植、畜牧、渔业)、城镇建设三大核心功能开展本底评价。

"双评价"客观分析了资源环境禀赋特点,是构建国土空间的基本战略格局、实施功能分区的科学基础,其评价结果为国土空间格局优化、"三区三线"的划定、国土开发强度管制、重大决策和重要工程安排等方面提供重要支撑。

随着国土空间规划理论体系梳理、技术方法探索、规划实践积累、保障制度建立等各方面条件的日渐成熟,我国的国土空间规划已经进入全面编制阶段,先后有多个省级、市级、县级的国土空间规划公布。可以说,取得了一系列理论研究成果及实践经验,空间规划理论体系一直处于不断完善过程中。

国土空间规划与传统规划的差别,就是强调了对自然资源的管控与调配。一方面,要将国土空间开发活动控制在资源环境良性发展的承载范围内,另一方面,要通过国土空间规划技术展开资源的高效利用与环境整治和生态修复,保护资源更新与环境可持续性乃至增加资源环境的承载能力。党的十八大以来,习近平总书记从生态文明建设的整体视野提出"山水林田湖草是生命共同体"的论断,强调"统筹山水林田湖草系统治理""全方位、全地域、全过程开展生态文明建设"。中共中央、国务院《关于建立国土空间规划体系并监督实施的若干意见》也延续了这个理念,明确要求全域、全要素的规划国土空间,坚持"山水林田湖草生命共同体"的理念,量水而行,保护生态屏障,构建生态廊道和生态网络。"山水林田湖草是生命共同体"的系统思想,对于国土空间规划中划定生态环保红线、优化国土空间开发格局、国土空间用途管制、资源保护与利用、国土综合整治与生态修复等方面具有重要的指导意义。

第三节　园林生态规划应用技术

一、3S 技术简介

(一)遥感(RS)

遥感(remote sensing,RS),广义上指通过非接触式方法远距离获取目标状态信息的技术。一般指通过架设在卫星、飞行器上的传感器对地表物体特性进行探测的技术。遥感作为一种大范围全球性的数据收集、探测方式，是地球物理、水文、气象、生态等众多学科的重要研究方法，广泛应用于军事、农业、救援等领域。

遥感根据传感器工作原理的不同可分为被动式和主动式两种。被动式遥感亦称"无源遥感"，是最常见的航空遥感方式，主要通过接收由目标发射或反射出的辐射信息进行物体探测。常见的被动式传感器包括摄影机、扫描仪、辐射计等。由物体反射的太阳光是最常见的辐射源。主动式遥感亦称"有源遥感"，主要通过能量发射的方式对物体进行扫描，经由传感器检测、计算目标的回波性质、特征及其变化以实现物体探测的功能。常见的主动式传感器包含合成孔径雷达、激光雷达。

遥感技术能够一定程度上替代以往繁重的人工测绘工作，也使深入丛林、两极、海洋甚至外太空开展研究成为可能。而对于园林生态研究，除了可降低人工成本、增加可达性外，遥感技术相较传统测绘具有三点主要优势：其一，在提供更为广阔研究范围的同时还提供了植被冠层的观测视野，为植被生态研究提供了重要研究数据；其二，持续性的观测为生态研究提供了时间维度，为地表生态不同时段的对比、演变研究提供了技术支持；其三，遥感传感器能够提供紫外、红外等超越人眼感光能力的光谱数据，这些数据能够不受昼夜影响地反映植被和环境的详细状态信息。

（二）地理信息系统（GIS）

地理信息系统（geographic information system，GIS），是由计算机软硬件支持，能对由传统测绘、遥感、全球定位系统所获取的不同地理数据进行输入、存储、操作、分析和显示的计算机系统。当前常使用的各类在线地图服务、遥感处理平台，甚至作图常使用的CAD软件广义上均可归类于地理信息系统。地理信息系统的核心是通过坐标投影转换和地理编码系统将不同来源、类型的地理信息数据统一到相同的坐标投影体系下进行相互关联，以此进行进一步的操作与分析。地理信息系统是地理学、经济学、生态学、城乡规划等大量学科的重要研究基础，更是其他3S技术应用于日常生活的功能平台。

地理信息系统以地理信息作为主要操作、分析对象。地理信息是与地理环境要素有关的物质信息的总称，可根据描述对象的不同分为几何、属性和时间三大类。几何信息描述地理现象的空间位置、形态和关系，使数据脱离"纹理"而具有空间属性；属性信息描述的是与地理相关的除空间信息外的其他属性，一般通过地理编码进行空间索引；时间信息反映的是地理现象发生的时刻、时段以及地理现象的动态变化信息，是时空研究时态性和动态性的基准数据。

地理信息系统为园林生态研究提供了强大的管理与分析平台：在管理方面，地理信息系统能够整合多源地理数据，并通过地理编码进行数据关联，构建起了传统生态实验数据与场地空间的联系，为生态研究的前期数据整理、调研与实验数据存储提供高效的平台价值；在分析方面，依托于叠加分析、缓冲分析、统计分析和栅格运算，借助于遥感、DEM等相关数据，地理信息系统实现了对景观生态等大尺度空间生态特征的分析与展示。

（三）全球导航卫星系统（GNSS）

全球导航卫星系统（global navigation satellite system，GNSS），是覆盖地球的全天候实

时三维空间卫星定位系统,该系统常由卫星星座、地面控制站、数据接收机三部分组成。当前能实现全球覆盖的导航卫星系统只有中国北斗卫星导航系统(简称 BDS,共有 30 颗工作卫星)、美国全球定位系统(简称 GPS,共有 24 颗工作卫星)、俄罗斯格洛纳斯系统(简称 GLONASS,共有 24 颗工作卫星)和欧盟的伽利略定位系统(简称 GALILEO,共有 24 颗工作卫星)。

全球导航卫星系统的地面数据接收机根据接收到卫星电波的不同,解调卫星轨道参数以及与接收机的相对位置关系,以此确定接收机所处的三维坐标参数。全球导航卫星系统具有定位精度高、服务范围广(全球)、服务连续性强(全天候)的特点,为海陆空载具定位导航、导弹制导、防灾救援、工程施工等提供了坐标数据支持。

GPS 在生态学研究中的应用主要包括定位植株单体、群落位置,检测动物活动、迁徙行踪、多源测绘数据地图校正等。在大尺度野外调研过程中,通过 GPS 导航能准确地定位调研人员所在位置以及目标相对位置,并记录沿途重要位置与标记;亦可结合相关遥感数据高效、精确、低成本地实现全天候大范围的野生动物行为检测,进一步探索不同地理环境、生态因子对野生动物种群行为的影响机制。

(四)3S 技术间的关系

遥感(RS)、地理信息系统(GIS)、全球导航卫星系统(GNSS)作为 3S 技术的主体,三者相互协作成为一个高效的系统整体。三种技术在各类研究、应用过程中缺一不可。其中遥感技术为其他两种技术提供动态、廉价、全面的基础数据资源;全球导航卫星系统提供了全球全天候的实时定位,将地表空间运动与遥感数据进行关联,同时也为遥感数据的空间校正提供了参照依据。而地理信息系统技术作为空间数据的管理、分析与展示工具,实现了遥感与导航原始数据的协同应用与深入分析,使 3S 技术真正成为一个集数据采集、管理与应用的高度一体化信息平台,为各类科研和商业应用提供了系统平台。

二、3S 技术数据基础

园林生态研究应用 3S 技术最主要的目的是获取空间数据并进行数据分析。例如使用遥感数据监测植被生长状态或进行用地分类,使用导航卫星数据定位动植物的空间位置变化。生态研究处于 3S 技术的应用层面,数据类型直接决定了数据的分析方向和应用场景。由 3S 技术获取的数据可根据属性、结构以及原生性进行严格的类型划分。但为了便于理解,本书根据园林生态研究的需求,对基于 3S 技术的常用数据进行分类介绍。

(一)卫星遥感影像

卫星遥感数据特指通过卫星上搭载的传感器获取的反映地表物体辐射强度的数据信息。相较于使用无人机、气球等航空器获取的遥感信息,卫星遥感数据具有覆盖的范围更大、周期稳定、数据处理难度低的优点。在园林生态领域适用于大尺度的环境生态监测和空间数据挖掘。

1. 遥感影像原理

卫星搭载的传感器将地表辐射转换为电信号,并以电信号的强弱量化为遥感影像某一位置的像元数值。任何物体都具有光谱特性,能根据反射面物理性质的不同反射出不同波谱特征的电磁波。人眼中的三种不同视锥细胞能感受到三个波段的光线产生刺激,产生主观上"红绿蓝"的区别,刺激的复合形成色彩的感知。卫星搭载的传感器与人眼相似,也是对地表反射特定波段的辐射产生数据信息。根据传感器对于光谱响应范围和数量的不同主要分为三种类型:全色影像、多光谱影像和高光谱影像。

全色影像是指包含 $0.38 \sim 0.76~\mu m$ 全部可见光波段的卫星遥感影像,但与其"全色"名称含义相反,由于只包含一个波段的数据,因而在 RGB 等多通道显示模式下全色影像只具备一个通道,即图像化结果只会是单色的(例如灰阶)。但由于全色影像不须经过分光处理,传感器损失能量较少,因而往往具有较高的空间分辨率,常用于与其他多波段数据融合以提高对应波段数据空间分辨率。

当卫星传感器能够分别获取多个不同波段的光谱信息时,称其获得的影像为多光谱数据或高光谱数据(表3-3)。其中多光谱影像指光谱数量级为 10 的遥感影像,是我们最容易获取的遥感影像。多光谱一般包含蓝、绿、红三个可见光波段以及紫外、近红外、中红外、远红外等非可见光波段。不同波段的遥感影像所侧重反映的地表信息亦不相同:绿波段主要反映植被的信息,红波段主要反映植被和土壤的信息,近红外波段(NIR)主要反映植被的生理状态,短波红外波段(SWIR)主要反映地表物体的热特性,热红外波段主要反映地表物体的热辐射。

表3-3　MODIS 传感器遥感影像部分波段作用说明(全部为非可见光波段)

波段号	主要应用	波段范围/μm	分辨率/m
1	植被叶绿素吸收	0.62～0.67	250
2	云和植被覆盖变换	0.84～0.89	250
3	土壤植被差异	0.46～0.48	500
4	绿色植被	0.55～0.57	500
5	叶面/树冠差异	1.23～1.25	500
6	雪/云差异	1.63～1.65	500
7	陆地和云的性质	2.11～2.16	500
8	叶绿素	0.41～0.42	1000
13	沉淀物,大气层	0.66～0.68	1000
14	叶绿素荧光	0.67～0.68	1000
16	气溶胶/大气层性质	0.86～0.88	1000
17	云/大气层性质	0.89～0.92	1000
20	洋面温度	3.66～3.84	1000

续表 3-3

波段号	主要应用	波段范围/μm	分辨率/m
21	森林火灾/火山	3.93 ~ 3.99	1000
22	云/地表温度	3.93 ~ 3.99	1000
23	云/地表温度	4.02 ~ 4.08	1000
24	对流层温度/云片	4.43 ~ 4.50	1000
26	红外云探测	1.36 ~ 1.39	1000
27	对流层中层湿度	6.54 ~ 6.90	1000
29	表面温度	8.40 ~ 8.70	1000
30	臭氧总量	9.58 ~ 9.88	1000
31	云/表面温度	10.78 ~ 11.28	1000
32	云高和表面温度	11.77 ~ 12.27	1000

除了直接对不同波段数据进行统计分析外,还可以通过光谱波段合成的方式,将不同波段数据载入显示系统的 RGB 通道中以获取直观的图像显示。其中将红、绿、蓝波段分别载入 RGB 对应通道中可获取与人眼感知相同的遥感影像,称其为"真色彩";将非人眼可视的波段载入 RGB 通道内,会产生突出某一类地表特征却与"真色彩"不同的图像,一般称之为"假色彩"(图 3-5)。例如,将近红外(NIR)、红、绿波段分别载入 RGB 通道会产生突出植物(红色)的"假色彩"影像,将近红外波段(NIR)、短波红外(SWIR)与蓝波段组合可生成表现植被健康程度的影像。

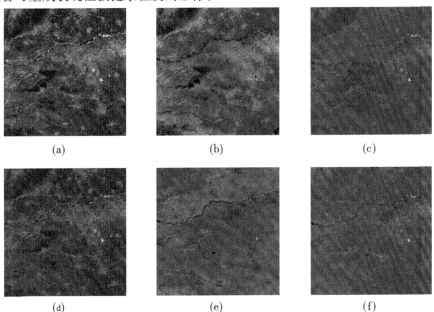

  (a)   (b)   (c)

  (d)   (e)   (f)

图 3-5 Landsat-8 OLI 遥感影像色彩合成图

(a)全色影像;(b)短波红外假色彩;(c)植被假色彩;(d)真色彩;(e)农业假色彩;(f)植被健康假色彩

2. 常用遥感数据

表3-4展示了当前园林生态研究常使用的普通光学卫星遥感影像数据信息。这些遥感影像一般均为包含可见光和全色影像的多光谱数据。卫星的发射年份较近，并且易于从互联网直接获取。

表3-4　常用普通光学卫星遥感信息

卫星名	传感器	发射年份	波段范围/μm	分辨率/m	波段类型	宽幅/km	覆盖周期/天
Landsat-8	OLI，TIRS	2013	B1：0.43~0.45	30	多光谱	185	16
			B2：0.45~0.51	30			
			B3：0.52~0.60	30			
			B4：0.63~0.68	30			
			B5：0.84~0.88	30			
			B6：1.56~1.66	30			
			B7：2.10~2.30	30			
			B8：0.50~0.68	15	全色		
			B9：1.36~1.39	30	多光谱		
			B10：10.6~11.2	30			
			B11：11.5~12.5	30			
SPOT-5	HRG	2002	PAN：0.48~0.71	2.5	全色	60	26
			B1：0.5~0.59	10	多光谱		
			B2：0.61~0.68	10			
			B3：0.78~0.89	10			
			B4：1.58~1.75	10			
Sentinel-2A	MSS	2015	B1：0.43~0.45	60	多光谱	290	10
			B2：0.46~0.53	10			
			B3：0.54~0.58	10			
			B4：0.65~0.68	10			
			B5：0.70~0.71	20			
			B6：0.73~0.75	20			
			B7：0.77~0.79	20			
			B8：0.78~0.89	10			
			B8A：0.85~0.88	20			
			B9：0.94~0.96	60			
			B10：1.36~1.39	60			
			B11：1.57~1.66	20			
			B12：2.11~2.29	20			

园林生态规划设计方法与应用

184

续表 3-4

卫星名	传感器	发射年份	波段范围/μm	分辨率/m	波段类型	宽幅/km	覆盖周期/天
高分一号	PMS	2013	B1: 0.45~0.90	2	全色	60	4
			B2: 0.45~0.52	8	多光谱		
			B3: 0.52~0.59				
			B4: 0.63~0.69				
			B5: 0.77~0.89				

(二)数字高程模型

数字高程模型(digital elevation model,DEM),是指通过坐标与高程数值对地形地貌进行描述的模型数据。由于 DEM 具有地形信息展示多样性、精度损耗低以及容易实现自动化、实时化等优势,因而成为地理信息科学中最常用的一种空间信息记录方式,是各类研究中进行高程、坡度、坡向、水文等空间分析的数据基础。

1. DEM 数据相关概念

数字高程模型在学界并没有完全统一的定义,并且存在着数字表面模型(digital surface models,DSM)、数字地形模型(digital terrain model,DTM)等与其类似且相关的数据概念(图3-6)。

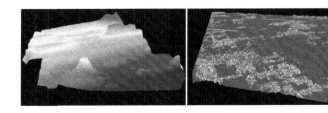 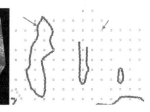

图 3-6　DEM、DSM、DTM 数据示意图

资料来源: Heidemann H. K., Lidar base specification [R]. U. S. Geological Survey Publication Warehouse,2012.

DEM 一般指过滤掉地表植被、构筑物等人工、自然地物,仅包括裸地地形地貌的垂直基准高程数据,即去掉地表桥梁、道路、树木等一切地物后的地表模型。该类模型常用于进行水文、土壤和土地利用规划等针对场地基础地形地貌的分析研究。

DSM 指包含地表植被、构筑物等人工、自然地物高程的地表数字模型。由于包含了"凸起"的植被和建筑信息,DSM 在地表环境视域、植被高度以及城市相关竖向规划设计过程中有着重要作用。

DTM 在不同国家有着不同的解释。部分国家 DTM 与 DEM 有着相同的含义。但在美国等一些国家,将 DTM 定义为由等高线、山脊线等三维折线和不规则三维点集组成的矢量数据集。其中三维点集记录了地表连续的高程数据,而三维折线更精确地记录了表面的形状特征。这种概念下,DTM 不再是与 DEM、DSM 一类的表面模型,而是一种辅助地表示测绘记录的离散矢量数据组合,可用于进一步生成 DEM、DSM 等表面模型。

2. DEM 中的栅格数据与不规则三角网数据

DEM 有栅格(raster)与不规则三角网(triangulated irregular network,TIN)两种常见的数据表现形式,对应了不同的数据结构(图 3-7)。两者均以空间坐标(投影)与该位置唯一的高程数据来反映 DEM 信息。其中栅格形式的 DEM 数据是将空间坐标划分成均匀的网格,以像元所在行列确定空间位置,以像元数值代表格点高程位置。栅格 DEM 具有搜索速度快、算法逻辑简明、存储结构简单的优点。但由于其数据框架过于僵硬,使其数据内存在大量冗余、无效数据,并且无法高效表达较为精细的空间特征,因而常被用于表述大尺度的地理空间形态特征。TIN 是最常见的非连续型 DEM。TIN 将空间中的高程点按照一定规则连接成覆盖整个区域且互不重叠的许多三角形,构成一个不规则三角网。由于采样点分布的不规则性,TIN 以三角形、边、点不同层级链表的形式保存几何空间信息,不仅需要保存采样点高程,同时还要保存采样点的坐标。TIN 为标准的矢量数据结构,由于不需要按照规则的序列记录大量冗余、无效的数据,因而具有可变的"分辨率",即可根据空间表面的复杂程度调整高程点的分布密度。在空间表面粗糙、复杂度高的部分,TIN 能包含大量的数据点,而当表面相对简单时,同样大小区域仅需少量数据便可表述清楚。但正是这些优点导致了其数据存储与计算的复杂性。

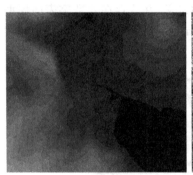 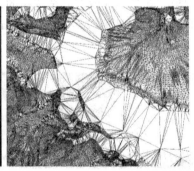

(a) DEM 栅格数据　　　　　　　　(b) TIN 数据

图 3-7　同一地形栅格与 TIN 的 DEM 数据示意图

无论是栅格还是 TIN,当前常见的 DEM 数据在相关分析过程中都存在非三维(二维半)的空间维度问题,即坐标与高程之间均为一对一的映射关系。这使得其仅能表述具有一定坡度的自然地形,无法表述人工环境中墙体、门孔、窗洞以及自然环境中树木、山洞等同一平面坐标下存在多个高程数值的垂直、悬挑特征。这直接导致以该类数据为依托的现有大量方法本质上并不适用于中小尺度的复杂景观环境,无法进行该尺度下存在人工构筑物以及复杂自然实体(树木、山石等)环境的相关分析。

3. DEM 栅格数据获取

DEM 栅格数据可通过传统测绘、三维激光雷达(light detection and ranging,LIDAR)、合成孔径雷达(synthetic aperture radar,SAR)、航空倾斜摄影等技术获取 DSM 或点云数据后,通过算法处理最终获取。

表3-5为包含我国数据的常用DEM数据集,这些数据基本均由航天(卫星、航天飞机)设备搭载的合成孔径雷达传感器获取。其中需要说明的是SRTM与ASTER GDEM V3数据以海平面所代表的大地水准面作为高程基准,而ALOS PRISM与TanDEM-X使用模拟地球表面的参考椭球作为高程基准;ALOS PRISM影像数据中提供的12.5 m分辨率DEM数据为处理后用于正射影像校正的参照数据,并非由PRISM传感器获取。

表3-5 包含我国数据的常用DEM数据集

名称	来源	分辨率/m	高程基准	垂直精度/m	水平精度/m	覆盖范围	获取时间
SRTMGL3	SAR	90	大地水准	16	20	N60°~S56°	2000 年
ASTER GDEM V3	SAR	30	大地水准	20	30	N83°~S83°	2000—2013 年
ALOS PRISM	其他数据	12.5	参考椭球	—	—	不规则	—
TanDEM-X	SAR	90	参考椭球	30	10	全球	2010 年至今

(三)三维点云数据

三维点云是以大量无序三维坐标(XYZ)表现空间实体表面的数据形式。"点云"中的"点"只是三维坐标的一种表现形式,同样可以用球体、体素等几何单元进行替代。除了三维坐标外,点云数据中每一"点"数据还可以包含色彩(RGB)、时间、法向量等信息。点云数据一般由激光雷达或倾斜摄影技术获取。激光雷达获取三维点云的方式是通过激光雷达传感器发射并接收反射回来的激光束时间差来计算环境中物体表面各采样点的三维信息。倾斜摄影主要通过不同拍摄位置和角度的照片,根据几何上的差值关系计算探测目标的相对距离,以此生成目标表面的三维点云数据。无论是激光雷达还是倾斜摄影,均包含地面和航空两种传感器搭载方式,地面搭设传感器获取三维点云主要针对建筑、桥梁等单体尺度较小需要细节的探测目标,而航空获取的三维点云主要针对城市、丛林等范围较大、细节要求相对较低的探测目标。

三维点云数据本身具有无序性、非结构化的特征。无序性体现在其获取的点云数据在排列分布、疏密上都具有随机性,非结构化表示"点"与"点"之间相互独立无固定的拓扑关系。无序性与非结构化特征使得三维点云仅能通过高程与法线关系进行简单的分类与分割操作,若要进行更为复杂的重建与分析,须首先转化为常用的有序数据(DEM、MESH网格等)或图像数据(图3-8)。

当前三维点云数据一般只能通过相关设备获取,但美国、澳大利亚等国家的部分城市政府网站将该城市的点云数据作为政府公开数据供相关人员研究使用。

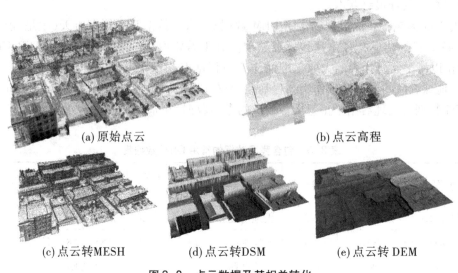

(a) 原始点云   (b) 点云高程

(c) 点云转MESH   (d) 点云转DSM   (e) 点云转 DEM

图 3-8   点云数据及其相关转化

（四）GNSS 数据

GNSS 数据指用户接收机接收到的卫星定位数据。为了设备间的通用,无论是我国的北斗卫星导航系统还是美国的全球定位系统均使用 NMEA0183 协议来传递数据信息。NMEA0183 协议以 ASCII 码来传递 GPS 定位信息,信息以"帧"的形式进行传递。每一帧GPS 信息可能会包含不同信息量的定位信息,一般包含 UTC 时分秒、经纬度、卫星数量、高程、差分延迟、基站等信息。GNSS 的主要优势在于实时动态精确定位,其数据直接在设备层面(用户接收机)就被解析传递至应用接口,经简单解析和计算便可获取相关定位、导航的直观信息,因而研究人员一般很少直接接触到 GNSS 数据。

（五）其他衍生空间数据

除了以上 3S"原生"数据外,还存在以原生数据为基础通过特定算法获取到的衍生数据。这些数据一般由专业人员以论文成果的形式进行发布,相较于通过 3S 平台逐步进行分析计算大大降低了获取难度,并能够保证稳定的误差值。生态研究常用的衍生数据主要包括土地覆盖数据、土壤空间数据、总(净)初级生产力地理空间数据等。

1. 土地覆盖数据

土地覆盖数据指描述地表被自然或人工营造物覆盖情况的地理信息数据。该类数据常由基于遥感数据像元相似性的(非)监督分类识别获取。当前公开的全球土地覆盖数据众多,其中有代表性的是 Dynamic World NRT 和 SinoLC-1 数据集。

Dynamic World NRT 是由谷歌发布的 10 m 空间分辨率实时土地覆盖数据。数据空间范围涵盖全球,时效为 2015 年 6 月至今。该数据集通过深度学习对 Sentinel-2 卫星遥感影像进行分类,共包含水体、草地、森林、淹没植被、农田、灌木、建设用地、裸地、冰雪在内的 9 种用地覆盖类型。Dynamic World NRT 数据最大特色在于其实时更新性。常见的土地覆盖数据一般为固定某时间段或逐年更新,发布时间往往无法满足相关研究应用的需求。Dynamic World NRT 基于谷歌地球遥感数据和云 AI 平台的计算,实时对最新公布的 Sentinel-2 卫星遥感影像进行地表覆盖分类(Sentinel-2 卫星的影像周期在 2 ~ 5 天范围内),极大地提高了数据及时性,同时也为多时空条件下的空间信息对比研究提供了丰富的研究语料。

SinoLC-1 是由武汉大学、中国地质大学团队基于深度学习和各类开放遥感、地图数据建立的我国土地覆盖数据集。该数据以 2021 年的各类开放遥感数据为基础,包含乔木、灌木、草地、耕地、建筑、道路、荒地、冰雪、水、湿地、苔地 11 个覆盖分类。该数据集为目前公开发布的关于我国空间分辨率精度最高(1 m)的土地覆盖数据集,并以我国的七个地理区域进行数据划分。其特意设置的"道路"分类更精确地描绘了我国城市的主体结构和细节模式,为城市相关的生态、规划、交通研究和实践提供了空间数据支持。

2. 土壤空间数据

土壤空间数据是指反映土壤属性在空间上分布特征的数据。由于土壤对农业、林业、畜牧业的发展具有十分重要的意义,从 20 世纪初期开始,研究人员就开始编制比例尺在 1∶2000 万至 1∶1 亿的全球土壤数据地图。但早期数据皆是源于土壤形成的原理以及根据地形、气候、植被、地貌推理而成,并非来自对于土壤本身的调查研究,这使早期数据的科学性存在问题。随着调研技术的发展,各国先后耗费大量人力、物力组织境内土壤的实地调研,并出版了早期纸质版"土壤地图"。由于土壤分类复杂,尚不能由遥感数据与机器学习进行分类识别,仅能通过传统调研的方式进行数据获取,因而当前常见的土壤空间数据大部分都是由之前纸质版数据数字化后的成果。

FAO/UNESCO 世界土壤地图是联合国粮食及农业组织与联合国教科文组织根据 1960 年第七届国际土壤科学联合大会的提议,于 1961 年开始组织编制比例尺为 1∶500 万的土壤地图。当前联合国粮食及农业组织官方网站上提供其矢量化 shapfile 数据。该地图的调查与编制耗费二十余年时间,直到今日依旧是唯一的全球土壤资源数据。

中国土壤类型空间分布数据是由席承藩院士组织调查、制图、审核的《1∶100 万中华人民共和国土壤图》数字化后的成果。网上可获得的该数据空间分辨率为 1 km。由于是纸质数据矢量化产品,因而还存在相关矢量数据。该数据采用了传统的"土壤发生分类"系统,共将土壤分为 12 纲,61 类,227 亚类。土壤属性数据库记录数达 2647 条,属性数据项 16 个,基本覆盖了全国各种类型土壤及其主要属性特征。另须说明的是,由世界粮食组织牵头的覆盖全球范围的高分空间分辨率"世界和谐土壤数据库"(harmonized world soil database,HWSD)中国部分的数据亦是由中国土壤类型空间分布数据所提供。

3. 总(净)初级生产力地理空间数据

总初级生产力(gross primary production,GPP)与净初级生产力(net primary production,NPP)反映的都是生态学中生产者通过光合作用等机制将无机物转化为有机物效率的指标,是碳达峰、碳中和研究中对于生态系统碳源汇时空分布特征的研究依据。其中,总初级生产力指单位时间、单位面积内生产者(植物)将无机物以有机物形式固定的能量总和,而净初级生产力是总初级生产力除去生产者自身呼吸作用碳损耗后的剩余部分。GPP、NPP 与制备的叶面指数及气候条件密切相关,其地理空间数据库往往由一段时间范围内的遥感数据植物、气温、降水相关波段数据计算获得。

MODIS 全球 NPP/GPP 数据集是由美国国家航空航天局（NASA）和美国地质调查局（USGS）合作开发，旨在提供全球植被生产力估算的空间数据产品。该数据集遥感数据源为 MODIS 传感器的遥感影像，提供 8 m 空间分辨率下累积天数为 8 天或 1 年的 14 类不同 NPP/GPP 数据供用户下载获取。该数据集由地面参考点实现数据校验，是目前最成熟也是使用最广泛的 NPP/GPP 数据集。

此外中科院地理科学与资源研究所提供我国领土范围内空间分辨率为 1 km 的 NPP 数据集。该数据集以 1985—2015 年中国陆地气象数据、全国土壤质地数据和基于 MODIS 和 AVHRR 遥感影像为数据基础，能够逐月反映我国各地区生态系统的能量转化能力。

三、基于 3S 技术的生态分析

RS 技术中的遥感数据分析和 GIS 空间分析是园林生态分析中最常使用的 3S 技术。生态分析中遥感技术的使用主要是通过对多光谱数据不同波段的计算和反演以此获得不同时空条件下大尺度地表环境特征。生态分析中的 GIS 空间分析主要包括针对 DEM 数据的地表特征分析、水文分析及以生态敏感性分析为代表的叠加分析。本书以包含地表植被分析在内的遥感数据反演和包含 CAD 测绘数据转 DEM 的 GIS 地表和水文分析两个案例展示基于 3S 技术的常见生态分析方法。

（一）遥感植被分析与地表温度反演

遥感的主要目的是通过影像探测地面地物特征。遥感影像数据多为反映地表辐射不同波段强度的数值，这些数值并不能直接反映地表的物理特征（如地物类型、地表温湿度），因而需要根据不同地物在不同波段上的辐射特征，结合相关经验指数的计算和模型反演，以此获取所需的地表物理特征。

1. 植被分析

植被指数是用于描述植被生长状况的指标。其原理是根据植被对阳光不同波段吸收反射的差异性，以遥感影像对应波段辐射数值的线性或非线性组合来反映植物生长状况并消除其他地物光谱造成的影响。当前各国研究人员提出的植被指数有上百种，常用的包括：归一化植被指数（NDVI）、比值植被指数（RVI）、差分植被指数（DVI）等等。

归一化植被指数（normalized difference vegetation index，NDVI）是最常用的植被指数。在遥感影像中，植被通常会吸收绿色和红色光线，而反射近红外光线。因此 NDVI 指数通过计算红光波段和近红外波段的反射率之比来描述植被覆盖程度和生长状况。

$$NDVI = \frac{NIR - RED}{NIR + RED} \tag{3-1}$$

式（3-1）为多光谱遥感影像 NDVI 计算公式，其中 NIR 为近红外波段辐射强度，RED 为红光波段辐射强度。NIR 与 RED 分别对应了常用 Landsat-8 OLI 的 Band5 和 Band4 数值、Sentinel-2 MSI 的 Band8 和 Band4 数值。NDVI 数据的数值范围在 -1 至 1 之间（在实际处理过程中会出现少量数据异常点），当 NDVI 数值为负时表示该位置有可见光高反

园林生态规划设计方法与应用

射,一般为水体;当 NDVI 数值为 0 时,NIR 和 R 近似相等,表示该位置为岩石或裸土等;当 NDVI 数值为正值时,表示有植被覆盖,并且数值随覆盖度的增大而增大。

一般由遥感影像计算 NDVI 数据的流程为:首先下载含有红光、近红外波段的卫星影像数据(Landsat 系列、Sentinel 系列、SPOT 系列等);其次通过 ENVI 等遥感影像处理软件进行预处理(辐射校正),预处理内容包括辐射定标和大气校正,以此将遥感影像中无物理意义的亮度值转化为具体的辐射数值并消除大气在遥感影像获取过程中产生的影响;最后通过遥感影像处理软件中的波段计算(Band Math)根据式(3-1)或直接使用 NDVI 工具生成 NDVI 数据。

植被覆盖度(fraction vegetation cover,FVC)是指植被(包括叶、茎、枝)在地面垂直投影面积占统计区域总面积的百分比,是植被覆盖浓密程度的直接指标。NDVI 尽管一定程度上也反映了植被的浓密程度,但其数值还包含其他地表类型等多重信息。FVC 的计算建立在对植被指数(NDVI)及其统计数值的近似估算之上。

$$FVC = \frac{NDVI - NDVI_s}{NDVI_v - NDVI_s} \tag{3-2}$$

式(3-2)为像元二分法估算植被覆盖度的计算方法,其中 NDVI 为该位置的 NDVI 数值,NDVIs 为无植被覆盖裸地处 NDVI 数值,NDVIv 为完全被植被覆盖处 NDVI 数值。在一般计算过程中,为了便于操作,常以整个研究区域 NDVI 统计数值累积概率5%和95%处的数值作为 NDVIs 和 NDVIv 的数值。

FVC 的数据计算流程为:首先,根据上述 NDVI 计算操作流程获取研究区域 NDVI 数值;随后,使用遥感影像处理软件的统计工具获取 NDVI 数值累积概率5%和95%处的数值;最后,使用遥感影像处理软件中的波段计算(Band Math)根据公式(3-2)计算生成 FVC 数据。

2. 地表温度反演

地表温度反演是通过相关物理定律和遥感红外波段数值计算地表温度的过程。地表对热的辐射能力与地表植被状况密切相关,因而反演过程也建立在上一节 NDVI、FVC 数据计算的基础之上。生态研究中常通过地表温度反演研究生态绿地下垫面对城市热岛效应的影响机制,以此为城市系统规划提供参照依据。此外,地表温度反演还对林火检测、旱灾检测、土壤湿度监测、全球大气环流模型构建、区域气候模型构建以及天气预报等生态相关领域具有重要的应用价值。地表温度反演的常用方法包括辐射传输方程法、劈窗法、单窗法,三者基本上皆是基于 Planck 辐射函数与辐射传输方程进行物理量反演。辐射传输方程法所需计算步骤相对较少,因而本书仅以辐射传输方程法介绍由 Landsat-8 OLI 传感器卫星遥感影像进行地表温度反演的原理和基本步骤。

$$T_s = \frac{K_2}{\ln\left(\frac{K_1}{B(T_s)} + 1\right)} \tag{3-3}$$

式(3-3)是由普朗克定律推导而出的,通过辐射强度计算地表温度的公式。其中 T_s 为地表温度(热力学温度,单位 K,数值减去 273.15 可转化为常用摄氏度);K_2、K_1 为遥感卫星传感器预设参数(对于 Landsat-8 Band10 则 $K_1 = 774.89$,$K_2 = 1321.08$);$B(T_s)$ 为传感器接收到的热辐射亮度。地表本身的热辐射、大气向上热辐射和大气向下热辐射的反射三部分经由大气衰减最终成为传感器接收到的地表热辐射。根据这一过程可知地表热辐射 $B(T_s)$ 的数值等于传感器获取到的数值排除掉大气产生的一系列热辐射影响后的数值。

$$B_i(T_s) = \frac{[B_i(T_i) - L_\uparrow - \tau_i(\theta)(1-\varepsilon_i)L_\downarrow]}{\tau_i(\theta)\varepsilon_i} \tag{3-4}$$

式(3-4)为根据传感器接收到的热辐射计算地表热辐射的公式。式中 $B(T_s)$ 为遥感卫星传感器接收到的热辐射强度(在 Landsat-8 OLI 传感器影像中,以波段 10 或 11 的远红外波段辐射强度作为传感器接收到的热辐射强度); ε_i 为地表辐射率; $\tau_i(\theta)$ 为通道 i 在传感器视角下从地面到遥感器的大气透射率; $L_\uparrow$ 和 $L_\downarrow$ 分别为大气向上和向下的辐射强度。$\tau_i(\theta)$、$L_\uparrow$、$L_\downarrow$ 等参数与遥感影像获取时的气象条件有关,可从影像数据头文件获取具体日期时间和中心经纬度后在美国航空航天局(NASA)专门网站提供的大气校正参数计算器(atmospheric correction parameter calculator)上获取。综上只需计算出地表辐射率(ε_i)并结合官方参数便可通过以上一系列公式对遥感数据进行反演获取地表温度数据。

国外学者通过对地表植被覆盖度构建加权提出了一种地表辐射率(ε_i)的计算方法:当植被覆盖率小于 0.2 时,则地表视为无植被覆盖裸地,地表辐射率可以取典型数值 0.973;当植被覆盖率大于 0.5 时,地表视为完全被植被覆盖,地表辐射率取典型数值 0.986;当植被覆盖率介于 0.2 与 0.5 之间时,则地表辐射率根据公式 $\varepsilon = 0.004Pv + 0.986$ 获得,为该处植被覆盖度。

如图 3-9 所示,卫星遥感影像反演地表温度的具体操作可分为以下步骤:首先,根据上节植被分析步骤对遥感数据进行基本的辐射定标和大气校正,计算出 NDVI 和 FVC 数据;随后,使用波段计算工具中的条件语句根据上述地表辐射率计算模型使用 FVC 数据计算地表辐射率;登陆 NASA 网站的大气校正参数计算器,输入遥感影响相关参数信息获取遥感影像拍摄时影响覆盖范围的大气透射率和向上、向下辐射强度,结合计算出的地表辐射率使用波段计算工具根据式(3-4)计算地表辐射强度,即黑体辐射强度;最后,根据黑体辐射强度数据通过式(3-4)与相关遥感参数获得最终地表温度反演结果。

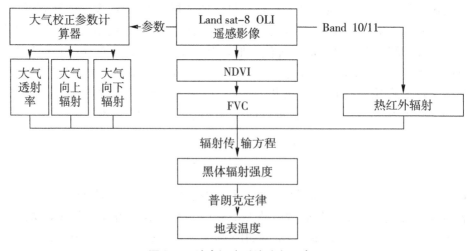

图 3-9　地表温度反演流程示意图

（二）地理信息系统 DEM 数据生成与水文分析

针对 DEM 数据的空间分析是 GIS 技术在园林生态研究中最常使用的功能。空间分析多依靠 GIS 软件平台提供的现有工具和算法，重点包含了 DEM 数据的获取与相关工具的应用。本节将通过 CAD 数据生成 DEM 和 GIS 水文分析两部分内容来对 GIS 进行空间分析的一般原理步骤进行介绍。

1. CAD 数据生成 DEM

DEM 数据是 GIS 进行相关空间分析的核心。尽管可以通过 ALOS、ASTER 等公开遥感数据获取最高 12.5 m 空间分辨率的 DEM 数据，但仍无法满足一些面向实际工程的空间分析需求。事实上，当前空间分析所依赖的 DEM 数据主要来源仍然是以 CAD 文件为主的测绘结果，常见的 CAD 测绘数据格式包括 dwg、dxf 等。这些测绘数据有的来自传统田野测绘，也有新型遥感技术生成的。

CAD 数据与 GIS 常用软件平台支持的矢量数据的最大区别在于几何要素与属性信息的组织模式。尽管二者底层数据逻辑一致（均是以几何类型进行组织），但在应用层面，CAD 以图层为索引进行数据的属性信息的区分与组织，而 GIS 软件平台则以几何类型（点、线、面）区分数据后再以图形个体索引组织属性信息。这一区别导致在 CAD 中以图层区别出的属性信息会在 GIS 软件平台中重新以几何类型进行拆分重组。因而在 CAD 测绘数据导入 GIS 软件平台前须进行数据清洗，保留包含高程信息的图形要素并删除其他图形要素。CAD 数据与 GIS 常用数据另一主要区别在于坐标投影定义方法。CAD 本身不包含坐标投影系统（但并不表示 CAD 数据无坐标投影，其坐标投影取决于测绘时使用的坐标投影），其存储的数据没有坐标投影标识。在导入 GIS 软件时须首先定义坐标投影。

CAD 数据生成 DEM 的一般步骤为：首先，导出 CAD 中包含高程信息的高程点和等高线要素至单独的文件，这些数据一般包含在"GCD""DGX""DM"等图层中，导出前须确认图形要素"特性"面板中的"标高"或"位置 Z 坐标"中包含高程数据；在 GIS 软件导入 CAD 数据前，须根据测绘文件（一般标注在测绘图分幅边缘）设置好坐标投影，若无法确定测绘信息，一般根据所在位置选择与我国测绘常用北京 54、西安 80、2000 国家大地坐标系相似的高斯克吕格 3 度带的坐标投影；通过对导入的 CAD 文件使用"导出数据"，选择使用与"数据框"相同的坐标系导出为 GIS 系统的要素类；在使用导出的要素数据制作 DEM 前，需进一步对数据进行清理，通过打开要素编辑器对要素"属性表"中高程存在明显异常值的数据进行删除；此外国内常见测绘 CAD 文件中的高程点以"图块"形式存在，导入 GIS 后除了在"点要素"中有数据外，"线要素"中也保留了点状圆形要素，须通过要素属性筛选删除，以免影响 DEM 的准确性；最后，通过 GIS 平台的"要素转 TIN"或"要素转栅格"生成所需的 DEM 数据（图 3-10）。

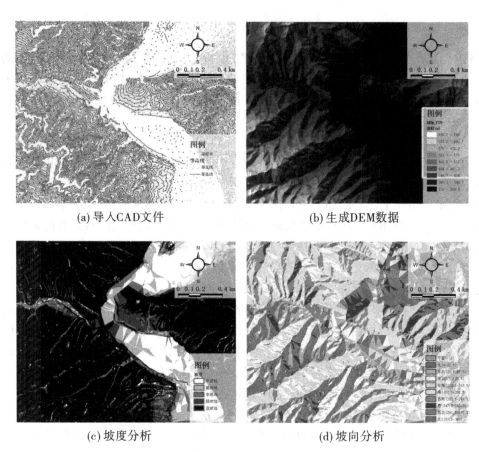

(a) 导入CAD文件   (b) 生成DEM数据

(c) 坡度分析   (d) 坡向分析

图 3-10　CAD 转换为 DEM 数据与简单地形分析

2. GIS 水文分析

　　GIS 空间分析是指从 GIS 空间数据中获取有关地理对象的空间形态、位置分布等特征。它是对地理空间现象的定量研究,其目的在于发现并量化空间数据中隐含的空间信息。常见的空间分析包含直接针对要素属性的统计分析、针对拓扑数据的网络分析和针对 DEM 的表面分析。其中针对 DEM 数据的空间表面分析是园林生态研究中最常使用的功能。常见的空间分析包含高程、坡度、坡向和水文分析,其中高程、坡度与坡向可直接通过栅格表面分析工具获取。水文分析包含多项具体分析,这些分析包含了一定的流程顺序,因而在这里进行详细介绍。

　　在园林生态研究中,水文分析可有助于分析了解地表径流状况,预测地形地貌改变对地表径流和动植物的影响,有效地降低污染企业对周边环境的影响。GIS 的水文分析一般包括填洼、流向、流量、盆域。其中填洼是其他水文分析的基础,其目的是排除地形中易被水填满的坑洼对整体水流流向的影响。流向代表该位置地表径流的方向,是通过比较所在位置栅格高程与周边栅格高程来确定具体方向。而流量代表该位置的流水累积量,当流量达到一定数值便可视其为具体的汇流路线。盆域又称流域或集水区域,指范围内所有径流共用一个出口的区域,不同盆域间的分割线即为"分水岭"。

如图3-11所示,使用GIS相关软件平台进行水文分析的一般步骤为:首先,将TIN等非栅格DEM数据转化为栅格格式;使用水文分析中的"填洼"工具对DEM数据进行填洼;对填洼后的DEM数据使用"流向"工具获取流向栅格数据;使用"流量"工具获取流量栅格;使用"栅格计算器"工具中的条件语句提取一定数值(例如5000)以上流量的栅格作为汇流路线,并可使用该数据通过"盆域分析"工具获得栅格盆域分区(图3-12)。

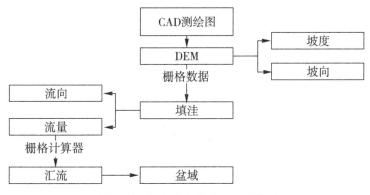

图 3-11　GIS水文分析流程示意图

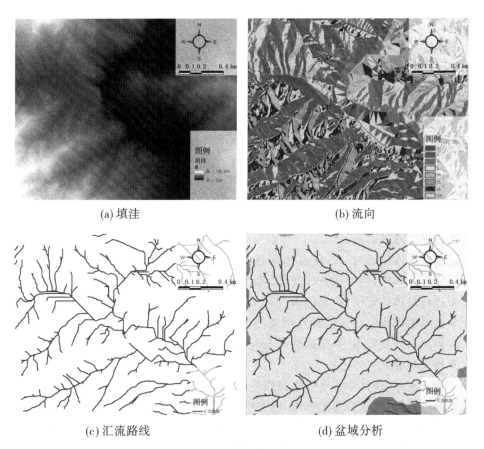

(a) 填洼　　　　　　　　　　　　　　　(b) 流向

(c) 汇流路线　　　　　　　　　　　　　(d) 盆域分析

图 3-12　GIS水文分析

第四节　园林生态规划基本方法

一、园林生态评价

（一）概念

园林生态评价是对园林生态系统中的各个组成成分的结构、功能以及相互关系的协调性进行综合评价，以确定该系统的发展水平、发展潜力和制约因素。也就是说园林生态评价是指应用生态学原理和方法，坚持综合、整体、系统的观点，坚持以人为本和可持续发展的思想，以园林生态系统为评价对象，对园林生态系统中各生态要素的相互作用及各个生态学子系统的组成结构、空间格局、功能效应、动态变化、协调程度及其存在的问题进行分析和评价。园林生态评价是园林生态规划、生态建设和生态管理的基础和依据。

园林生态评价在近些年发展很快，评价内容从最初关注园林结构和生态功能、效益的评价，逐渐扩展到园林生态系统的生态服务、生态健康评价、生态足迹以及生态风险评价，并最后发展到日益受关注的可持续性评价。

在评价方法上，最初是采用少数几个功能模型的定性评价方法，现在已经进入量化、多学科交叉、多功能评价阶段。目前，随着评价技术的不断改进，其评价方法已包括较多的生态功能类型，并引进了一些综合评价模型、评价程序，尤其是在 GIS 和 RS 技术支持下，其评价已能覆盖较大的地理区域。

（二）数据获取

准确无误的数据是园林生态评价的必要内容，但是数据的获取和整理又是一个复杂的过程。在方法上，通常有实地勘察与观测、大数据法、抽样调查、社会调查、入户访谈、问卷调查、查阅文献资料、网上开源数据库、部门咨询、遥感调查等。

1. 实地勘察与观测法

实地勘察通常需要对一些重点地区或重点项目进行实地观测、采样和调查，可以获得第一手资料。其中，野外调查与观测是园林生态学调查研究中不可缺少的方法。在调查之前要进行总体的定位，收集地表图和专题地图，对调查区及周围环境和各种地理学和生态学文献加以研究。开始野外调查与采样，为了进行统计处理，一般在分区内采用随机采样方法来收集数据，并根据被调查内容的属性决定调查的时间与次数。

2. 查阅文献资料

通过查阅文献、统计年鉴等搜集自然环境、自然资源、社会经济、生态环境质量、自然灾害等方面的资料，例如查阅地方志、历史档案材料、社会经济统计年鉴、人文历史材料、国民经济发展计划、政府工作报告、各种现有的规划资料（土地利用总体规划、城镇发展规划、部门发展规划、产业发展规划、环境建设规划）等以及地方政策法规等其他资料。

3. 网上开源数据库

在传统的数据库已无法满足当下生态评价需求的情况下,可以利用国内外各种类型的开源数据库。其中,遥感数据因其能够获取大面积区域信息、快速实时等优点,并且能结合 GIS 及其他空间数据,其应用在生态评价领域备受使用者们青睐。

由于遥感卫星可以同步地对大范围地区进行观测,迅速获得广大区域的生态评价信息,并且以其时效性的特点,可以在较短周期内对同一地区进行重复观测,在园林生态系统的动态评价及大尺度生态系统的评估中具有优势。

全球范围内可供使用的遥感数据种类较多,在实际应用中根据主题需求进行客观选择。通常主要考虑三个方面进行遥感数据选择:一是数据质量,主要包括传感器的空间、时间等分辨率以及云层覆盖率等;二是卫星覆盖区域,对能否顺利获得研究区的高质量数据起到至关重要的作用;三是数据价格,数据价格主要取决于空间分辨率,根据实际需求,选择适合的遥感数据。

(三)园林生态评价的方法

1. 评价指标体系

“评价”是对被评价对象的优劣、好坏作定量或定性的描述。“方法”是指为达到某种目的而采取的途径、步骤、手段、措施、办法等。由于每一个生态系统都是由复杂的多变量组成的。因此,对它的评价是一个十分复杂的体系,它包含着多种因素、多个层次、多个方面,是由一个庞大的评价指标体系构成。

在园林生态评价体系的构建中,主要包括评价指标与评价模型选取。建立园林生态评价指标体系,应先找出影响和表征生态评价对象的主要因子,然后建立指标体系,并加以量化和评价。其中,选择恰当的评价标准是成功进行生态评价的关键,一般评价标准来源有四个方面,即国家、行业和地方规定的标准、背景或本地标准、类比标准、公认的科学研究成果。

2. 评价指标体系建立原则

在建立园林生态评价指标体系之前,应该确定指标选择原则。生态环境评价必须要有一套明确的量化指标,指标体系的建立是生态环境评价的核心部分,是关系到评价结果准确性、可信性的关键因素。构建科学合理的生态环境评价指标体系应遵循科学性、系统性、独立性、可操作性基本原则。

(1)科学性原则

园林生态评价指标体系中,具体的指标选取、评价方法的确定等,必须建立在科学的基础上,要选取能反映生态系统结构、功能特征以及其他状况的指标,使评价结果能够客观反映出所要评价的生态系统的特征和问题。指标体系要将定性与定量相结合,以定量评价指标为主,并且尽量做到指标具有可比性,所采用指标的内容和方法都应做到统一和规范,充分考虑国家和部门的有关标准和规范。

(2)系统性原则

任何生态问题都不是孤立存在的,而是一个涉及资源、生态、社会等多方面的综合性概念。因此,园林生态评价的指标体系应是一个多因子构成的综合体,所选定的各个指标是能够全面、客观、真实地反映生态系统中相互作用、相互制约的多种因素。同时,指标体系内容划分清晰合理,涵盖全面无重复,层次清晰,即将指标体系分解为若干层次结构,使指标体系合理、清晰,便于分析。

（3）独立性原则

园林生态评价的指标概念必须明确,且具有各自独立的内涵,互不重叠。各指标在统计上独立,相互关联度小,各指标间无因果、矛盾、重复、交叉关系,同一层指标能够从不同的方面反映生态系统的特征和本质。

（4）可操作性原则

评估指标体系不仅要系统全面、科学客观,还要具备实用性和可操作性。首先,在科学的基础上且尽可能简单的前提下,选择易于获取且足够的数据量,数据采集应尽量节省成本,用最小的投入获得最大的信息量。其次,评价指标体系要完备简洁、计算方法简便,评价指标体系要大小适宜,要保证评价结果的真实性和客观性。

3. 评价模型

在评价方法中主要分为定性和定量评价两种,定性评价一般是选取一定的指标,根据指标的大小或者其对生态环境影响的优劣程度来进行评价;定量则是采用一定公式或者模型来对选择的指标进行一定的计算,并给予一个定量的标准,从而来对生态环境质量的优劣进行评价。

目前,国内外应用比较广泛的综合评价模型有层次分析法、指数评价法、模糊综合评价法、灰色关联模型、人工神经网络评价法、主成分分析法和遥感生态指数法等（表3-6）。

表3-6　主要生态评价模型

模型名称	描述	主要优缺点
层次分析法	系统性的分析方法,将定量分析与定性分析有机结合起来	优点是能建立概念清晰、层次分明、逻辑合理的指标体系;缺点是评价过程和思路简单,容易忽略一些因素
指数评价法	根据各指标的统计值与评价标准之比作为比分指数,最后得到评价综合指数	优点是能很好地体现生态环境质量评价当中的综合性及整体性;缺点是建立的常权值分布过大,难以反映生态环境的实际情况
模糊综合评价法	用模糊数学的隶属度理论对受到多种因素制约的事物或对象做出一个定量评价	优点是隶属度概念的引入使指标因子标准的划分和评价结果更接近实际情况;缺点是并不能有效地解决指标体系的建立和因子权重的确定问题
灰色关联模型	根据指标实际值与标准值之间变化趋势的相似度（关联度）来进行评价	优点是权重确定较为客观;缺点是必须首先确定主要因子,需要专家知识作指导
人工神经网络评价法	对已知环境样本先进行自学习,得到先验知识,学会对新样本的识别和评价	优点是不需要对各评价指标权值大小作出人为规定,具有客观性;缺点是选择样本数量是模拟质量的基础

模型名称	描述	主要优缺点
主成分分析法	利用降维的思想,把多指标转化为少数几个综合指标进行评价	优点是在保持样本主要信息量的前提下,提取少量有代表性的主要指标;缺点是得到的主成分的物理意义或者现实含义没有原来的变量那么清晰
遥感生态指数法	基于遥感信息提取技术,对代表区域生态环境的多种自然因子指标进行综合评价	优点是获取数据速度快捷,范围广,结果在不同时空尺度下具有可扩展性、可视化和可比性,而且能够减少人为因素的影响;缺点是只适合陆地研究,对水域面积广的地区需要进行水体掩膜处理

其中,层次分析法(AHP)是一种新的定性与定量相结合的系统分析方法,它将决策者对复杂对象的决策思维过程数量化,具有较广泛的实用性。其基本过程是首先将复杂问题分解成递阶层次结构,然后将下一层次的各因素相对于上一层次的各因素进行两两比较判断,构造判断矩阵,通过对判断矩阵的计算,进行层次单排序和一致性检验,最后进行层次总排序,得到各因素的组合权重,并通过排序结果分析解决问题。它可以对非定量事物作定量分析,对人们的主观判断作客观描述。

此法把人们决策中的思维过程数学化,从而可以为无结构性的多准则、多目标的决策问题提供更加简明的解决方法。

(四)生态评价的程序

园林生态评价的程序可分为制订评价计划、资料收集和调查、实施分析评价和提出评价成果 4 个阶段。

1. 制订评价计划

首先,要确定研究区域范围,确定评价主体的地域范围、社会经济和生态过程;其次,要确定评价的目标和要求、评价的主要内容及评价指标;最后,要制订工作计划,包括对评价成果的要求、所需的信息资料调查研究的方法(如实地调查样方的设置等)、工作进程安排、费用估算等。

2. 资料收集和调查

主要包括以下几个方面:

(1)自然地理概况:气候条件,包括温度、年日照时数、无霜期、年太阳辐射量、降水量等;地质地貌,如地质构造、山体地形等;土壤类型及土壤资源调查;水资源调查,如河流水情要素调查、湖泊和沼泽调查、地下水调查等。

(2)社会经济状况:包括城镇经济地理区位、经济状况分布情况、主要产业及发展方向、人口现状与发展趋势等。

(3)国土空间规划:区域发展规划、城乡总体规划、土地利用总体规划、主体功能区规划等各类涉及空间要素的其他总体规划。

(4)城镇各类图面资料:包括地形图、景观分布图、地理信息资料等。

(5)社会人文情况:当地风土人情、物质与非物质文化、历史文化遗产等。

（6）城镇环境现状：包括大气环境、水、土壤环境质量调查，土地利用现状等。

（7）生物情况调查：生物调查内容主要有动植物物种，特别是珍稀、濒危物种的种类、数量、分布、生活习性、生长、繁殖及迁移行为等情况。

（8）生态系统调查：主要调查生态系统类型、特点、结构与功能等。

3. 实施分析评价

在充分掌握资料的基础上，根据评价的目标、要求，分析与筛选生态评价因子，设计和建立指标体系，确定指标标准，选择评价方法，从局部到整体、从单项到综合进行分析和评价。

4. 提出评价成果

对资料、现状进行分析后，可以得出评价的结论与建议，完成成果的编制工作，成果的报告可包括文字材料和图片、表格资料。

二、生态敏感性评价

（一）概念与历史沿革

在生态学研究的范畴中，生态敏感性的研究是至关重要的研究内容。生态敏感性是指在不损失或不降低环境质量的情况下，生态系统（区域）对外界压力或外界干扰适应的能力。简单来说，是指生态系统对各种环境变异和人类活动干扰的敏感程度，生态敏感性越高的区域，越容易被破坏，面对人为损害的恢复能力就越差。

20 世纪 90 年代，我国的自然环境不断出现了水土流失、沙漠化等生态问题，此时开展了有关生态保护分区、生态敏感性分析等方面的研究工作。2001 年，欧阳志云提出生态脆弱度和生态敏感的关联性，并且提出了生态环境敏感性的概念。发展至 21 世纪初，生态敏感性的评价体系和研究方法逐渐成熟，在生态文明建设中的自然生境和气候改善等方面发挥了重要的作用。

生态敏感性评价，主要是明确区域内由于自然和人为因素可能造成的生态问题及其危害程度，通过对敏感区域进行划分，针对不同区域的生态现状制定相应的修复和保护措施，帮助生态系统可以更快的恢复原貌，其最终的目标是实现区域内人与自然的和谐可持续发展，进一步实现区域经济、社会发展。

生态敏感性评价的核心是通过对各生态要素和实体属性分析，得到各要素属性敏感性系数大小，明确不同敏感区分布规律与特征，形成生态环境保护、恢复、修复的分级依据。其主要内容包括：在现状评价的基础上，明确区域可能发生的主要生态环境问题类型与可能性大小；根据主要生态环境问题的形成机制，分析其区域分异规律，明确特定生态环境问题可能发生的地区范围和可能程度；针对特定生态环境问题进行评价，然后对多种生态环境问题进行敏感性的综合分析，明确区域生态环境敏感性的分布特征。

生态敏感性评价能够起到非常关键的分析指示和判断的作用。分析评价的结果能够清楚明确地反映场地中每个生态区块的敏感性水平高低和相应的位置和面积，将问题准确落实在相应的目标地段，其评价分析的结果可以直接指导后期园林生态规划设计的工作，为区域生态风险防控以及生态安全保障提供决策依据。

在研究对象和尺度方面,早期生态敏感性研究多集中于雨林、大陆架等大尺度范围的生态系统。近年来,国内学者对生态敏感性的研究越来越全面,从单一的生态问题到多尺度、大范围等生态问题;从区域生态问题到大尺度空间生态问题;从自然环境生态问题到城市生活环境生态问题。例如,研究自然灾害多发或环境问题易发区域、河道或流域、土壤及土地利用,或者研究风景区规划、森林公园、自然保护区等的生态敏感性。研究的深度从国家、省域、市县域、流域延伸至乡镇域和行政村。

(二)评价方法与技术

生态敏感性评价方法在不同的历史阶段、社会背景、生态本底之下有着不同的特征。在生态敏感性评价过程中,往往需要对研究目标进行合理制定,生态敏感性的评价通常是需要将定性判断和定量计算有机地结合起来才能实现。

目前,生态敏感性评价是在 Arc GIS 的支持下,采用定性与定量相结合的方法进行评价,包括直接叠加评价法、加权叠加法、生态影响因子组合法三种。其中,加权叠加法因其容易理解、操作简单,被广泛应用。

加权叠加法是将选择的各个评价因子进行分级,在 Arc GIS 的支持下建立各评价单因子专题图,然后确定各个因子的相对权重,利用 Arc GIS 的空间叠加分析功能,进行综合评价,得出生态敏感性分布图。

1.评价指标的筛选

由于区域生态环境的千差万别,不同生态系统所处的自然、社会和经济环境不同,所以针对其生态敏感性评价的标准和指标也存在差异。常见的敏感性评价因子见表3-7。

表3-7　常见的敏感性评价因子

因子	生态敏感性选取依据
海拔	影响土地利用类型、动植物分布、水土流失等情况。一般低中海拔的平原、台地、丘陵或小起伏山地等地貌类型的生态敏感性取值较低,中高海拔以上的山地生态敏感性取值较高
坡度	直接影响光照,间接影响小气候。一般按照（5°、15°、25°）、（5°、8°、15°、25°）、（5°、10°、25°）等几种范围值划分为平、缓、中、陡、急等不同坡度类型,敏感性分级取值也随着坡度由低到高逐渐增强
坡向	直接影响日照时间及温度,影响植物采光。我国大部分区域,尤其是北方地区,植物生长状况和丰富度指数方面均体现出阳坡优于阴坡的结论。因此,北向山坡的生态敏感性更高,遭受破坏后更难恢复
植被	通过稀疏程度及植物覆盖度差异性影响了绿色植被的丰富程度和植物生长状况。一般呈现裸地、农田、人工植被、灌草、地带性天然林和次生林等不同类型由低向高的递进分级趋势。植被覆盖方面常用归一化植被指数（NDVI）作为场地敏感分析的量化指标
水系	一般水系对研究区的生态质量均有较大的影响。距离水源越近,敏感性越高,反之越低。可以依据缓冲区的办法,根据距离水源的远近判别敏感性

因子	生态敏感性选取依据
人为干扰	人为干扰因子中最常用、最直观的即是土地利用,其实质和含义与"土地覆盖类型"相近。常见的分级大多依据用地的人为干扰和改造强度来划分。一般建设用地敏感度最低,滞留地、人工林、天然灌草林地等土地类型敏感度逐步升高

在建立生态敏感性评价时,一般按照隶属关系,常常建立三层评价体系框架,即目标层、准则层、指标层。其中目标层为生态敏感性,准则层为一级生态敏感因子,指标层为二级敏感因子,各生态因子之间应相互独立。例如,孙琳琳等(2022)在郑州黄河风景名胜区生态敏感性评价中,基于实际调研情况,选取地形地貌(高程、坡度、坡向)、自然条件(水体缓冲区、植被覆盖度)、风景资源(自然景源、人文景源)、人类活动(用地条件、道路交通、人口数量)4 个方面作为准则层,从准则层中选取 10 个单因子作为指标层,构建郑州黄河风景名胜区生态敏感性评价体系(表 3-8)。

表 3-8　研究区生态敏感性评价体系

目标层 A	准则层 B	指标层 C
郑州黄河风景名胜区生态敏感性评价 A	地形地貌 B1	高程 C1
		坡度 C2
		坡向 C3
	自然条件 B2	水体缓冲区 C4
		植被覆盖度 C5
	风景资源 B3	自然景源 C6
		人文景源 C7
	人类活动 B4	用地条件 C8
		道路交通 C9
		人口数量 C10

2. 评价因子的权重计算

加权叠加法加入了评价因子的权重计算,权重的计算结果是衡量各单因子对目标的影响程度的重要指标,权重越高说明该因子对目标结果的影响越大。权重的设置和确定是评价工作过程中十分重要的步骤,一般都是通过专家打分方法结合多维度的层次性分析方法来实现。

目前常常采用 AHP 层次分析法,在 yaahp 软件和 GIS 的平台,使用专家打分法和加权叠加法,对因子进行评价,数据叠加,可视化展示。例如,孙琳琳等(2022)采用 AHP 层次分析法借助 yaahp10.3 软件,运用 1～9 标度法,两两比较同一层级指标间的相对重要性,以此构建判断矩阵,使评价结果通过一致性检验,计算得到研究区单因子评价指标权

园林生态规划设计方法与应用

重(表3-9)。

表3-9　研究区生态敏感性单因子评价指标权重

指标层	高程	坡度	坡向	水体缓冲区	植被覆盖度	自然景源	人文景源	用地条件	道路交通	人口数量
权重	0.0379	0.0595	0.1451	0.0895	0.2237	0.0502	0.0753	0.2234	0.0615	0.0338

3.评价的分级标准

依据国家的相关规范,一般将生态敏感性评价划分为不敏感区、低敏感区、中度敏感区、高度敏感区和极高敏感区5个等级的区域,并分别赋予1、3、5、7、9的分值对各评价因子进行数量标准化标注。生态敏感因子分级标注释义见表3-10。

表3-10　生态敏感性等级划分释义

等级	释义
极高敏感区	这些区域植被丰富且脆弱,在维持生态系统稳定性和其良好生态服务功能等方面都具有重要作用。这些区域在自然和人为作用下极易出现生态环境问题,一旦出现破坏干扰,可能会给整个生态系统带来严重破坏,因此属于生态重点保护地段
高度敏感区	通常生态环境相对稳定,但是在自然和人为作用下可能会破坏其原有生态环境,造成一定的生态环境问题。保护要求一般与极高敏感区类似。应避免破坏原有生态环境,严格控制污染物的排入,并积极进行生态修复,提高生物多样性和生态系统稳定性
中度敏感区	此类区域能承受一定的人类干扰,可进行适当开发,可划为控制发展区,控制用地形式、建筑密度、游客数量及游赏活动开展的方式,鼓励发展生态产业
低敏感区	一般是指坡度平缓、海拔较低、远离水源地,人类活动较为频繁、植被生物多样性差的区域。此类区域可沿用土地利用现状,划为适宜发展区,能承受一定强度的开发建设
不敏感区	多为居民点集中分布的区域,面临的生态压力小。在保证环境保护的前提下进行相应的建设活动

在不同类型的生态敏感性评价中,影响因子的等级判别标准不同。例如,张蜜等(2019)在苍南县玉苍山风景区生态敏感性评价中,11个指标因子均需要制定详细的分级标准(表3-11)。

表3-11　各评价因子分级标准

评价因子	指标因子分级标准				
	不敏感(1)	低敏感(3)	中度敏感(5)	高度敏感(7)	极高敏感(9)
高程(C1)	海拔6～156 m	海拔156～332 m	海拔332～504 m	海拔504～700 m	海拔700～926 m
坡度(C2)	0°～15°	15°～25°	25°～30°	30°～45°	45°～90°

评价因子	指标因子分级标准				
	不敏感（1）	低敏感（3）	中度敏感（5）	高度敏感（7）	极高敏感（9）
坡向（C3）	南	东南、西南	东、西	东北、西北	平面、北
河流（C4）	>100 m	50～100 m	30～50 m	15～30 m	0～15 m
湖泊（C5）	>800 m	200～800 m	100～200 m	50～100 m	0～50 m
植被类型（C6）	建筑、无植被、岩石区	竹林、灌丛	针叶林	混交林	阔叶林
自然景源（C7）	>600 m	350～600 m	200～350 m	150～200 m	0～150 m
人文景源（C8）	>600 m	400～600 m	250～400 m	150～250 m	0～150 m
景源密度（C9）	无	稀疏	较稀疏	较密集	密集
道路交通（C10）	>80 m	50～80 m	30～50 m	15～30 m	0～15 m
土地利用类型（C11）	旅游设施用地、居民社会用地	—	林地		风景游赏用地

资料来源：张蜜，陈存友，胡希军. 苍南县玉苍山风景区生态敏感性评价［J］. 林业资源管理，2019（4）：92－100，150.

4. 生态敏感性评价步骤

生态敏感性评价一般分为以下几个步骤：数据获取；因子选取、分级及评价；权重确立；求取评价结果值及分级标准确定。

（1）对生态敏感性评价的对象进行确定，明确评价目标和时空范围。

（2）获取数据。通过生态调查、资料收集等渠道，获取各种有关因素，比如地形、坡度、坡向、高程、水体、汇水、土地开发和利用方式。

（3）筛选生态敏感性的评价因子，充分结合现状条件，参考文献研究，征求专家意见，保证评价因子的客观性、可行性。

（4）确定各个因子的分级标准，进行单因子生态敏感性分析，绘制单因子评价图。

（5）利用专家打分法对上述因子进行重要性排序，并使用 yaahp 软件对因子进行权重计算和一致性分析。

（6）利用加权叠加法进行生态敏感性的综合评价，根据评价结果，筛选划分敏感性综合评价等级，绘制综合评价图。

三、生态适宜性评价

（一）概念与历史沿革

生态适宜性评价作为一种生态评价的方法，是园林生态规划的核心，其目标是对研究范围进行资源环境特征、未来发展需求、资源利用与保护要求等状况进行深入分析后,选择其中能够代表其生态特征的因素,针对某一特定用途下的生态适宜性和限制性的程度进行评价,继而划分评价等级,服务于其最理想的保护开发及利用方式。

"生态适宜性评价"这一名词最初出现在土地资源利用与规划领域。1969 年,英国著名园林设计师、规划师和教育家麦克哈格出版了《设计结合自然》(Design With Nature),该书创造性地摒弃了以往常用的土地功能分区规划法,转而强调生态学原则和土地的适宜性分析方法,即土地的规划与利用应该遵从自然的固有价值和演进过程。同时,麦克哈格也完善了以生态因子调查、分析、评价和图纸叠加技术为核心的生态规划方法,提出了以地质学、气象学、地理学、生物学、社会学等为基础的"千层饼"模式,从而将风景园林设计引向了科学的境界,成为世纪风景园林设计发展史上的一次最为重要的革命。

20 世纪 70 年代,联合国教科文组织(UNESCO)在"人与生物圈计划"中明确提出,要将生态学理论作为城市规划和建设的指导理论,从生态可持续的角度来关注整个城市或更大范围内的生态过程,这使生态适宜性评价从农用地评价扩大到城乡规划领域,由概念性的形态描述发展为定量化的综合分析。这一时期,生态适宜性研究开始由早期的简单定性描述发展到半定量的评价阶段,但其研究视角尚未转到区域发展的整体性和综合性上。

20 世纪 90 年代,很多发达国家提出了"都市区生态功能区划"的概念,并将生态适宜性评价技术较好地运用其中,广泛应用到诸如农业、物种栖息地、地质适宜性、公共基础设施选址、城市扩张、环境影响评价和景观规划等方面,先后建立起了因子组合法、整体综合法、数理统计法、因素分析法和逻辑规则法等评价方法。

21 世纪至今,生态适宜性评价针对生态环境的脆弱区域的评价明显增加。研究领域的拓展尝试使得生态适宜性评价应用日益广泛,针对特定功能区域进行的单一用途生态适宜性评价备受重视。这其中既包括不同土地类型对耕地质量、城市开发、区域重建、恢复植被、基础设施等单一土地类型的适宜等级评价,也包括具体生境类型的拓展应用。

我国有关生态适宜性评价的研究是伴随着城市化进程而逐渐增多的。国内学者将适宜性评价用于农业、工业、环境等多个领域。目前,国内生态适宜性评价的应用已经非常广泛,在各个领域中都有较为实用的应用,为城市规划、土地开发以及环境治理等决策提供了参考依据。

(二)评价方法与技术

早期,生态适宜性评价大都采用手工制图的方法,如景观单元法、筛网制图法和灰调子方法等。筛网制图法最早起源于英国,曼宁于 1916 年首次将其应用在城市土地选址工作中,方法原理是设定一些限制性因素为标准,去除掉与规划要求不符合的地区,剩下适宜的区域,故又被称为"筛网法";麦克哈格提出了一种以生态因素叠合为特征的分析法,被称为"生态因子叠置法",其基本原理是将自然环境、社会经济等不同量纲的因素通过数学叠加成综合评价图,运算公式简单,形象直观。碍于当时的技术手段,他使用灰阶图像表达每个因子的适宜性等级,从而对不同因子进行叠加求得最终用地适宜性,俗称为"灰调子法"。

20 世纪 60 年代开始,随着计算机的普及和地理信息系统(GIS)的引入,把适宜度评价从手工方式中解脱出来,使得生态适宜性从单线程评价体系升级优化到多线程评价体系。"生态因子叠置法"可以方便地通过地理信息系统软件(GIS)中的地图代数、空间分析等工具箱实现,很好地提升多变量决策分析的科学性,使分析结果更加准确,因此成为目前应用范围最广的生态适宜性评价方法。

目前,国内外都将生态适宜性评价方法应用到了景观规划、城市建设、农业资源等众多领域当中,所使用的评价方法根据评价研究的对象不尽相同,主要是采用地理信息系统与数学模型及景观生态学理论相结合的方法。

1.评价指标的筛选

生态适宜性评价模型指标较为复杂,在评价过程中,对生态因子指标的选择是极为重要的环节,用地类型不同,地区不同均影响评价模型的因子选取。现代生态规划的奠基人麦克哈格在里士满园林大道建设用地的适宜性分析中,以社会、经济、自然等方面的16个指标作为评价准则,并运用叠图法最终确定了用地的适宜性等级。1976年,联合国FAO(联合国粮食及农业组织)公布的《土地评价纲要》促进了土地生态适宜性评价指标体系的发展。

在实践中,生态系统受到多种生态因子共同影响,包括气象水文、地质结构、地形地貌、土地资源、矿产资源和动植物等自然属性以及景观、文化等人文特征。一般情况下,生态适宜性评价往往要根据环境指标的不同,评价目的的不同而调整确定评价模型。而且,各个评价因子并不是完全独立的,评价因子之间存在一定的联系,它们相互制约又互相影响。原则上要综合考虑自然属性和社会经济因素,做到二者兼得,在分析因子的选择上应遵循综合性、主导性、差异性、不相容性、限制性、定量性等原则。

在开展适宜性评价时,需要根据研究区域的实际地形、气候特点以及社会经济状况等,筛选能够表征研究区生态状况的环境因子。对城市植被覆盖率、水资源利用情况、用地类型等要有充分了解。例如,曹胜昔等(2022)应用德尔菲法与层次分析法,从生态、生产与生活空间状态的适宜性对张家口市崇礼区冬奥生态风景道进行功能适宜性评价(表3-12)。

表3-12　生态风景道功能适宜性评价的空间要素

目标层	要素准则层	一级要素层	二级要素层
生态风景道功能适宜性评价	生态空间	林地生态空间	林地、灌木林地、其他林地
		牧草生态空间	天然牧草地、其他草地
		水域生态空间	河流、湖泊、水库、坑塘、内陆滩涂
	生产空间	农业生产空间	水田、旱地、果园、茶园、其他园地、设施农用地、水工建筑用地
		工矿生产空间	工业用地、采矿用地、仓储用地
	生活空间	道路游憩空间	交通设施用地、休闲驿站、观景台
		乡村生活空间	农村宅基地
		其他生活空间	风景名胜设施用地、特殊用地

2.评价指标的权重确立

权重问题是生态适宜性评价模型量化过程中的一个关键。权重指该指标在整体评价中的相对重要程度,一般对影响程度大的因子赋予较大权值。早期的实践运用中大多依靠研究者的主观臆断,后来逐渐演化出了熵权法、层次分析法、局部惩罚性变权法、隶属度评价法等权重确定方法,从某种程度上减少了评价结果的主观性。具体操作时,往往运用专家评分以及层次分析法(AHP)确定不同因子的权重,在叠加过程中,将每个生态因素的适宜性等级乘以权重,最后求和得到综合的适宜性分析值,一般分数越高代表越适宜(表3-13)。

表3-13 生态风景道三生空间功能适宜性评价因子权重

目标层	准则层	权重/%	指标层	权重/%	因子层	权重/%
生态风景道三生空间功能适宜性评价	生态空间	40.461	林地生态空间	13.478	坡度(适宜林地生长的坡度指标)	4.546
					植被覆盖度	8.932
			牧草生态空间	7.309	坡度(适宜牧草生长的坡度指标)	3.147
					植被覆盖度	4.162
			水域生态空间	19.674	水质(国家水质规范要求)	9.153
					距水域距离(生境廊道宽度确定)	10.521
	生产空间	31.197	农业生产空间	21.804	土壤性质	10.910
					坡度(适宜农业生产的坡度指标)	10.84
			工矿生产空间	9.393	坡度(适宜工业生产的坡度指标)	3.237
					产业类型	3.532
					对环境的影响	2.624
	生活空间	28.342	道路游憩空间	19.743	交通便捷度	3.562
					视域	5.358
					道路游憩空间距水域距离	3.713
					观赏性	7.110
			乡村生活空间	5.314	乡村级别(国家级、省级、市级、县级历史文化名城或传统村落)	2.211
					风景道距村庄的距离	3.103
			其他生活空间	3.285	风景名胜资源(国家级、省级、市级、县级)	1.054
					风景名胜资源或历史文化资源距风景道的距离	0.960
					历史文化资源(世界级、国家级、省市级、县级)	1.271

3.评价的分级标准

针对集中功能的区域进行生态适宜性评价时,可以对评价标准进行等级划分。等级越高,则其相应的适宜性越强,等级越低则其适宜性也会相对变低。

生态适宜性等级可以分为三级,即非常适宜、基本适宜、不适宜。非常适宜是指土地可持久地用于某种用途而不受重要限制,不至于破坏生态环境、降低生产力或效益;基本适宜是指土地有限性,当持久用于规划用途会出现中等程度不利,以至于破坏生态环境、降低效益;不适宜,指有严重的限制性,某种用途的持续利用对其影响是严重的,将严重破坏生态环境,利用勉强合理。也可以划分为五级,即最适宜、高适宜、中适宜、低适宜、不适宜(表3-14),数值大小与该因素生态适宜性的大小成正比。

4.评价程序

(1)确立具体的研究方向、目的和范围;

(2)搜罗有关的地理和人文相关方面的资料;

(3)选择特定研究区域影响生态因子,建立评价标准;

(4)单因子分级评分,绘制单因子图;

(5)利用层次分析法确定各因子所占的权重,求取分析成果;

(6)把每个评价因子叠加;

(7)将综合适宜性划分为不同区域。

表3-14 生态风景道三生空间功能适宜性评价标准

准则层	指标层	评价因子	评价因子定量描述				
			最适宜区域	高适宜区域	中适宜区域	低适宜区域	不适宜区域
生态空间	林地生态空间	坡度	0~<5°	5°~<10°	10°~<15°	15°~<25°	≥25°
		植被覆盖度	>0.40	>0.35~0.40	>0.30~0.35	>0.25~0.30	≤0.25
	牧草生态空间	坡度	0<5°	5°~<15°	15°~<25°	25°~<35°	≥35°
		植被覆盖度	>0.42	>0.35~0.42	>0.30~0.35	>0.20~0.30	≤0.2
	水域生态空间	水质	I类	II类	III类	IV类	V类
		距水域距离	0~<10 m	10~<30 m	30~<50 m	50~<100 m	≥100 m
生产空间	农业生产空间	土壤性质	棕壤土	褐土	栗钙土	潮土	盐渍土
		坡度	<2.5°	2.5°~<5°	5°~<10°	10°~<15°	≥15°
	工矿生产空间	坡度	<2.5°	2.5°~<5°	5°~<10°	10°~<20°	≥20°
		产业类型	M0产业研发	M1一类工业	M2二类工业	H5采矿业	M3三类工业
		对环境的影响	没有影响	基本无影响	有一定影响	有较大影响	影响很大

准则层	指标层	评价因子	评价因子定量描述				
			最适宜区域	高适宜区域	中适宜区域	低适宜区域	不适宜区域
生活空间	道路游憩空间	交通便捷度	非常便捷 <50 m	比较便捷 50~<100 m	一般 100~<200 m	不太便捷 200~<500 m	无交通 ≥500 m
		视域	完全可见	大部分可见	基本可见	小部分可见	不可见
		道路游憩空间距水域距离	0~<10 m	10~<30 m	30~<50 m	50~<100 m	≥100 m
		观赏性	景色丰富	景色较丰富	景色一般	景色不太丰富	景色不丰富
	乡村生活空间	乡村级别	国家级历史文化名村	省级历史文化名村	市级历史文化名村	县级历史文化名村	普通村庄
		风景道距村庄的距离	<100 m	100~<200 m	200~<500 m	500~<1000 m	≥1000 m
	其他生活空间	风景名胜资源	国家级重点	省级	市级	县级	无
		风景名胜资源或历史文化资源距风景道的距离	<100 m	100~<200 m	200~<500 m	500~<1000 m	≥1000 m
		历史文化资源	世界级遗产	国家级	省/市级	县级	无

四、生态系统健康评价

(一)概念与历史沿革

生态系统健康是一门研究自然系统、人类活动和社会组织的综合性学科,它所倡导的不仅是生态学的健康,而且还包括经济学的健康和人类健康。

20世纪40年代,美国著名的生态学家、土地伦理学家奥尔多·利奥波德首次明确提出土地健康的概念,并使用土地疾病一词来描述土地功能紊乱。此后,生态环境保护、自然环境资源的合理开发利用和维持生态系统健康及可持续性逐渐引起国外学者的关注。

1992年科斯坦撒在前人研究成果的基础上提升了生态系统健康的概念。他认为,健康是生态系统的内稳定现象、健康是没有疾病、健康是多样性或复杂性、健康是稳定性或可恢复性、健康是有活力或增长的空间、健康是系统要素间的平衡,并提出用活力、组织结构和恢复力三项指标构成生态系统健康评价的维度。

目前,生态系统健康状态的评价在生态系统管理中十分重要,已经成为生态系统综合评估的核心内容和宏观生态学研究的热点。生态系统健康评价的结果有助于管理者获取生态系统在某特定时间的健康状况,诊断出其影响因子和关键问题,针对出现的问题采取相应的修复和管理措施,从而有利于促进生态系统的可持续发展。

近年来,国内外学者展开了针对不同生态系统类型的生态系统健康研究方法探索。杨志峰等(2005)提出了基于生态系统健康的生态承载力概念,并应用于流域水电开发中;陈亮等(2008)认为,生物多样性是森林生态系统健康维持的基础,维护生物多样性是生态系统管理中不可或缺的部分;刘等(2009)引入能值分析理论评价城市生态系统健康;康奈尔(2010)论述了可持续生计与生态系统健康的协同关系;萨卡尔(2011)分析了农业生产的可持续性对生态系统健康的影响;桑丁等(2012)倡导将演替理论用于定量海洋生态系统健康。

我国关于生态系统健康评价的研究已全面展开,涉及的研究领域也更加广泛,主要包括湖泊生态系统、草原生态系统、土壤生态系统、城市生态系统等。在评价方法方面,逐渐从单一的指标评价发展到将影响外源因子、特征结构、服务功能、生态经济等因素相结合的多指标体系评价。

(二)评价方法与技术

随着生态系统健康研究的深入,评价方法已由最初定性的简单描述发展为现今定量的较为精确的判断。目前,常用的评价方法有指示物种法和指标体系法。指标体系法是根据生态系统的特征和其服务功能建立的指标体系,采用数学方法确定其健康状况,常见的有 VOR 指数模型、PSR 指数模型等。指标体系法有大量的具体定量方法,多种方法经常组合使用,并不局限于某一套固定体系。其核心内容是如何建立指标体系,合理的指标体系既要反映生态系统的总体健康水平或服务功能水平,又要反映生态系统的健康变化趋势。

1. 指示物种法

指示物种法是传统的生态系统健康评价方法。该评价法是由利奥波德提出的,是指采用一些指示类群来监测生态系统健康的方法。指示物种法首先是确定生态系统中的关键种、特有种、指示种、濒危物种、长寿命物种和环境敏感种,然后采用适宜的方法测量其数量、生物量生产力结构功能指标及一些生理生态指标而描述生态系统的健康状况。指示物种法包括单物种生态系统健康评价和多物种生态系统健康评价。

指示物种法评价生态系统健康的关键在于指示物种的选取。一般来说,选择指示物种时应遵循以下原则:

(1)代表性,所选物种必须能够典型代表该生态系统的健康状况,可以是该生态系统中的关键种、特有种、指示种、濒危物种或环境敏感种等;

(2)有效性,当单一物种不能完全指示生态系统健康状况时,可以考虑选取多指示物种,以确保评价的准确性;

(3)可操作性,在评价效果的同时应考虑实践活动的成本、可操作性和实用性。

指示物种法简便易行,针对性强,能够简单、明确、快捷地指示生态系统健康,早期在一些生态系统评价中得到了广泛应用。但是,由于指示物种法一般适于单一生态系统,需要大量物种实测数据,而指标体系法不受生态系统数量、类型和数据源的限制,因此一般应用指标体系法进行生态系统健康评价的较多。

2. VOR 指数模型

VOR 指数模型是指以"活力–组织力–恢复力"为评估框架,进行生态系统健康评价的经典指标体系,众多学者在此框架体系内开展了针对不同生态系统健康的相关研究。

常用以下公式表达:

$$HI = V \times O \times R \qquad (3-5)$$

式中,HI 为生态系统的健康指数;V 为系统活力,是测量系统活动、新陈代谢或初级生产力的一项重要指标;O 为系统组织指数,系统组织的相对程度,用 0~1 的数值表示,它包括组织多样性和连接性;R 为恢复力指标,系统恢复力的相对程度,用 0~1 的数值表示。

从理论上说,根据上述 3 个指标进行综合运算就可以确定一个生态系统的健康状况,然而由于生态系统的复杂性,很难建立统一的指标体系来评价所有的生态系统。近年来,中外学者们在 VOR 综合指数模型的基础上建立了各种创新性评价体系。例如,李凤等(2023)在西秦岭地区生态系统健康评价中,以 VOR 指数模型框架为基础,结合生态系统服务能力和人类胁迫指标,分析西秦岭的生态系统健康状态及变化趋势(图 3-13)。

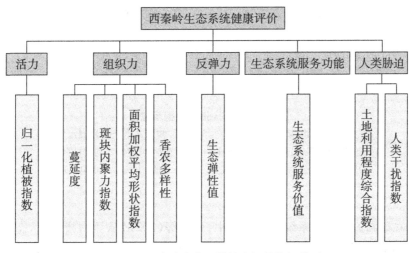

图 3-13　西秦岭生态系统健康评价指标体系

资料来源:李凤,周文佐,邵周玲,等. 2000—2018 年西秦岭景观格局变化及生态系统健康评价[J]. 生态学报,2023,43(4):1338-1352.

3. PSR 指数模型

随着数理统计领域的不断发展,计算机领域的不断深入,越来越多的评价方式出现在大众视野中。PSR 指数模型(压力-状态-响应)是生态系统健康评价中常用的一种评价模型。最初是由加拿大统计学家大卫·拉波特和托尼·弗兰德(1979)提出,后由经济合作与发展组织(OECD)和联合国环境规划署(UNEP)于 20 世纪八九十年代共同发展起来,用于研究环境问题的框架体系。

PSR 指数模型将指标体系分为压力、状态和响应三个目标层。该方法是应用对外界压力的反应建立生态系统健康评价体系,其中的关键是压力和与压力相关因子的选择。其中,压力指标是人类活动对生态系统的物理、化学和生物影响,状态指标是该生态系统目前的质量水平,响应指标是社会和政府所采取的改善生态系统的措施和行动。以水生态系统健康评价为例,其 PSR 指数模型示意图如图 3-14。

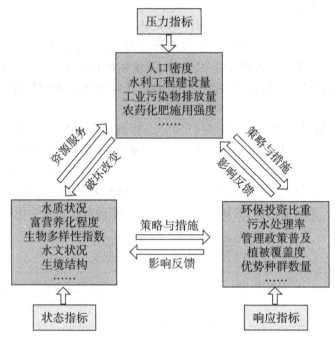

图 3-14　PSR 指数模型示意图

资料来源:陈昱霖,周连凤,王春芳,等.我国基于 PSR 模型水生态系统健康评价的研究进展[C]//中国水利学会,黄河水利委员会.中国水利学会 2020 学术年会论文集第一分册.中国水利水电出版社,2020:5.

例如,在磁湖流域生态系统健康评价中,蒋衡等(2021)从压力指标、状态指标、响应指标 3 个方面,构建磁湖流域生态系统健康评价的指标体系,利用熵权法计算各指标的权重,并用生态健康评价指数(CEI)评价磁湖流域生态系统健康状况(图 3-15)。

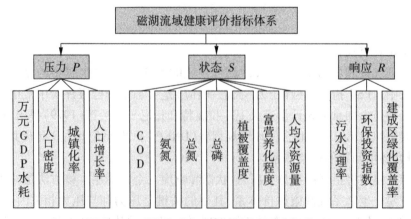

图 3-15　磁湖流域生态系统健康评价指标体系

资料来源:蒋衡,刘蓬,刘琳,等.基于 PSR 模型的磁湖流域生态系统健康评价[J].湖北大学学报(自然科学版),2021,43(6):661-666.

结合现有研究成果,按生态健康评价指数大小,将湖泊流域生态健康状况等级分为五级:非常健康、健康、一般健康、不健康、非常不健康,并用连续的实数区间[0,1]来表示湖泊流域生态健康各个等级的标准值(表3-15)。

表3-15 健康分级标准

健康分级	非常不健康	不健康	一般健康	健康	非常健康
CEI	<0.2	0.2~0.4	0.4~0.6	0.6~0.8	0.8~1.0

分析各指标健康评价结果,发现人口压力过大,湖泊氮、磷含量过高以及水资源利用效率过低等问题是影响磁湖流域生态健康的主要因素,进而提出要想提高磁湖流域的生态健康等级,实现磁湖流域的生态系统良性循环,需要从各类指标的管理与整治着手。

五、生态系统服务功能价值评价

(一)概念与历史沿革

生态系统服务功能是指自然系统的生境、物种、生物学状态、性质和生态过程所生产的物质及其所维持的良好生活环境对人类的服务性能,即生态系统与生态过程所形成及所维持的人类生存的自然环境条件与效用。

生态系统服务功能价值评估(ESV)是结合经济学理论,将生态系统服务功能进行货币化的评价过程,货币化的生态系统服务价值以经济价值形式体现。1991年,国际科学联合会环境问题科学委员会组织了会议,讨论了生物多样性的定量研究、生物多样性与生态系统服务功能关系以及生态系统服务功能经济价值评估方法,推动了生态系统服务功能及其价值评估的发展。

沿用1994年皮尔斯对环境资产经济价值的分类方法,生态系统服务的总经济价值(TEV)通常分为使用价值和非使用价值两部分,使用价值包括直接使用价值、间接使用价值和选择价值;非使用价值包括遗产价值和存在价值(图3-16)。

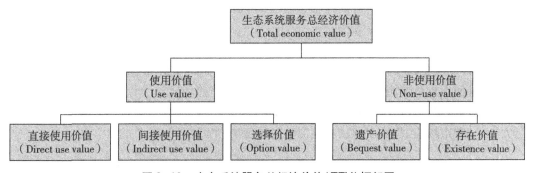

图3-16 生态系统服务总经济价值(TEV)框架图

资料来源:刘尧,张玉钧,贾倩.生态系统服务价值评估方法研究[J].环境保护,2017,45(6):64-68.

生态系统服务功能价值的定量评估是进行生态环境管理决策的先决条件。随着生态学学科的日益发展,生态系统服务功能价值的模拟、评估、预测及其权衡关系的研究成为生态系统服务研究领域的热点,发展成为涉及生态学、经济学、社会学等领域的交叉学科。

　　目前,国外对生态系统服务功能的研究主要集中于生态系统服务的分类、形成及其变化机制、价值化、总经济价值、评价方法等,研究区域集中于全球区域、流域尺度、单一生态系统、物种以及生物多样性价值评估等方面。

　　我国的生态系统服务功能价值评估工作开展得较晚,但在近几年发展得较快。在我国生态系统服务价值研究是起源于生态学及地理学领域。2003年,谢高地等学者通过对众多具有生态学背景的专业人员进行问卷调查,得出中国生态系统服务评估单价体系,提出了单位面积生态系统服务价值当量,构建了一种基于专家知识的生态系统服务价值评估方法。

　　近些年,生态系统服务功能价值评估的研究领域不断拓展,由最开始的森林生态系统发展到草地、陆地、农田、城市等生态系统。在理论方面,其内涵研究不断推进,价值评估指标体系更加具体和完善;在评估方法方面,模型化、精准化、动态化是目前的研究方向;在模型应用方面,正从模型的简单应用逐渐转向技术方法的适应性集成与发展。在价值评估结果表现形式方面,正从单一数值化向基于GIS的空间表达方向发展。

　　(二)评价方法与技术

　　生态系统服务的价值评估方法种类多样。在长期的研究及实践中,形成了三大类生态系统服务功能定量评估方法,分别为价值量评估法、能值评估法和物质量评估法。这三种方法基于不同的原理,有各自的优势,但同时也都存在一定的局限性。

　　1.价值量评估法

　　价值量评估法是现如今在研究生态系统服务经济价值量化问题上应用最多的方法,它主要是从货币价值角度对生态系统服务进行定量评价。

　　价值量评估法主要是采用经济学和计量学方法,从价值量的角度对生态系统服务物质量的大小进行货币化的过程。它包括对生态系统服务功能自身的价值和生态系统服务功能变化所产生的影响价值的评估,即使用价值和非使用价值的评估,评估方法大致可分为直接计算法和间接计算法。

　　(1)直接计算法

　　直接计算法是指直接基于市场理论,直接对生态系统服务指标进行定量评估的方法,是最早使用也是最简单的生态系统服务价值评估方法。

　　直接计算法一般针对某种特定的生态系统服务功能,从评估过程的角度,可以分为三大类:直接市场法、替代市场法和模拟市场价值法(表3-16)。

表 3-16   直接计算法的三大类型

类型	内涵
直接市场法	是指具有实际市场,经济价值以市场价格来体现的方法,包括费用支出法和市场价值法
替代市场法	是指没有实际市场和市场价格,通过估算替代商品的市场价格间接获取经济价值的方法,包括机会成本法、替代成本法、恢复和防护费用法、影子工程法、旅行费用法和享乐价格法等
模拟市场价值法	是指不存在实际市场和市场价格,通过虚拟市场来评估经济价值的方法,包括条件价值法和意愿选择法等

(2)间接计算法

间接计算法是指基于土地利用/覆盖数据进行的间接分析计算。谢高地等基于康斯坦扎的方法框架,提出中国生态系统服务价值因子当量表,被广泛应用于国内生态系统价值的评估及相关研究。2015 年,谢高地等采用当量因子法结合 2010 年全国土地植被覆盖遥感数据对全国生态系统各类生态服务功能类型价值进行了评估,为评估区域 ESV 提供了示范。

此种基于单位面积价值当量因子的价值评估方法,因其数据获取成本低、计算简便、结果直观以及对中国生态系统适用性更强等优点,被应用于中国较大尺度的生态系统服务功能价值评估。

总体来说,价值量评估法属于一种静态评估方法,是以货币形式表示生态系统服务功能,可以使人们直接地感受到生态系统所提供的服务价值。随着国内外学者研究的深入,不同价值量评估方法的侧重点和关键点也不一致,国际上也没有公认的计算方法,不仅计算结果可能会出现较大偏差,并且忽略了生态系统服务功能空间分布的差异性。

2.能值评估法

能值理论和评估方法最早由著名生态学家奥德姆在 20 世纪 80 年代首创,随后开始在多个领域应用。能值被定义为产品或劳务形成过程中直接或间接投入应用的一种有效能总量。能值评估法是依据热力学第一定律和第二定律以及最大功率原则,可以把不同种类、不同等级和不可比较的能量转换成可进行比较的同一标准,从而将自然环境资源与经济活动价值连接起来,为衡量和表达环境资源和经济提供共同的度量标准。

奥德姆等在 2000 年对地球生物圈中的能值指标进行了核算,并对地球生物圈环境资源系统进行评估;坎贝尔等基于能值分析评估美国国家森林系统的自然资本价值和生态系统服务价值;刘耕源等(2018)基于能值分析理论确定了生态系统服务非货币量核算理论框架和方法。

能值评估法计算简单,资料获取容易,解决了不同等级和不同类型的物质不能同时分析、比较的难题,且可以做长时间尺度的推算,在环境生态系统、生态经济系统的价值分析、可持续发展政策制定等方面均有应用。其缺点是各种相关能量类型和物质的能值转换率数值难以确定,能值转换率也会因生产水平和效益的变化而变化。

3. 物质量评估法

物质量评估法,即从物质量角度对不同服务进行评估。自"联合国千年生态系统评估(MA)"实施以来,物质量评估法在生态系统服务评估中日臻成熟,通过定位观测和遥感监测等,积累了较为丰富的数据资源,并通过模型模拟等手段对全球生态系统的格局和过程获得了更加深入的认识。

随着 3S 技术的广泛应用,国内外相继研发了基于空间格局和土地变化的多种适于大尺度评估森林生态系统服务功能的生态模型,较好地实现了动态化评估。目前,由于计算方法的不断发展和完善,开始出现了一些开发层次不同、量化服务功能类别也有所差别的生态系统服务功能评估模型,如全球生物圈复合模型(GUMBO)、人工智能生态服务评估模型、生态系统服务综合评价与权衡模型(InVEST)和生态系统服务功能社会价值评估模型(SolVE)。

其中 InVEST 模型应用尤为广泛。InVEST 模型(integrated valuation of ecosystem services and tradeoffs)是美国自然资本项目组开发的、用于评估生态系统服务功能及其经济价值、支持生态系统管理和决策的一套模型系统。

InVEST 模型包含了生境质量、碳储存、产水量、生境风险评估、沿海蓝碳、营养物质输送比、波浪能发电、泥沙输移比等 20 个主要模块,最常用的是生境质量、碳储存、产水量、泥沙输移比 4 个模块。

此模型基于 ArcGIS 平台,能够将各类生态系统服务功能通过图像的方式直观地展现其空间分布状态,可以减少烦琐的文字叙述及复杂的公式计算。其优点是需要的数据少,但信息的输出量很大,并且简化和处理了很多难题,可以快速、定量地评估多种生态系统服务,并且能够使生态系统服务的本质更加清晰。例如,张海铃等(2023)在环鄱阳湖城市群生态保护重要性评价中,借助 InVEST 模型中的产水量(water yield)模块、生境质量(habitat quality)模块,进行了水源涵养服务和生物多样性服务的价值评估。肖杨等(2020)在贵阳市生态安全格局维护中,选取生物多样性、土壤保持、固碳释氧、水源涵养 4 项功能指标,对研究区生态系统服务功能进行定量评价,其中,土壤保持功能是利用 InVEST 模型中的 SDR 模块计算,水源涵养功能是利用 InVEST 产水模型参数计算。

第五节　园林生态规划内容

一、生态安全格局规划

(一)生态安全格局概念

随着全球生态问题日益凸显,生态安全问题受到了广泛关注,成为生态学新兴的研究领域。生态安全狭义上指生态系统自身的安全;广义上则是生态系统对于人类社会系统的服务功能,即作为社会支持系统能够满足人类发展的需要。

生态安全格局(ESP)是指针对特定的生态环境问题,以生态、经济、社会效益最优为

园林生态规划设计方法与应用

目标,依靠一定的技术手段,对区域内的各种自然和人文要素进行安排、设计、组合与布局,得到由点、线、面、网组成的多目标、多层次和多类别的空间配置方案,用以维持生态系统结构和过程的完整性,实现土地资源可持续利用,生态环境问题得到持续改善的空间格局。

生态安全格局源于景观生态学理论,重点在于维护生态系统的安全。1950 年,欧美国家开始出现绿色廊道、缓冲区等一些生态安全格局中的名词。如欧洲的绿色廊道、生态网络、生境网络、洪水缓冲区等概念。1986 年福曼等人提出"斑块–廊道–基质"模型,并将其视为构成景观空间格局的最基本景观要素,为在各种尺度上开展生态安全格局规划提供了很好的理论依据。1990 年代以来,国外逐渐兴起的生态基础设施概念正日益成为自然资源保护和空间规划领域广泛认可的新工具。

国外的生态安全格局研究,早期是以生物多样性保护为目标,但随着生态系统服务评估的发展,以及有关社会经济问题对生态安全重要性认识的提升,生态安全格局研究逐步转向研究在全球变化和人类活动扩张所造成的区域性生态问题背景下,生物多样性与生态系统服务评估与协同关系,生态保护与恢复,自然与社会经济系统耦合分析,以及生态安全的政策研究。

国内关于生态安全的研究起步于 20 世纪 90 年代。北京大学学者俞孔坚教授及其研究团队(1998),以福曼的景观生态规划方法为理论基础,提出生态安全格局是由维护生态过程安全关键功能的点、局部和空间关系构成的空间格局,对生态安全格局理论和实践进行了开创性的研究,由此引领了众多学者纷纷尝试构建不同尺度和目标的生态安全格局。

许多学者以"生态敏感性、生态承载力、生态系统服务价值、景观格局优化、土地利用结构优化和土地资源可持续利用"等问题作为切入点开展了大量研究。在"景观生态安全格局""城市生态安全格局""区域生态安全格局""土地利用生态安全格局""生态基础设施"和"生态红线划定"等方面取得了丰硕的成果。

(二)生态安全格局构建

1. 构建模式

生态安全格局构建旨在识别区域自然环境内所有重点区,并搭建其之间联系的纽带,是实现生态系统服务功能有效调控,以保障区域生态安全、维护生物多样性、提升生态环境品质、发展生态游憩活动等为整体性目的,进而提升人民生活幸福感。

目前,景观生态学、恢复生态学、干扰生态学、保护生态学、生态经济学、生态伦理学等理论有力支撑了生态安全格局的构建,均从不同角度为生态安全格局的构建提供了良好的研究基础、技术方法以及具体的实现路径。特别是随着 3S 等新技术的深层开发与应用,生态安全格局构建的方法与手段更趋多样化、简便化与精确化。

近年来,生态安全格局的构建策略得到了广泛关注,经过有关学者的大量研究,其发展日益成熟。"源地识别–阻力面构建–廊道提取"的研究框架是生态安全格局构建工作遵循的基本模式。其中,生态源地是构建生态安全格局的基础,它是指具有重要生态功能和较强敏感性的大型生境斑块,是生态系统服务供给的发源地和汇集地;廊道表示在动物迁徙过程中起重要作用的带状通道,连通生态网络内各要素的流动,在维护生态过程及生物多样性、保持生态功能完整性方面发挥了重要作用;另外,生态节点对生态安全格局的连通性具有重要影响,它是人类进行城镇开发建设或农业生产等活动造成的生态敏感性较高、规模较小的关键性空间单元,需要进行重点保护修复,以保障和维护生态安全格局的连通与稳定。

2. 生态安全格局构建方法

生态安全格局构建首先是识别生态源地,然后构建阻力面模型,模拟潜在生态廊道分布,最后,根据以上研究结果,将关键廊道作为区域生态保护廊道,生态源地作为生态保护区,节点区域作为生态控制区或生态修复区,构建生态安全格局。

(1)生态源地识别

生态源地是生态安全格局构建的基础核心要素,它本质上是特定的生态环境斑块,同时对周边区域具有显著的生态辐射效应。而且,生态源地的空间位置分布,对于保障地区的生态安全、确保地区生态结构完整及推动绿色可持续发展意义重大。

当前生态源地识别方法主要有直接识别与间接识别。直接识别即选取大型生境斑块、自然保护地、风景名胜区等为生态源地,此方法侧重于生态源地自身属性,忽视了与区域综合环境的联系;间接识别通常根据生态系统服务功能价值、生态系统服务重要性、生态敏感性、生境质量、形态学空间格局分析法(MSPA)等综合评价提取。其中,参考国土空间"双评价"思路,针对生态敏感性和生态系统服务的重要性分析成为关键生态源地辨识的常用方法,被国内学者所广泛采用。

(2)阻力面构建

生态廊道作为生态网络沟通生态源地的带状或线状区域,现阶段通常采用 MSPA、最小阻力模型和电路理论等方法进行识别。其中,最小累积阻力模型综合考虑了景观单元之间的水平联系,相比于传统的概念和数学模型,该模型能较好地反映景观格局变化与生态过程演变之间的相互作用与关系,具有良好的实践性与扩展性,在格局构建和优化工作中应得到进一步广泛应用。公式如下:

$$\mathrm{MCR} = f_{\min} \sum_{j=n}^{i=m} (D_{ij} \times R_i) \tag{3-6}$$

式中,MCR 为最小累积阻力值;f 为区域中任一点的最小阻力与从该点到所有生态源地的距离和景观单元阻力值的正相关关系;D_{ij} 为关键种从生态源地 j 到空间某一点所穿越的某景观单元 i 的空间距离;R_i 为景观单元 i 对关键种运动的阻力系数。

生态阻力面是生态安全格局构建的关键环节之一,表征了不同生物集群在生态源地之间迁徙的难易程度,能够直观体现生物族群对生态扩张过程的水平面域阻力耐受及抵抗程度。阻力面的构建需要考虑景观要素的地理位置、方向及其对源地扩散的阻力系数,大多采用指标体系法,常常选取土地利用类型、地形地貌、与建设用地距离、与主要交通干线距离等因素作为阻力因子。

合理设置景观阻力值是判断模型优劣的关键。阻力值不是绝对值,只反映阻力的相对大小、物质能量和信息向外扩散的难易程度。当前主流的方法是根据专家经验进行阻力赋值,取值范围也根据研究目的不同而不同,一般是采用五级制赋阻力分值。分值越高,表示物种在扩散过程中受到的阻力越大,物种穿越所需成本越高;阻力值越低,越有利于物种的移动穿越,物种往往会选择阻力小的表面进行移动穿越。阻力值最大的往往是建设用地等用地类型。

阻力因子进行赋值以后需要进行加权叠加计算。很多研究中会采用层次分析法(AHP)、熵权法、经验赋值法、空间主成分分析(SPCA)等确定权重。经过加权叠加得到最终的综合阻力面往往按自然断裂法进行判别分析和类型划分,通常划为 5 个等级:低阻力区、较低阻力区、中等阻力区、较高阻力区、高阻力区。

例如,杨帅琦等(2023)在漓江流域生态安全格局构建中,选取了高程、坡度、景观类型、植被覆盖度、到河流湖泊的距离、石漠化敏感性指数以及夜间灯光指数作为阻力因子,并采用层次分析法确定权重(表 3-17)。

表 3-17　漓江流域阻力因子分级情况

评价指标	1 级	2 级	3 级	4 级	5 级	权重
高程/m	<200	200 ~ 400	400 ~ 600	600 ~ 800	>800	0.162
坡度/(°)	<5	5 ~ 15	15 ~ 25	25 ~ 35	>35	0.160
景观类型	林地	水域	草地	耕地	建设用地	0.280
植被覆盖度/%	>70	50 ~ 70	35 ~ 50	20 ~ 35	<20	0.088
到河流湖泊的距离/m	<100	100 ~ 200	200 ~ 500	500 ~ 1000	>1000	0.064
石漠化敏感性指数	0	0 ~ 2	2 ~ 4	4 ~ 6	6 ~ 9	0.046
夜间灯光指数	<500	500 ~ 1000	1000 ~ 2000	2000 ~ 3000	>3000	0.200

（3）潜在廊道提取与分级

以最小累计阻力面为基础,以生态源地为核心,利用 ArcGIS 中的距离模块进行生态源地的扩张模拟,提取每个生态源地到其他源地的最小耗费路径,将所有最小耗费路径进行合并叠加,过滤异常路径(研究区边缘及外部路径),筛选得到的主要路径即为潜在生态廊道。

廊道是不同层级和尺度的带状生态空间。MCR 模型能够科学地判定生态廊道的位置,但是无法辨别出廊道的重要性和生态廊道等级。因此,有学者结合重力模型对廊道的重要性进行定量分析。原理是利用重力模型计算生态源间的相互作用矩阵,来定量评价生态廊道间的相互作用强度。

（三）生态安全格局规划

生态安全格局是当今平衡生态系统健康和人类社会可持续发展的有效途径。党的十八大吹响了生态文明建设的号角,在十九大报告中,进一步强调了优化国土空间布局的重要性,并将生态安全格局确定为三大战略目标之一,极大地推动了相关研究与实践的进展。

2020 年 9 月,自然资源部发布《市级国土空间总体规划编制指南(试行)》,明确提出要构建重要生态屏障、廊道和网络,形成完整系统的区域生态安全格局,以协调生态保护与高强度人类活动关系,保障生态系统的高质量发展、维护生物的多样性。

因此,生态文明建设作为国家战略得到各级政府的高度重视,且相关规划的编制和实施也正在着手进行中。其中,生态安全格局规划作为区域国土生态安全的纲领性指导文件得到了广泛的应用。

生态安全格局规划作为时代的产物有别于传统的法定规划,它可以在不同尺度上发挥指导作用,弥补法定规划在生态安全和保护方面的不足。此外,生态安全格局规划可以科学合理地确定城市中哪些用地是可以开发建设的,哪些用地是必须加以保护的,从而可以有效避免“摊大饼”式的城市开发建设。

在北京市生态安全格局专项规划(2021—2035 年)中,指出“规划的总体目标是保护区域战略性生态空间及重要生态资源,打通关键生态廊道,稳固关键生态节点,形成底线鲜明、蓝绿交织、功能融合的生态空间格局;构建超大城市韧性生态系统,切实保障首都生态安全,满足居民的休闲游憩需求,提升城市生态品质”。在综合生态安全格局构建中,提出“统筹考虑自然资源保护、生态功能保障、灾害风险防范、健康福祉提升等多重维度,选取水、生物、地质文化和游憩等九大类要素,以单要素生态安全格局为基础通过系统评价与过程研判,并与现状重要自然资源和法定管控边界充分衔接,构建北京市综合生态安全格局”,最终形成“一屏、三环、五河、九楔、九田、多廊”的首都生态空间结构。

生态安全格局规划的最终目的是在构建多层次和多类别的生态空间配置方案的基础上,实施分级、分类管控,明确管控重点,从而实现对生态空间的保护和生态功能的提升。在北京市生态安全格局专项规划中,提出了精细管控的措施,实行国土生态空间三级管控(表3-18)。

表3-18　北京市生态安全格局专项规划分级管控

管控级别	格局等级	管控内容
一级管控区	底线生态安全格局	实行刚性管控和严格保护,严控大规模开发生产性建设活动
二级管控区	一般生态安全格局	实行刚弹结合的空间管制,严控影响主导生态功能的开发建设活动,明确兼容性建设准入条件,增强优质生态产品供给能力
三级管控区	理想生态安全格局	适度弹性引导优化,建立项目准入负面清单,促进蓝绿空间交织融合和多元生态功能发挥,实现生态品质提升和生态产品价值

二、国土空间生态修复规划

(一)概念与内涵

1. 国土空间生态修复

在自然资源统一管理和国土空间规划“一张图”的战略背景下,生态修复的实践从具体的特定范围,逐渐扩展至完整的自然地理单元。目前,在空间尺度上,生态修复已扩展到国土空间领域,更加关注国土空间生态修复中自然资源的恢复、生态产品与生态系统服务的方法、生态修复中的经济过程等领域。

国土空间生态系统是由土地、江河、湖泊、湿地、农田、山川、森林、草原、生物、生命和空气等多要素,按照特定的空间结构组成的一个大系统,要素之间相互联系、互相作用,协同发挥生态功能,构成一定区域内的生态安全屏障。

国土空间生态修复是指遵循生态系统演替规律和内在机制,基于自然地理格局,适应气候变化趋势,依据国土空间规划,对生态功能退化、生态系统受损、空间格局失衡、自然资源开发利用不合理的生态、农业、城镇国土空间,统筹和科学开展"山水林田湖草"一体化保护修复的活动,是维护国家与区域生态安全、强化农田生态功能、提升城市生态品质的重要举措,是提升生态系统质量和稳定性、增强生态系统固碳能力、助力国土空间格局优化、提供优良生态产品的重要途径,是生态文明建设、加快建设人与自然和谐共生的现代化的重要支撑。

国土空间生态修复与传统的生态修复有所区别。首先,国土空间生态修复更注重生态系统的整体性、系统性及内在规律;其次,修复的对象逐渐从自然生态系统转变为人地复合系统,尺度从局部环境改善扩展到区域全生态要素的系统保护修复。国土空间生态修复以"山水林田湖草沙"系统治理的理念为基础,需要多学科交叉与融合,多领域专家携手攻关,运用生态学理论、整体性思维解决发展与保护之间的矛盾和问题。

在实践方面,2016年,财政部会同相关部门启动了山水林田湖草生态保护修复工程试点。2020年,自然资源部、财政部、生态环境部联合印发《山水林田湖草生态保护修复工程指南》(试行)。2020年,国家发展改革委、自然资源部出台的《全国重要生态系统保护和修复重大工程总体规划(2021—2035年)》,明确提出到2035年,推进森林、草原、荒漠、河流、湖泊、湿地、海洋等自然生态系统保护和修复工作的主要目标,以及统筹山水林田湖草一体化保护和修复的总体布局、重点任务、重大工程和政策举措。因此,国土空间生态修复受到越来越多的关注,成为维护生态资产存量、优化生态系统服务、提升人类健康福祉的重要手段。

2. 国土空间生态修复规划

为实现生态环境质量整体改善和生态系统整体保护修复,需要全力推动国土空间统一生态保护修复。因此,科学编制国土空间生态修复规划,已经成为系统实施国土空间生态修复重大工程的优先任务。

国土空间生态修复规划定位于对国土空间生态修复活动的统筹谋划和总体设计,是各级政府或有关部门组织编制实施的,以国土空间为载体,以优化国土空间格局、修复受损的重要生态系统、提升生态系统服务功能、维护生态安全为目标,在一定时间周期、一定国土空间范围内开展生态保护修复活动的指导性、纲领性文件。其核心是通过研究编制规划,统筹设计国土空间生态修复活动的实施范围、预期目标、工程内容、技术要求、投资计划和实施路径,有效保障和综合提升国土空间生态修复活动的生态效益、社会效益、经济效益。

国土空间生态修复规划是国土空间规划体系的重要组成部分,通盘考虑生态修复总体目标、主要任务、重大工程和政策措施,是统筹和科学推进国土空间生态修复工作的重要引领。

国土空间生态修复规划是国土空间规划的重要专项规划,是国土空间总体规划有关生态修复内容和任务的具体细化与实施载体,目前开展的国土空间生态修复规划编制在国内属首次。为指导和规范省级国土空间生态修复规划的编制,2021 年 5 月,自然资源部国土空间生态修复司印发了《省级国土空间生态修复规划编制技术规程(试行)》。在此基础上,一些地方也出台了市县级技术规范,以指导当地国土空间生态修复规划编制。

对比传统生态修复而言,国土空间生态修复愈发强调治理理念的全局性、治理内容的统筹性、治理方式的耦合性、治理策略的实践性。即以全域范围、全要素空间为修复对象,通过现代空间信息技术及定性与定量结合分析、情景模拟或实证分析等方法完成对生态结构受损、功能退化问题的诊断,制定差异化与针对性兼顾的修复策略,并落实修复重大项目与重点工程的布局。

3. 国土空间生态修复规划层级

目前,我国已构建完成全国统一、权责清晰、科学高效的国土空间规划分级分类体系。作为国土空间规划的重要专项规划,国土空间生态修复规划也分为"全国—省级—市级—县级"四级规划。这个层级体系体现了从宏观到中观层面对生态功能退化、生态系统受损、空间格局失衡、自然资源开发利用不合理的国土空间进行规划,统筹安排山水林田湖草沙系统治理、矿山生态修复、全域土地综合整治、城镇生态空间修复提升等治理活动,促进人与自然和谐共生,服务生态文明建设和高质量发展。

国土空间生态修复规划的目标和任务将在各层级规划中逐级落实,不仅要对上层级国土空间生态修复规划内容进行深化和细化,也要对下层级国土空间生态修复规划的战略进行引导与刚性约束(表 3-19)。一般而言,"深化""细化"是对总体遵循下的逐层级延伸与拓展等;"落实""分解"表现为数量上的逐层级落实和空间上的投影、转化。

表 3-19　国土空间生态修复规划层级内容与定位

层级	内容与定位
国家级	对全国国土空间生态修复的全局性安排,重在落实总体国家安全观;全国国土空间保护修复的整体谋划和顶层设计,确定具有全国意义的重大工程,侧重战略性、全局性
省级	对省域国土空间生态修复任务的总纲和空间指引,重在维护国家生态安全和地区生态安全;对全国国土空间生态修复规划的落实,同时又要指导市级国土空间生态修复规划编制,侧重指导性、协调性
市级	一定时期内市域国土空间生态修复工作的总体安排,不仅要落实省级国土空间生态修复规划目标任务、空间布局、工程项目安排等内容,也是指导县级国土空间生态修复规划编制实施的必要依据,突出规划的实施性和可操作性
县级	县域开展国土空间生态修复活动的行动指南和具体谋划,重在解决生态系统质量下降、空间冲突、开发利用不合理等具体的生态问题;对市级国土空间生态修复规划要求的细化、落实,同时也对本行政区生态保护修复活动做出的具体安排,侧重实施性

园林生态规划设计方法与应用

222

国土空间生态修复规划也可根据需要编制跨行政区域或流域的国土生态修复规划。区域(流域)性规划是以大江大河或重大自然地理单元为依托,充分衔接国家、省、市级战略规划,统筹考虑区域(流域)生态安全屏障与国土空间总体规划的"三线"划定方案、生态网络和生态安全格局等要素,针对区域(流域)存在的重大系统性生态问题和风险,遵循自然规律进行总体谋划,维护区域(流域)整体生态安全,具有特殊重要性和相对独立性。

(二)规划内容

作为"五级三类"国土空间规划体系中的专项规划,国土空间生态修复规划既是对国土空间规划的补充、支撑和落实,又是国土空间规划同为自然资源部门统一行使所有国土空间用途管制和生态保护修复职责的重要抓手。因此,国土空间生态修复规划应立足于更广阔的宏观角度、更长远的时间跨度、更综合的系统维度,研究自然地理格局和气候变化的深刻影响,突出空间布局的战略性、理论方法的科学性、任务目标的综合性。

近年来国家推进了国土调查、空间规划体系建立及生态修复试点等工作,为统筹编制与实施生态修复规划提供了初步的技术和政策支撑。国土空间生态修复规划编制应在深入分析地方资源环境和生态系统现状的基础上,坚持问题导向、目标导向、实施导向,与国土空间规划紧密衔接,研判生态保护修复的问题及原因、明确目标任务和空间布局、设置重大工程、提出保障措施,统筹山水林田湖草一体化保护修复,提升生态系统质量、稳定性以及优化生态产品提供能力,促进生态文明建设和高质量发展。

依据相关领域规划编制技术规范,国土空间生态修复规划最终应形成规划文本、说明、图集、研究报告、数据库、信息系统等成果。国土空间生态修复规划具体包括以下内容:

1. 基础调查

因此,在编制规划之前,必须开展深入细致的调查工作,充分了解国土空间生态环境现状、生态安全格局、自然资源禀赋、生物多样性情况、生态敏感程度、"三生"(生产、生活、生态)空间功能、经济社会状况等,开展生态重要区域生态状况评价,了解自然生态系统退化程度和恢复力水平,分析各类生态系统修复需求,为规划编制奠定坚实基础。

其中,摸清基于生态要素和生物多样性的全域生态自然资源底数是开展国土空间生态修复规划的关键。全域生态自然资源调查应以第三次国土调查成果为统一底板,充分采用遥感影像解译、生物多样性实地调查等手段,对全域山、水、林、田、湖、海各类要素及生物多样性进行调查和系统评价,建立山、水、林、田、湖、草、海、城全域全要素生态自然资源"一张图"。

2. 生态状况评估

开展生态评估,首先要准确评价生态系统现状,要以国土三调数据、森林资源调查数据等为基础,充分利用资源环境承载能力和国土空间开发适宜性评价等成果,分析规划区自然资源、人口社会、经济状况、开发格局、规划区划、人居环境、耕地质量、生态状况、矿山问题和实施基础等国土空间生态修复领域的现状、问题,预测未来发展趋势。

其次,针对国土空间全域及生态、农业、城镇三大空间,聚焦生物多样性维护极重要和重要区域、水源涵养功能极重要和重要区域、生态极脆弱和脆弱区域、人地矛盾突出区域,识别退化、受损空间,综合评价退化和受损空间的生态系统退化程度与恢复力水平,诊断突出生态问题,研判重大生态风险。

3.制定目标

国土空间生态修复目标的设定,应充分考虑自然生态系统退化、受损程度以及恢复力水平,根据调查评估分析明确突出问题,结合上位专项规划或区域总体规划等对于国土空间生态修复领域设定的任务性目标,按照保障生态安全、提升生态功能、兼顾生态景观的次序,形成国土空间生态修复的综合目标。

这些目标应该是多元、综合的,既有利于人类福祉,也有利于生物多样性,既有利提升自然生态系统的质量与稳定性,又能提升生态服务功能,从而给人类和自然带来多种益处。

4.构建生态修复格局

生态修复格局是以"山水林田湖草生命共同体"理念为指导,基于自然地理格局,遵循生态系统演替规律和内在机理,在系统评价基础上构建生态修复格局,识别生态服务低效区、生态环境脆弱区等关键保护修复区域,以实现优化国土空间格局、提升生态系统服务、维护生态安全为目标,开展整体保护、系统修复与综合治理的空间策略。例如,在《山东省国土空间生态修复规划(2021—2035年)》中,明确提出按照"两屏、三带、三原、一海"的生态修复格局,对国土空间生态修复进行分区,在此基础上划定七大重点区域为鲁中南山地丘陵、鲁东低山丘陵、黄河三角洲、黄河沿线、大运河沿线、近岸海域生态修复重点区和鲁西南采煤塌陷地治理重点区。

5.划定生态修复分区

生态修复分区是国土空间生态修复规划的核心内容。比如,全国层面,在统筹考虑生态系统的完整性、地理单元的连续性和经济社会发展的可持续性等因素的基础上,《全国重要生态系统保护和修复重大工程总体规划(2021—2035年)》将全国划分为三区(青藏高原生态屏障区、黄河重点生态区、长江重点生态区)、四带(东北森林带、北方防沙带、南方丘陵山地带、海岸带)。

生态修复的分区划定应当依据规划区域的生态、农业和城镇三大空间的自然资源类型与主导生态功能,考虑到自然地理单元的完整性,再根据不同分区和单元内的生态特征与关键生态问题差异,因地制宜地制定生态修复方向和策略。在此基础上,进一步对规划区内的典型生态系统分门别类地制定行动计划和修复策略。例如,刘涛等(2022)在徐州市国土空间生态修复规划中,结合片区的生态环境质量、生态系统恢复力、生态系统服务需求和生态修复目标等因素,将全市划分为5类生态修复区域,分别为自然恢复主导区、控源截污与清淤贯通区、水土保持与水源涵养治理区、景观治理与开发利用区和综合措施治理区,并分区提出生态修复指引(表3-20)。

表3-20　徐州市生态修复分区策略一览表

修复分区	主要修复措施	涉及片区	重点修复对象
自然恢复主导区	划定保护范围,辅以人工措施恢复河湖滨岸,重建植被群落,充分利用自然恢复力进行恢复	东部沭河流域、微山湖	阿湖水库、高塘水库、沂北干渠、老沭河和微山湖
控源截污与清淤贯通区	控制农业面源污染、截流点源和线源污染,消除外源污染;清淤疏通河道,控制内源污染,提升水质,恢复河湖生态系统的稳定性	西北复新河流域、西北沿河流域、西北大沙河流域、东部沂河流域和南部徐洪河流域	复新河、沿河、安国湖湿地、顺堤河、大沙河、马陵山片区、沂河、白马河、洪东自排河、徐洪河、徐沙河、岚山片区和白塘河湿地公园
水土保持与水源涵养治理区	采用工程技术和复绿措施修复山体宕口,提升山林植被覆盖率,改善地表径流,保持水土并涵养水源	东部中运河流域、中部不牢河流域	中运河、邳洪河、黄墩湖、骆马湖、车辐山公益林、艾山片区、古栗公园、不牢河、大洞山片区、潘安湖国家湿地公园和小沿河
景观治理与开发利用区	采取相应措施修复受损的山、林、河、湖,开展景观规划,提升景观服务功能和附带的文化服务功能	中部奎濉河流域、中部房亭河流域	环城公园片区、房亭河、九里湖湿地、圣人窝片区和丁楼片区
综合措施治理区	采用岸坡修复、底泥清淤、山林修复等综合性技术措施恢复受损的生态系统,同时开展景观规划,提升景观服务功能	中部故黄河流域、南部故黄河流域	丁楼片区、故黄河、黄草山片区和岠山片区

6. 实施生态修复重点工程

综合考虑突出问题,规划目标,研究技术经济可行性,设计生态修复重点工程,提出项目清单,对保护修复措施进行评价和优选,研究提出生态修复工程的类型、规模、布局、实施时序和资金来源,并分析工程项目实施的生态效益、经济效益和社会效益。例如,杨峥屏等(2022)在珠海市国土空间生态修复规划实践中,列出五大生态系统修复行动计划与重点行动工程(表3-21),统筹珠海市海洋、河湖、森林、农业和城镇五大空间的系统修复。

7. 组织实施机制

为保障规划的有效实施,需建立国土空间生态修复规划实施机制。在规划管理层面,强调从资源调查、规划编制、保护修复到实施监督的全流程闭环管理,建立由自然资源部门统一行使、多部门联动推进的生态保护修复工作机制,完善跨区域协同治理策略。

制定生态补偿、评估监管与能力建设、绩效评价等配套机制,同时建立市场化运作机制,鼓励社会投资主体以多种形式参与生态保护修复工作,逐步形成政府主导、企业参与、社会支持的生态文明建设多元化资金投入机制。

表 3-21　珠海市五大生态系统修复行动计划与重点行动工程

行动计划	行动目标	重点行动工程
海洋生态系统：建设蓝色海湾	海洋、海湾典型生态系统生境得到有效修复	1.海洋生态保护修复项目,总投资8.31亿元,完成海堤生态化11.58 km,建设16.24 hm² 的仿岩质潮间带,恢复36.33 hm² 的红树林-盐沼群落; 2.三角岛湖泊整治及生态修复工程,总投资8.5亿元,包括湖泊整治工程、山体边坡安全治理、裸地生态修复等; 3.淇澳红树林生物多样性栖息地修复工程(2020—2025),主要包括红树林及其生境修复
河湖生态系统：构建碧水绿廊	构建水清堤固、岸绿景美、人水和谐之城	1.流域-河口综合整治工程,到2035年新建水系连通河涌12条,清淤疏浚主河涌118条; 2.珠海市碧道建设工程,其中到2025年建成长度为265.3 km、到2030年建成长度为594.9 km的碧道网络
森林生态系统：守护美丽森林	全面建成"生态安全、物种丰富、景观美化"的美丽森林	1.全市历史遗留矿山修复工程,涉及35宗、面积为611.69 hm² 的裸露山体; 2.高新区松材线虫防治工程(2021—2025年)
农业生态系统：营造生态乡村	建成农田连片、集约高效、生态宜居的生态文明田园水乡	1.农用地整理补充耕地工程; 2.田水路林村综合整治工程
城镇生态系统：打造绿色城镇	畅通蓝绿系统,构建城镇生态细胞,提升城市生态活力	1.公园之城工程; 2.生态社区建设工程

三、自然保护地规划

(一)概念与内涵

1.自然保护地

建立保护地是世界各国保护自然的通行做法。据不完全统计,全球保护地大约占到地球陆地面积的12%,储存了至少15%的陆地碳。世界自然保护联盟(international union for conservation of nature,IUCN),是世界上规模最大、历史最悠久的全球性非营利环保机构,也是自然环境保护与可持续发展领域作为联合国大会永久观察员的国际组织。世界自然保护联盟将自然保护地定义为"明确划定的地理空间,通过法律或其他有效方式获得认可、承诺和管理,实现对自然及其所拥有的生态系统服务和文化价值的长期保护"。

在我国,自然保护地是指由政府依法划定或确认,对重要的自然生态系统、自然遗迹、自然景观及其所承载的自然资源、生态功能和文化价值实施长期保护的陆域或海域。

作为我国生态文明建设的核心载体,自然保护地承担了"维护国家生态安全、为建设美丽中国和实现中华民族永续发展提供生态支撑"的重大职责,是国土空间资源中拥有重要生态功能、独特自然景观、特殊自然遗迹、多样生物和丰富自然人文的生态区域。

IUCN 和中国政府对自然保护地的定义在语言表达上有所差异,但均强调了自然保护地的三大属性:具有本底价值、明确的空间范围、受法定保护管理。

建立自然保护地的目的是守护自然生态,保育自然资源,保护生物多样性与地质地貌景观多样性,维护自然生态系统健康稳定,提高生态系统服务功能;服务社会,为人民提供优质生态产品,为全社会提供科研、教育、体验、游憩等公共服务;维持人与自然和谐共生及永续发展。

2. 自然保护地类型

我国既有的自然保护地主要包括两种类型:一种是以自然保护区、生态功能区、风景名胜区等为代表的本国自然保护地类型;另一种是以世界自然遗产、世界地质公园等为代表的国际自然保护地类型。尽管我国的自然保护地在保护生物多样性等方面发挥了重要作用,但多年来仍存在保护空间与类型交叉重叠、部门条块管理、权责不清等问题。

2018 年 4 月,国家公园管理局挂牌成立。2019 年 6 月,中共中央办公厅、国务院办公厅印发了《关于建立以国家公园为主体的自然保护地体系的指导意见》,自然保护地建设进入全面深化改革阶段。按照保护区域的自然属性、生态价值和管理目标,我国的自然保护地划分为三类:

(1)国家公园

国家公园是最具国家代表性的自然生态系统,是我国自然景观最独特、自然遗产最精华、生物多样性最丰富、最具完整性和原真性的部分,国家公园体系是由系列独立的、不同名称、不同地域的国家公园组成的空间集合体,目前我国正积极稳妥有序推进生态重要区域的国家公园创建。

(2)自然保护区

自然保护区是保护典型的自然生态系统及珍稀濒危野生动植物物种的天然集中分布区,是具有特殊意义的自然遗迹,自然保护区体系是由系列独立的、不同级别、不同名称、不同地域的自然保护区组成的空间集合体。

(3)自然公园

自然公园保护着重要的自然生态系统、自然遗迹、自然景观,具有生态、观赏、文化、科学等价值,自然公园体系是由包括风景体系、地质体系、森林体系、湿地体系、沙漠体系等类型构成的空间集合体,各类自然公园体系是若干该类保护地组成的空间集合体。各级各类自然保护地,在保护生物多样性、保存自然遗产、改善生态环境质量和维护国家生态安全方面发挥了重要作用。

3. 自然保护地规划

目前我国正在推进"以国家公园为主体、自然保护区为基础、各类自然公园为补充"的自然保护地体系建设,需要对既有的各类型自然保护地进行综合评估、调整与归类,并划入生态保护红线、纳入国土空间规划。

依据 2019 年《中共中央、国务院关于建立国土空间规划体系并监督实施的若干意见》中"五级三类"的国土空间规划层次,自然保护地规划在国土空间规划背景下属于"三类"专项规划之一。对应国土空间规划的层级,自然保护地规划分为国家、省市县、自然保护地3级。其中,国家层面自然保护地体系规划强调以自然保护为首要目标的国土空间的划定,包括重要生态系统、重要物种栖息地、关键和大型生态廊道、重要生态系统或栖息地生态修复等,确保生态系统的完整性保护,同样应该进行科学论证、整体布局,将总体规模和空间布局纳入国土空间规划。

在省域层次上,应编制"以国家公园为主体的自然保护地体系规划",根据各省不同情况,落实各类自然保护地的规模总量,确定各类自然保护地单元的空间边界,明确各类自然保护地用途管制正面清单和负面清单,明确用地指标总量要求。

在市县层次上,自然保护地规划负责落实省域自然保护地规划提出的空间布局,具体刻画自然保护地边界,协调自然保护地边界与基本农田、城镇发展控制线的关系,对用地指标进行精确化处理和空间落位,落实各类空间用途管制政策。

作为实现区域内重要自然资源系统性保护的方法,自然保护地体系规划虽然还没有法律法规明确规划的编制方法,但各地结合实际情况,开展了自然保护地体系规划的实践和研究。

4. 我国自然保护地规划发展历程

自从20世纪50年代在广东省设立第一个自然保护区(鼎湖山国家级自然保护区)开始,我国就陆续成立了自然保护区、风景名胜区、森林公园、地质公园、湿地公园、沙漠公园、海洋公园、水利风景区、水产种质资源保护区等各级各类的自然保护地。由此,也导致多年来,我国各类型自然保护地主管部门根据管理需求和保护对象的差异,制定了不同层级、不同结构、不同内容的规划系列,组成了一个复杂的规划群。

国家公园规划是按照《中共中央办公厅国务院办公厅建立国家公园体制总体方案》要求,由《国家公园空间布局方案》和各国家公园总体规划组成的规划系列,用于指导国家公园建设、整合自然保护地和建立完善管理机制等。

自然保护区规划相对完善规范、技术成熟、研究较多、社会关切、实施效果较好,以《中华人民共和国自然保护区条例》《森林和野生动物类型自然保护区管理办法》等法规为主要依据,以国务院文件、部门规范性文件、技术标准为指导,已形成了国家、省(区、市)等不同层级的宏观发展规划,以及针对自然保护区实体的不同时序、不同层级的法定与非法定规划类别,如总体规划、专项规划、实施方案、管理计划、年度计划等。

森林公园、地质公园、湿地公园、海洋特别保护区(海洋公园)、沙漠(石漠)公园、水产种质资源保护区均依据部门规章、技术标准和管理文件,形成了以宏观发展规划和总体规划为主,详细规划、专项规划、管理计划按需编制的规划系列。

因此,在自然保护地规划方面,出现了自然资源条块分割管理、保护与发展冲突、经费来源渠道单一、跟踪评估机制和责任追究制度缺乏等诸多问题。

2017年,为与国际接轨,中共中央办公厅、国务院办公厅印发了《建立国家公园体制总体方案》,使得我国在经历了60余年的自然保护地建设后,逐渐开始摸索自然保护地体系的深化改革方案。2018年3月,我国组建国家林业和草原局。自此,我国各类自然保护地有了统一的管理机构。

2019 年,国土空间规划体系的实施明确了自然保护地规划是国土空间规划的专项规划。2021 年,根据《全国重要生态系统保护和修复重大工程总体规划(2021—2035 年)》要求,我国编制了《国家公园等自然保护地建设及野生动植物保护重大工程建设规划(2021—2035 年)》,规划明确了推进自然保护地生态系统整体保护、提升国家重点物种保护水平、增强生态产品供给能力、维护生物安全和生态安全的主要思路和重点措施,为自然保护区规划提供了重要依据。

总体而言,我国的自然保护地体系,无论是从类型设置还是从分区设计上,都更科学、更合理。但是,我国现阶段的自然保护地规划仍处于大类划分的阶段,具体评估标准、归类原则、区划及管理控制要求等尚未明确相关细则,亟待构建系统全面、具有中国特色的自然保护地规划体系架构。

(二)规划内容

自然保护地规划的编制思路是以资源分析为基础,评估现有自然保护地相关基础背景,判断资源价值,随后结合国土空间规划有关生态保护的要求,明确自然保护地发展目标,确定生物多样性的热点地区,构建连续完整的保护空间,提出自然保护的规模总量和空间管制等要求,为保护区域生物多样性、文化遗产和自然景观提供科学依据。

1. 资源调查与评估

首先,资源调查作为自然保护地规划中的关键性基础工作,在全方面的科学调查中,选择性使用卫星遥感、地面调查监测等各种技术手段,不仅要掌握重要资源数量、质量、分布情况等,还要加强对于生物和动植物多样性的调查,通过科学质量评估,确保自然保护地的区域生态敏感性,把自然生态调查和分析作为规划的基础和依据。

其次,开展评估是规划的基础。多专业技术的融合和借助 3S 技术等分析评估手段为规划分析和评估提供了新的可能。在单个自然保护地规划层面,3S 技术能够服务于基于遥感技术的土地利用分类,能较为清晰地确定土地利用分类和生态系统特征,开展生态价值判别。借助 3S 技术的分析和模拟,对资源展示方案、游客安全防护方案、服务设施设置方案都有重要作用。

2. 总体布局

基于分析与评估结果及规划目标,构建多角度、多层次的自然保护地空间规划体系,为下一步分类施策提供支持。

首先,优化整合自然保护地体系。按照国家制定的自然保护地分类划定标准,对区域内现有的自然保护区、风景名胜区、地质公园、森林公园、湿地公园、沙漠公园等自然保护地进行梳理,按生态价值和保护强度高低,调整和归类为国家公园、自然保护区、自然公园三大类,并且进行勘界立标、自然资源确权登记等。

其次,建立发展空间格局。依据天然林、湿地等要素的保护空缺分析,结合现状与上位规划,基于全域规划的视野,考虑保护地与外部区域的发展格局,进行整体布局和建设规划。例如福建省《自然保护地总体布局和发展规划(2022—2035 年)》提出构建"一主三带九群"的自然保护地总体布局。"一主"指处于自然保护地体系建设主体地位的国家公园;"三带"指武夷山脉及玳瑁山、鹫峰山-戴云山-博平岭、沿海海岸带,其独特的地形地貌和生态系统是自然保护地主要分布及重点发展区域,是野生动物重要的生态廊道,是自然保护地空间布局的基础脉络;"九群"是指以"一主三带"为基础,依据生态区地位及优势,综合自然保护地之间的地理空间关系、主要保护对象、生态服务功能等因素,在区域内构建的九大自然保护地群。

3. 生态旅游规划

自然保护地保护对象的不同使得在旅游发展态度和路径上具有差异。首先,国家公园和自然保护区实行分区管控,核心保护区除满足国家特殊战略需要的有关活动外,原则上禁止人为活动,但允许开展管护巡护、保护执法活动和经批准的科学研究、资源调查、科研监测、防灾减灾救灾、应急抢险救援等活动,以及经批准的重要生态修复工程、物种引入、增殖放流、受病虫危害的动植物清理等人工干预措施。它们的一般控制区原则上禁止开发性、生产性建设活动。允许依法批准的非破坏性科学研究观测、标本采集、适度的参观旅游及相关的必要公共设施建设,已有的合法水利、交通运输等设施运行和维护,战略性矿产资源基础地质调查和矿产远景调查等公益性工作,以及对生态功能不造成破坏的有限人为活动;自然公园原则上按一般控制区管理,限制人为活动。

因此,生态旅游应在自然保护地的一般控制区内进行组织。规划首先要考虑人口容量和控制游客数量的方式方法,明确游客总量等问题。其次在现有保护空间基础上进行整合、联通、扩化,引导发展以森林、湿地类自然公园为主的自然游憩网络,发挥它们数量多、网络化的生态和服务优势。通过提升改造自然景观和人文历史景观,新建和修缮访客中心、观景设施、森林步道、自然教育设施、露营基地等旅游服务设施,丰富休闲观光、生态体验、森林康养、运动游憩、生态体验、研学等旅游产品供给,打造自然保护地生态旅游品牌,辐射带动周边自然保护地及社区协同发展让更多市民走进自然,享受绿色生态产品。

另外,各类自然保护地就是开展自然教育的天然稳定的教育基地。自然保护地内包括自然地理、植物学、动物学、地质学、生态学和环境科学等自然科学知识,通过适当的科普教育路线和产品展示,进行自然保护地自然资源状况、形成的原因、珍稀动植物知识、自然地理知识、生物多样性知识、地质地貌学知识等的教育和学习,提高访客的科学知识水平,增加访客对我国自然资源和人文资源的深入了解,进一步培养访客的自然价值和环保意识。知识的讲解不仅有专职的自然解说员、解说培训师、解说规划师,也可以招募志愿者团队等专业人才甚至植物学、动物学、地质学、气象学等专家支持。

4. 巡护监测体系建设

巡护监测规划的任务是通过检测,进行详细的自然保护区本底资源调查,了解珍稀物种的分布范围与数量,编制相应的分布图,并建立自然资源档案,达到对保护区内资源的有效保护和管理的目的。一方面要将野外保护站点、巡护路网、监测监控、应急救灾、森林草原防火、有害生物防治和疫源疫病防控等保护管理设施建设纳入国民经济和社会发展规划;另一方面,支持各自然保护地管理机构利用高科技手段和现代化设备促进自然保育、巡护和监测的信息化、智能化。在认真执行自然保护地生态环境监测制度和相关技术标准的基础上,逐步建设各类各级自然保护地"天空地一体化"监测网络体系,充分发挥地面生态系统、环境、气象、水文水资源、水土保持、冰川等监测站点和卫星遥感的作用,开展生物多样性监测。同时也要对自然保护地内基础设施建设、矿产资源开发等人类活动实施全面监控。

最后,依托监测数据集成分析和综合应用,全面掌握自然保护地生态系统构成、分布与动态变化,及时评估和预警生态风险,并定期统一发布生态环境状况监测评估报告。

5. 重点工程建设

重点工程是指近期亟需完成的任务。对于自然保护地,重点工程一般包括生态保护和生态修复两个方面。生态保护工程,根据保护对象的不同分别提出保护策略,以提高区域生态安全性及稳定性;生态修复工程的开展是以自然恢复为主,辅以必要的人工措施,分区分类开展受损自然生态系统修复以及重要栖息地恢复和废弃地修复。例如,《珠海市自然保护地规划(2021—2035 年)》中,自然生态保护工程包括加强红树林保护、海岛和海岸线保护、天然林和水源涵养林保护、生态多样性保护等;自然生态修复工程包括重大林业有害生物受害区域修复、红树林湿地修复、矿山及裸露山体修复、海洋生态系统修复、野生动物栖息地修复、野生动物生态廊道建设等。

四、城市绿地系统规划

(一)概念与内涵

1. 城市绿地

绿地是城乡建设环境的重要载体,也是城市建设用地的重要类型之一。从广义概念上来看,绿地包括自然种植和人工栽植的土地,农林牧生产用地及园林用地,即生长着植物的所有土地。

城市绿地是指在城市行政区域内以自然植被和人工植被为主要存在形态的用地,包含两个层次的内容:一是城市建设用地范围内用于绿化的土地;二是城市建设用地之外,对生态、景观和居民休闲生活具有积极作用、绿化环境较好的区域。这一概念,强调了城乡统筹的规划思想,强调了城市建设用地之外的绿地对于改善城乡生态环境、减缓城市病、限定城市空间、改善城乡生态格局、满足市民多样化休闲需求等重要作用。

新版《城市绿地分类标准》(CJJ/T 85—2017)采用大类、中类、小类三个层次将城市绿地进行分类,大类包括公园绿地(G1)、防护绿地(G2)、广场用地(G3)、附属绿地(XG)和区域绿地(EG)五类。其中,公园绿地(G1)应向公众开放,以游憩为主要功能,兼具生态、景观、文教和应急避险等功能,有一定游憩和服务设施;防护绿地(G2)应用地独立,具有卫生、隔离、安全、生态防护功能,游人不宜进入;广场用地(G3)应是以游憩、纪念、集会和避险等功能为主的城市公共活动场地,绿化占地比例宜大于或等于 35%;附属绿地(XG)附属于各类城市建设用地(除"绿地与广场用地");区域绿地(EG)应位于城市建设用地之外,具有城乡生态环境及自然资源和文化资源保护、游憩健身、安全防护隔离、物种保护、园林苗木生产等功能的绿地。

城市绿地系统作为城市生态系统的重要组成部分,包括了地域范围内不同类型、性质和规模的各种绿地,具有提高生态环境质量、促进城市稳定健康发展、满足市民生活需求等多种功能,具备整体性和系统性特征。

2. 城市绿地系统规划

（1）概念

2019年,《中共中央国务院关于建立国土空间规划体系并监督实施的若干意见》中规定,国土空间规划是整合主体功能区规划、土地利用规划和城乡规划等空间规划,实现"多规合一"的规划体系,包括国土空间总体规划、详细规划和相关专项规划。绿地系统专项规划属于国土空间规划"五级三类"体系中的相关专项规划之一,其工作内容与国土空间总体格局优化的战略要求密不可分。

绿地系统规划是为了满足城市未来发展的需要,确定城市规划内各类绿地的类型、指标、规模、用地范围、植物种类和群落结构,合理安排各类绿地的布局,使各类绿地搭配合理、结构完善,进而达到改善城市生态环境、满足市民户外游憩需求和创造优美的城市景观目的。

绿地系统规划对城市园林绿化未来建设和管理进行了一系列的指导,决定了城市未来园林绿化的发展、规模和面貌,规划的目标是要建立一个生态化、人文化、系统化以及网络化的绿色系统。

城市绿地系统规划应包括调查城市绿地概况,进行绿地现状分析;制定总则,包括规划范围、依据、指导思想与原则、规模期限与规模;制定规划目标与指标;制定市域绿地系统规划;确定规划布局与分区;城市绿地分类规划(包括公园绿地、生产与防护绿地、附属绿地、其他绿地等);树种规划;生物多样性保护与建设规划;古树名木保护;分期建设规划;实施措施;城市主要规划植物名录等附录、附件;避灾绿地规划等内容。

（2）城市绿地系统规划阶段

①现场调查:主要包括现场踏勘,文字、图纸、电子文件、音像等资料收集,座谈访问,现状问题分析研究,绘制现状图等内容。

②规划纲要:对规划建设现状评价分析,确定规划基本原则、目标、绿地类型、规划控制指标、基本布局结构、公共绿地与其他绿地规划要点、投资匡算等。

③规划方案及中期汇报、交流:在规划方案或规划纲要确定之后,对规划内容进行调整修改、深化完善,形成规划草案并经过必要的交流和汇报,形成可供评审的规划方案。

④规划评审:按照有关技术规定,进行方案评审,并形成最终成果。

⑤规划成果:由规划文本、规划说明书、规划图纸和规划附件等四部分组成。

（3）规划技术

国土空间规划背景下的绿地系统规划,需要基于国土空间基础信息平台,不仅纳入更详细的绿地规划指标,更准确地掌握资源本底,而且利用先进的技术平台和评价方法更科学地指导城乡绿地系统规划,支撑城乡绿地空间的可持续化发展(表3-22)。

3. 我国城市绿地系统规划发展概况

1949年新中国成立后,我国的城市绿地建设再次复苏。1958年,中央号召在全国范围内开展"大园林化"运动,发展苗圃,强调普遍绿化与园林的结合。1963年,建工部发布我国第一个法规性的城市绿地相关政策文件,首次系统性提出将城市绿地分为公共绿地、专用绿地、园林绿化生产用的绿地、特殊用途绿地和风景区绿地五大类。

表 3-22　新时代城乡绿地系统规划技术

规划阶段	规划技术	二级指标	意义
现状分析	资源环境承载能力评价	生态系统服务功能重要性、生态敏感性等	提高评价的科学性,更广泛清晰地认识资源上限和环境底线
	国土空间开发适宜性评价	生态斑块集中度、生态廊道重要性等	
	城市化梯度景观格局指数评价	连接度指数、破碎度指数植被覆盖度、植物多样性指数等	
辅助决策	地理信息系统、遥感信息技术、GeoSOS 系统的空间模拟等	绿地的结构布局、生态安全格局、生态网络体系等	为规划阶段提供科学的决策参考
规划评价	传统指标	绿地率、城乡绿地率、人均绿地面积、人均公园绿地面积	促进规划成果和为实施成果评估提供科学依据
	扩展指标	资源保护、森林覆盖率等;绿色游憩、人均区域游憩绿地面积、人均绿道长度等;景观价值、景观聚集度等;生态修复、废弃地修复再利用率等	
	景观绩效评价	生态效益:温度与城市热岛、栖息地创建、保护和恢复等;社会效益:游憩与社会价值、风景品质与景观等;经济效益:运行维护费用、建设节约费用等	

　　1978 年,中国共产党第十一届三中全会召开,园林绿化重新纳入城市建设规划的范畴,城市园林化工作开始加速。1985 年,合肥市的环城绿带建设,开创了我国"以环串绿"的绿地系统先河。

　　从 20 世纪 90 年代起,我国开始在全国范围内持续开展城市环境整治活动,加大力度植树造林,并相继推出了一系列的城市环境建设模式,诸如山水城市、园林城市、生态城市、森林城市、生态园林城市等。1992 年,建设部在城市环境综合整治等政策的基础上,制定了国家《园林城市评选标准(试行)》,城市绿地系统规划成为获选的必要条件。

　　至 2001 年,城市绿地系统规划从城市总体规划的专项规划,提升为城市规划体系中一个重要的组成部分和相对独立、必须完成的强制性内容。2002 年,建设部出台了《城市绿地系统规划编制纲要(试行)》《城市绿地分类标准》等多项文件,这个阶段我国的绿地系统规划理论和实践研究、相关的评价标准逐渐成熟。在《城市绿地分类标准》中,将城市绿地分为公园绿地、生产绿地、防护绿地、附属绿地和其他绿地五大类,并明确了人均公园面积、人均绿地面积以及绿地率作为绿地系统的主要指标,并首次明确了各级绿地的服务半径要求。

2004 年《国家生态园林标准(暂行)》中,提出了由城市生态环境、城市生活环境及城市基础设施组成的指标体系。其中,城市生态环境指标,包括了综合物种指数、本地植物指数、热岛效应程度、绿化覆盖率、人均公共绿地面积及绿地率等。城市绿化建设不再是单一的建设目标。

2017 年,住建部提出实施《城市绿地分类标准》,废止了上一版 2002 年的标准;在新版《城市绿地分类标准》中,将城市绿地类型增加了附属绿地和区域绿地两大类。取消绿化覆盖率作为绿地系统重要指标,同时增加了城乡绿地率与绿地率、人均公园绿地面积、人均绿地面积作为四大主要指标。

2019 年,住建部发布了《城市绿地规划标准》。新标准的发布结合我国城市发展建设的实际需要,旨在提高城市绿地的规划建设水平,促进城市生态文明建设,改善城乡人居环境,优化城市空间格局,引导城市绿地建设实施,对提升城市园林绿化水平、改善城市景观风貌起着重要的作用。

2020 年,《国土空间调查、规划、用途管制用地用海分类指南》统一规范和分类标准,进一步明确绿地斑块功能的唯一性,并将绿地概念延伸到村庄建设用地范围内。城镇、村庄建设用地范围内的绿地分为公园绿地、防护绿地、广场用地。同时,明确指出,总体规划层面绿地系统必须包含人均公园绿地面积和公园服务覆盖率两大指标。

近年来,人们对城市生态建设越来越重视,对城市绿地系统的认识从过去把园林绿化当作仅供观赏游览和作为城市装饰与点缀的性质,逐步向改善人类生态环境、促进生态平衡方向转化;城市绿地系统的规划目标不再单纯追求“数量”和“规模”,更加重视“质量”和“效应”;在规划与实施方法上,从主观经验层面进行到借助信息技术、以生态学原理指导城市绿地系统规划。

作为指导未来城市绿地建设和发展的基本纲领,城市绿地系统规划在发挥改善城市生态环境、满足居民休闲娱乐要求、美化环境和防灾避灾等功能前提下,为城市园林绿化建设者和管理者的实际工作提供了科学的指引和依据。

(二)规划内容

1.市域绿地系统规划

城市绿地系统规划是一项系统性很强的规划工作,为充分发挥城市绿地的生态、景观、游憩功能,应将各类绿地的布局与规划科学合理地统筹在城乡一体化的绿地系统之中。市域绿地系统包括市域内的林地、公路绿化、农田林网、风景名胜区、水源保护区、郊野公园、森林公园、自然保护区、湿地、垃圾填埋场恢复绿地、城市绿化隔离带以及城镇绿化用地等。

根据《城市绿地规划标准》(2019 年)的定义,市域绿地系统是指市域内各类绿地通过绿带、绿廊、绿网整合串联构成的具有生态保育、风景游憩和安全防护等功能的有机网络体系。因此,市域绿地系统规划应在国土空间规划中的生态空间的体系下,突出系统性、完整性与连续性,尊重自然地理特征和生态本底,构建“基质-斑块-廊道”的绿地生态网络、游憩网络,以及统筹城镇外围和城镇间绿化隔离地区、区域通风廊道和区域设施

园林生态规划设计方法与应用

防护绿地,建立城乡一体的绿地防护网络。例如,《海口市城市绿地系统规划(2020—2035年)》中,提出"一片、两区、三带、多点"的市域生态构架,推动蓝绿共生的绿地格局。其中,"一片"是指南部生态功能片区;"两区"是指东寨港国家级自然保护区、石山火山群国家地质自然公园;"三带"是指北部滨海生态带、南渡江生态带、南控生态带;"多点"是指市域多个生态公园。

市域绿道系统规划也是市域绿地系统规划的重要内容。绿道网络的建设一般是依托水系和道路,构建"区域级绿道—城市级绿道—城区级绿道—社区级绿道"四级绿道体系,联通自然公园、郊野公园和城市公园等,兼顾居民游憩休闲和绿色出行双重需求的自然游憩空间网络。

2. 中心城区绿地系统规划

中心城区绿地系统规划的范围一般依据国土空间规划划定的中心城区范围,内容主要包括绿地系统规划结构布局和中心城区绿地分类规划。

(1)绿地系统规划结构布局

城市绿地系统结构的基本形式有五种,即点状绿地布局模式、环状绿地布局模式、楔状绿地布局模式、带状绿地布局模式和网状绿地布局模式。其中,网状绿地布局模式在城市内部可以有效地改善生态环境质量,可以沟通城市之间的联系和能量流动,有效地防止城镇间相连成片而引起的环境恶化,因此,网络状结构在绿地系统规划中应用最多。例如,在《成都市公园城市绿地系统规划(2019—2035年)》中提出,中心城区绿地系统构建"一心、五环、六楔、蓝脉、绿廊、千园"的网络化布局结构,实现城市空间与生态空间嵌套耦合。其中,"一心":成都市龙泉山城市森林公园;"五环":环城生态区、府南河滨河绿环、二环路、三环路和五环路绿环。

(2)中心城区绿地分类规划

中心城区内主要的绿地类型有公园绿地、防护绿地、广场用地、附属绿地等。各类绿地在进行分类规划的过程中,需要按照国家有关城市园林绿地指标的规定,根据城市游憩要求、景观建设、改善生态环境、城市避灾防灾等需要,考虑城市现状建设基础条件和经济发展水平,合理确定各类园林绿地类型与规模。

其中,公园绿地是中心城区绿地系统的主要组成部分,对城市生态环境、市民生活质量、城市景观等有无可替代的积极作用。公园体系构建应加强城区内外绿色空间的有机联系,满足人民群众多层次、多类型休闲游憩需求,规划构建"生态公园-综合公园-专类公园-社区公园-游园"(口袋公园)的公园体系。中心城区公园绿地的规划原则上应根据人口的密度来配置相应数量的公园绿地,而且在级别上要配套,服务半径要适宜。

防护绿地是指城市的主要交通性道路及铁路防护绿地、公用设施防护绿地等,各类防护绿地设置宽度应满足相关规范要求。防护绿地规划应综合考虑环线绿道联通与防护功能,适当增加游憩节点,实现防护绿地功能复合化;注重防护绿地的植物群落及景观性营造,至少在邻近城市边缘一侧,减少采用单一树种、阵列式种植的形式;落实海绵城市建设要求,在满足乔木生长环境的情况下,防护绿地规划建设可考虑协助消纳路面径流雨水,利用初雨弃流装置、植草沟、生物滞留带等设施滞蓄、净化路面径流。

广场用地应结合公共管理与公共服务设施用地、商业服务业用地,以及城市轨道交通、交通枢纽、交通站场用地,规划布局广场用地。广场用地规划应合理布置广场用地,为居民提供方便、舒适的休闲游憩空间,为居民的茶余饭后生活提供良好的去处;根据不同区域的现状特点,广场要有主题特色,在材质、设施选择上紧跟时代发展,满足居民文化、精神需求;落实海绵城市建设理念,广场用地应提高透水铺装比例,应用透水铺装增加下渗,注重排水坡度与排水沟的设置。结合现状高程,因地制宜设置下沉式广场降低峰值径流量,提升城市生态韧性。

附属绿地建设的主要内容是基于附属绿地分类标准,规划提出居住用地、公共管理与公共服务设施用地、商业服务业设施用地、工业用地、道路与交通设施用地、物流仓储用地、公用设施用地的绿地率控制要求。同时要求提升附属绿地的开放性,成为城市公共绿地的重要补充。

3. 树种规划

树种规划一般是根据园林绿化树种的生态习性及栽植地的立地条件,选择一批能够健康生长并形成稳定植物群落的园林树种,进而达到最大限度地发挥园林树木的生态、观赏和社会等功能的作用。

树种规划要遵循适地适树原则、系统性原则、生物多样性原则、生态型原则和近远期结合原则。在对当地园林树种详细调查分析的基础上确定一些技术经济指标,进而选出适用于城市的基调树种、骨干树种和一般树种。

基调树种是指各类园林绿地普遍使用、数量最大、能形成城市绿化统一基调的树种。基调树种的选择应考虑常绿和落叶树种的比例,在作为行道树使用时,应满足不同道路的树种选择特点。

骨干树种是指各类园林绿地重点使用、数量较大、能形成城市园林绿化特色的树种。骨干树种以 20～30 种为宜,选择对本地风土及立地条件适应性强、抗逆性强、病虫害少,特别是没有毁灭性的病虫害,又能抵抗、吸收多种有毒气体,易于大苗移栽成活,栽培管理简便的树种。

一般树种是作为城市绿化树种的补充,丰富城市树种的多样性。一般树种的选择要具有前瞻性,满足城市景观的需要,主要以乡土树种为主,数量较多。

4. 防灾避险绿地规划

防灾避险是指利用城市绿地(城市公园、小游园、林荫道、广场等)建立起来的防止地震、火灾、水灾等城市灾害的绿色避灾体系,其类型包括长期避险绿地,中、短期避险绿地,紧急避险绿地和城市隔离缓冲绿带。

防灾避险绿地规划的编制应充分考虑经济、社会、自然、城市建设等实际情况,按照综合防灾、统筹规划原则、均衡布局原则、通达性原则、可操作性原则、"平灾结合"原则、步行原则进行规划,确定相应的建设指标,健全城市避难绿地系统。

在布局方面,规划形成中心防灾避难公园、固定防灾避难绿地、紧急避难疏散绿地三级防灾避险绿地,同时避灾绿地的选址应符合规范,特别是不得选址于坡度大于 15% 区域的面积占比超过 60% 的绿地,不得选址于开敞空间小于 600 m² 的绿地,以及不应选择公园绿地中坡度大于 15% 的坡地、水域、湿地、动物饲养区域、树木稠密区域、建(构)筑物及其坠物和倒塌影响区域、利用地下空间开发区域作为有效避险区域。

在规模方面,一个城市只有具备相当面积的绿地,才能为避难救灾提供基本条件,尤其区级以上的公共绿地面积最好在 2 hm² 以上,市级公园面积依城市规模可定在 10 ~ 30 hm²。其他各类绿地比如单位附属绿地、防护绿地、生产绿地也是必不可少的。

5. 城市绿线规划

城市绿线,即中心城区的各类绿地范围的控制界线,包括现状绿线、规划绿线和生态控制线。绿线应为闭合线,现状绿线应为实线,规划绿线应为虚线,生态控制线应为点画线。

中心城区的绿线规划控制范围,一般重点划定公共绿地的绿线范围,对防护绿地、附属绿地、区域绿地等按不同类别进行绿地指标及建设要求控制。城市绿线的划定应符合《城市绿线划定技术规范》(GB/T 51163—2016)的规定,一经确定,任何单位和个人不得随意改动。例如,在《广州市绿地系统规划(2020—2035 年)》的市级绿线规划中,规划将城镇开发边界内承担重要休闲游憩功能的 15 处生态公园以及 136 处已建成城市公园划定为市级绿线;对城镇开发边界内主要河涌水系沿岸的滨水绿地以及重要功能区内的结构性绿地划为市级预控绿线,预控绿线应当遵守市国土空间总体规划确定的规模,具体边界在下层次规划中确定。

绿线范围实施严格管控,在城市绿线范围内禁止违反国家有关法律法规、规范、强制性标准以及批准的规划进行开发建设;绿线规划一经审批,城市绿线内所有绿地、植被、绿化设施等,任何单位和个人不得私自移植、砍伐、侵占和损坏,不得改变其绿化用地性质。总之,绿线范围建设活动管理严格遵守《城市绿线管理办法》。

五、城市生物多样性保护规划

(一)概念与内涵

1. 生物多样性保护

(1)生物多样性概念

联合国于 1992 年颁布的《生物多样性公约》中将生物多样性定义为"地球上所有活的生物体中的变异性,包括陆地、海洋和其他生态系统及其所构成的生态综合体,以及物种内部、物种之间及生态系统相互间的多样性"。

生物多样性是一个内涵十分广泛的重要概念,通常包括遗传多样性、物种多样性、生态系统多样性三个层次。其中,遗传多样性是指各个物种所包含的遗传信息之总和;物种多样性是指地球上生物种类的多样化;生态系统多样性是指生物圈中生物群落、生境与生态过程的多样化。

近 50 年,全球贸易、消费、人口的爆炸式增长以及向城市化迈进的巨大步伐,使世界发生了变化。特别是从前工业化时代到今天,全球气候变暖,使得全球的生物多样性减少速度惊人。因此,如何协调社会发展与生物多样性保护之间的冲突,已成为当今可持续发展研究的热门话题。

(2)生物多样性保护历程

国际上生物多样性的保护早在 1983 年就已开始,国际科学联合会(ICUS)所属的国际生物科学联合会(IUBS)在热带 10 年计划中开展了"热带生态系统的物种多样性及其重要性"研究项目;1987 年,联合国环境规划署在联合国全系统中期环境方案中正式引用了"生物多样性"这一概念。1992 年,联合国环境与发展大会通过了《生物多样性公约》,该公约的履行有力地促进了全球生物多样性保护与持续利用的进程。

1992 年,中国在巴西联合国环境与发展大会上签署了《生物多样性公约》,是最早加入该公约的国家之一。1994 年,政府将城市规划区和风景名胜区生物多样性保护工作正式纳入《中国生物多样性保护行动计划》。

2010 年,国务院批准发布了《中国生物多样性保护战略与行动计划(2011—2030年)》,划定了 35 个生物多样性保护优先区域。生物多样性保护优先区域是综合考虑生态系统的代表性、物种的丰富度、珍稀濒危程度和受威胁因素等划定的,是生物多样性保护的关键区域。2017 年,党的十九大报告提出"构建生态廊道和生物多样性保护网络";党的十九届五中全会进一步提出"实施生物多样性保护重大工程"。

2021 年 10 月,《生物多样性公约》缔约方大会第十五次会议(COP15)在昆明召开,世界各国齐聚一堂,共商全球生物多样性治理大计,制定新一轮的"2020 年后全球生物多样性框架",对未来十年乃至更长时间的全球生物多样性治理做出规划。

2.城市生物多样性保护规划

(1)城市生物多样性保护

城市生物多样性是指在人类聚居地内及其边缘发现的生物(包括遗传变异)和栖息地的多样性和丰富性。城市生物多样性属于整个生物多样性研究的一部分,它保障了城市的水体、土壤、植物、动物等各项资源条件,构建了城市中的生态系统,是城市生物间、生物与生境间、生态环境与人类间的复杂关系的体现。

城市是人们接触时间最久、距离最近的环境,而且由于人口密集、人工化程度强、环境污染等因素,城市生态环境比起较为偏远的半自然环境或远离城市的自然环境更为脆弱。但是,随着城市化进程的加剧和人类盲目建设、环境污染和破坏,城市生物多样性急剧下降,影响了城市生态系统的稳定和协调发展。

目前,保护城市生物多样性已成为维持城市可持续发展的重中之重,成为当前生物多样性研究与保护的热点领域之一。城市生物多样性的保护,首先,它有助于积极应对城市化所带来的各类污染加剧、践踏破坏严重、生物入侵等现象,以及由此导致的生态系统负担加重、自然栖息地丧失等恶果,进而削减甚至消弭城市化对生物多样性的负面影响;其次,城市的物种多样性所转化的生态系统服务能显著提升公民的健康和福祉,能够为城市带来更广泛的经济效益和社会效益。

(2)城市生物多样性规划

城市生物多样性的保护主要是采用规划的方式,在不同生态区域尺度范围内的生物多样性保护规划,可以有效地规划和增加生物多样性并改善城市地区的条件,探索不同可能性的生态恢复机会,恢复受干扰的生境,并重新连接破碎的自然栖息地。

生物多样性规划是指依照生物多样性相关法律法规和规范性文件等要求,基于自然的、人本的解决方案,在市(县)城区和市(县)域的国土空间中科学布局,编制生物多样性的规划,促进可持续发展,维护生态平衡,构建人与自然和谐共生。

目前,各国纷纷围绕这一目的开展生物多样性规划或与生物多样性相关的规划,并将保护生物多样性的理念贯穿于城市发展的各方面。例如,美国在20世纪90年代启动了全国 GAP 分析计划,通过鉴定"保护空白"对大量普通物种进行保护;欧盟的《泛欧洲生物和景观多样性战略》提出建立跨欧洲的生物保护生态网络体系,现已发展形成了多种与生态网络相关的自然保护规划。

(3)我国的城市生物多样性保护规划历程

城市生物多样性保护的载体是城市绿地系统。2002年,建设部颁布的《城市绿地系统规划编制纲要(试行)》通知中就明确规定将树种规划和生物多样性保护规划作为指定章节进行编写。在《城市绿地系统规划编制纲要(试行)》中,生物多样性保护与建设规划内容主要包括总体现状分析、生物多样性的保护与建设的目标与指标、生物多样性保护的层次与规划(含物种、基因、生态系统、景观多样性规划)、生物多样性保护的措施与生态管理对策、珍稀濒危植物的保护与对策等五个部分。此规范较为笼统,较多地强调了城市绿地系统内的生物(植物)多样性实施的保护规划。

近几年来,在我国目前大力发展生态文明、推行国土空间规划的背景下,生物多样性保护既是生态文明思想主导下的诉求,也是城市生物多样性保护规划落实到空间管控的契机。

越来越多的城市将绿地系统规划中包含的"生物多样性保护与建设规划"内容单独进行专项规划编制,这对城市生物多样性规划编制提出了更高的要求。

2022年,中国生物多样性保护与绿色发展基金会发布了《生物多样性评估标准》(T/CGDF 00029—2022),该标准旨在进一步加强中国生物多样性保护工作,推动"将生物多样性保护纳入各地区、各有关领域中长期规划"。2023年,江苏省环境科学学会发布了团体标准《城市生物多样性保护评价技术规范》(T/JSSES 30—2023),该文件规范了城市生物多样性保护评价的评价范围与内容、评价指标和数据资料、成效评价等技术要求,涵盖城市生态空间保护、物种多样性保护、生物多样性管理,可为开展城市生物多样性保护规划和管理提供技术指导,有利于提升城市生态系统服务,构建人与自然和谐共生的美丽家园。

在城市生物多样性的相关研究中,除了针对保护规划理念的研究以外,还有一些具体的行动计划和实践。例如,2022年5月22日国际生物多样性日,深圳市生态环境局发布了《深圳市生物多样性保护行动计划(2022—2025年)》,构建形成了"1+6+63"的生物多样性保护工作体系。

(二)规划内容

在生态文明建设背景下,亟需将城市生物多样性保护规划纳入国土空间规划体系中,通过研究某一城市或地区生物多样性现状及保护工作中所存在问题,提出该城市生物多样性保护的规划原则、思路以及实施生物多样性保护的相关措施,切实指导空间管控与行动落实。

目前我国还没有全国性的、规范的生物多样性保护规划大纲来指导生物多样性保护规划的编制,各地在制定规划时都根据各自的理解进行,编制出的规划方案在总体思路、框架结构、规划范围、主要内容、侧重点、格式、工作量等方面各不相同。基于《生物多样性评估标准》,城市生物多样性规划包括以下核心内容:

1. 开展生物多样性本底调查与评估

城市生物多样性保护规划是一项重要而复杂的工作,旨在更有效地保护和恢复生物多样性,其前提便是有效收集有关信息、进行有效量化分析以及创新性规划设计并开展动态管理。

生物多样性本底调查主要是通过生物多样性现有状况的调查,掌握目前规划区域内生物多样性基本情况以及生物多样性保护与管理现状,分析生物多样性面临的主要问题、原因及可能产生的影响,为生物多样性规划提供基本依据。

城市生物多样性状况评价是反映复杂环境问题、表征生物多样性的整体状况和趋势的工具,是城市进行生物多样性保护与管理的基础,包括对不同类型生物多样性的评价,如遗传多样性水平、物种多样性水平、生态系统多样性水平、景观多样性水平等,评价内容侧重于城市内的物种水平、栖息地的恢复以及生态系统的完整性、功能性和连接性等。

2. 生态系统多样性规划

综合考虑生态系统完整性、自然地理单元连续性和经济社会发展可持续性,聚焦重点保护区域、产业机构和发展潜力,对区域生态系统服务功能进行合理规划,提升生态系统的稳定性和恢复力。主要从生态系统功能分区、构建区域生态网络、模拟地带性自然群落等三个方面进行规划。

其中,结合生态保护红线、环境质量底线、资源利用上线、生态环境准入清单,形成城市区域内"点—线—面"相结合的生态空间网络,建立完善的自然保护地、生态防护屏障、城郊风景区、自然保护地、生态公园、湿地公园及必要的生态廊道等,保障生态网络的整体性和连通性,是生物多样性保护规划的重点内容。例如,北京市基于"基-斑-廊"的优良生态本底,通过划定重要物种栖息地、营建自然保护带体系的方式,在建成区和平原区营建自然带,补充城市生物多样性保护空间,填补城市生物多样性关键区域保护空白,形成与自然保护地体系交相呼应、互相补充、点面结合的系统性物种保护空间格局。

3. 物种多样性规划

物种多样性是遗传多样性的基础,是生态系统的核心组成单位,物种多样性对生态系统的功能特征具有重要影响。

物种多样性规划主要分为两个方面:一是规划多结构、多类型生境;二是本土物种优先,科学引种。城市生物多样性是城市环境过滤作用和人为选择的结果。生境恢复与营造方面,植物生境多考虑气候、土壤等非生物因子,动物生境多侧重植被类型;物种选择方面,倡导采用本土物种,引进非本土的外来物种应最小程度地影响和破坏当地种群、群落和生态系统的结构与功能。例如,为了保护昆明市重点物种红嘴鸥,昆明市采取空间规划、物种调查、名录整理、环境整治等措施,划定红嘴鸥关键栖息地保护范围,开展了一系列物种、栖息地专项保护活动。

4. 遗传多样性规划

城市地区环境条件严酷,立地类型多样,为物种的自然选择提供了选择压力。在环境压力下,利用植物所含的遗传多样性的变异,如基因飘变、突变等,可能得到适于这种环境的变种、变型和栽培品种等。为此,从四个方面进行保护与规划,即就地保护,建立保护区、迁地保护,建立迁地保护网络、离体保护,建立种质资源库、加强外来入侵物种管理,减缓遗传资源丧失速度。例如,在郑州市城市生物多样性现状与保护规划中,提出建立物种种质资源库,建设河阴石榴、新郑枣、黄河滩柽柳等郑州特色植物种植资源圃;加强郑州市花月季、碧沙岗公园的海棠、紫荆山公园的荷花和紫荆等名气植物的新品种培育和推广;加快对珍稀濒危物种的引种培育,建设珍稀濒危物种资源圃等遗传多样性保护措施。

5. 景观多样性规划

景观多样性主要表现为结构、功能和动态的多样性,是在景观水平上的生物多样性显著程度的表征。景观多样性规划要充分利用区域自然景观,在此基础上丰富景观类型。景观多样性规划主要包括三方面内容:在斑块多样性规划中,综合考虑斑块大小、形状及空间结构,合理布局,建立斑块路网;在类型多样性规划中,依据景观类型对物种多样性的影响,合理设计森林、草地、农田、湿地等的数量及其面积,增加景观类型的丰富度和复杂度;在格局多样性规划中,依据景观空间格局对生态过程的影响,以及景观异质性、持久性、抵抗性和恢复力,整合斑块、廊道和基底,设计不同的景观结构以实现对景观动态的控制。

第四章 园林生态设计与实践

第一节 园林生态设计概述

一、园林生态设计

（一）概念与历史沿革

1. 园林生态设计概念

（1）生态设计

生态设计（eco-design）是指任何与生态过程相协调，尽量使人为建设活动对环境的破坏性影响达到最小的设计方式。

在联合国环境署的生态设计手册中提出在开发产品时要综合生态要求与经济要求，考虑产品开发、生产、使用过程中所有阶段的环境问题，设计出在产品寿命周期内对环境产生负影响最小的产品。显然，生态设计就是符合生态要求、对环境友好的设计。生态设计内容丰富，涉及工业设计、产品设计、环境设计、建筑设计、园林设计等。

人类在创造物质文明的同时，消耗了大量的资源、能源，制造了巨量的废弃物，造成严重的环境污染和生态破坏，并威胁到人类自身的生态安全。生态设计的本质就是要尊重自然，减少对资源、能源的消耗，合理利用自然资源，发挥生态系统的服务功能，减少废弃物的排放，实现物质的循环利用，既能满足人们的生产与生活的各种需要，又能保证环境与生态安全，有利于实现可持续发展。

（2）园林生态设计

园林生态设计是园林设计体系的一个重要内容，是现代园林发展的新趋势。近现代生物学家、生态学家、地理学家和风景园林师通过对人与自然关系的深入思考与探讨，促使生态主义思想得以在各个领域得到传承和发展，甚至促进了多学科、多领域的交汇与融合。

园林生态设计不仅延续了传统园林的设计理念，而且秉承着生态思维，提倡生态过程中的组织性和条理性，尽可能地保护环境或恢复环境，使其对环境的破坏达到最小，同时为人们创造满足视觉景观美、内涵丰富、有益健康、令人愉快和安全的环境，达到合理利用资源和满足人们需要的目的。

园林生态设计从具体方面看，包括大、小环境的创造。小环境的创造主要包括创造出健康宜人的温度和湿度、清新洁净的环境、良好的光照环境以及灵活开阔的空间环境等,常常采取减少自然资源消耗、提升资源的利用效率的措施,如节约土地资源,做好能源的循环利用和重复使用可再生资源,取代不可再生资源等;大环境的保护常常表现在对于自然环境的保护,尽可能减少对于自然界的索取,消除人类活动对于自然环境的负面影响,主要采取减少人类活动排放的废弃物和有害物质,减少声、光污染等手段。

实现经济效益与生态效益的结合,是现阶段风景园林设计的主流趋势,原生态因素、生态环保因素是现代化风景园林设计的重要特点,通过对生态学与风景园林设计模式的结合,有利于推动我国现代园林设计整体水平的提升。

近年来,国内外园林生态设计发展很快,生态设计逐渐从地域文化和特征的传承、人与自然和谐发展向生态环境建设、新技术、新材料和新能源的应用等多方面发展,3S 技术开始得到广泛应用,塑木、陶瓷、复合材料、纳米材料等新型材料和太阳能、风能、水能等绿色能源在园林生态设计中的应用日益增多,此外,将生态设计的科学性与文化艺术性相结合也受到普遍重视。

2. 西方园林生态设计发展历程

西方对于人与自然关系的切实关注和思考、研究与实践均始于 19 世纪。工业生产的贻害和关于自然观的哲学反思促进了生态主义思想的萌发与产生。但是,此时人们更多关注的是对人与自然关系的认识和理解,以及辩证唯物主义自然观所带来的巨大思想变革,而对于风景园林设计的生态属性的系统性研究则始于 20 世纪六七十年代。

20 世纪 60 年代,美国环境主义思潮逐渐形成并且大力发展,这场意识形态上的大变革最终引发了美国一场轰轰烈烈的环保运动。随着环境保护运动的逐渐升温,生态学迅速发展起来,同时生态学的原理和方法被有意识地引入到风景园林设计的领域。

至 20 世纪 80 年代景观生态学蓬勃发展,风景园林学也在生态主义思想的引导下,不断借鉴多学科的理论和方法,探索风景园林设计的生态途径,寻找科学的生态规划方法。经过先驱的不断探索和实践,生态规划理论和方法得以逐渐完善,技术也在不断进步,西方近现代风景园林设计已经达到了较高的水平,无论在理论、方法、技术还是在实践等各个方面,都取得了杰出的成果和卓著的成绩。

21 世纪,新的城市发展观影响了风景园林理论研究与实践的倾向。景观都市主义和生态都市主义的提出,推动现代风景园林逐渐走向成熟。目前,美国、英国、德国、荷兰等西方国家的风景园林师和景观理论学家对于风景园林理论和方法的研究已经达到了较高的水平。

3. 我国园林生态设计发展历程

20 世纪 80 年代,我国逐渐开始了与风景园林学相关联的地理学、生态学、景观生态学的研究。早期的研究资料主要来源于对国外专著和文献的翻译与整理,使得国外的设计思想、规划理论的研究以及实践经验为中国现代风景园林规划设计奠定了理论基础,后期的研究则逐渐结合了中国的发展建设实践,提出了新的设计思想和人地观。

1986 年 5 月,在温州召开的中国园林学会"城市绿地系统——植物造景与城市生态"的学术研讨会上提出了"生态园林"的概念,初步明确了新时期城市园林绿化建设以改善生态环境、植物造景为主。

自这一概念提出以来,二十多年间各界学者对生态园林开展了多方面、多角度的探讨。例如,20 世纪 90 年代初,上海市政府决定将"生态园林规划与实践"列入"八五"科技攻关项目。北京市政府也下达了城市园林绿化生态效益的研究课题,天津、重庆等地的专家学者纷纷发表论文,结合本地实际,探讨建设生态园林的路径。

2004 年,建设部提出建设"生态园林城市",不仅促进了城市的发展,也进一步提高了城市园林设计建造的水平。2006 年,我国提出了"节约型园林"绿化,被誉为我国城市园林绿化理念创新的里程碑。"节约型园林"这一概念是在建设"节约型社会"的背景下提出的,旨在扭转当时的园林绿化建设方向,促进园林绿化行业的可持续发展。

近年来,在气候变暖的背景下,当今社会开始提倡"绿色、低碳、环保",低碳园林的概念也应运而生。低碳园林指在园林景观设计、施工、管护过程中所使用的能量消耗要尽可能减少,注重低碳技术与材料应用,降低二氧化碳的排放量,从而减少对大气的污染,减缓生态破坏。低碳园林是一个基于全新理念的园林营造模式,具有生态学科的特点,是现代园林生态设计的发展趋势与方向。

(二)园林生态设计的主要类型

(1)生态保护性设计

生态保护性设计是指以保护现状良好的园林生态系统为目的,在对设计对象所在区域的生态因子和生态关系的调查分析基础上,通过合理的建设、保护、管理措施,减少对自然的不良影响和破坏的设计。其本质是将自然过程引入到现代园林设计中,通过园林设计实现对自然环境的有效保护,主要包括景观资源保护、生态系统保护、生物多样性保护等。

值得注意的是,生态保护性设计不应该是简单的圈地保护,应避免生态主义或环境主义的倾向,在对自然条件与自然关系进行深入解析的基础上,将科学性与艺术性有机结合起来开展创造性的设计。

(2)生态恢复性设计

随着人类社会不断发展,对自然的破坏程度也越来越严重。生态恢复性设计是通过人工设计和恢复措施,在受干扰的生态系统的基础上,恢复或重建一个有自我维持能力的健康生态系统,并为自然和人类社会提供生态系统服务。生态恢复性设计主要应用于矿山、河道、边坡、工厂等被人们生产、生活和建设活动所干扰、破坏的自然场地的再设计。

为了实现生态环境的有效恢复,在进行园林生态设计过程中,需要以系统的自我调节能力为基础,促进生态环境从自身张力朝着自成的规律不断发展和演化,进而实现原有被破坏生态系统的自我修复和自我调节。为了实现这一目的,园林设计师在针对废弃地、垃圾场等生态环境遭受严重破坏的地区,需要始终坚持生态恢复的思想,以实际情况为基础,对相关生态修复技术进行合理利用,进而促进生态环境的健康发展。

(3)生态功能性设计

生态功能性设计是指发挥自然生态系统的自我组织或自我设计能力,对场地进行合理、有效、科学的设计,创造与生态环境相协调、舒适宜人、景观优美的园林环境。这种设计模式指的是在设计项目中,以生态学理念为先导,主动应用生态技术措施,对场地进行

园林生态规划设计方法与应用

244

合理、有效、科学的规划设计,使之既具有生态学的科学性,同时又具有风景园林的艺术美,从而达到设计的目的,改善场地及周边环境,营造出与当地生态环境相协调、舒适宜人的自然环境。

(4)生态展示性设计

近年来环境问题成为新的社会热点,基于环境教育目的的生态设计开始成为最新的研究方向。这种类型的设计不是因为场地生态环境的恶化必须要进行改造,而是出于环境教育的目的,通过设计将自然元素及自然过程显露出来,模拟自然界的生态演替过程,向当地民众展示其生存环境中的种种生态现象、生态作用和生态关系,来唤醒人们对自然的关怀。

(三)园林生态设计的特点

现代园林设计与生态学的结合,使园林从设计走向了科学,给园林赋予了更丰富的内涵,从而推动现代园林设计向更为自由、活跃的多元趋势发展,同时也使生态主义思想由潜在的主观意识表达转为具象化、客观化、实体化的方法和理论,并体现在风景园林师的具体实践中。

园林设计中的生态设计是传统园林设计的延续,是兼顾美感和维持生态环境和谐的一种设计方式。传统意义上的园林设计,主要借助了园林设计和工程技艺,在一定范围内,通过对现有地形的改变和种植不同样式的草木,形成景致精美、供人休憩的区域;而园林生态设计则更强调自然性,它是园林设计的一种高级阶段,赋予了景观更多的自然要素,从而使园林景观的功能不仅停留在美观、舒适和娱乐的需求上,更加强了其生态功能的开发(表4-1)。

表4-1 园林设计与园林生态设计的对比

项目	常规设计	生态设计
能源	消耗自然资本,基本上依赖于不可再生的能源,包括石油和核能	充分利用太阳能、风能、水能或生物能
材料利用	过量使用高质量材料,使纸质材料变为有毒、有害物质,遗存在土壤中或释放到空气中	循环利用可再生物质,废物再利用,易于回收、维修,灵活可变,持久
污染	大量、泛滥	减少到最低限度,废弃物的量与成分与生态系统的吸收能力相适应
有毒物	普遍使用,从除虫剂到涂料	非常谨慎使用
生态测算	只出于规定要求而做,如环境影响评价	贯穿于项目整个过程的生态影响测算,从材料提取到成分的回收和再利用
生态学与经济学关系	视两者为对立,短期眼光	视两者为统一,长远眼光
设计指标	习惯,适应,经济学的	人类和生态系统的健康,生态经济学的

项目	常规设计	生态设计
对生态环境的敏感性	规范化的模式在全球重复使用,很少考虑地方文化和场所特征,摩天大楼从纽约到上海,如出一辙	应生物区域不同而有变化,设计遵从当地的土壤、植物、材料、文化、气候、地形,解决之道来自场地
生物、文化和经济的多样性	使用标准化的设计,高能耗和材料浪费,从而导致生物文化及经济多样性的损失	维护生物多样性和与当地相适应的文化以及经济支撑
知识基础	狭窄的专业指向,单一的	综合多个设计学科以及广泛的科学,是综合的
空间尺度	往往局限于单一尺度	综合多个尺度的设计,在大尺度上反映小尺度的影响,或在小尺度上反映大尺度的影响
整体系统	画地为牢,以人定边界为限,不考虑自然过程的连续性	以整体系统为对象,设计旨在实现系统内部的完整性和统一性
自然的作用	设计强加在自然之上,以实现控制和狭隘地满足人的需要	与自然合作,尽量利用自然的能动性和自组织能力
潜在的寓意	机器、产品、零件	细胞、机体、生态系统
可参与性	依赖于专业术语和专家,排斥公众的参与	致力于广泛而开放的讨论,人人都是设计的参与者
学习的类型	自然和技术是掩藏的,设计无益于教育	自然过程和技术是显露的,设计带我们走近、维持我们的系统
对可持续危机的反应	视文化与自然为对立物,试图通过微弱的保护措施来减缓事态的恶化,而不追究更深的、根本的原因	视文化与生态为潜在的共生物,不拘泥于表面的措施,而是探索积极地再创人类及生态系统健康的实践

　　从传统自然观到生态主义自然观的转变是生态主义思想产生与发展的根本,在很大程度上影响了风景园林设计的内容、形式、思想、战略、价值及欣赏节奏。园林生态设计的目标是在设计中尊重自然,提高和保护自然环境质量,提高自然资源的利用率,保护生物多样性,保护设计区域的自然植被、原生土壤、野生动物,最大限度地增加城市自然环境容量,尊重当地文化和历史,注重当地文化、历史和人文精神的保护。

二、城市生态公园

(一)概念与发展历程

1. 概念

城市生态公园(ecological park)是指位于城市城区或近郊,采用保留或模仿地域性自然生境的方式来建构主要环境,以保护或营建具有地域性、多样性和自我演替能力的生态系统为主要目标,提供与自然生态过程相和谐的,供人游览、休憩、实践等活动的园林。

城市生态公园并不是一种全新创造的公园类型,而是在面对城市化发展过程中的生态问题时,综合运用相关学科的知识,在不断探索和解决问题中逐渐发展起来的。它既具有生态性,又具有城市性,有别于普通的城市景观公园和自然生态公园或自然保护区。

城市生态公园是以生态途径改善城市环境,其实质是城市生物多样性的合理利用和拓展,发挥自然系统自我有机更新的能力,实现外源资源投入的减量化、再利用和再生性,维持公园绿地生态系统的健康和高效,为野生生物的保护和利用提供适宜的机会,改变一些传统的绿化行为对自然的恣意改造,避免使绿化成为破坏自然的人为活动。

(1)功能

1)生态功能　城市生态公园由于具有大面积生态结构合理的绿地,使得城市生态公园在净化空气、降低辐射、降噪除尘、调节小气候、防止水土流失、缓解热岛效应、保护生物多样性等方面都具有良好的生态功能。这些生态功能的效率要高于一般城市公园,即其单位面积绿地改善环境的能力更强、生态效益更高。

2)休闲游憩功能　城市生态公园还可以改善城市居民的环境,提供良好的景观效果,具有休闲游憩的功能。其良好的自然环境为居民提供了很好的放松机会,有助于释放平时生活工作的各种压力,满足居民的精神需求,为人们提供精神寄托的场所。

3)教育功能　城市生态公园为城市居民提供了亲近自然的机会,有助于增强公众的参与性。尤其在对青少年的教育中,城市中心及周边的生态公园是良好的户外课堂。公园中的花草树木、水体、土壤等可以生动地演示自然的奥秘和自然规律,激发人们热爱自然、致力于环境保护的自觉行动,开展有效的生态教育。

(2)特征

城市生态公园不仅具有城市公园的一些基本特征和功能,同时具有其独特的特征和内涵。传统城市公园以园艺学和工程技术为指导,将美化、装饰作为规划目标;生态公园则是利用生态学理论,以城市自然生境为基础进行保护和生态重建,目的在于将自然融入城市。二者的区分体现在基本目标、功能、空间布局、体验特征、环境建构、生物群落、生态稳定性、资源利用、凋落物、养护管理等方面(表4-2)。

表4-2　城市生态公园与城市景观公园之比较

项目	城市生态公园	城市景观公园
基本目标	保护、修复区域性生态系统	提供优美的休憩娱乐场所
功能	生态效应、娱乐游憩、自然生态教育与体验	娱乐游憩、生态效应
空间布局	从满足生态系统的要求出发,是景观生态格局	从满足人的体验要求出发,是景区、景点格局
体验特性	自然、多样、健康、科学理性	美观、整洁、统一、有序、诗情画意

项目	城市生态公园	城市景观公园
环境建构	保留或模仿自然生境为主	半人工或人工环境为主,改造自然生境以适应人的需求
生物群落	接近自然群落,引进野生生物高生物多样性	观赏植物为主,低生物多样性
生态稳定性	生态健全、高抗逆性、自我维持为主	生态缺陷、低抗逆性、人工维持为主
资源利用	节约资源、自然的自组织状态和结构	较多资源投入,"被组织"的状态和结构
凋落物	循环再生	部分或全部清扫
养护管理	动态目标,低度管理,投入低,管理演替	景观目标,强度管理,投入高,抑制演替

资料来源:邓毅.城市生态公园的发展及其概念之探讨[J].中国园林,2003(12):51-53.

基于以上对比分析,可以概括出城市生态公园具有以下明显特征:

1)在功能上,城市生态公园主要是保护和修复区域性生态系统;

2)在空间布局上,城市生态公园以满足生态系统要求为前提,构建景观生态格局;

3)在群落组成上,城市生态公园的植物群落由乔木、灌木、地被配置而成,接近自然群落,种类多,生物多样性丰富,具有明显的地域特色;

4)在植被选择上,在保留原有野生种类的基础上,以绿地生态系统的健康为出发点,借鉴自然植被结构和演替过程进行设计,并以适应当地气候、抗逆性强的乡土植物和地带性植物种类为主;

5)在功能目的上,强调公园的生态效应,以改善城市生态环境、保护生物多样性、维护生态平衡为首要目的,并兼有娱乐游憩、自然生态教育的功能;

6)在养护管理上,依赖生态系统自我更新能力和较强的抵抗外界干扰能力,进行生态系统的自我恢复、自我维持,不必人工投入大量的水、能量、杀虫剂和化肥等进行维护。

2.国外城市生态公园发展历程

20世纪30年代,欧洲一些国家在保留基地的自然环境基础上,以多样性的本土植物为主,在城市公园中塑造区域性特色景观和多样的生态系统。这些是最早的城市生态公园雏形。

至20世纪60年代,美、英、日等工业发达国家相继爆发了震惊世界的"八大公害"事件,国际社会对城市化、工业化导致的生态和环境问题空前重视。1971年,联合国教科文组织(UNESCO)提出了人与生物圈(MAB)计划,指出城镇建设要遵循人与自然共生的基本生态原则。随着人与生物圈计划的实施及西方"绿色城市"运动的兴起,城市自然保护与生态重建活动广泛开展起来。城市生态公园的模式和设计方法得到了广泛探讨。

欧洲及北美的一些发达国家的工业化进程较早,特别是欧洲的许多国家和地区人口密集、生态和土地等资源相对紧张,致使生态环境的恢复和重建工作比较迫切,所以生态公园的建设理论研究和实践工作起步较早,发展至今已经比较成熟与完善,值得借鉴。例如,美国西雅图煤气厂公园的场地原址是华盛顿天然气公司旗下的一家煤气厂,1956

园林生态规划设计方法与应用

年倒闭,1975 年完成改造,方案以"干预最小、自我恢复"为基本理念进行设计,对后面的生态设计产生了广泛影响。

英国也是较早开始探讨用生态学原理来指导城市生态公园建设的国家。1977 年,英国在伦敦塔桥附近建了具有典范意义的威廉·柯蒂斯生态公园,该公园建于之前用于停放货车的场地上,其成功之处不仅在于它通过设计所创造的生境和物种多样化,而且它成为城市居民接触自然、学习生态知识的场所,表明了小块空地建造生态公园的可行性。随后,伦敦对生态公园进行了一系列的尝试,先后在废弃地、市中心建筑密集区等地建造了十余个生态公园。

到 20 世纪 80 年代末 90 年代初,以 1990 年国际生态城市会议、1992 年联合国环境与发展大会为标志,城市生态公园建设再起高潮,生态公园从模式到内容上都有了很大的突破,例如加拿大多伦多港区汤普森公园、德国伊斯堡风暴园、德国格尔森基尔欣园林展公园等。

直到 20 世纪末期,随着计算机、卫星遥感技术的广泛应用,关于生态园林的研究有了很大的进步,同时,更为激进的大尺度自然环境区域的生态设计理念也被引入到城市园林设计中,如生态廊道、生态格局等项目也应运而生。

3. 国内城市生态公园发展历程

20 世纪 80 年代,随着国际交流,国外的生态学理论和生态规划设计逐渐流入中国,国内的园林设计师开始尝试学习这些理论并加以实践。至 20 世纪 90 年代中期,在我国的成都、北京、上海、广州等大中城市开始出现城市生态公园。

1998 年建成并对外开放成都活水公园,是世界上第一座城市的综合性环境教育公园,也是目前世界上第一座以水为主题的城市生态环境公园。活水公园占地26 000 m²,有一套完整的人工湿地生物净水系统。2015 年,按照海绵城市的建设要求,活水公园进行了一次改造,完善了雨水自然处理系统等。

2001 年建成的广东中山岐江公园,是以废弃历史地段的再利用为主旨,设计强调了废弃工业设施的生态恢复和再利用,通过人造景观与原有自然景观结合,实现生态的恢复与城市环境的更新,建立人与环境互动的景观生态可持续发展系统。

目前,经过几十年的努力,我国的城市生态公园建设取得了丰硕的成绩,例如上海辰山植物园矿坑花园(2006)、唐山南湖城市中央生态公园(2009)、杭州江洋畈生态公园(2010)等,意味着我国的城市园林建设已迈入一个新的历史发展阶段。

(二)城市生态公园设计原则

1. 保护自然资源与环境

随着经济的迅速发展,过度的开采和使用对有限的自然资源造成了不同程度的损害,甚至威胁到某些自然物种的存在。因此,为了保持自然界的生态平衡和生物多样性,园林生态设计过程中要注重对于自然资源与环境的保护,尽可能地恢复被损害的生态环境。

首先,保护不可再生资源。在规划设计、建设施工以及后期园林景观使用和维护等阶段,尽可能减少包括能源、土地、水以及生物资源的使用。其次,保护并利用现有自然生态系统。自然生态系统是一个具有自我组织或自我设计能力的动态平衡系统，持续不断地为人类提供各种生活资源和条件。在进行园林生态设计时，要从优先保护的角度出发，尊重自然、保护环境，在满足人们需求的基础上，尽可能减小对自然生态系统的影响，保证园林景观的生态效益和社会效益最大化。

2. 节省资源与能源

资源和能源的消耗问题，几乎贯穿了园林生态设计的全部，也决定了园林生态建设是否能够持续发展。

首先，做到对各方面资源的合理运用，建设无废公园。设计中，充分利用现有场景资源，包括地形地势、景观构件、地被植物、山水元素，建立材料、资源和垃圾的回收系统，实现最大化利用自然资源、可再生资源、可回收材料，防止对自然环境、人身心健康产生危害，形成园林景观良好的生态效益。其次，构建节约型生态园林。园林生态建设应坚持资源开发与节约并重，力争建设节水、节能、节电、节土、节材的节约型生态园林，尽可能减少包括能源、土地、水、生物资源的使用和消耗。

3. 利用自然生态过程

园林生态设计就是通过设计的手段，促进自然生态系统的物质利用和能量循环，维护场地的自然过程与原有生态格局，增强生物的多样性。因此，首先，必须尊重原始生态环境下的生态格局，在设计过程中应保留山、水、地貌等原始自然特征，并在原始自然特征的基础上进行修改，这样既能保持原设计的美观，又能避免施工过程中对自然生态环境的破坏。

其次，要借助自然力量促进整体系统的稳定运行。自然生态系统具有自我组织、自我协调和自生更新发展的能力，它是能动的。园林生态设计需全面考虑基址的气候、水文、地形地貌、植被以及野生动物等生态要素的特征，尽量避免对它们产生较大的影响，要适应自然过程，与自然过程统一，尊重自然，利用自然能动性，毫无保留地展示自然。

4. 保护生物多样性

生物多样性是生态园林之魂。在生态学当中，最基本的理念就是生物的多样性以及维持生态系统的稳定性。生物多样性保护首先反映在景观多样性方面。一般说来，景观异质化程度愈高，愈有利于保持景观的生物多样性。首先，可以通过林地、绿带、水系的巧妙布置，增加景观的异质性，以使生物多样性保持在很高的程度。其次，在保护现有物种的基础上，积极引进动植物资源，并使其与环境之间、各生物之间相互协调，形成一个稳定的园林生态系统。在引进物种时要避免盲目性，以防生物入侵对园林生态系统造成不利影响。最后，要注意建立生境的多样性，为动植物创造适宜的生存环境。例如，可以设置特殊的水泥石头以及窝巢等为动物提供有效的栖息场所，提供鸟饮水的简单容器等。

5. 尊重传统文化与乡土知识

生态与文化性相结合是近年来城市生态公园设计的发展趋势。我国地域辽阔，南北环境差异较大，不同城市有各自的风土人情、生活习俗、地域文化。特定场地的自然因素和文化积淀都是对当地独特环境的理解和衍生，也是与当地自然环境协调共生的结果。

所以,在园林生态设计中,应体现人文关怀,深入分析城市历史背景及园林文化底蕴,因地制宜地结合当地生物气候、地形地貌进行设计,充分利用当地的建筑材料和植物材料,灵活配置地方景观要素和地方特色,创造出有地域特色的艺术氛围。

从整体来说,城市生态公园应挖掘出当地环境和文化的契合点,体现出便利性、社会性和公众性,将园林生态化与人们生活、自然、人性化设计和谐相融。

6. 开展自然教育

园林生态设计被赋予了展示自然过程的使命,让城市居民重新获得感受自然的机会,通过城市园林的生态设计重塑自然景观,再现自然过程,展示人类对自然的影响,凸现人类与自然的密切关系。大自然同时是人类知识的宝库,城市公园作为城市中最接近自然的一种空间,与人们的生活紧密相连。公园里的花草树木、虫鱼鸟兽为人们提供了认识自然生物的良好范本,并激发了人们对于自然的探索与热爱。

自然教育主要是在自然中认识自然、体验自然、保护自然的教育,是面向所有人的教育。自然教育强调实践,借助城市生态公园内的植物、动物等自然要素,不仅可以认识自然之美,提高科学素养,还可以通过户外锻炼,强健体魄、磨炼意志。

7. 引入公众参与

公众参与能够让设计师聆听市民最迫切的愿望和建议,并结合不同的价值需求,给设计者提供更多设计的可能性,是避免设计陷入僵化、趋同模式的有效途径。

城市生态公园是为了给市民提供安全优美的游憩场所,最终的目的是为居民服务。因此,在设计时,为了准确把握居民的游憩需求、精神层面的需求以及生态环境的需求,需要将公众引入到设计环节,使尽可能多的使用者参与设计的决策过程,让他们充分地表达自身的情感愿望,只有这样的设计成果才是公众意愿高度融合和统一的结果,不仅有助于增强城市居民对设计的认同感、归属感、领域感,还能够更好地建设和保护环境。

(三) 城市生态公园设计的技术对策

城市生态公园是伴随工业化及城市化的进程,在解决城市生态环境问题中逐渐产生的,生态学、景观生态学及相关的生态设计思想和技术是其形成和发展的基础。随着生态科学技术的发展,设计师逐渐在设计过程中加入生态学、风景园林学、城市规划学、植物学等相关学科的知识,重点关注解决具体问题的技术手段和详细设计手法,具有较强的操作性,特别是在地形设计、植物配置、水资源利用、土壤设计、清洁能源使用等方面。

1. 地形设计

地形是设计诸要素的基底和依托,也是形成场地整体空间结构、改善生态环境的重要手段。地形设计首先需要尊重原始地形。设计师应该对基地现场进行详细踏勘,认真分析现状地形在排水、风力导向、水分蒸发等方面的作用。在设计时,首先要做到因地制宜,最大限度保持场地的地形地貌,尽量减少人为的改变和破坏建设场地。尤其应注意尽量保留原有水体,不盲目进行挖填,以避免影响基地及周边环境的水分蒸发。

其次,对于不利于生态恢复的原始极端地形需要进行设计改造、合理的填挖方,达到土方平衡,并营造出具有下凹、抬升效果的地形景观。利用地形设计是创造园林空间的先决条件,可以实现公园中必要的场地功能,例如将人工陡坡河岸改造成缓坡自然驳岸来实现生态效益,利用下凹绿地来营造海绵设施,利用地形抬高阻隔和降低来自外界的噪声干扰,为公园中的物种以及游客打造安静私密空间等。

需要注意的是,在进行地形设计时,要注重竖向设计与排水工程,需根据地形特点科学设计排水方向,优化配置分水线、汇水线。

2. 植物配置

植物是城市生态公园中的主体要素,具有维持碳氧平衡、净化空气、调节气温和湿度、衰减噪声等作用,构建合理的植物群落是城市生态公园设计的首要任务。植物配置首先应结合当地气候环境、地形地貌进行设计,依据植物的生态习性,比如对阳光、水分、温度、土壤的需求,综合选择合适的植物。在筛选过程中,尽可能保护和利用乡土植物,控制和限制引进大量外来的景观树种。

其次,为了营造良好的城市气候条件,实现园林生态系统的平衡,建造良好的植物群落非常重要。因此,需要从生态的角度出发,充分了解园林生物之间的关系,特别是园林植物之间、园林植物与园林环境之间的相互关系,结合功能性、艺术性、地方性,进行合理的植物生态配置,形成稳定、高效、健康、结构复杂、功能协调的园林生物群落。群落的结构越复杂,生态系统就越稳定。对于已经受到空气污染的基地,还应注意根据不同类型的污染源选用相应的抗污染种类,并适当增加抗污染能力较强的树种。

最后,生态公园的植物配置应按照"低维护"的理念,遵循资源节约、环境友好的原则,强调在保证植物景观充分发挥生态和景观效益的基础上,有意识地去减少对植物过度的干预,并通过一系列的方法、技术手段和措施来降低后期对植物景观的养护管理,减轻人工的压力,并减少维护的成本。

3. 水资源利用

水是不可替代的资源。现在,水污染加剧、水资源短缺的问题越来越突出,同时也威胁着人类的生存与健康。水是园林景观构成的重要元素之一,一定面积的水体,具有丰富景观、隔离噪声、调节小气候等功能。

首先,在生态公园建设中,要合理地开发和利用水资源,应充分利用天然的河流、湖泊水系,尽量减少设计各类人工水系,或尽可能将各类人工水系用水与城市天然水系、绿地灌溉系统相连,使水资源可重复利用。其次,重视雨水的收集与利用。近些年,越来越热门的雨水花园和海绵城市就是利用雨水的典例,不仅可以节约用水,用于绿地灌溉、景观用水,而且有减缓市区雨水洪涝,使地下水位下降,控制雨水径流污染,改善城市生态等功能。最后,大力推广节水灌溉方式。优化灌溉的方法,加强节能技术的应用,利用喷灌、滴灌、地下灌溉技术,降低水资源消耗。

4. 土壤设计

土壤是植物生产过程中不可或缺的一部分,植物可以从土壤中汲取自己所需要的养分。由于城市生态公园一般是利用市区的荒地、空置地或废弃地以及城郊地区用地,或多或少有来自交通、空气、降雨、固体垃圾等对土壤造成的污染,甚至存在有毒有害的严重污染情况。因此,设计前,应分析土壤的成分和特性,对于被污染的土壤,要及时置换和处理。第一步,应对场地内土壤污染程度进行评估,划分出重度污染区、中度污染区与轻度污染区;第二步,将场地内重度污染土壤挖掘并运走,在中度污染土壤上面,覆盖干净土壤。对于轻度污染的土壤,进行就地修复,一般采用植物修复的技术手段。种植超富集植物用来吸收污染物,并通过定期收割超富集植物逐步减轻土壤污染。

5.清洁能源使用

生态公园作为调节城市"呼吸"的"绿肺",越来越重视清洁能源的应用,如太阳能、风能、水能等,不仅可以减少对自然环境的影响,还能减少后期用于维护园林的成本支出,实现园林景观的可持续发展。

在园林中,太阳能的应用比较广泛,它是一种具有巨大利用潜力的可再生的、洁净的自然能源。一是可以把太阳用作热水的加热源,为园林中的不同用途提供热水;二是利用太阳能发电,用作照明的能源。其次,风能能源的作用也是不可忽视的。风能通常用来发电,利用传统风车或风轮的形式。太阳能和风能都可以作为公园里的动力能源,例如作为水体的循环流动的动力能源等。园林建设中,清洁能源的使用应结合气候和地形特点,比如风力、日照、水系、坡向等,合理布置太阳能、风能设备,最大程度地融入园林环境中,兼顾生态和艺术效果。

第二节　城市湿地公园规划与设计

一、概述

(一)湿地与湿地公园

1.湿地概念

湿地与森林、海洋并称全球三大生态系统。根据《国际湿地公约》的定义,湿地(wetlands)是指所有的水域和沼泽地等,具体来说是包括人工的、天然的、永久的、暂时的、静止的、流动的,无论咸水还是淡水的所有水域,泥沼、沼泽、泥炭地和退潮时水深小于 6 m 的水域。

湿地被喻为"地球之肾"。湿地不仅拥有丰富的野生动植物资源,是众多野生动物特别是珍稀水禽繁殖的越冬地,还在抵御洪水、调节径流、蓄洪防旱、控制污染等方面有其他生态系统所不可替代的作用。

我国湿地分布广、面积大、类型多样,湿地总面积达 5635 万 hm²,约占全球湿地面积的 4%,居亚洲第一位、世界第四位。《湿地公约》所列湿地名录中的 26 类自然湿地和 9 类人工湿地在我国均有分布,主要包括沼泽湿地、湖泊湿地、河流湿地、河口湿地、海岸滩涂、浅海水域、水库、池塘、稻田等各种自然和人工湿地。

河流湿地是较为常见的类型。河流是陆地表面宣泄水流的通道,是江、河、川、溪的总称。河流湿地是围绕自然河流水体而形成的河床、河滩、洪泛区、冲积而成的三角洲、沙洲等自然体的统称。河流湿地位于河流水陆相交接处,常常犬牙相错,形成形态各异、变化多样的空间,如"岛屿"、"半岛"、"河漫滩"。而且,由于长期泥沙淤积形成的浅滩,为湿地动植物的生存和繁衍提供了适宜的空间。河流型湿地多位于城市近郊,受人为影响较大,存在驳岸硬质化、湿地面积缩小等问题,导致其生态系统衰退、生态功能丧失。

按照生态功能和环境效益的重要性,湿地分为国际重要湿地、国家重要湿地、省级重要湿地和一般湿地,采取建立湿地自然保护区、湿地公园等方式对湿地予以保护。其中,国际重要湿地有两个核心指标:一是定期栖息有 2 万只以上的水禽,二是支持易危、濒危或极度濒危物种或受威胁的生态群落,且种群数量超过 1%。目前,我国现有国际重要湿地 64 处、国家重要湿地 29 处、国际湿地城市 13 个,获得认证的国际湿地城市数量居世界第一。湿地类型自然保护地总数达 2200 余个,规划将 1100 万 hm^2 湿地纳入国家公园体系,实行最严格的保护管理。

2. 湿地生态系统

湿地生态系统是由生物栖息地、植物、生物和形成的湿地空间环境组成的。湿地是水陆系统相互作用形成的独特生态系统,处于陆地生态系统和水生生态系统之间过渡带的自然综合体,是自然界最富生物多样性的生态景观和人类最重要的生存环境之一。

湿地是重要的生态系统,也是最脆弱、最易受威胁的生态系统,具有生态的脆弱性、过渡性、超强自我净化能力特征。湿地的生态脆弱性是因为湿地对水的依赖性,湿地水资源的供应受自然环境和人类活动的影响较大,湿地生态系统一旦受到水流量的影响,就会影响湿地生态系统的稳定,原始生态系统的恢复会面临较大的难度;湿地生态系统过渡性的特征受湿地所处地理位置的影响,湿地处于陆域和水域相互交界的地方,特殊的地理环境导致湿地兼具了陆地生态系统和水生生态系统;湿地的超强自我净化能力体现在湿地生态系统中的植物、微生物等对湿地土壤的固化作用和对水资源的净化作用。

3. 湿地公园

在自然保护地体系里面,湿地公园属于自然公园的一种。自然公园是指保护重要的自然生态系统、自然遗迹和自然景观,具有生态、观赏、文化和科学价值,可持续利用的区域,包括森林公园、地质公园、海洋公园、湿地公园等各类自然公园。

根据《国家湿地公园建设规范》(LY/T 1755—2008),湿地公园指的是拥有一定规模和范围,以湿地景观为主体,以湿地生态系统保护为核心,兼顾湿地生态系统服务功能,展示、科普宣教和湿地合理利用示范,蕴涵一定文化或美学价值,可供人们进行科学研究和生态旅游,予以特殊保护和管理的湿地区域。

湿地公园类型有如下几种。

(1)依据湿地成因不同,可将其划分为自然湿地公园、人工湿地公园。

自然湿地指的是基于天然条件,在陆地与水体交错区域相互间分布的过渡性自然生态系统;人工湿地指的是经由人为设计改造,与自然湿地生态循环系统相似的湿地类型。

(2)依据所处位置不同,可将其划分为城中型湿地公园、近郊型湿地公园、远郊型湿地公园。

城中型湿地公园是指位于城市内部的湿地公园,具备较强的休闲娱乐等社会属性,主要是供城市居民休闲游憩;近郊型湿地公园位于城郊,社会属性较弱;远郊型湿地公园与城市相隔较远,前往游玩的游客数量较少,生态属性更强,且具有十分突出的生态保育功能。

(3)按照级别分为国家级湿地公园和省级湿地公园两种。

国家级湿地公园是指经国家林草局批准建立的湿地公园,具有一定的规模和范围,属于自然保护体系的重要组成部分。国家级湿地公园由国家林草局负责管理,省级湿地公园目前尚未纳入国家保护管理体系。

(4)按照特色分类,有展示型湿地公园、仿生型湿地公园、自然型湿地公园、恢复型湿地公园、污水净化型湿地公园、环保休闲型湿地公园。

展示型湿地公园。通过模拟天然或自然湿地的外貌特征,结合生态学相关知识或技术,向游客展示完整湿地的功能,达到湿地科普教育的目的。

仿生型湿地公园。通过对天然或自然湿地的形态及景观进行提炼模仿建设而成的湿地公园。该类型湿地不仅具有湿地外貌,同时,也有一定的湿地功能。

自然型湿地公园。以自然、原始、野生状态的湿地风貌为主,没有过度的开发利用,经过适度的设计,可供市民及游人进行限制性的参观及开展一定的游憩观光活动。

恢复型湿地公园。该类型湿地公园往往是在湿地功能已经消失或正在逐步退化的原有湿地场所基础上,通过人工恢复重建,恢复一定的湿地功能,并具有湿地外貌。

污水净化型湿地公园。该类型公园里的湿地具有明显的污水净化、改善水质的功能,可以帮助促进城市水资源循环利用,实现城市水资源的可持续利用。同时,这类型的湿地公园还是开展节水美德、生态知识等相关内容学习的科普教育场所。

环保休闲型湿地公园。具有较突出的处理城市污染的作用,同时也是市民及游人观光休闲的重要活动场所。

4.城市湿地公园

城市湿地公园是城市规划区范围内的一种独特公园类型,以保护城市湿地资源为目的。因其特殊地理位置被纳入城市绿地系统,除发挥生态防护、游憩娱乐、文化教育和环境美化的基础功能外,更有湿地生态旅游观光、科普教育、生态服务的特色功能。

城市湿地公园的建设是完善城市蓝绿生态系统服务以及游憩系统的重要一环,其首要建设目的是保护城市中现有的湿地生态系统,维持湿地内动植物生存发展的多样性和可持续性,其次才是满足市民闲暇时体验、休闲、观赏的需求,以及在湿地公园举办一系列湿地生态教育活动。

城市湿地公园的功能和作用主要体现在以下三个方面:

(1)生态功能

城市湿地公园不仅为种类丰富的动物和植物提供生长繁衍所需要的场所,而且,湿地特有的生态调节功能也创造了巨大的生态效益。各个类型的湿地公园在调节小气候、有效降低水中的污染物、涵养水源和保护生态多样性方面发挥着重要的作用,也解决了城市热岛效应、城市内涝、城市生态游憩空间不足等问题。

(2)娱乐功能

城市湿地公园生态环境的修复保护和建设开发,为城市人口提供了休闲旅游活动的场所,人们可以利用闲暇时间,回归到自然中,感受大自然治愈的力量,从而更多地接近自然、融入自然,感受与都市生活不同的生活节奏、生活方式和乐趣。

(3)生态教育功能

湿地公园具有多种生态系统类型,呈现出丰富的、原生态的自然景观,给生物多样性的研究和教育科普提供了机会,使得观赏者和学者有机会将书中获得的理论知识在实践中得到论证和应用,也为开拓新的知识领域提供了可能性。

(二)国内外湿地公园发展历程

1.国外湿地公园发展历程

由于欧美国家工业革命早,城市发展也领先于其他地区的国家,这导致欧美国家的生态环境问题也首先显露出来。例如,欧洲的莱茵河,其干流分布着多个世界著名的工业基地。"二战"结束后,随着工业急剧发展、城市化急剧扩张以及环境管理工作滞后,莱茵河逐渐出现了水体污染、生态退化等问题。

随着环境污染逐渐加剧,20世纪50年代,欧美国家开始建设大规模的污水处理系统,从而减少了污水的排放,并开始对湿地系统的恢复重建和管理等方面进行研究。

20世纪60年代,人们对湿地退化产生的一系列问题做了一系列的尝试。德国首先开始对湿地自然生态环境进行保护,重点拆除对河道不合理的硬化,尊重河流自然的原始河道,对湿地进行生态的修复与重建;美国对湿地的研究较多,涉及的领域比较广,其中,包括了湿地的生态多样性研究、湿地植被修复等一系列提倡保护和修复湿地生态系统的研究。

20世纪70年代,18个国家的代表共同签署了《湿地公约》(以下简称《公约》),《公约》对湿地进行了定义,并且对湿地的分类划定了标准,这表示人们对湿地保护意识的觉醒以及国际合作保护湿地行动的开始。《公约》的签署推动了全球湿地资源的保护,通过各个国家经验的总结和分享,相互配合加强对各国湿地资源的保护和合理利用。例如,美国于20世纪70年代开始在湿地研究领域投入大量人力、物力以及社会力量,并且组织创建多种专门的研究机构,对湿地生态学理论、湿地类型以及形成原因进行深入研究。随后,全世界很多国家政府有关部门、科研机构等均重点关注湿地研究,研究规模不断增加。

20世纪90年代开始,随着人类对城市、人口、资源等问题的不断深入认识,湿地园林在城市生态体系构建、自然资源保育,改善城市生态环境中的作用被人类认识。发展较快的国家将天然湿地与人工湿地纳入城市公园的建设规划,湿地公园成为一种新兴的公园类型。

湿地公园建设数量和规模均不断增加,而在湿地公园规划建设中,要求充分发挥湿地公园在城市环境改善、社会环境建设方面的重要作用。例如,2000年建成的伦敦湿地公园,是世界上第一个位于市中心的湿地公园,它是城市区域内湿地恢复和保护的一个成功范例。伦敦湿地公园共占地42.5 hm^2,由湖泊、池塘、水塘以及沼泽组成。良好的绿化和植被引来了大批的生物,使公园成了湿地环境野生生物的天堂。同时,公园也给伦敦市区的居民提供了一个远离城市喧嚣的游憩场所,改善了周围都市的景观环境。

至今,国外湿地公园规划建设已逐渐提升至整个世界生态环境保护层面,在湿地公园研究中,不仅需对湿地公园的核心价值进行分析,同时还应兼顾其环保效益、生态修复效益、环境美化效益、休闲娱乐效益等。通过积极开展多种实践研究,可对湿地公园建设提供实证基础,随着经验不断累积总结,创建合适的逻辑语言,对湿地公园中的各类问题进行归档整合,基于科学理论阐述湿地公园的运作机制,探求利用数学模型、物理模型等方式构建人为模拟生态环境的可能。

2. 国内湿地公园发展历程

我国对湿地景观的重视和研究相对于发达国家而言起步比较晚,发展比较慢,湿地生态的建设也是在近几十年才被提出和关注。

新中国成立后,我国建设了许多较大规模的水利工程设施,有水库拦蓄、大坝蓄水、河流的渠化等大型水利工程项目,但在建设过程中由于理论和实践经验的缺失,留下了一些问题和隐患。20 世纪 70 年代,政府和群众对湿地生态环境保护的重视程度逐渐提高,并根据湿地资源的面积大小建立了不同级别的湿地自然保护区,湿地自然保护区网络体系逐渐形成并走向成熟。

20 世纪 80 年代开始,人们对湿地资源的保护和利用有了清醒的认识,并且颁布了湿地保护的相关法律法规,为湿地的保护建立法律保障;1992 年,我国加入全球《湿地公约》,从这以后湿地景观保护和研究才逐渐变多;1995 年,林业部启动中国首次全国湿地资源专项调查。

20 世纪末,人们开始保护和恢复宝贵的湿地资源,湿地公园的建设开发和修复保护工作取得了很大进展。1999 年,深圳市洪湖湿地公园的建成,成为"人工湿地"污水处理净化系统在城市公园绿地应用的首个工程实例。

21 世纪初,国家大力支持建设湿地公园。2000 年 6 月,经过六年的艰苦努力,《中国湿地保护行动计划》编制完成。2002 年建成的成都活水公园,则是世界上第一座城市综合性环境教育公园,同时也是世界上最大、最先进的以"水保护"为主题的湿地公园,它的建成也标志着我国在湿地园林研究和实践领域又迈出了一大步;2005 年,中国第一个国家湿地公园——浙江杭州西溪国家湿地公园正式建成。2010 年,《湿地分类》《国家湿地公园管理办法(试行)》和《国家湿地公园总体规划导则》颁布;2017 年,住房和城乡建设部出台《城市湿地公园管理办法》。

我国关于湿地公园建设的经验日渐丰富,技术也在不断提高,在生态湿地建设的摸索中不断地进步,也设计建设了许多优秀案例。最有代表性的工程是 2009 年 10 月建成的上海世博后滩公园。后滩湿地公园是建在原工业厂址的棕色地带上。公园设计包括了湿地景观、生态防洪、材料回收再利用、城市农田等规划设计策略,建立一个可以复制的水系统生态净化的新模式,不仅满足了一个公园在安全疏散、游憩休闲等方面的功能,也同时承担起了湿地资源保护、湿地生态科普教育、湿地水处理和湿地景观观赏等多项职能。

总体来说,我国对于湿地公园的关注度不断提高。从研究内容来看,初期主要聚焦于对湿地公园概念、功能分类及生态系统的探讨;随着研究的继续深入,内容趋向多元化,湿地公园景观建设、景观格局、景观生态、保护对策及生态适宜性评价成为研究热潮领域;目前,雨洪管控、景观健康及生态修复的研究逐渐显露并成为前沿领域。实践方面,较为注重公园的生态资源和功能规划,包括公园的设计建造、运行以及生态影响评估等,偏向于整个湿地公园规划的实际操作细节。

二、常见生态问题

(一)城市湿地的生态环境问题

1.湿地面积萎缩

湿地侵蚀是我国湿地面积变化与生态系统退化面临的主要问题。在农业上,大量的填湖造田、围海养殖;在城市建设上,过度的湿地围垦、填海造陆等现象,造成湿地大面积削减。据统计,1900年以来,全世界已丧失近50%的湿地。

在城市中,一方面,城市扩张导致湿地面积大量减少。城市化进程的加快,人口增长造成城市用水大量增加,湿地水源供应减少,湿地退化加速。城市工业化的发展,也加速了水资源的消耗。在城市建设过程中,人地关系日益紧张,河道裁弯取直,陂塘等小微湿地多被填埋,湿地已经成为消失最快的资源之一。而且,有许多湿地环境没有得到相应的保护,被不合理的利用和占用,使得湿地生物多样性减少、生态功能降低。

另一方面,湿地生境连续性被破坏,生境破碎化程度增加,农林湿空间彼此割裂,历史时期形成的韧性水网结构遭受破坏。城市不同区域的水体环境本应该保持一定的连接,相互之间产生一定的联系,但实际上是城市湿地公园与其他的水体失去联系,湿地公园成了一座孤岛,难以体现生态系统的联通性,最终导致湿地公园的生态功能减弱或消失。

最后,湿地的水源难以得到有效补充,也间接导致湿地面积干涸萎缩。城市化发展进程中,大量地面变为不透水的水泥或石板材路面、屋顶面,使得汛期雨水不能在流域地表坑洼处或土壤水库中蓄积,而是直接排入河流或海洋,流域自然水文循环路径被改变,气候趋于干旱,江河断流,湖泊干涸,大量城市湿地消失。

2.过度人工化

人类在城市湿地中进行的大量人工水利活动,包括对河岸带进行硬化处理,在河流上游修建水库等,这些改造活动使天然河道变得人工化、渠道化,并且割裂了流域内相互贯通的天然河湖水系,使水路不畅。

虽然这一类工程对农业生产做出了贡献,也对防洪工作起到了巨大作用,但却影响了河流对湿地的水量补给作用,给水生态系统带来严重危害。例如,在城市建设中,过度干预河流的空间形态,裁弯取直,手段简单僵硬,改变了河流原有的自然形态和走向,河床硬质化严重,河岸草木匮乏,周边自然生态系统破坏严重。同时,渠化的河道将上游的雨水直泄入下游河道,引发了下游更为严重的洪水问题。

3.湿地污染加剧

城市中,水利工程以及城市其他工程项目,强烈地改变了城市地表水文状况,对城市景观造成破坏,更严重的是损坏了流域自然水系,河道被挤压变窄,河道泥沙淤积,水路受阻或水量减少,影响到河流中生物的发育环境,致使城市湿地自净能力减弱。

同时,污染是中国湿地面临的最严重威胁之一,湿地污染不仅使水质恶化,也对湿地的生物多样性造成严重危害。在城市化的进程中,城市人口迅速增加,产业高度集中,生产和生活产生的大量污水和废水未经处理排入河湖湿地,大量化肥、畜禽污染随地表径流汇入湿地,大大超过了河湖湿地的自净能力,造成河道水质下降,水功能萎缩,破坏了湿地环境。其中,面源污染是我国湿地生态系统污染的主要来源。面源污染一般是通过地表径流的方式进入水环境。在城市中,雨水径流所携带的污染物主要有道路表面的沉积物、路面的砂子尘土和垃圾等。目前,全国有 700 多条较大河流受到污染,2/3 的湖泊受到不同程度的营养化污染危害。

4. 生态系统功能退化

湿地面积萎缩、过度人工化、湿地污染加剧等原因最终导致湿地生态系统功能退化。首先,表现在生物多样性降低。在城市的湿地环境中,由于污染、围垦等原因,植被种类单一,河道、水塘长满浮水植物,富营养化严重,综合生态效应差,湿地生态系统功能下降,生物多样性减退。同时,场地内人类活动范围与动植物生存空间交叉严重,频繁干扰湿地公园中的生物。甚至有的人为了获取经济利益,对湿地中的鱼类和鸟类进行抓捕和猎杀,导致野生鱼类和鸟类的数量和种类不断减少,公园内现有动物主要是与人类关系密切的家禽家畜、养殖鱼类等,整个场地的生物多样性缺失。生物多样性的降低使得物种和遗传基因多样性损失惨重,最终造成湿地生态环境失衡。

其次,生物入侵的驱逐效应使当地土著种的生存空间萎缩乃至消失,群落区系单一化,结构简单化,生态系统功能退化。生物入侵是指外来物种通过自然或人为作用进入新的分布区,扩散、繁殖最终成功定居的现象。人为因素造成的物种入侵成为威胁湿地生物多样性及生境环境的重要因素。

水生入侵物种的大量繁殖,不仅堵塞河道,破坏水生生态系统,而且威胁本地生物的多样性。例如曾经作为饲料、防治重金属污染的水葫芦,如今已成为入侵物种,遍布水面,造成水生生物大量死亡。而且其吸附的重金属等有毒物质,在入侵生物死亡后沉入水底,造成对水质的二次污染。另外,陆生湿地入侵物种不仅通过生态位竞争使作物减产,还可能成为多种致病微生物和害虫的寄主。

(二)园林生态设计的难点

1. 应符合防洪要求

城市湿地公园具有防洪功能,是指利用湿地的自然生态系统特性,通过调节水文过程,减缓洪峰流量,降低洪水位,从而达到防洪的目的。根据设计规范要求,对于承担防洪、滞洪、排涝、水质净化等水利功能的湿地公园,其设计必须满足防洪排涝规划和城市水系规划的要求。

设计过程中,应根据当地历史洪水数据和水文地质调查结果,结合原有湿地状况、气候及降水、栖息地分布、雨洪管理要求、功能定位等,合理确定公园水体的水量、形状、水深、流向、流速、常水位、最高水位、最低水位、水底及驳岸高程、水闸、进出水口、溢流口及泵房位置等,以及游憩相关使用要求,如码头位置、航道水深等。应结合雨洪管理要求,做好防护挡墙、生态排水边沟、雨水池塘、集水井等排水、集水设施的设计。

2. 设计时应考虑后期维护问题

城市湿地公园一般面积较大,且在城市中长期面临着人类干扰、水质污染、生物入侵等问题,为了保证其生态功能、游览功能等的可持续进行,在设计时,应充分考虑其后期的养护管理。

不同于普通公园普遍存在的高投入、高能耗、高干扰、高维护、高损坏的现象,城市湿地公园应采用低频维护和自然管控的方式,从设计之初,就能为未来的建设、使用、改造等一系列的进程提供低维护的保障,避免浪费大量的人力、物力、资源进行修剪、防虫害、污染净化等,保证湿地资源的可持续利用。

三、生态设计策略

(一)湿地生境恢复

1.基底清淤与土壤修复

清淤是湿地公园建设中普遍采用的一类方法。在城市湿地面积、质量和数量的恶化过程中,水体淤塞是非常重要的原因。因此,为了使城市湿地公园调蓄径流以及涵养水源的功能得以恢复,技术人员主要采用包括利用人工或者机械对污染水体进行疏挖底泥、机械除藻等工程措施,去除过剩的营养物质和淤泥。

湿地中生物的主要载体为湿地公园的土壤,当土壤质量恶化时,湿地生物多样性会受到严重的影响。在对湿地土壤进行修复的过程中,可以借助植物、微生物的修复功能或者换土法完成修复。

2.改造湿地的地形地貌

水系是湿地生态系统的重要组成,水系地形地貌的改善对于城市湿地公园的建设尤为关键。河流型的湿地公园,应"化整为零、化直为曲",修复河道的纵向形态和横向形态,将笔直的人工渠化河道改造成自然弯曲的、富有生命活力的河道,稳定河床结构,形成河湾、漫滩、岛屿等河流自然空间形态,并增强河流的自我净化能力。

其次,要在河床上创建深潭-浅滩序列(图4-1)。大自然中的河流,由于地球的自转、复杂的地形、河流两岸土壤抗侵蚀力的不同以及水流离心力等的综合作用,河流都是弯曲、具蛇形的,河水流面也都是宽窄不一,且河道横断面是不对称的,即河水冲刷剧烈的地段都很陡峭,而在它的对面往往会形成一个坡度比较徐缓的河滩。

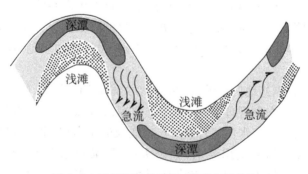

图4-1 天然河流的深潭-浅滩交替结构

在浅滩地带,由于水流流速快,细粒被冲走,河床内多为松石,石头与石头之间形成多样化孔隙空间,栖息着许多水生昆虫和藻类等;在深潭地带,由于栖息在浅滩的水生昆虫和藻类等生物的流入,而成为以这些为食饵的其他生物的栖息场所,同时由于流速慢、水深,深潭常成为鱼类等生物的栖息地或者防止外敌侵害的避难所。

3. 岸线保护

（1）护岸的形态设计

岸线是水生环境与陆生环境的交界处。在进行岸线规划的时候,要充分考虑到生态性,撤去河岸硬质护坡,通过降低滩地的高程,修改堤线,尽量遵循原生态自然湿地的各种元素的分布格局,例如凹岸、沙洲、河（湖）心岛、浅滩、曲流、深水区、浅水区等。这些形态元素都是经过长时间的演化而形成的,自身也有着不可替代的功能,能够为各种湿地动植物提供生境,可以蓄洪涵水、匀化水流速度等。

（2）营造生态驳岸

驳岸是水和土地进行联系的核心所在,它在生态设计环节中是十分关键的环节。驳岸处理方式主要有自然原型驳岸和自然型驳岸两种。自然原型驳岸是指无防洪堤,且相对自然开阔,对坡度缓、腹地较大的河段,保持自然状态,采取自然土质岸坡、自然缓坡、堆置河石、配置护岸植物等,可以达到稳定河流驳岸的作用;自然型驳岸通常有较陡的坡岸或冲刷较厉害的地段,可通过天然石料、松木桩护堤来提高抗洪能力,如采用石笼、木桩或浆砌石块坡脚护堤,上部有一定坡度的土堤,坡上种植乔灌草等固堤护岸。

值得注意的是,生态驳岸的建设要根据湿地水位变化以及水陆交接区域的植被分布情况科学实施。例如,在金华燕尾洲湿地公园设计中,设计团队摒弃原有的水泥防洪堤,建立梯级生态护坡,形成洪水缓冲区,利用不同高差的驳岸,勾勒出 10 年、20 年、50 年、100 年的水位线,建设与洪水相适应的游览空间。

（3）河岸缓冲区

为了避免坡岸发生侵蚀,提高坡岸对水流的抗冲刷能力,常常建设河岸缓冲区。河岸缓冲区基于下垫面的物理特性,自水体向外共划分为三个区域,各司其职。

通常情况下,河岸缓冲区在地表植被层面分为三个区域,第一层紧邻水体,主要为原生森林系统;第二层为人工林系统;第三层是草本植物。三层植被组成的缓冲区（单侧）宽度约为 50 m。

河岸缓冲区应种植根系发达的植物,依靠植物吸收营养盐,起过滤效果,依靠减缓波浪的作用进行沉淀、脱氮等,植物还可以稳固河岸,并形成一个多样性的生态环境,建立具有自然稳态和生态韧性的缓冲地带。

（二）湿地水环境恢复

1. 生态补水

由于湿地公园需水量较大,水资源通常会采取异地调水的方式进行补充。因此,首先应梳理城市水系,增强水系的连通性,将湿地水体系统纳入其中,建立起完整的城市水循环系统,增加水源补给的多样性。如果湿地公园附近有工业园区,或者靠近大型污水处理厂,也可以将净化处理并经检验达标后的中水作为湿地生态用水。

其次,通过对湿地生态采取节水、滞水等综合措施,满足湿地生态用水的需求。"滞水"则是在湿地公园的出水口处修建拦水坝或橡胶坝,能灵活调节出水流量。

2.水质净化

水体污染是我国湿地普遍存在的问题,也是湿地保护与城市建设中的重要问题。水质净化方法众多,常见的有人工增氧技术、复合生态滤床技术、生物膜净化技术、水生植物修复技术、底泥生物氧化技术、生物多样性调控技术等。其中,从景观设计的角度,利用人工湿地的方法来净化水质,在城市湿地公园中得到广泛的应用。

(1)人工湿地

人工湿地是模拟自然湿地的人工生态系统,利用生态系统中的物理、化学和生物的三重协同作用,通过过滤、吸附、沉淀、离子交换、植物吸收和微生物分解来实现对污水的高效净化。根据污水在人工湿地中的流动方式可以把人工湿地划分为自由表面流人工湿地、潜流型人工湿地和潮汐潜流人工湿地。其中,潜流型人工湿地是指污水在湿地床的表面下流动的人工湿地系统,其利用填料表面生长的生物膜、植物根系及表层土和填料的截留作用净化污水。随着技术水平的提高,潜流型人工湿地的应用越来越广泛,在美国、欧洲、澳大利亚和南非等地已建成和正在建设的人工湿地处理系统中,大部分是潜流型湿地。

为了更好地结合景观要求,人工湿地一般会选择结合场地高程,构建多水塘活水链人工湿地工程。多水塘活水链人工湿地是一种水处理创新工艺,包含了由水生动物塘、藻类塘、芦苇床、潜流人工湿地、沉水植物塘、鱼类产卵区、鸟类栖息塘等多塘体构成的人工湿地,通过结合一系列生态修复技术,可实现削减水污染物浓度、提高水体生物多样性、提升系统景观观赏性等目的(图4-2)。

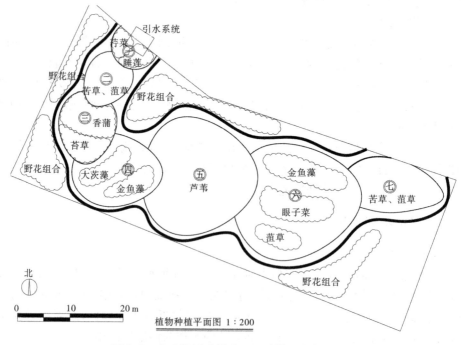

植物种植平面图 1:200

图4-2 多水塘活水链人工湿地景观分布图

资料来源:湿地科学与管理,2021,17(1):51-55.

（2）生态浮岛技术

生物浮岛技术是运用无土栽培技术的原理，把高等水生植物或改良的陆生草本、木本植物，以浮岛（浮体）作为载体，种植到富营养化水体的水面。净化的原理是通过植物生长过程中对氮、磷等植物必需元素的吸收利用，及其植物根系和浮岛基质等对水体中悬浮物的吸附作用，富集水体中的有害物质。与此同时，植物根系释放出大量能降解有机物的分泌物，从而加速有机污染物的分解，并为好氧微生物的大量繁殖创造了条件，使水质得到进一步改善。

生态浮岛一般是在局部水域设置，植物生长的浮体往往由发泡聚苯乙烯制成，质轻耐用。岛上植物可供鸟类休息，下部植物根系形成鱼类和水生昆虫生息环境。浮岛形状多采用四边形，也可采用三角形、六边形或多种不同形状的组合，边长通常为 2 ~ 3 m。各浮岛单元之间预留一定的间隔，相互之间用绳索连接。固定系统要根据地基状况来确定，常用的有重力式、锚固式等。

3. 雨水收集

湿地一般是场地的低洼处。在城市湿地公园设计中，应收集场地的雨水径流，纳入湿地公园的雨洪调蓄与净化系统，可以达到生态防洪、净化水质、雨水最大化利用、补充水资源、调节区域气候等目的。

雨水的收集，应巧妙利用地势，通过雨水引流、阻滞和过滤系统拦截和减缓水速，减少流速较快的雨水径流对地面冲刷的影响，并结合洼地、高地等起伏地形进行汇水，就近存蓄。

同时，应根据季节性水位变化，逢雨季时设置雨水花园、下沉绿地、滞留绿带、生态草沟等海绵生态措施减缓地表径流，收集、净化和存蓄雨水为公园提供景观用水，形成循环的雨水净化系统；枯水季则利用净化储蓄的雨水对植被进行反哺。

考虑到生态环境保护和绿色可持续发展，建设湿地公园时，对于硬质场地适合采用透水铺装，改善景观环境中铺装的透气、透水性，通过透水材料的运用，迅速分解地表径流，渗入土壤。

（三）生物多样性营造

1. 构建湿地植物群落

植被是城市湿地公园的重要组成部分，起到了调节气候、涵养水源、营造景观空间等作用。因此植物材料选择是否合理，物种搭配是否适宜，最终将决定湿地公园的成败。

在进行湿地植物选择时，首先需考虑当地典型原生植物群落结构，重点选择乡土植物和地带性植物，提倡复层、异龄、多物种的近自然植物种植形式，特别是在自然保育区、生态恢复区等区域。当然，在满足其生态效益的过程中，也要考虑植物观赏价值，合理配置一些具有观花观叶观果的优秀园林景观树种，营造四季可观的植物景观，这样的景观也具有更高的大众接受度。

其次，根据水体深度因地制宜地种植湿生植物（表4-3），从而构建形成水生植物群落、湿生植物群落、沼生植物群落、旱生植物群落等，与湿地野生动物共同构成相对稳定的生态系统，丰富生物多样性。

表 4-3　湿地公园中植物配置

植物类型	适宜水深	注意事项
湿生植物	宜种植在常水位以上	注意水位变化对不同植物的影响
挺水植物	除某些种类的荷花以外,大多适宜栽植在水深小于 60 cm 的水域	对蔓生性或具有较强的萌蘗能力的水生植物,宜采取水下围网、水下种植池、容器栽植等多种措施控制其生长区域
浮叶植物	水深 1~2 m 左右的水域	浮叶植物水面叶片覆盖面积一般不宜超过水域面积的 1/3
沉水植物与底栖藻类、水草等	需较好的水体能见度和光照环境,宜种植在开阔无遮挡水域	不宜作为先锋种,应在水体污染情况达到植物生长要求后种植

2. 修复湿地动物多样性

动物也是湿地生态系统的重要组成部分。为了使湿地内的动物群落进一步丰富,湿地环境得到改善,可以采用分阶段投放动物的方式对湿地动物多样性进行修复,即培养底栖昆虫和浮游动物、培养两栖动物和鱼类、培养爬行类动物,最后培养鸟类等。

鸟类在湿地生态系统中扮演着重要角色,同时也赋予了湿地公园生机和灵气。近年来,国内一些湿地公园由于湿地面积减少、湿地生态遭到破坏等原因,很多鸟类迁徙到其他地方,湿地鸟类种类和数量均有不同程度的减少。

为吸引鸟类重新在湿地公园中栖息、安家,必须要采取动物群落恢复措施。例如,根据不同鸟类的生活习性,在湿地公园内进行划分、分片保护;实施"招鸟工程",在湿地公园的几个固定地方设置人工投食区,为鸟类提供食物;凿空枯树枝干,做成树洞式鸟巢和鸟食台;为了加大对园内益鸟、益虫如蛙类、蜂类、爬行动物等的保护力度,公园中多种植一些蜜源植物、浆果植物,比如小叶榕、大叶椿、苦楝、黄皮、假槟榔等,并保持一定暗度,合理配植花灌木,提供必要的水源;在鸟类迁徙、繁殖的季节,还应加强湿地公园的巡逻,加强湿地公园人员出入管理,避免人类活动惊扰鸟类,及时发现、救治受伤的鸟类。

3. 栖息地设计

传统以美学为主的景观设计和以水质净化为目的的人工湿地设计已无法满足湿地生物对栖息地的要求。栖息地的设计需结合植物、地形、水体、土壤等生物与非生物因素,并结合具体目标物种恢复来进行。例如,为了提高昆虫多样性,可以运用蜜源植物、寄主植物、洁净水体来提供昆虫的食物和繁殖条件;针对鱼类的生境营造则可以结合公园的水体和植物设计,通过打造深滩-浅滩等不同的水体断面类型,以及水生植物的种植来促进生境恢复;在鸟类的栖息地的空间布局方面,设计模拟自然的湖泊湿地格局,利用近岸浅滩生境、不规则的岛屿形态,共同营建多样化的动植物生境空间。

四、规划与设计核心内容

城市湿地公园是对城市内的湿地资源进行娱乐开发,在保护湿地资源的前提下,承载了市民闲暇时体验、休闲、观赏的需求。2021 年 12 月,住房和城乡建设部批准《湿地公园设计标准》(CJJ/T 308—2021)为行业标准,从总体设计、水系设计、生境营造与种植、园路与场地、标识与解说系统,以及建筑物、构筑物及其他常规设施等方面予以规范。在具体设计过程中,功能分区、交通组织、水体设计、植物设计等是城市湿地公园设计的核心内容。

（一）功能分区

依据《湿地公园设计标准》(CJJ/T 308—2021),湿地公园功能分区宜包括生态保育区、科普教育区、游览活动区和管理服务区,并可根据现状情况、规模及需求设置二级功能区或简化合并分区。

1. 生态保育区

经调查评估,对场地内具有特殊保护价值,需要保护和恢复的,或生态系统较为完整、生物多样性丰富、生态环境敏感性高的湿地区域及其他自然群落栖息地,应设置生态保育区。区内不得进行任何与湿地生态系统保护和管理无关的活动,禁止游人及车辆进入。应根据生态保育区生态环境状况,科学确定区域大小、边界形态、联通廊道、周边隔离防护措施等。

2. 科普教育区

科普教育区一般建在生态保育区外围,生态敏感性较低的区域,可以合理开展以展示湿地生态系统、生物多样性和湿地自然景观为重点的科普教育活动,让游客们了解湿地、认识湿地。

科普教育区的布局、大小与形态应根据生态保育区所保护的自然生物群落所需要的繁殖、觅食及其他活动的范围、植物群落的生态习性等综合确定。宣教内容包括湿地基本知识、湿地公园内湿地的特征、威胁、保护利用措施、湿地政策和法规等。一般是依托湿地博物馆、标本馆、科普教育基地、科普长廊、宣传标牌等,通过图片、标本、影像资料、讲座、野外观测、实地展示等形式进行展示。在不影响生态环境的情况下,在科普教育区内可适当设立人行及自行车游线必要的停留点及科普教育设施等。区内所有设施及建构筑物须与周边自然环境协调。

3. 游览活动区

湿地保护的最终目的是湿地资源的可持续利用,湿地的合理利用是指在保护湿地生态系统的前提下,开展不损害湿地生态系统的游览活动。游览活动区是建在生态敏感性相对较低的区域,开展以湿地为主体的休闲游览活动,可规划适宜的活动内容,安排适度的游憩设施。

由于游览活动区一般是人流密集的区域,因此此类场地的布局靠近出入口位置,可安排不影响生态环境的游览设施、小型服务建筑、游憩场地等。园内可适当安排人行、自行车、环保型水上交通等不同游线,设立相应的服务设施及停留点。

4. 管理服务区

管理服务区一般建在生态敏感性相对较低的区域,用作园区管理、科研服务等区域。

例如,在江苏省太仓市金仓湖湿地公园设计中,设计师结合金仓湖湿地的地形、地貌、湿地资源现状等其他背景因素,运用景观生态学的基本原理,将湿地公园划分为五大功能区,即生态保育区、恢复重建区、合理利用区、宣教展示区和管理服务区。

（1）生态保育区：由北区和南区西部两个区域组成。北区主要包括金仓湖主水体湖泊以及中心生态鸟类栖息岛；南区西部包括主要水体河网系统以及生态小岛区域。保育区保留了较多的自然植被群落，湿地生态系统完整性较好。

（2）恢复重建区：该区主要环绕在保育区外围，生态系统遭一定程度破坏。通过科学、适度的人为干预，因地制宜地种植乡土湿地植物，构建自由漂浮植物群落—沉水植物群落—浮叶水生植物群落—直立水生植物—草本植物群落—木本植物群落的演替序列，丰富生物多样性。经过植被恢复后，该区纳入生态保育区管理。

（3）合理利用区：该区在规划区内人流量较大的北区恢复重建区的外围以及南区东部恢复重建区的外围。在不对湿地整体环境干扰和破坏的前提下，因地制宜地开展具有地方特色的以湿地为主的农家乐、生态旅游等活动，提高湿地资源的综合利用率。

（4）宣教展示区：分为北区和南区，包括湿地展览馆、湿地宣教走廊和湿地植物园。该区主要的目的是对游客进行湿地知识的宣传和普及。

（5）管理服务区：位于湿地公园入口，包括北区北门主入口、东门次入口和南区次入口。该区便于人员管理和物资运输，是整个湿地公园的管理服务中心、游客中心。结合现有条件适当改造、完善配套设施，为游客提供舒适的服务；此外，为湿地生态系统的保护、恢复与管理提供有利条件，开展湿地宣传教育活动。

（二）交通组织

城市湿地公园内的交通组织应结合功能分区、水体特点、文化等内容进行规划与设计，通过流畅的线条形成路网，将湿地公园内一些重要节点全部串联起来。

公园出入口的设计应综合考虑周边道路。由于城市湿地公园往往面积较大，因此，应有两个及以上出入口，同时配套设置机动车停车场。

对于内部游览路线，适合打造慢行交通系统，包含自行车道和人行道，主要沿河布置，增强当地居民的亲水体验。值得注意的是，湿地公园的道路标高应在常水位以上。

对于水路游览路线，为了避免造成栖息地分割，景观破碎，可以采用架空木栈道，形成立体交通，降低对自然的人为干扰，减少对生境的影响。

由于湿地公园的生态属性，道路铺装材料应选择具有渗水性的木材、砾石、透水混凝土等，不建议使用造价高昂的石材、人工材料等。

以江苏省太仓市金仓湖湿地公园为例，为实现对湿地公园全面保护的宗旨，公园内只设陆路游线，不设水上游线，以保护湿地动植物和湿地生态系统。规划各级道路原则上不穿过生态保育区，将人类活动对湿地的干预降到最低。公园现有的道路、桥梁已经形成了完整的环线，贯通了各个景区景点，有两种生态、环保和节能的游览方式：一是乘坐观光车，能够有效节约游客的体能和时间；二是徒步旅行，既能领略公园内的优美湿地风景，还能锻炼身体、陶冶情操。此外，在沿湖设有观景台和亲水区，让游客充分体验湿地美景，体现人与自然和谐共生的理念。

（三）水体设计

湿地公园中，水体面积一般较大。湿地水系的布局首先需要满足国土空间规划、流域综合规划、流域防洪规划等上位规划对水系的功能要求，根据其湿地功能，统筹协调城市绿地系统规划、城市控制性详细规划、海绵城市建设规划、城市水系规划等相关专项规划对水系的建设要求。其次，要尊重和保护天然湿地水系格局及形态。

湿地水系的结构设计首先考虑与湿地公园功能匹配，满足湿地公园的生态要求。对于城市湿地公园，水体的设计可以是对公园内现有河流、湖泊或湿地水系的改造、恢复，也可以是新建人造水面，来满足一定的生态与服务功能。总的来说，水体设计主要包括水体形态设计、污水净化设计、生态驳岸设计、海绵体系构建。

水体形态设计模拟自然河流的蜿蜒形态，并设置湿地、溪流、湖泊、水塘等来营造丰富的生态水体系统，提高游玩体验性；在以水体生态修复为主题的城市湿地公园类型中，污水净化设计一般是通过建设人工湿地来处理、净化污水，提高水资源的利用率；水体生态驳岸以模拟自然驳岸为主，在水深较深且水面较小的情况下，可采用阶梯式种植法和柳条桩、杉木桩固定法等加固岸线；在有防洪要求的水域，可采用生态石笼、生态挡墙、生态边坡等措施适当加固，并增加生物栖息场所；有游憩需求的水域，可设计一定的亲水驳岸、木质平台及栈道等。此外，与地形设计相结合，通过对园内水流的汇集、净化、再利用等措施，可以打造生态公园内的雨洪管理体系。

例如，在江苏常熟沙家浜国家湿地公园设计中，设计师首先疏浚沙家浜湿地公园与其他水系之间的河道，尽可能将水系连成一个整体，保证水体流动，形成空间变化丰富的小水面，改善水域生态环境，为各种动植物提供更优越的生存空间；其次，根据排水标准，设计湿地公园的防洪排涝设施，新增水面约 80 hm^2，对雨洪具有很好的调蓄作用，并能补充地下水；第三，借鉴生态海绵理念，采用人工湿地、生态驳岸、植物浅沟、草沟、雨水湿地及下沉绿地等"海绵"技术来提升水质，最大限度地改善区域水体、水质及水生态环境。沙家浜湿地公园生态水系构建系统见图（图4-3）。

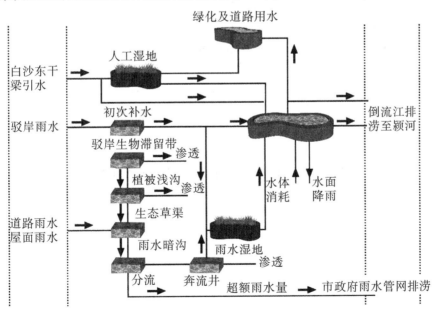

图4-3　沙家浜湿地公园生态水系构建系统图

资料来源：姚岚,梁琪.城市湿地公园规划建设中的生态保护措施：以沙家浜国家湿地公园为例[J].乡村科技,2022,13（4）：107-109.

（四）植物设计

植物具有明显的地域性。选取植物要进行实地考察,了解不同植物的属性和生长环境要求,再根据当地的气候和土壤,选取合适的植物种植,不仅能够提高植物的存活率,也可以体现当地特色。

在植物设计过程中,应考虑植物的多样性和美观度。生态保育区的植被应以湿地原有的自然植被为主,从生态的角度考虑,减少人为干预,营造和维护自然的植被群落,达到生态效益最大化;科普教育区的植被以生态教育为主题,选取生态性和景观性兼具的植物,通过植被营造具有野趣的氛围,为游人探索湿地、亲近自然提供必要的活动空间,来达到湿地科教展示的目的;游览活动区要营造丰富的植物群落,适当通过景观植物和湿地经济作物来创造出具有鲜明湿地特色的游憩空间。

例如,在北京怀柔科学城沙河滨水湿地公园设计中,设计师强调植物的生产、生态和科普功能,通过打造农田体验区、滨水游憩区、湿地植物科普区、花田观赏等参与性植物景观区加强人与自然的互动,为游人营造丰富的植物景观体验。

（1）密林探索种植区:利用现状植被,加以适当补植,塑造滨水密林景观。打造以观赏风光为主题的休闲养生活动,林下小屋、亲子野营活动等,以乡土植物为主。

（2）湿地科普种植区:改造现有水系后补植净水固土水生、湿生植物,丰富景观层次。适当改造地形,形成群岛,打造具有观赏兼具科普功能的湿生花园区。布置科普教育、净化展示、观鸟屋等生态科普宣教活动空间。

（3）农田游览种植区:将场地农田进行整合,打造阡陌纵横的生产体验型田园景观,同时设计可认购的一米田园,有助于游客参与耕种活动,体验农耕乐趣,增加参与性与活动性。布置以田园风光为主题的休闲养生活动,如田园餐厅。

（4）滨水植物种植区:缓坡低洼地,以生态恢复为主,利用分级驳岸种植湿生植物,打造分层湿地景观。适合打造滨水休闲、滨水漫步等休闲活动。

（5）花田观赏种植区:塑造微地形地貌,利用沙河生态驳岸两侧,打造七彩花田花海,增加地被花卉种植,丰富植物景观效果,营造不同的景观感受。

（6）疏林草地种植区:场地开阔,乔木稀疏,有适合集会交流的阳光草坪。结合草坪布置草坡剧场、康体健身活动场地、市民广场等景观节点。

第三节　矿山公园生态规划与设计

一、概述

（一）矿山废弃地与矿山公园

1.矿山废弃地

（1）废弃地

废弃地是一种因人类及自然因子严重干扰,生态环境发生巨大改变,生态系统的组成与结构发生了急剧变化的退化生态系统。作为一种极度退化的生态系统,废弃地常常导致严重的水土流失及化学与生物污染,对生态环境有着极大的负作用,并因其生态环境的剧变以及由此导致的植被与物种的消失而影响着当地社会与经济的可持续性发展。

导致土地废弃的原因有两种:第一种是自然成因的废弃地,主要指地质灾害、洪涝、干旱等自然因素所损毁或功能严重退化的土地;第二种是人工成因的废弃地,是指由人类活动(包括生产、生活和各类工程建设)而损毁、抛弃或功能严重退化的土地。

按照废弃的属性特征,可以分为以下类型:

1)矿山废弃地　指在采矿活动中被破坏、未经治理而无法使用的土地。滞留土地由于受采矿活动的剧烈扰动,不但丧失天然表土肥力,而且经常有持久而严重的污染问题。

2)污染废弃地　指因受到采矿或工业废弃物或农用化学物质等侵蚀、污染而废弃的土地。主要有重金属污染废弃地、有机物污染废弃地和固体废物污染废弃地等类型。

3)灾害废弃地　指因受自然灾害影响而废弃的土地。主要有:

①气象灾害废弃地。如干旱、暴雨、洪涝、台风等造成的废弃地。

②地质灾害废弃地。如地震、滑坡、泥石流、崩塌、地面塌陷、地裂缝等造成的废弃地。

③海洋灾害废弃地。如风暴潮、海啸、海浪、海冰、赤潮等造成的废弃地。

④生物灾害废弃地。如病害、虫害、草害、鼠害等造成的废弃地,森林火灾和草原火灾也属广义的生物灾害。

4)空置废弃地　指不动产长期空置而不主动使用的废弃地,主要可以分为城市空置废弃地和乡村空置废弃地。例如,大量的农村宅基地和房屋闲置,并且已经形成相当的规模和比例。

(2)矿山废弃地

矿山开发是国家的基础产业,其伴随着人类文明、社会进步、科技发展的全过程。但是,矿产资源大量开采对区域的生态平衡造成了极大的破坏,大地上留下了大量矿坑,大型机械的使用造成地表植物破坏,生态环境恶化,以及地质灾害频发等环境问题。

矿山废弃地是指因采矿活动所破坏、未经治理而无法使用的土地,是矿业活动后的必然产物。矿山废弃地包含由于采矿活动而产生的采矿宕口、碎石废料、尾矿库、废弃厂房、加工平台及因废弃物污染而需要进行修复治理的场地。

根据矿山类型不同,矿山废弃地主要有以下类型:

1)煤矿废弃地,包含排土场、沉陷区、煤矸石堆放场、开采坑、道路等;

2)金属矿废弃地,包含尾矿库、低品位废弃矿石的堆放场、开采坑等;

3)非金属矿废弃地,包含贫瘠废弃场地、道路砖瓦厂等取土后的场地等。

(3)矿山废弃地的生态恢复

矿山废弃地在开采和耗用过程中会对土地、建筑、水资源等分别产生不同程度的污染,一般都会存在土壤重金属污染、植被覆盖面减少、土地退化、土地损毁、附近水资源受损等问题。

在20世纪初,欧美发达国家就开始了矿山废弃地的生态环境恢复研究。最早开始矿区生态环境治理的是美国和德国,美国在1920年出台了《矿山租赁法》,对保护土地和自然环境作了明确的要求。德国在 1920 年对有条件的煤矿开采沉陷区开始进行植被修复。20 世纪 70 年代,在美国发生的环境运动中,大力倡导生态恢复理论。美国国会在 1977 年 8 月 3 日通过并出台了第一部矿区生态环境修复法规——《露天采矿管理与复垦法》,这些法律法规的出台大大促进了矿区生态环境修复。

从 20 世纪 90 年代开始对矿山废弃地生态修复作了较为系统的研究,逐渐发展成为一个集采矿、地质、农学、林学等多学科为一体,与多行业、多部门共同合作的系统工程。一般来说,矿山废弃地的再利用方式主要有景观旅游用地、居住或商业用地、新型都市工业用地、农业用地等类型。西方国家喜欢将废弃的矿山或者工业用地改造成工业遗址公园、工业绿地或者生态地。这种运用生态设计的方法使得矿山废弃地的生态得以修复,同时让曾经的工业文明能够以一种前卫的方式展现在世人面前,土地得到修复的同时城市用地价值也不断上升。

我国对于矿山废弃地生态修复的研究比西方发达国家起步较晚。从 20 世纪 80 年代起,我国就开始注重对不同退化程度工业废弃地的恢复重建研究,主要集中在矿山、采石场生态恢复与复垦技术研究,大体可以分为探索研究、以工程技术为主的土地复垦研究、多学科综合性研究三个阶段。1988 年 10 月,国务院常务会议通过《土地复垦规定》,标志着我国生态修复事业的开始,从此踏上了法制的轨道。

进入 21 世纪后,矿业生产导致的生态问题引起了政府和学者的足够重视,生态修复工作有了突飞猛进的发展。2015 年出台的《历史遗留工矿废弃地复垦利用试点管理办法》中,将矿山废弃地复垦与城市新增建设用地相联系,以解决城市建设用地紧张等问题。在 2017 年出台的《关于加快建设绿色矿山的实施意见》中,提出绿色矿山建设的要求。2019 年出台了《自然资源部关于探索利用市场化方式追进矿山生态修复的意见》,提到要坚持"谁破坏、谁治理"的原则,推行倡导科学化、市场化的治理模式,大力推动矿山生态修复工作的进行。

至今,我国矿山废弃地生态修复已取得了较为显著的成果,法律法规日趋完善,主要包括环境影响评价制度、污染物集中处理制度、生态修复与综合治理制度、保证金制度、监督制度、矿山地质环境生态恢复检测等;在矿山废弃地生态恢复理念上,逐渐从覆土复植等形式,转变为以可持续发展和再生理念为指导线,经济、文化、环境等方面协调发展的新兴改造。

2. 矿山公园

我国共有大中型矿山 9000 余座、小型矿山 26 万座,因采矿占用土地面积近 400 万 hm^2,大幅侵占了我国有限的可利用土地资源,加剧了我国人多地少的矛盾。现阶段,生态文明建设思想已经贯彻到城市建设和人民生活的各个方面,对矿山废弃地进行环境治理和保护利用已成为很多城市,尤其是资源枯竭型城市面临的首要问题。

目前,国内外最常见的一种生态修复与景观重建的模式就是将矿山废弃地改造为矿山公园,具有再造费用较低、周期短、可以应对不稳定场地条件(如水质、地质隐患、潜在的污染等)、使用灵活等特点。同时,还能使场地的历史、记忆、土地感知得以再生并传承,是一种重要的自然-经济-社会复合生态修复途径。

国土资源部在 2004 年公布了《国家矿山公园申报工作指南》,其中将"矿山公园"定义为"矿山公园是以展示矿业遗迹景观为主体,呈现矿业发展历史内涵,具有研究价值和教育功能,可供人们游览观赏、科学考察的特定空间地域"。可以说,矿山公园是一种全新的土地利用和开发形式,可以使不可再生的矿山资源得到有效保护和持续利用。

从 2007 年 4 月湖北黄石国家矿山公园开园至今,我国被正式授予国家矿山公园称号的公园和取得国家矿山公园建设资格的单位共计 88 处。在分类上主要由煤炭、非金属、金属和非建材这四类构成,已建设的矿山公园以金属、非金属和煤炭三大块为主。

由于矿山废弃地大部分位于城市近郊或远郊,因此,很多矿山公园成为集地质公园、森林公园、湿地公园、山地公园为一体的城市郊野公园或生态公园。

(二)矿山公园发展历程

1. 国外矿山公园发展历程

西方发达国家采矿历史悠久,20 世纪 20 年代很多欧美发达国家就开始了矿山的修复保护工作,其最初主要是针对废弃矿区的植被重新覆盖及复原。

20 世纪 60 年代初期,国外开始将矿业遗迹作为文化遗产的一个分类纳入到国家公园和地质公园中加以保护和开发。20 世纪 70 年代,人们的生态环境意识逐渐加强,同时矿业也逐渐出现衰退的趋势,这为废弃地的发展和改造利用提供了强大的历史条件。例如,美国加州的帝国采矿州立公园(Empire Mine State Park),在 1956 年关闭,1975 年政府收购并进行土地复垦和植被恢复,保留大量的原有矿上建筑,兴建了金矿博物馆。公园对公众免费开放,成为周边居民休闲娱乐、结婚、踏青的好地方。再如,德国在 1980 年之后,进行了大量的矿山公园的建设,一大批新型的公园由此产生,包括埃姆舍公园、海尔布隆市砖厂公园、关税同盟煤矿工业建筑群、北杜伊斯堡景观公园等。

到了 21 世纪,生态学理论得到了越来越多的关注。针对废弃矿山的治理,国外开始注重通过景观再造模式修复和重建矿山废弃地。这种模式注重科学技术手段和艺术手法的有机结合,将废弃地改造成为具有丰富内涵和生机的现代景观,例如,复绿后的土地改为运动场地、露宿营地、公园绿地及自然生态用地等。

2. 我国矿山公园发展历程

我国废弃地景观再造起步较晚,早期对于城市废弃地的处理多以环境安全和生态环境改善作为目标。随着国外修复生态学、现代园林设计思想的传入,我国开始关注废弃地生态修复的景观再造模式。

20 世纪 70 至 80 年代,我国对矿业遗迹和工矿废弃地的再利用采取土地复垦的方式,此时矿业遗迹的保护并未得到重视。1987 年,原地质矿产部印发了《关于建立地质自然保护区的规定(试行)》,首次以部门规章的形式提出对包括采矿遗址在内的地质遗迹建立保护区,这对矿山的矿业遗迹保护、生态保护工作有较大的促进意义。

20 世纪 90 年代末,随着大地艺术、场地精神等的兴起,使矿山废弃地的治理在生态恢复的基础上融入了观光、游憩和工业旅游等内容。

进入 21 世纪以后,我国于 2005 年开展了国家级矿山公园的命名和筹建工作,标志着我国对矿山废弃地治理迈入新的阶段。

总体来说,矿山公园的开发和建设是保护矿业遗迹,恢复矿山环境,弘扬矿业文化,促进枯竭型矿山经济转型和发挥旅游经济效益的重要方式。

二、常见生态问题

(一)矿山公园的生态环境问题

现阶段,我国进入加速城镇化、工业化时期,大量一次性能源、工业原料、农业生产资料、基础设施建设材料来自矿产资源。矿产资源的开发利用,引发和加剧了矿山生态环境问题,其类型、表现形式、严重程度等与开发的矿产资源种类(石油天然气、煤矿、金属矿产、石材类、水泥灰岩类、卤水盐矿类等)、开发方式(露天、井工开采)、区域地质环境条件(山地型、黄土高原型、戈壁沙漠型、平原盆地型)、开采规模等因素密切相关。总体来看,矿山开采引发的生态问题主要表现在以下几个方面:

1. 改变地貌景观

矿山废弃地由于历史上的过度开采,往往会留下不少裸露山体、不规则采石坑、山洞等,出现了山体支离破碎等问题,影响了区域山水格局,导致地域自然景观破碎。

对于露天开采方式的矿山,过度开采造成矿山崖壁受损严重,开采面边坡岩石裸露、坡面一般较陡,坡度在60°~80°之间,部分呈近直立状,岩体边坡稳定性较差,自然条件下完全不利植物生长。露天采矿还会有因爆破或向下开挖而形成的矿坑,有的多达几十个,坑深深达百米,也是峭壁悬崖,坡度较陡,接近垂直边坡。同时,开采、运输、存储等环节会引起矿区地形不平整的现象。

地下采矿则会引发地表沉陷,主要是由于矿床地下开采形成采空区,矿坑顶部岩体在自重和外部力量的作用下向下陷落产生,采空区深度与面积、采掘面高度、地形地貌、地层岩性、地质构造、水文地质条件等决定了地面塌陷、地裂缝的规模与空间分布。

2. 土壤侵蚀严重

从土壤条件来看,矿业活动不管是剥离表土,还是砍伐植被,均容易导致土地产生严重的问题,如土壤理化结构不断失衡,走向贫瘠化,很难实现自发性的恢复。

对于露天开采,首先就是清除植被及剥离表土岩层,对土地造成直接损毁,而且,露天开采形成的破损山体,造成岩石破碎松动,加剧了水土流失和漏水、漏肥问题,山体遗留土壤因长期淋溶,土壤有机质丢失严重,土壤团粒结构差,造成土壤肥力严重下降,由于土壤肥力和山体表层土壤流失严重,植被难以生长。

对于地下开采遗留的煤矿废弃地,以煤炭为中心的工业活动如采煤、选煤、洗煤、燃煤等产生大量的重金属污染物,通过大气沉降、降雨溶解、污水灌溉等途径进入土壤表层,破坏土壤中重金属原有的内在平衡,造成土壤的重金属污染,使得土壤质量下降、农作物减产,最终通过作物吸收进入食物链,进而危害人体健康。

3. 污染水体

从水生态角度来看,由于采矿过程中,地形地貌受到严重的人为影响,土壤对水体的保有能力下降,进而破坏了该区域中水资源动态平衡发展。

首先,由于矿区地形不平整、矿坑积水等因素,使得矿区的水系具有被动形成、不规律、分布混乱,水量均衡性不足等特点。例如,地下采矿时,矿井排水通常造成浅层地下

园林生态规划设计方法与应用

272

水的水位下降,抽取地下水可能会破坏距离矿区数公里的河流,使河流干涸。又如,矿坑形成的积水,成为矿区的最低排泄区,从而改变了天然地表径流,不仅补给矿区的地下水不断补给矿坑,而且排泄区的地下水或地表水又反向补给矿坑。

其次,矿区水体污染严重。矿山水污染是指含有各种污染物和有毒物质的采矿工业废水及生活污水,排入水体后改变其正常组成,超过了水的自净能力,从而使水体恶化,破坏水体原有用途的现象。矿山在开采过程中的开矿、造矿、洗矿、堆矿等一系列操作流程,其具有重金属含量高、酸性浓度高及悬浮物浓度大等特征。在污水排放的过程中,会有部分矿山污水沿着孔隙渗入到地下形成地下水,另一部分污水流入河水中,造成地表水严重污染,还有可能随着河流污染到下游。

4. 扰动野生动植物栖息地

从动植物生态环境的角度来看,矿业活动过多,往往会干预周边动植物的生存条件。

露天开采会完全清除地表植被,大量的森林、草地等原生植被被清理。同时,大规模的山体开挖,岩石大面积裸露,原有植被和植被生长所需的土壤被破坏,植物生长缺乏最重要的基质,大多以低矮植物为主,高大乔灌木罕见,有的甚至寸草不生。地下采矿方式由于采空区而导致地表的自然植被和覆岩层失去地下支撑,出现地表沉陷、裂缝等,严重则会导致坍塌,从而破坏地表,影响周边土地耕作和自然植被正常生长。

废弃后矿山往往形成大面积裸地、大大小小的采矿坑和乱石堆,破坏了山间原有的自然景观和生态环境,周边林地动物栖息地也受到干扰,阻止了相关生态板块之间的相互流动,进而让动植物的迁徙、繁衍等生命活动受到严重破坏,最终让该地的物种多样性出现严重变化。

5. 固体废物占压土地

在矿山开采、矿物加工和运输过程中会产生大量的固体废物,影响生态、污染环境及侵占土地。矿山固体废物可分为开采过程中产生的废石和选矿过程中排出的尾矿。废石即在开采矿石过程中剥离出的岩土物料,堆放废石地称之为排土场。尾矿,即选矿加工过程中排放的固体废物,其储存场地称之为尾矿库。矿山固体废物以其量大、处理工艺比较复杂而成为环境保护的一大难题。

一般矿山开采,废石堆及尾矿都是就地堆砌,随意堆放成山,压覆在地表土上,会对地表土造成一定程度的毁坏,地表景观破损明显,严重破坏地表自然生态景观。而且,矿山废弃地的土地利用效率低下。矿山的土地因大量开采而荒废,原有使用价值缺失,原被占用破坏的耕地、林地未能得到及时综合整治,其生产功能得不到恢复,难以重新用于农业生产经营,被迫荒废闲置。场地内部由于植被覆盖率低,在长期的风化及雨水的淋洗下,扬尘严重、污染空气和水体。

(二)园林生态设计的难点

1. 水源短缺

矿山开采不仅对地表破坏严重,还会导致大量的水土流失。由于采矿活动改变了地形地貌,扰乱了天然水系,造成水量均衡性不足,除却矿坑有积水之外,其余部分都处于缺水状态。而且,矿区水体污染严重,无法提供后期矿山公园植物灌溉、景观水系补水等问题。因此,如何节约用水、有效利用雨水和净化污水是矿山公园设计的难点和重点。例如,基于海绵城市理念,在生态设计过程中,优先考虑利用自然力量排水,利用地形高差,收集雨水及地表水,建设自然积存、自然渗透、自然净化的矿山公园。

2. 配合生态工程

废弃后的矿区多半都存在裸露的岩石,且少数存在垂直悬崖现象,在雨季易发生滑坡、坍塌等现象。地下采煤区容易存在塌方、积水等问题,易造成地质灾害、溺水等安全问题,也容易诱发很多自然灾害,比如山体滑坡、泥石流等。另外,矿山废弃地土地损毁与破坏、水资源破坏和生态退化等问题的解决也是建设矿山公园的关键环节。

矿山生态工程是复杂的系统工程,既具有生态工程的基本特征,又具有矿产行业特点。其中,水土保持工程是水土综合治理措施的重要组成部分,包括山坡防护工程、山沟治理工程、山洪排导工程、小型蓄水用水工程,主要内容是指通过改变一定范围内小地形,拦蓄地表径流,增加土壤降雨入渗,充分利用光、温、水土资源,建立良性生态环境,减少或防止土壤侵蚀,合理开发、利用水土资源而采取的措施。我国相继颁布了一系列涵盖行业设计、监测、监理等多个领域的水土保持标准和规范,为矿山公园的生态改造提供了科学依据。

三、生态设计策略

(一)场地整理

1. 边坡治理

边坡是指自然或人工形成的斜坡,是工程建设中最常见的工程形式(图4-4)。边坡治理的主要工作就是要稳定边坡,包括清除危石、降坡削坡,将未形成台阶的悬崖尽量构成水平台阶,把边坡的坡度降到安全角度以下,以消除崩塌隐患。之后就要对已经处理的边坡进行复绿,使其进一步保持稳定。

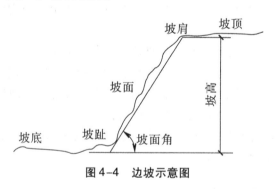

图4-4 边坡示意图

边坡治理是采石场废弃地常见措施。边坡治理之前,应通过现场调查和测绘,对边坡的分布、规模、主要诱发因素、稳定性、发展趋势和危害特征进行调查。随后,根据评价结果,对受损山体的边坡采取工程处理措施。

常见的工程措施有清除、锚固、加固、降坡、排水阻渗、支护、抗滑等。对于相对稳定的崖壁,边坡坡面可使用灰浆抹面、喷混凝土、锚喷护坡、砌片石护墙等进行坡面防护;对于边坡坡面的岩石风化剥落、少量落石掉块等现象,应先采用挡土墙、锚杆挡墙、抗滑桩等支挡结构进行支挡,再进行坡面防护与加固坡面;对于建设用地边坡和处于交通要道的边坡,可使用挂网喷锚的岩土加固技术,形成锚杆、混凝土层和钢筋网的共同作用机制,减小岩体侧向变形和坡面冲刷,增强边坡的整体稳定性。例如,上海辰山矿坑花园就采用人工清除和静态爆破法清除浮石和危岩体,在园路靠近的崖壁上通过铁丝防护网来预防岩石滑落。

对于体积较大的高陡边坡,常采用削坡的方式,改变高边坡轮廓形状,降低坡高,减小上部荷载。削减下来的土石,可填在坡脚,起反压作用,更有利于稳定。不过此种措施施工工艺复杂,费用较高且速度慢。

边坡生态工程是指植物材料与土木工程相结合,以减轻边坡坡面的不稳定性和侵蚀,恢复植被覆盖及自然生态过程。边坡生态复绿工程,一般是按照坡度、土壤成分以及修复难易程度来筛选合适的复绿技术(表4-4)。

表4-4　边坡修复治理方法

边坡结构成分	类型	治理方法和应用修复技术
土石混合边坡	存在裂缝植物可生长的边坡	对场地进行人工排险整理,可借助岩石的裂缝作为种植点。修复技术:混喷植生技术
	较平缓的边坡	对场地进行清理后可直接采用挂网喷草法,进行治理
石壁边坡	坡度<30°	清理表面附着的很多不稳定的因素如石块和碎屑等,可通过爆破或加固进行处理,废弃的石块进行堆填。可采用喷播技术、台阶复绿技术、覆土种植技术
	坡度30°~70°	岩石表面石质疏松,风化程度高:对岩壁做清理或是加固处理,然后在其表面开凿洞穴并覆一定量的种植土作为植物生长的立地条件。可采用飘台法、燕巢法、鱼鳞穴法
		石壁表面粗糙且凹凸不平:对其进行卸载清理,剩余部分可做支挡加固。可采用挂网喷草技术、客土喷播技术
	>70°	采石面坎坷,起伏大的坡面:保留岩壁的肌理状态,利用攀缘植物进行绿化。可采用台阶法、阶梯法、生态笼砖法
		陡峭且存在巨大安全隐患:排除危险,利用特有的肌理表面,做景观处理,保留采石遗迹。可采用三维网喷混植生法、植生袋等
土质边坡	坡度较平缓	梳理场地后,直接进行植物种植。

资料来源:周悦.城市采石废弃地景观规划设计研究[D].青岛:山东建筑大学,2022.

总体来说,土质类型的边坡,由于有一定厚度的覆土,因此可进行绿植栽培,生态修复难度较低;石质类型的边坡,生态修复困难,尤其是坡度介于 70°~80°,高度在 10~100 m,表层无覆土,可选择具有攀缘生长特点的植物。

2. 矿坑治理

采石场开采后不仅会形成众多的边坡,还会留下一个个大大小小的石坑,有些坑底多为坚实的岩体或碎石渣,恢复植被种植的难度较高,如矿区雨水充沛,水源丰富,则可以把一些石坑改造成湖面。而对于露天煤矿废弃地,同样会留下大量的露天采矿坑。

矿坑属于人为剧烈干扰景观,不仅给周边地区的安全带来威胁,还对矿区和周围的植物、生态环境造成严重破坏。露天采矿坑所占土地的面积非常大,易发生垮塌、滑坡等灾害,而且对场地的视觉景观和生态系统破坏严重。

矿坑分为坑壁和坑底,由于矿坑内无土壤覆盖,矿坑壁陡峭裸露不稳定,有必要采用工程技术结合生态修复的方式对坑底和坑壁分别进行修复。对于具有一定规模和特色的露天矿坑,可以保留原状使其发挥观赏、科研、展示的功能。对于一些存在自然积水或具备引水条件的矿坑可以利用水资源的优势,形成湖、河、湿地等人工水体景观。

此外,煤矿废弃地的采煤塌陷地也是一个类似矿坑的下沉盆地。采煤塌陷地是我国煤矿废弃地中十分常见的土地类型。由于很多煤炭开采形式是井下开采,在开采以后,采空区上覆岩层的原始应力平衡状态受到破坏,依次发生冒落、断裂、弯曲等移动变形,最终形成一个比采空区面积大得多的近似椭圆形的下沉盆地。采煤塌陷地占用大量的土地资源,且地质结构不稳定,破坏地表的景观,常常形成积水洼地。

采煤塌陷地的改造一般有两种方式,即填充复垦为生态景观、农业景观和挖深垫浅为水体景观。对于沉陷程度不大、无积水的塌陷地可以充分利用矿区内的煤矸石和粉煤灰等废弃材料进行回填,回填后的土地须保证土质的不均匀沉降,在此基础上恢复土壤和植被,形成新的生态环境和独特的地貌形态,与周围环境共同构成自然和人工结合的生态景观。

对于沉陷程度相对较大、有积水的区域可以采用挖深垫浅的方法。运用挖掘器械将塌陷较深的区域挖深形成水体湖泊,疏导水系,挖出来的土方可以填充其他较浅的区域,垫高地面平整地形,进行生态恢复。同时,利用水循环系统构建以生态景观为主的人工湿地,形成水体景观,还可以修建码头、钓鱼台、亲水平台等,为居民创造游憩空间。例如,唐山南湖公园,就是建在采煤塌陷区之上。

3. 固体堆积物治理

矿山固体废物属于工业固废的一种,通常包括采矿废渣、围岩废石、剥离表土等固体废物。大量的矿山固体废物堆积在废石场、尾矿库等场所,形成固体堆积物,占用土地、浪费资源、污染环境、破坏生态平衡,以及引发重大地质与工程灾害等。

固体堆积物在矿山废弃地十分常见。例如,开采后煤矿废弃地会产生大量的煤矸石,煤矸石通常堆积于矿坑周围较大面积的平盘区域,经过长年累月的堆砌,形成一个个堆积高度过高、坡度较陡的锥形山体。它们的地质条件大多是不稳定的,易发生滑坡及坍塌等现象,而且产生的酸性废矿水会污染水资源,还会造成扬尘等污染。

固体堆积物的治理首先考虑的是安全性,应整治堆积台面和固定边坡,防止失稳。其次是对固体堆积物进行就地保留和利用。例如,就近使用煤矸石和粉煤灰,用来作道路的路基材料;粉煤灰可以作为土壤改良剂,它的颗粒组成、密度等与黏性土、砂性土相似,在土地复垦时常与土质较好的黏土和耕作土混合起来,有利于植物的生长和生态环境的恢复。

对于有毒有害或放射性成分含量高的废弃物,一般的做法是将其全部移除或覆盖,还原成干净的平盘区域。可用黏性土或其他物料覆盖,不得暴露,并应有严密的防渗措施,防止雨水渗透淋滤,污染环境。

4.地形重塑

地形重塑是对现场地形地貌进行整理,通过微地貌整形或地形重塑等方法,消除或降低安全隐患的同时,规划好地表水系的排泄通道,为后续其他工程措施提供有利的条件,包括削坡、平整、清理、回填等土石方工程。

地貌重塑是矿山公园建设的基础,是重新塑造一个与周边景观相互协调的新地貌,在最大限度消除和缓解地质灾害隐患的基础上,根据景观设计的要求,因地制宜地塑造富有特色的地形和多样化的生境。

首先,梳理矿山区域的高差竖向关系。依据地形特点,充分利用固体堆积物,结合充填平整技术、梯田法整形技术、挖深垫浅法技术等对矿山进行地形地貌整形,防止地质变动,减少地质灾害,以便后期开发利用。对于受损较为严重的地貌,应特别注意竖向地势的衔接,可以采取填方、挖方等形式。

其次,要仔细分析当地地势地形,合理利用地形能充分展现矿区的地质风貌,恢复修建后具有较好的观赏性。例如,从景观角度,由于采矿凹陷地积水形成的水面、采矿界面显露出的岩层肌理以及场地遗留的具有工业文化气息的生产设备,都具有独特的景观特征,是矿业废弃地独具特色的景观资源,通过景观手段对其进行改造和利用,也将成为体现时代过程的艺术作品。

(二)土壤重构

矿山开采造成生态破坏的关键是土地退化,也就是土壤因子的改变,即废弃地土壤理化性质变坏、养分丢失及土壤中有毒有害物质的增加。因此,土壤的修复是矿山废弃地生态恢复最重要的环节之一。

土壤重构是在矿山地貌重塑基础上,依靠本地的岩土条件、水热与温湿条件等,充分利用采矿剥离的表土和采矿遗留的废石(渣)、尾矿砂(渣)、粉煤灰等固体废物,通过培肥改良、土层置换、表土覆盖、土层翻转、化学改良、生物修复等措施,重构土壤剖面结构与土壤肥力条件。不同场地的土壤重构可根据场地修复用途确定重构措施。

土壤基质的改良是其重点,这是植被修复前期的必要条件。应首先检测废弃地土壤的各项指标,根据土壤中水分、养分、有机物、污染物以及微生物等的情况综合评定出土壤质量,再根据土壤质量选取适合的土壤基质恢复方法。

根据土壤修复空间位置的差异可分为原位处理和异位处理。原位修复指不移动受污染的土壤,直接在场地发生污染的位置对其进行原地修复或处理;异位修复是对污染的土壤先挖掘,然后搬运或转移到其他场所或位置进行处理。原位处理具有节约成本、适宜于深层次污染、减少对环境的扰动和污染物的暴露等优势,是当前废弃地土壤治理的主要发展方向。

目前常见的几种土壤基质恢复方法是回填表土法、化学改良法和生物修复法。

1. 回填表土法

对于土层受损严重的区域,可以采取回填法,有效更换地表浅层土壤。在受污染较重且不利于植物生长的废弃地内,需要挖去污染层,再从其他地区运输质量较好的种植土,均匀地分布在需要改良的区域,以满足植物生长的需要;对于中度污染的土壤,没有必要完全更换土壤,用一定厚度的土壤覆盖原基质即可;对土壤较薄的区域,可采用穴状、带状和块状等局部小面的回填的方式,进行立地条件的提高。

土壤回填时,依据矿区植被种植类型综合确定,乔木绿植栽培区土壤回填厚度为1.0~1.5 m,灌木栽培区土壤回填厚度为0.6~0.8 m,地被绿植花卉与草坪的回填厚度为0.3~0.5 m。

2. 化学改良法

废弃矿山之前的采矿活动,大面积的开挖活动,挖掉了发育良好的土壤,破坏了矿山上地表植被,加剧了水土流失,缺少有机物的补给,都不同程度上造成了矿山废弃地的土地极端贫瘠。正常植物的生长需要的氮、磷、钾等元素在矿区土地中极为缺少。

在养分流失较多的废弃地土壤中,可在土壤中添加氮、磷和钾等化学元素,为植物生长创造有利的土壤环境。这种方法的优点是效率高、操作周期短、施工简单等。

土壤的化学改良技术是根据土壤的理化性质确定的。一般情况下,应联合使用植物搭配和化学用药的方式。一方面用富含氮、磷、钾的有机肥料充实该区域的土壤,另一方面通过种植固氮、固钾植物快速培肥土壤,并消除其他的障碍,从而改善土壤质量,提高土壤生产力,也可以缩短植被演替过程,加快矿山废弃地的生态重建。

3. 生物修复法

生物修复法是指利用土壤动、植物和微生物及其对应代谢物对土壤养分含量及理化性质等进行改善的一种技术。目前,生物改良技术所表现出来的稳定性、有效性等,在矿山生态修复中有较好的应用前景。

其中植物修复改良技术是指利用植物来转移、转化矿区土壤中有毒有害的污染物,进而使污染土壤得到改善和修复;微生物修复技术是利用微生物在适宜的条件下将污染土壤中的污染物降解、转化、吸附、淋滤除去或利用其强化作用修复污染土壤;土壤中的动物修复可以有效改善土壤结构,土壤动物具有分解死枝和残枝的能力,不仅可以提高土壤肥力,还可以帮助土壤植物完成养分循环工作。

例如,对于受污染较轻、营养肥力下降的土壤,可利用植物的代谢活动和微生物进行场地土壤修复,吸收分解土壤里的污染物,增加土壤有机物。此外,科学家发现的重金属耐性植物,不仅能耐重金属毒性,还可以适应废弃地的极端贫瘠、土壤结构不良等恶劣环境。部分耐性植物还能富集高浓度的重金属,因而被广泛地用于重金属污染土地的修复。

总体来说,矿山废弃地土壤的修复,应符合中国风景园林学会组织制定的《修复后场地作为绿地用途的安全利用标准》（T/CHSLA 50011—2022）的要求。

（三）水体整治

1. 水土流失治理

水是生命的源泉，也是矿山废弃地生态修复建设的先决条件之一。由于采矿活动对山体的破坏，大面积山体的自然汇水系统遭到破坏，造成河流枯竭、土地干旱。因此，有必要设计一套适用于废弃矿山情境下的高效收集、输送、净化和循环利用的弹性水生态系统，重新规划矿山废弃地的水系、汇水点、汇水线、汇水面，以恢复其水生态功能。

首先，做好矿山排土场、采区截排水和降雨水收集系统，通过治坡工程（各类梯田、台地、水平沟、鱼鳞坑等）、治沟工程（如淤地坝、拦沙坝、谷坊、沟头防护等）和小型水利工程（如水池、水窖、排水系统和灌溉系统）等，有效解决地表径流造成的水土流失问题，降低安全隐患，实现水资源的高效利用。

其次，进行海绵城市设计。通过渗透引流、蓄水来合理地利用水资源，加强对矿山公园中下沉式绿地、雨水花园以及池塘等景观的打造，使山体公园具有较强的防洪抗旱能力，以降低山体表面的径流量来提升雨水的渗透性，从而能够实现对地下水源的补充。

2. 水系污染整治

矿山开采中，矿山废水会造成矿区地表水和地下水污染，淋滤池、储存池等设施是严重的污染源。在矿山公园生态环境建设中，应通过调查、评价，查明水体污染物的成分、污染源及渗透途径、影响范围、危害程度。

水系污染的整治，首先应加强矿山水系与周边环境水系的连通性，以水源流动性提升水质净化效果；其次，在整治矿山内部水系时，通过拦截防渗、引流净化、化学处理、封闭填埋等治理措施，构建输水、储水、净化的治理体系，借助先进技术净化水质。

水质的净化，通常的处理方法是微生物净化、植物净化和化学净化。微生物净化是基于微生物的物质循环作用，利用活性污泥和生物膜来转化水体中的有害物质，从而达到污水净化的目的。植物净化是利用水生的维管束植物将有毒有害物质分解为无毒物质，达到净化水体的效果；化学净化是利用氧化和还原、酸碱反应、降解和合成、吸附和凝结等来改变污染物的形态，以此来达到降低水体污染程度的效果。

其中，利用矿坑的积水、采空塌陷积水区或尾矿库积水区，选择具有净化作用的水生植物，建造一个微型的具有调节功能的人工湿地系统是常见的措施。矿山低洼地块的积水主要来源为地下水和雨水，需要针对积水池的深度与水质情况，筛选不同湿生与水生植物对污染水体进行修复。

（四）植被恢复

采矿活动严重干预植被的生长环境，导致矿山废弃地的植被稀疏，植物种类单一，生长缓慢等问题，在特别严重的地区甚至完全丧失。矿山废弃地的生态修复是以植物恢复为前提。

植被恢复是在地貌重塑和土壤重构的基础上,针对矿山不同土地损毁类型和程度,综合气候、海拔、坡度、坡向、地表物质组成和有效土层厚度等因素,针对不同土地损毁类型,进行先锋植物与适生植物选择及其他植被配置、栽植及管护,使修复的植物群落持续稳定。

1. 植被修复分区

矿山废弃地的植被恢复应做到分区域分阶段实施。生态敏感性评价结果是植被修复分区的重要依据。一般先收集现场的高程、遥感图像,然后再根据其他因素综合数据分析,再通过 GIS 对所需要的地质要素和其他影响因素进行叠加分析,从而获得了该区域的生态敏感性评价图,并对该区域高、中、低敏感性区域进行了区分。

高敏感地区是指生态环境很好,还保留大量原有植被,以植被的保留为主;中、低敏感区是指生态环境受到了一定程度的损害,此类区域的植被修复,以人工干预为主,采用自然恢复与人工恢复相结合的方法,绿化和恢复植物至场地原貌。例如,在河北省承德市大梁顶山地公园中,设计师坚持整体规划、适当保留、重点突出的规划设计原则,将大梁顶山地公园划分为保育区、重点修复区与一般修复区三种类型。保育区主要保留该区域的乡土树种,调整局部垦荒农田,进行退耕还林,将现有果林结合游憩功能,设置农艺采摘园;重点修复区则针对不同坡度进行不同修复措施,根据坡向的特点利用先锋植物快速绿化;在一般修复区,除了保育现有植物,针对幼龄林、中龄林、成熟林进行不同的抚育,并结合总体规划进行特色植物主题的打造。

2. 植物配置

关于植被修复,主要难题在于植被的筛选和配置的方法等。植被的筛选应根据场地的地理位置和气候条件,首先应选择本土植物作为先锋植物,本土植物能够很好地适应当地环境,植物种苗易得,又能减少采购、运输成本,是矿山修复的首选植物。其次,选择抗性强、耐瘠薄、对修复区环境有改善作用的植物,并按施用的部位、措施类型和景观观赏需求,进行有针对性的选择。例如,在平缓坡区可采用当地适生的旱生植物,宜适当选用观赏价值高的植物;陡急坡区和险崖坡区宜选用抗瘠薄、抗旱、根系发达的植物,陡急坡区可适当选用抗风性强的乔木,险崖坡区植物宜以灌木、藤本、草本为主;水塘湿地区可采用当地适生的水生、湿生植物;生态浮岛宜选用观赏价值高的水生植物;喷播区宜选用根系发达、分生、自繁能力强的植物。

在矿山这种特殊生境条件下,应加强其适宜物种的演替规律以及其稳定性探索。废弃地生态系统演替的不同阶段其适生植物种类是不同的。研究表明,豆科、菊科、禾本科植物是矿山生态修复先锋物种的较好选择,具有很强的适应性,对改善土壤理化性质和营养状况效果明显。还可以考虑利用土壤种子库。土壤种子库是指土壤及土壤表面的落叶层中所有具有生命力的种子的总和。土壤种子库应用于植被生态恢复,国外有很多成功的研究成果和应用实例,如加拿大的湿原植被恢复、澳大利亚的矿山废弃地植被恢复等。

植物品种不同的配置方式和密度会直接影响到植被群落的稳定性。植物自然群落的草、灌、乔三位一体多层次结构,抗外界干扰能力强。矿山废弃地生态重建中,为了营建稳定的生态群落体系,必须合理配比乔木、灌木、草本植物,尽量模拟自然群落,建造乔灌草相结合的复合群落结构。同时必须依据立地条件,宜乔则乔、宜灌则灌、宜草则草,因地制宜。

目前,"再野化"已经成为山水林田湖草生态保护修复的新思路。"再野化"是指通过修复物种和生态过程、减少人类活动的干扰,从而提升景观的荒野程度,保持或提升生物多样性,强调自然力量在生态修复中的作用,是实现"基于自然的解决方案"的有效手段。例如,在徐州银山大裂谷生态修复中,引入了以茅草为主的地被植物,以及构树苗、艾草、苍耳、葎草、茼蒿、地榆、苋菜、菊花等不同的野生植被类型,而且草丛中潜伏着蝴蝶、甲虫、蟋蟀、瓢虫、蚂蚱、蚂蚁、蜘蛛等各种昆虫,为人们带来了充满吸引力的自然景观与荒野体验。

四、规划与设计核心内容

矿山公园规划设计的实质是在恢复矿区生态的基础上,通过景观手法保护矿业遗迹,对富有特色的场地资源进行整合利用,使废弃矿区成为集观光、游憩和科普教育等多功能于一体的公园,再现矿山景观资源价值,促进矿区健康可持续发展。我国先后颁布了《国家矿山公园总体规划工作要点》(2004 年)、《中国国家矿山公园建设工作指南》(2007 年)、《国家矿山公园规划编制技术要求》(2014 年)等文件,已形成一套较为完整的思路体系,即"调查—分析—资源评价—规划—设计—满意度评价—规划与设计方案的再更新"。

矿业废弃地的情况是非常复杂的,具有时间跨度大、地理环境复杂的特点。在矿山公园规划与设计的过程当中,不仅需要运用包括恢复生态学、大地艺术学、景观设计学、环境工程学和水环境治理学等多种理论的指导与支持,还需要用到 GIS 分析技术,用以确保设计的客观准确性。

常用的 GIS 分析技术有高程分析、坡度分析、视域分析、流向分析、流量分析、用地适用性分析、园路路线选择、生态敏感性分析等,可以详细地梳理整个矿山公园的地理信息。

(一)功能分区

1. 常见功能分区

矿山公园规划设计的核心是通过景观手法对各种场地资源进行保护、利用、重组和整合,从而再现矿山资源价值。功能分区是从完善矿山公园的各项功能出发,统筹整合各类用地类型,通过用地功能来协调公园的环境、社会、经济效益。规划时应结合自然、人文资源调查和用地情况,尽量保持原有自然、人文单元界线的完整性。

目前,大部分国家矿山公园根据公园综合发展需要,结合地域特点,其总体功能分区主要由矿业遗迹区、生态景观区、特色游览区、综合服务区、产业协同区等构成(表 4-5)。

表 4-5　矿山公园的功能分区

功能分区	内容
矿业遗迹区	矿产地质遗迹空间;矿业生产遗迹空间(地上与地下);矿业生活遗迹空间;其他矿业遗迹空间
生态景观区	生态保育空间(自然山体景观、自然水体景观、植被景观);生态修复空间,合理利用空间
特色游览区	地方特色人文景观空间;特色旅游体验空间;矿山公园主、副碑;矿山公园博物馆;矿业文化广场
综合服务区	园区交通空间;基础设施空间;游客服务中心;运动休闲空间
产业协同区	矿业生产空间;餐饮购物空间;度假休闲空间(住宿设施、养老与医疗设施、户外活动设施);其他产业空间

　　其中,矿业遗迹区是矿山公园的核心景区,其根据矿产资源类型和矿业活动特点展示矿业遗迹和矿业文化。除矿业遗迹资源外,矿山公园也拥有许多丰富的自然与文化资源。公园应依托现有资源,充分挖掘地域文化,规划地质遗迹、民俗风情、山水观光、科普展示、休闲娱乐等特色景观游览区。

　　对于在城市内部或距离城市 50 km 以内的近郊、交通便捷的矿山公园,在条件允许的情况下,可适当布置休闲娱乐设施,丰富公园的游览内容。例如,北京首云矿山公园的体验区内建有迷你高尔夫、陶艺馆、射箭馆等娱乐设施,并提供高空拓展训练、真人野战、铁人训练营等活动项目;唐山开滦矿山公园,设有山地露营区、密林区、台地观景区、农家体验区、科普教育区、花径观赏区、蔬菜种植园区、滨水休闲区、中央湖区等。

　　2. 功能分区划分的依据

　　矿山公园功能区的划分,应注重全局。在设计前期,利用 GIS 技术对场地进行分析,区分土地类型,以现状资源特质、生态敏感性评价结果为基础,进行合理划分。

　　例如,在河北省承德市大梁顶山地公园设计中,设计师通过坡向、坡度、高程、水文、道路交通、用地类型、植被覆盖等单因子,运用生态敏感性分析方法,得到生态环境对各种干扰的敏感程度,在此基础上,划分功能区。其中,一级功能分区是基于总体规划结构与场地现状,一共分为生态游憩休闲区、公园服务管理区、山地修复保育区(图 4-5);二级功能分区分为登山览胜区、溪谷康养区、五彩拓展区、山地文化区、农艺游赏区、综合服务区、山地修复保育区等(图 4-6)。

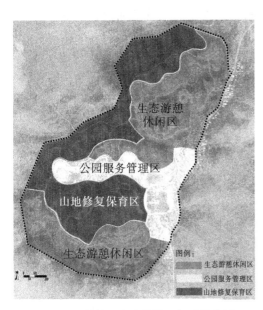

图4-5　大梁顶山地公园一级功能分区
（作者改绘）

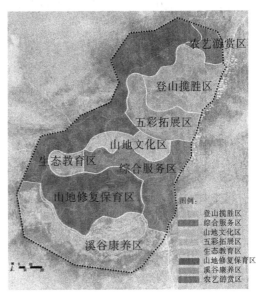

图4-6　大梁顶山地公园二级功能分区
（作者改绘）

（二）交通组织

1. 出入口设计

园区出入口是最能体现公园整体形象的区域。矿山公园出入口应根据城市主干道、园区总体布局及园区总体规模来进行设置。出入口一般选择靠近主要交通干道，交通便利，与游人走向、流量相适应的位置。具体应分析连接场地的主要外部交通线路特点，同时考虑场地地形地貌等因素，最终确定公园出入口。

在公园入口内外应设置人流集散广场，外广场一侧规划停车场，交通设计注意人车分流。入口附近还应设置游客服务中心、管理办公室、医疗服务等设施。可充分利用现存的矿业开发遗留的建筑，评估再利用价值后进行修复翻新和功能置换，用作综合服务，保持原汁原味的矿区生活特色。

矿山公园入口附近的停车场设计应体现"生态"理念，结合生态材料，如嵌草砖、植草格等建造生态停车场。同时应结合矿山自身场地特征，建造颇具矿山特色的主题式停车空间。

2. 道路设计

道路设计不仅要顺应地形，还要考虑工程因素和经济成本。首先，应保存原有的道路系统框架，可以利用矿山生产道路，作为公园的主干道，不仅使人们对场地以往的历史有所回忆，也节约了成本；其次，路线选择还应适应地形方向，满足道路坡度要求，稳定的地质条件等。

GIS技术的应用可以将道路选择方法从定性分析改进为结合定量，定性和定量的综合分析，可以为决策者提供相对科学可靠的基础（图4-7）。在道路规划设计过程中，主要道路尽可能沿山的轮廓线布置,密度最高的路网放置在平坦的地面上,以减少土方工程的成本。

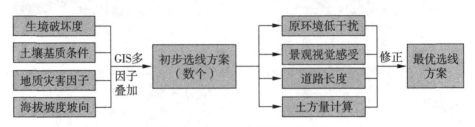

图4-7 基于GIS技术的道路选线流程

3.路网组织

道路系统是公园的空间形态骨架,担负引导人流、组织景观序列、构建公园景观结构的功能。矿山公园内的道路系统可分为车行道系统和步行道系统。车行道系统的主要功能是作为公园内的主要道路骨架,衔接对外交通,并解决植物园内部的车行交通以及联系各景区,有效地组织景观和游览。但车行道仅作为园务车辆、观光电瓶车、重要来宾车辆和特种车辆的使用。步行道路是属于游人的游览路线,主要起着把各景点有机地联系起来的作用,或在景区内自成环路,或与主路共同构成环路,便于游览路线的有效组织。

道路应避免破坏山体和横穿保护区等敏感性高的区域,以景观特色为导向,组织串联景观资源,形成主园路、次园路、游步道三级道路系统。例如,在北京金牛山公园设计中,设计师将公园道路共分为三级:一级路宽4~6 m,可到达场地主要景点;二级路宽2~3 m,贯穿场地各个景点;三级路宽1.5~2 m,更加方便游人游览公园景色。

由于矿业遗迹分布、矿山地形地貌、资源保护与开发等因素的影响,矿山公园可建立不同高层的交通联系。地表起伏剧烈、高差很大处,可以通过坡道、台阶、桥梁、索道等要素,将不同标高层连接起来。

由于矿山公园面积较大,往往存在景点分布过于分散的情况,因此,可以通过多种交通工具联系景点,在减少交通耗时的同时,增加公园内水、陆、空和地下游览形式和内容,从而保证矿山公园观光旅游的高质量。例如,乘坐矿区特有的窄轨小火车、电机车等交通工具,能让人体验到矿业生产的气氛。

(三)海绵体系设计

矿山公园常常面临地表水源枯竭、水土流失严重等问题,因此,设计一套适用于废弃矿山的高效收集、输送、净化和循环利用的山地海绵体系已成为矿山公园的重要课题。

矿山公园的海绵体系应包括"源头收集""中途传输""末端储存"等。

首先,要通过自然汇水和人工手段相结合的方式构建雨水收集体系。基于DEM数据的GIS水文分析,可以模拟地表水形成径流的过程,利用这一模拟过程可以提取流域边界、集流面积、河网水系等流域特征参数,为海绵设施的布局提供依据。例如,在邯郸市紫山公园设计中,设计师利用GIS对场地的水文进行分析,识别出潜在径流蓄水路

园林生态规划设计方法与应用

径,连通园区内的自然排水廊道,疏导水路,顺势而为,促进湖体上游、下游的溪、涧、潭等各等级水系的连通性,最终构建了具有滞洪、净化、补水及调控径流等完整功能的"阶梯形"人工海绵框架体系。

其次,依据汇水分析结果,建设雨水输送设施,例如排水渠、生态边沟、植草沟、季节性旱溪、梯塘生态净化池等。由于我国是季风性气候,一般夏秋多暴雨,而冬季和春季则较为干旱。因此,雨水的调蓄非常重要。在矿山公园中,可以利用场地原有低洼地或者矿坑储蓄雨水。例如,在南京汤山矿坑公园中,利用宕口底部的湖体进行水体滞留,在末端设置生态滞留池,减缓流速,有效地避免因极端天气而形成的场地内涝,缓解雨水压力,实现场地水环境的稳定状态。

(四)植物设计

1. 植被修复设计

面对错综复杂、规模宏大的基地条件,矿山公园的植物选择应以生态优先为原则,选用适生树种、地域性植物,建设低维护植物群落与生态系统。

矿山公园的植物重建优先考虑场地上原有的野生植物。大多数矿山在关闭后闲置了较长一段时间,在没有人为干扰,污染未加剧的情况下,长出了一些适应性强的植物,形成了新的植物群落。保留原生植物,可以作为将来植物种类选择的参考。而且原生植物能够促进后期植物群落的形成,其与场地的结合也是一种宝贵、独特的景观资源,可以向游客展示矿山的原始面貌。

在生态退化严重的区域,应根据光照、气候、雨水、温度与土壤等自然条件,谨慎筛选植物。其中,水与土壤因子为矿山废弃地植被修复过程中主要的生态限制因子。不同的土质环境,应选用适宜的且耐干旱、耐瘠薄、无须太多人工护理的植物,进行乔、灌、草配套种植,最大限度实现废弃矿山的复绿、恢复生态多样性。例如,在济南由煤矿废弃地改造的金星郊野公园设计中,设计师选择了固土净化植物群落、固氮耐瘠薄植物群落和复合农林植物群落来修复煤矿废弃地(表4-6)。

表4-6　金星郊野公园植被群落组成

群落名称	种植区域	群落组成
固土净化植物群落	种植于金星煤矿开采井附近未稳沉区域	上层:刺槐、臭椿、构树; 中层:黄刺玫、荆条; 下层:矮牵牛、麦冬、小飞蓬
固氮耐瘠薄植物群落	种植于金星郊野公园北部、南部以及东部土壤肥力差的区域	上层:刺槐、欧美杨树; 中层:紫穗槐、胡枝子; 下层:狼尾草、紫穗狗尾草等禾本科观赏草本植物
复合农林植物群落	种植于金星郊野公园中部	上层:国槐、枣树、山楂; 中层:石榴、沙棘; 下层:白车轴草、草木樨

2.植物造景设计

植被规划还应根据总体景观规划,在满足功能要求的基础上,注意植物造景,营建色彩多样、层次丰富的植物组合空间,以优美的自然环境体现矿山的生态建设理念。例如,在河北承德双峰寺铁矿遗址公园设计中,设计师将植物总体的种植区划大致分为密林种植区、疏林草地种植区、季节性旱溪种植区、滨湖种植区、净水湿地种植区以及田园种植区6个区域(表4-7)。

表4-7 承德双峰寺铁矿遗址公园植被景观规划

植被类型	分布区域	树种配置
密林种植区	分布于生态保育区和南侧山体	以现状场地内具有优势的油松、毛白杨为基调树种,同时搭配黄栌、山杏等色叶植物
疏林草地种植区	分布于游憩活动场地	以栾树、落叶松为基调树种,同时配以山桃、珍珠梅等灌木,紫花苜蓿等地被
季节性旱溪种植区	位于季节性溪流两侧	以刺槐、臭椿为基调树种,同时配以紫丁香、胡枝子等灌木
滨湖种植区	位于湿地周边区域	以芦苇、香蒲、荷花等水生植物群落为主,辅以桦树、柽柳等
净水湿地种植区	位于水净化科普园	以黄菖蒲、芦苇、水葱、千屈菜、狐尾藻为基础群落模式
田园种植区	位于公园最东侧的现状已有的农田区域	选取荞麦、大豆、地瓜、花生等当地农作物,搭配少量的狼尾草、细叶芒、斑叶芒、花叶芒等观赏草,同时构建农田防护林、水系防护林和道路防护林

(五)矿业遗迹设计

矿山公园与其他类型公园的核心差异在于矿业遗迹的文化内涵。矿山公园不仅通过景观手法解决了废弃矿山治理的问题,将废弃矿山的恢复治理带入到了一个新的阶段,也以其独特的矿产文化,为公众提供了可以游览观赏、进行科学考察与科学知识普及的特定空间地域。

矿业遗迹指的是矿产地遗址与矿业生产过程中勘探、开采、挑选、冶炼、加工等活动的遗迹。矿业遗迹包含矿业开发历史,主要有矿藏发现史、开发史等;矿业生产的遗迹,比如矿场、堆场、排土场、矿坑、窑洞和辅助构筑物,典型生态环境治理遗址等;此外还包含矿业活动遗迹、矿产制品、矿业活动相关的人文景观。

矿业遗迹是矿山公园的核心。不同种类的矿山公园,特征和内涵都不一样,其矿业遗迹的规模也不同,形态各异。例如,南京冶山国家矿山公园是采铜炼铁之地,具有矿业生活遗迹区、矿业生产遗迹区、矿业地质遗迹区、生态修复工程遗迹区等五类典型矿业遗迹(表4-8)。

表4-8　冶山国家矿山公园矿业遗迹分区

分区	主要区域	矿业遗迹与景观	描述
矿业生活遗迹区	园区西北角	矿区电影院、文化馆、招待所、铁路运输公司	原矿业工人生活区和冶山矿业历史发展的资料保留区域,是矿业文化传承的重要保护遗迹
矿业生产遗迹区	生产经营区	电修厂、选矿厂、车间、过滤池、堆料区	综合生产经营与旅游的双重要求,将矿业生产设备纳入到矿山公园整体旅游规划之中,保证游人安全和生产秩序
矿业地质遗迹区	矿业遗迹保护区和生态修复区	观景平台、索道、平硐、冶炼广场	以地质塌陷、历史文化景观、矿业采掘坑洞为主要景观,包括分布其间的若干平硐和采掘遗迹
生态修复工程遗迹区	露天采坑西区至东部塌陷区	原矿渣回填位置	矿渣回填位置,土地状况较差,仍有部分区域可以见到生态修复工程未完成的迹象

资料来源:杨宁,汪静,付梅臣.矿山公园空间组织与产业化发展模式设计[J].金属矿山,2015,473(11):149-152.

在矿业遗迹中,矿山工业遗留的工业建筑物、构筑物和工业设施等遗迹资源的处理是矿山公园景观设计的重点。一般采用整体保留、部分保留、构件保留的方式进行再利用开发。

1. 整体保留

保留废弃工业建筑设施的原本状态,包括工业建构筑物的结构和设施,以及道路系统和功能分区。经过适当的改造和设计后,变成可以满足人们观赏与使用尺度的公共空间和活动场所。这种方式不仅可以充分展示煤矿开采过程和历史文脉,还能够有效降低运输和采购成本。

2. 部分保留

保留煤矿废弃地具有代表性的工业建筑设施的片段,使其成为场地内的标志性景观,也可以作为废弃地的记忆和见证。这些碎片可以是代表煤矿废弃地的工业特征且具有典型意义的建筑和设施,也可以是具有历史价值或者遗留完整的建筑和设施。

3. 构件保留

保留废弃的工业建筑和设施的结构或一部分构件,比如建筑物的框架、墙体和其他物理结构。在这些构件中,可以找到以前的工业设备生产过程的线索,引起人们的联想和记忆,产生情感共鸣。

矿业遗迹的展示可根据所处空间位置及展示内容规划为露天博览区、地下展示区和室内博物馆,通过室内外有机结合的方式,立体展现矿业文化,达到展示、教育和科研的目的。例如,唐山开滦煤矿历经了三个世纪的世事跌宕以后,留下了大量典型、珍稀、独具特色的工业遗址遗存。在国家矿山公园建设过程中,对典型的遗址进行了保护开发。其中,对开凿于1878年的唐山矿一号井、建于1881年的"唐胥铁路"、建于1899年的"百年达道"等三大矿业遗迹进行原址保护和开发,建成各具特色的游览景观区,在老井下废弃巷道,以奇、险、秘为风格定位,开辟旅游项目"井下探秘游"。

第四节 垃圾填埋场生态公园规划与设计

一、概述

(一)垃圾填埋场

1. 固体废物

垃圾是指人类在生存和发展中产生的固体废物。固体废物来源广且成分复杂,而防治技术又较落后,是城市环境污染综合整治的一个难点。根据《中华人民共和国固体废物污染环境防治法》,将固废物分为工业固体废物、危险废物和生活垃圾三大类。

(1)工业固体废物

工业固体废物是指在工业生产活动中产生的固体废物,主要类型如表4-9所示。工业固体废物可以循环利用,再次成为工业原料或能源,比如制成水泥、砖瓦、纤维等建筑材料,也可以提取 Fe、Al、Cu、Pb、Zn 等金属和 Ti、Sc、Ge、V 等稀有金属。

表4-9 工业固体废物类型

类型	固体废物
冶金工业固体废物	高炉渣、钢渣、金属渣、赤泥等
燃煤固体废物	粉煤灰、炉渣、除尘灰等
矿业固体废物	采矿废石和尾矿、煤矸石
化工工业固体废物	油泥、焦油页岩渣、废有机溶剂、酸渣、碱渣、医药废物等
轻工业固体废物	发酵残渣、废酸、废碱等
其他工业固体废物	金属碎屑、建筑废料等

(2)危险废物

危险废物是指列入国家危险废物名录或者根据国家规定的危险废物鉴别标准和鉴别方法认定的具有危险特性的固体废物。

危险废物不仅来源于工业生产,居民生活、商业机构、农业生产、医疗服务也都会产生危险废物。危险废物往往具有腐蚀性、毒性、易燃易爆性、化学反应性或者感染性,对生物体、饮用水、土壤环境、水体环境、大气环境具有直接或潜在危害。对于危险废物的处理,焚烧技术已经得到了广泛的应用,不同的焚烧方式有相应的焚烧炉与之配合。

（3）生活垃圾

生活垃圾是指在日常生活中或者为日常生活提供服务的活动中产生的固体废物以及法律、行政法规规定视为生活垃圾的固体废物。生活垃圾包括了城镇生活垃圾和农村生活垃圾,其组成成分主要有食品、纸类、塑料、玻璃、金属、织物、灰土、草木和砖瓦等。

目前世界上诸多国家处理垃圾的方法主要有焚烧法、堆肥法、分选法和填埋法。其中,焚烧法是工业发达国家广泛采用并卓有成效的方法,但是建厂投资高,设备比较复杂,操作运行费用也较高,并且只适用于可燃性垃圾;堆肥法适用于有机类垃圾,且规模受限;分选法只是回收了垃圾中再利用成本较低的垃圾;填埋法是将生活垃圾、工业垃圾、矿产化工垃圾、建筑垃圾等深埋地下的一种处理方法。

目前,在大城市比较流行的垃圾处理方式是建造垃圾发电厂,燃烧产生的烟气经无害化处理后排入大气。

2. 垃圾填埋场与类型

城市垃圾填埋场是城市生活、工业废弃物集中堆放、填埋之处。过去,城镇处理垃圾的主要途径是填埋,占垃圾总量的 70% ~ 80%。早期,我国的垃圾填埋场属于简易填埋场,即直接进行填埋,没有采用相应的工程保护措施,通常会对环境造成严重的污染。随后,出现了受控填埋场,即为了节约成本,局部采取工程措施,但仍会对环境造成污染。此类垃圾场需要在场底防渗、渗滤液处理、沼气导排和覆土厚度方面采取措施,防止进一步污染周边环境。

1988 年,我国制定了城市生活垃圾卫生填埋技术规范,使得垃圾填埋场的选址、建设、管理等方面有了标准。也是从那以后,中国才有现代意义上的垃圾填埋场。垃圾卫生填埋的基本操作是铺上一层城市垃圾并压实后,再铺上一层土,然后逐次铺上城市垃圾和土,如此形成夹层结构。卫生填埋一般利用废矿坑、黏土废坑、洼池、狭谷等,在建设过程中,涉及地质、水文、卫生、工程等许多方面,对堆体整形、防渗、沼气导持等方面都有相应的防护措施。由于卫生填埋方式成本低、卫生程度好,在国内被广泛应用。

目前,我国有超过 2000 座合法的垃圾填埋场,很多都是超负荷运转。根据场地内不同的填埋物进行分类,垃圾填埋场可分为生活垃圾填埋场、建筑垃圾填埋场和综合垃圾填埋场。

（1）生活垃圾填埋场

生活垃圾填埋场是用来填埋处置城市生活垃圾的垃圾处理场地,其主要成分包括日常生活所产生的厨余垃圾或废纸废屑、植物残体纤维物等。生活垃圾填埋场内含有大量的有机物,在垃圾降解过程中还会伴随渗滤液及填埋气体的生成,稳定性不高。

生活垃圾填埋场内部主要分为填埋区、配套区和管理区。填埋区包括填埋库区和进场道路,为生活垃圾填埋场的主体区块,通常占填埋场总面积的 70% ~ 90%,最少不得低于填埋场总面积的 60%;配套区主要包含渗滤液处理站、渗滤液调节池、计量站、洗车站等;管理区包括停车场地、生活和管理用房、供配电房等。

（2）建筑垃圾填埋场

建筑垃圾填埋场是指以建筑建造或装修工程中产生的垃圾为填埋对象的填埋场,其成分包括混凝土块、废石块、砖瓦碎块、金属废料、沥青块、废塑料、废竹木等。建筑垃圾成分较为稳定,有机物含量很少,场地沉降可忽略不计,也基本不产生填埋气体,场地稳定性较好。

（3）综合垃圾填埋场

这类型的垃圾场的垃圾种类较多,包括建筑垃圾、生活垃圾、工厂垃圾等等。由于垃圾组成成分复杂多样,其产生的垃圾渗滤液及填埋气体对环境的危害性更大,使破坏的生态环境难以恢复。

3.废弃垃圾填埋场改造

随着公众环境意识逐步提升,生活垃圾分类政策陆续实施,垃圾焚烧设施建设占比逐年增加,存量卫生填埋场陆续接近"退役",运行总数已开始下降。2021年,国家发改委和住建部发布《"十四五"城镇生活垃圾分类和处理设施发展规划》,使得对满库容垃圾填埋场进行治理、生态修复与再利用的需求与日俱增。据预测,2021—2030年,国内面临封场修复的填埋场占地面积将达280.7 km²,中国生活垃圾填埋场将集中迎来大规模封场期。

垃圾填埋场是城市发展过程中的必然产物,也是一种特殊的土地资源。最初,由于缺乏切实可行的规划,或者受到某种条件的限制,垃圾填埋场选址通常在距离城市不远的郊区,当城市向周边扩张时,就形成垃圾包围城市的现象。作为一种特殊的城市废弃地,城市垃圾填埋场不仅占用大量的土地资源,而且对周边地区生态造成了严重的破坏,给城市发展带来巨大的阻力。因此,对于那些封场或废弃的垃圾填埋场用地,如何进行生态修复和再生建设逐渐受到重视,成为风景园林行业的一个新挑战与机遇。

（1）改造模式

在封场停止使用后,垃圾填埋场作为一种特殊的城市废弃地景观类型,其生态系统结构与功能已严重退化。现在,国内外对城市垃圾填埋场的改造和再利用主要有生态修复成林地和公园建设两种模式。恢复成林地主要是通过人工干预将垃圾填埋场的植被恢复,保持其生物多样性和生态平衡,建立生态保护地带,虽然是一种较好的选择,但是难以适应城市居民的使用。因此,把城市垃圾填埋场改造升级为城市生态公园,具有建设和维护难度小、耗费资源少的特性,已经成为垃圾填埋场改造的主流模式。

废弃垃圾填埋场改造的城市生态公园,既能修复和改善生态环境,又能满足市民休闲娱乐要求,解决了城市绿地空间不足、转变公众对垃圾场的负面印象等诸多现实问题,具有很高的美学价值、生态价值和经济价值。

（2）改造类型

适宜与景观改造相结合的是生活垃圾、建筑垃圾这两类。建筑垃圾可进行选择性回填,而不是集中在预先规划的建筑垃圾储运消纳场进行集中填埋。2003年,建设部《城市建筑垃圾和工程渣土管理规定》中明确鼓励建筑垃圾、工程渣土资源再利用,宜采取渣土回填、围海造田、堆山造景等途径。

而生活垃圾填埋场本身就是城市垃圾填埋场的主体,可以通过对场地进行污染物的清理与处理、废旧材料的回收与再利用、土壤的修复与改良、地形的设计、植被的恢复等综合治理来实现生态恢复,在此基础上,增添游憩设施,建设生态公园。

对于一些特种工业固废处置场与危险废物填埋场,由于自身存在较高环境风险,出于安全考虑,这类填埋场即便在封场后也需要使公众避免暴露在此类环境中,因此此类填埋场不会建设成为城市生态公园。

(二)垃圾填埋场改造发展历程

1.国外垃圾填埋场改造历程

进入工业时代后,随着城市发展与人口增加,垃圾生成的速度也不断增加,为了消除露天垃圾场和其他"不卫生"的废物处理做法,垃圾填埋场应运而生。在经历工业革命和快速发展之后,欧美一些早期工业化国家的城市垃圾填埋场越来越多,规划设计师也较早展开了对垃圾填埋场的景观改造研究。

1863 年,法国便利用垃圾填埋场资源在巴黎建造比特绍蒙公园(Buttes Chaumont Park),成为法国乃至西方最早的垃圾填埋场景观化改造实践案例。这里原先是一个采石场,后期变成了垃圾填埋场,环境污染严重,改造过程中,模仿喀斯特地形,形成了具有浓重东方意蕴的山水园林。

20 世纪 70 年代后期,随着城市的不断扩张,欧美各个城市垃圾填埋场的数量也在急剧增加,所引发的生态问题日益严重,周边土地的价值也随着环境的恶化而降低,造成严重的资源破坏。在此背景之下,欧美各个城市相继启动了垃圾填埋区生态修复与再利用的探索,在众多实践中,将垃圾填埋场进行景观改造和游憩成为规划的重要方向。例如 1971 年风景园林师罗伯特·蒙坦在瑞典隆德市的圣汉斯贝克公园(Sankt Hans Backar Park)设计中对场地内的生活垃圾堆体地形进行了艺术化塑造,形成了丰富的地形形态,但由于在地形设计中并没有考虑堆体中的填埋气体、渗漏液的处理,导致数年后场地附近的水环境遭到污染。

到 1980 年代后期,美、德等国相继提出对填埋场进行封场处理和植被生态修复,有许多取得显著的社会、生态和经济效益的成功案例。其中,最著名的是 1985 年建成的伦敦卡姆利街自然公园(Calmy Street Natural Park),占地共 0.9 hm²,是在原有的城市垃圾堆场上通过生态恢复建成的,常被用来作为城市更新和城市土地环境教育的典范。

20 世纪 90 年代至今,垃圾场改造模式已经初步成型,对于污染物处理基本能够避免二次污染,初步恢复成一个能自给自足的生态系统,出现大地艺术,将艺术和大自然巧妙结合。

1991 年建成的拜斯比公园(Byxbee Park),由美国景观设计大师哈格里夫斯设计完成。这个特色鲜明的海湾公园建立在高 18 m 的生活垃圾填埋场之上。在垃圾堆体之上用黏土和 30 cm 的表土覆盖,分别用作防渗层和种植层。植物选择了乡土的野生草本和野生花卉,不仅节约人工成本,而且营造了粗犷的大地艺术景观。

纽约的清泉公园(Fresh Kills Parkland)是世界上改造最为成功的垃圾填埋场之一。公园于 2001 年底停止接受任何固体废物,但是场内生态系统严重退化,除去少量植被外,植被覆盖率几乎为零,水环境也受到严重的污染,充斥着垃圾渗透液和废气。2011 年完成全部封场工作。公园的景观改造模式是以构建"生命景观"为主题,通过修复严重退化的土壤、恢复湿地生态、引入新的栖息地、增添游乐场所和保留文脉等措施,展示出一个发展的新型公共生态景观,提供了一个建立在自然进化和植物生命周期基础上的长期策略。

此外,伦敦奥林匹克公园、德国北杜伊斯堡公园、以色列的沙龙公园、西班牙的拉维琼公园、韩国首尔兰芝岛世界杯公园等优秀案例,让垃圾填埋场的改造更具系统性和科学性,为后续设计师们采取对策、途径和技术方法等提供参考。

目前,国外对垃圾填埋场改造的理论与实践越来越成熟,从关注植被恢复、土壤检测、水质净化等生态恢复的技术手段到重视游憩活动、艺术形态、生态功能等方面,努力营造与自然融为一体的绿色公共空间。

2. 国内垃圾填埋场改造历程

受多方面因素的制约,我国对垃圾填埋场的修复改造开始较晚。早期,我国的垃圾处理主要以高温生物堆肥和天然裸露堆填为主。后来,城市生活垃圾逐步开始集中清运,生活垃圾处理量陡增,垃圾处置成为城市亟待解决的问题。1988年,我国颁布第一部卫生填埋技术标准,即《城市生活垃圾卫生填埋技术规范》(CJJ 17—1988)。1991年运行的杭州天子岭垃圾填埋场是我国第一座符合国家卫生填埋技术标准的大型生活垃圾填埋场。

在20世纪90年代,我国开始对已关闭的垃圾填埋场进行改造研究。这时的研究侧重于垃圾填埋场上层土壤的恢复、适应性植物的筛选和场地植被的重建。在实践方面,1995年,福州的鳌峰公园成为第一个垃圾填埋场景观改造项目,它是把原福州市东区垃圾堆放场进行填埋处理,改造建成以娱乐休闲为主的综合性公园。

进入21世纪以来,越来越多的垃圾填埋场步入封场阶段,近年来,国内也出现了越来越多的改造项目。国内不少专家学者也逐渐对城市垃圾填埋场生态修复中的景观改造产生了兴趣,并对此进行了积极探索,我国也涌现出许多垃圾填埋场改造的优秀案例。

2002年,天津翠屏山公园在天津市城乡接合部最大的建筑垃圾填埋场基础上进行景观改造,成功将其转变为风景如画的生态公园,成为天津市中心唯一的山体公园。在垃圾山改造成景观山体的过程中,大量最新的环保生态技术也被应用其中,例如大型节水自动灌溉系统等。

2010年建成的北京南海子公园,是北京市最大的湿地公园。改造以前,干涸的坑塘大部分被不加分类、不加隔离的垃圾填平,其中80%以上是建筑垃圾。后来在建设过程中,建筑废料根据各种规格进行打碎、分拣,用于堆山填充、公园路基建设、园中铺设绿地甬道和人行道等。原用来填埋垃圾的大坑,引入再生水,使公园再现碧波荡漾的景观。水中放养各种鱼类,栽种水生植物,吸引野生动物来此栖息,形成完备的生态圈,恢复了湿地景观及功能。

2015年建成的武汉园博园所选的地址中,园区北部原是占地700余亩的金口生活垃圾填埋场,土壤重度污染。园区建设过程中采取好氧降解技术进行无害化处理,栽植本地适宜树种,实现生活垃圾填埋场的生态修复。

近年来,面临全国每年不断新增的固体废物,国家开始倡导"无废城市"的绿色发展方式和生活方式。2019年1月,国务院办公厅印发《"无废城市"建设试点工作方案》。"无废城市"是以创新、协调、绿色、开放、共享的新发展理念为引领,通过推动形成绿色发展方式和生活方式,持续推进固体废物源头减量和资源化利用,最大限度减少填埋量,将固体废物环境影响降至最低的城市发展模式,也是一种先进的城市管理理念。

园林生态规划设计方法与应用

总体来说,经过几十年的探索与发展,我国对于城市垃圾填埋场的研究,已从早期单线的垃圾填埋场污染控制、植被树种选择,发展到现在以生态恢复为中心,运用景观方法来营造具有功能性的景观,同时兼顾经济、社会的发展。

二、常见生态问题

(一)垃圾填埋场的生态环境问题

1.垃圾堆体影响地形结构

根据垃圾填埋场利用原始地形的不同,可大致分为山谷型、滩涂型及平原型(图4-8)。山谷型垃圾填埋场常位于丘陵山地,堆体较高,采用斜坡式作业较多;滩涂型垃圾填埋场常用于沿海地带的垃圾填埋处理,通过围堤、排水、清基,将滩涂开辟为垃圾填埋场;平原型垃圾填埋场适用于地形平坦开阔的地区,于平地上直接构筑围堰填埋垃圾。

由此可见,垃圾填埋场的结构主要为垃圾堆体,一般占据填埋场大部分面积(70% ~ 90%),可以说,堆体是垃圾填埋场主要的构成物。我国至今未对法定生活垃圾填埋场的堆高进行设限。随着城市的不断发展,每天产生的垃圾量也在不断激增,很多垃圾填埋场填埋标高都会超出设计标高,因填埋垃圾量巨大,停止运行后的垃圾填埋场大多存在不同程度的"垃圾山体"。

(a) 滩涂型填埋场

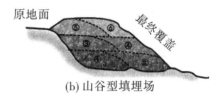

(b) 山谷型填埋场

(c) 平原型填埋场

图4-8 垃圾填埋场地形分类模式

资料来源:曾帅,朱明洺,刘磊.废弃生活垃圾填埋场的景观再造策略研究[J].林业调查规划,2022,47(1):195-200.

而垃圾堆体因其是由可降解的有机物和不可降解的无机物组成的混合体这一内在因素和特性而随时间推移存在变形。随着时间的不断推移,堆体内部所发生的一系列生物降解反应及物理、化学变化也会引起垃圾堆体体积的缩小进而引发不均匀的沉降,严重影响堆体边坡的稳定性,带来安全隐患。而且,在较长时间的降解过程中,垃圾堆体高度会比最初填埋时降低25% ~50%,场地地基的稳定性较低。

2.填埋气体污染大气环境

虽然我国大部分垃圾填埋场采用卫生填埋的方式,但是由于生活垃圾含有大量有机物,在长期露天堆放过程中,这些有机物被微生物厌氧消化、降解,会产生大量的垃圾填埋气体。填埋气体中有沼气、氨气等气体,以及含有许多致癌、致畸的挥发性气体,散发的恶臭气味易引起人的不适。此外,产生的甲烷和二氧化碳是主要的温室气体,破坏臭氧层,使全球气候变暖。当其中甲烷的浓度达到5% ~15%时,遇到明火就会引起爆炸。

垃圾填埋场的使用年限一般在10年以上,从投入使用直到封场以后,在相当长的时期内,空气中会含有各种垃圾分解后产生的悬浮微粒、溶胶、有毒恶臭气体、易燃易爆气体,它们的蔓延会严重危害自然环境、人体健康,并形成诸多安全隐患。

3. 垃圾成分危害土壤

土壤是生态系统进行物质交换与物质循环的中心环节,是自然界生态循环最主要的主体之一。城市垃圾的成分复杂,往往含有玻璃、金属、碎砖瓦等物质,垃圾的堆积使得原本的土壤层受损,导致土壤"渣化""颗粒化",使其保水、保肥能力降低,甚至引起水土流失。有的垃圾本身就带有一定的污染性,如工业废料、油、重金属等污染物质,不仅污染与之直接接触的土壤,还会通过渗透作用进一步污染深层土壤以及周边的土地。

另外,大量携带危险有机物和病原体的城市生活垃圾埋入土壤,会使土壤的污染程度超过土壤的自净能力,产生非常严重的影响。生活垃圾中的病原体在土壤中的生存时间有的长达30年,它们和其他有毒物质一起污染植物、蔬菜和水体,并随土壤颗粒进入空气流动,从而引发传染病的大规模流行。此外,垃圾在漫长的降解过程中还会释放其他的有毒物质,引发对土壤的二次污染。

所以,改善土壤条件、通过土壤生态系统的改良来恢复垃圾填埋场的生态平衡,并协调生态建设和周边景观,是实现景观生态重建的关键。

4. 渗滤液造成水环境污染

由于长期堆放大量生活垃圾,随着时间的推移,所存放的垃圾中的有机物质会被分解发酵,产生高浓度的有机污染液体,即垃圾渗滤液。渗滤液含有大量高浓度的有毒物质,会伴随着水分从垃圾填埋场向外渗透。

在这种情况下,若没有提前对该片区域做防渗措施,渗滤液进入土壤后将会改变土壤性质,甚至导致地下水层被严重污染。同时,由于雨水的冲刷,垃圾渗滤液可能溢出,影响地表水水体,也有可能通过坝体进入场地周围的城市河道,若超过水体自净能力的承受范围,将造成区域内水体质量下降。特别是垃圾中的重金属离子,会有随渗滤液进入附近水体的可能,防治不当会导致严重的环境污染事故。

5. 地形高差造成水土流失

场地地形高差大,大量垃圾堆体呈裸露状态,雨季时大量的雨水入渗可使垃圾堆体呈饱水状态,进而由于地表径流的冲刷,造成大量的水土流失,从而增加发生滑坡、坍塌、崩落等失稳现象的可能性,造成地表土层和植被直接的、间接的甚至不可逆转的破坏。

填埋场的水土流失情况与降水的强度呈正比例关系,因此在夏季发生强降雨和持续降雨的时候,垃圾场的土壤结构变得疏松,加之填埋场由于防渗膜的铺设,地表易滑且缺乏植被,在重力作用或者水力作用下,垃圾填埋场就可能出现比较急速的水土流失的情况。

水土流失不仅使土地生产力下降,造成一定的经济损失,还会造成垃圾场周边道路淤积,导致封场后垃圾重新裸露,并产生有害气体释放出来,垃圾中的有害物质随地表径流污染周边的土壤及河流、地下水等,从而对环境造成严重的破坏。

6. 生态系统严重退化

填埋场恶劣的环境常导致场地的生态系统严重退化。一般而言,用于改造的垃圾填埋场的填埋物主要是建筑垃圾和生活垃圾,大量的垃圾堆积过程中发生生物降解,会产生大量渗滤液,若处理不当,就会造成土壤和地下水的污染,使得植物难以生长。

由于大量植物无法良好的生存,使得当地植物群落抗击干扰的能力下降,其他生物的栖息地遭到破坏,直接导致场内生物多样性逐渐下降至低水平,自然生态系统不断丧失自我更新和生产能力。

与此同时,场地的生态退化还会影响到周边生态系统的整体性,阻隔了动物的迁徙,使它们的生息繁衍均遭受不同程度的影响。长期以往,城市内物种的数量将会急剧下降,城市生物多样性受到严重的威胁,使城市生态平衡遭遇不可预估的破坏。

7. 侵占大量土地

垃圾的堆放往往需要占用大量的土地资源。目前,我国每年用于垃圾填埋的土地将近 2 万亩(约 13.33 km²),人地矛盾尖锐。由于早期的垃圾填埋场处于城市外围的郊区,远离城市中心,在很长一段时间内都被公众忽略。近些年,随着城镇化水平的提高,城市框架不断拉大,原本地处偏僻的垃圾填埋场渐渐被划入城市的规划建设范围内,周边建起了越来越多的公共建筑和居住小区。

可以说,垃圾填埋场占用着十分宝贵的土地资源,但是垃圾填埋场本身的污染问题,以及垃圾在堆放或者运输过程中造成不同程度的遗撒、粉尘和灰砂飞扬等问题,严重制约着周边区域的开发建设。

(二)园林生态设计的难点

1. 场地地形复杂

生活垃圾填埋场的场地地形明显区别于周边场地。首先,场地经开挖、填埋、修整后因分层填压及运输需要,场地中常形成层层堆叠的地形以及顺应地形的运输道路。其次,由于垃圾堆填,往往有大量的"垃圾"土方,高差较大,场地土壤经过长时间的雨水冲刷及部分其他外力作用下,使得填埋场土层地面,特别是地形高差大的坡面,变得起伏不平,沟壑丛生。

作为一种特殊的场地类型,地形是填埋场景观布局的基础结构。场地的复杂性对设计者提出了极高的要求,需要相关学科的密切合作与配合,善于发现场地独有的景观特征及利用其本身的技术美学价值,对垃圾填埋场的改造至关重要。

2. 污染治理难度高

在垃圾填埋场改造过程中,原位封场处理是第一步,即在垃圾填埋场停止使用后,通过对库区垃圾堆体进行原位整形、封场覆盖、库区防渗、渗沥液抽排与处理、填埋气体收集与处理、填埋场及垃圾堆体防洪、堆体表面径流导排及垃圾堆体表面绿化的工程措施,达到降低污染、控制隐患的目的。

污染治理的第二步措施,要收集与处理填埋气和渗滤液,降低二次污染的可能性。而如何结合生物,尤其是植物进行土壤、水体、空气的生态修复,达到无害化处理的目的,是技术的关键,也是园林生态设计的难点。

3. 生态恢复周期长

垃圾填埋场封场后,虽然没有新的生活垃圾补充进入填埋场,但是封场覆盖层下面的原有生活垃圾在相当长一段时间内依然进行着各种生化反应,场地仍然会产生不同程度的沉降,垃圾渗滤液及填埋气会继续产生,因此,需要经过稳定、沉降以后,垃圾填埋场才能进行景观改造。

通过对垃圾分解周期的研究,对山体改造进行可持续性的规划设计,在不同的时期根据堆体稳定程度确定山体的用途和景观化措施(表4-10)。

表4-10 垃圾填埋场不同时期场地特性

填埋库区状态	填埋库区封场时间	场地特性	适应性游憩项目
不稳定期	5年以内	降解活跃期,地表沉降变化明显,污染物残留度高,次生物多	以污染治理为核心的教育和游赏类项目
趋于稳定期	5～10年	地表几乎不再沉降,次生物产生少,土壤温度稳定,适宜种植植物	公园、公园道路、高尔夫球场、田径运动场、野营、野炊场、园林种植、植物园、特殊林区、娱乐区等
基本稳定期	10～20年	场地基本稳固,可进行适度设施建设	园区行车道路、网球场、足球场、自行车训练场等
稳定期	20年以上	场地稳固,建设限制较弱	各种体育运动场、各种球类的比赛场地、溜冰场、滑雪场、各种有舞台表演的场地等

资料来源:周聪惠,杨凌晨.垃圾填埋场再生公园规划设计的适应性策略体系建构与应用[J].中国园林,2019,35(2):16-20.

三、生态设计策略

(一)原位封场处理

由于城市垃圾填埋场的特殊性,在改造成为公园绿地之前,为了减少渗滤液产生量、抑止病原菌及其传播媒体蚊蝇的繁殖和扩散、控制填埋场恶臭气体和可燃气体散发、提高垃圾堆体安全性、提高填埋场生态修复与开发利用的速度,需要对垃圾填埋场进行封场处理。

填埋场封场工程一般采用原位处理,具有施工工期短、见效快、费用低、操作容易、建成后可有效减少对周围环境造成污染、土地资源可得到有效开发利用的优点。

垃圾填埋场的原位封场处理受到一系列技术与规范的制约,例如《生活垃圾卫生填埋处理技术规范》(GB 50869—2013)、《生活垃圾卫生填埋场封场技术规范》(GB 51220—2017)》、《生活垃圾填埋场生态修复工程技术导则》(RISN-TG042—2022)等。封场工程主要包括地表水径流控制、排水、防渗、渗滤液收集处理、填埋气体收集处理、堆体稳定、植被选择及覆盖等内容(图4-9)。垃圾填埋场在封场后,一般需要监管维护10年以上。

首先,为了避免地下水被污染,垃圾填埋场底部应做防渗处理。其次,做好气液系统管网的布置,收集填埋气、渗滤液。在布置气液系统管网时,将水平向的管道布局、垂直向的井口形态同公园的竖向特征结合。目前,在多数填埋场中露出地表的井口已成为填埋场的特色符号,在后期公园建设时,可将其形态隐形化或景观装置化处理。最后,堆体覆盖工程被视为封场中对地形塑造形成关键影响的"上层工序",由里到外包括排气层、防渗层、排水层和植被层。

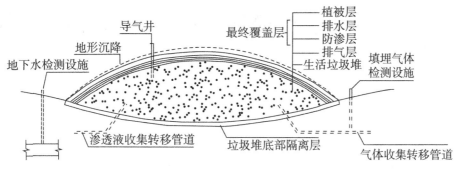

图4-9　垃圾填埋场堆体典型剖面示意图

资料来源:孙天智,王晓俊.城市垃圾填埋场堆体地形的改造设计策略研究[J].中国园林,2021,37(6):32-37.

植被层位于覆盖系统的最上层,根据填埋场开发目的、植被种植类型的不同,种植层的覆土要求也有所不同。根据相关研究及试验经验,要保证栽植植物的持续生长,一般种植草本植物需要的土壤层厚度为60 cm,乔木需要的覆土厚度为90 cm,而大型乔木需要至少100 cm以上的覆土厚度。一般垃圾堆体上的植被应选择浅根性为主,避免植物的根系过分发达而破坏封装的覆盖层。

（二）土壤污染治理

在园林设计中,土壤是植物生活的介质。随着《土壤污染防治行动计划》及《土壤污染防治法》的相继发布,垃圾填埋场的土壤污染治理已成为防治土壤及地下水污染的重要工作。

由于我国垃圾分类不完善,因此,垃圾填埋场土壤污染的成分十分复杂。而且,垃圾填埋场的土壤多为砂土,土层中往往含有大量的残留垃圾,容易失水失肥,植物很难成活。

在园林的生态恢复设计中,首先需要对当地的土壤情况进行分析测试,包括对土壤肥力、土壤湿度和水分含量等各项参数的测试,然后根据获得的测试结果来合理选择植物种类。如果发现土壤不能满足植物生长需求,则必须要进行改善。常规做法是将不适合或污染的土壤换走,或在上面直接覆盖好土以利于植被生长,或对已经受到污染的土壤进行全面技术处理。废弃垃圾填埋场的土壤治理方法较多,常见的有工程恢复方法、化学恢复方法、生物恢复方法等(表4-11)。

土壤污染的复杂性,导致废弃垃圾填埋场的土壤治理应从实际出发,充分考虑修复工时、修复效益、修复工程的环境影响等因素,分析并筛选切实有效的修复方法,因地制宜,选取并制定合适的修复方案。例如,伦敦奥林匹克公园采用微生物修复技术,使得原来垃圾填埋场80%以上的被污染土壤得以重新使用;韩国兰芝岛首尔地区的垃圾填埋场,通过客土重填、人工干预加速受损生态系统恢复,然后选择耐旱草种,减少养护灌溉,建成了世界杯公园。

表 4-11　废弃垃圾填埋场的土壤治理方法

名称	目的	具体方法
工程恢复方法	对废弃垃圾填埋场的地形地貌和土壤本底进行生态恢复,建立良好的土壤基质层,创造有利于植被生长的表土层和生根层	①表土处理方法:对土地进行堆置、平整等; ②土壤改良方法:对土地进行强夯、疏松、表土更换等; ③物理方法:包括客土法、土壤热修复、土壤电修复等
化学恢复方法	与工程恢复方法相结合,改良土壤条件,以增加植被的成活率和生长速度	①土壤酸化; ②土壤碱化; ③去除土壤盐分; ④去除土壤毒物; ⑤土壤中增添营养物
生物恢复方法	恢复土壤肥力和保水力,以栽植植物的方法稳定生态系统	①微生物土壤改良; ②乡土树种等适生植物栽种; ③植物引种等

资料来源:乌斯哈乐.城市废弃垃圾填埋场的景观再造与生态恢复研究:以呼和浩特市成吉思汗公园建设为例[J].内蒙古林业调查设计,2020,43(4):45-50.

（三）雨洪管控

生活垃圾填埋场在选址建设的时候,通常会避开自然水系。因此,生活垃圾填埋场的水体主要来自雨水和渗滤液。同时,我国是一个多山国家,2/3 左右的填埋场是山谷型填埋场。很多填埋场防洪系统不完善,截洪沟设计不合理,雨水无法顺利排出填埋库区,垃圾填埋场汇水面积过大,暴雨情况下,雨水大量进入填埋场成为渗滤液。因此,雨洪控制对降低垃圾渗滤液处理量具有至关重要的作用。

做好垃圾填埋场的雨洪控制,主要从阻断雨水的下渗渠道、及时排出下渗的雨水方面着手。其中防止雨水下渗的常用措施主要包括设置包围场地的截水沟,铺设防渗层;排出雨水则通过地形与排水设施相结合。在地表覆土以下、防渗层以上铺设排水层,结合暗渠明沟导流辅助,通过地形塑造形成一定的坡度,利于雨水的收集和排出。

（四）植被重建

填埋场多为土地利用程度低的生荒地,生态环境恶劣,不能为动植物提供良好的生活场所。植被重建的目的就是在这样的立地基础之上,建立一个从寸草不生到生机盎然的生态系统。植被重建是一个很长的过程,不是一朝一夕就能达到的,且在这个过程中,场地也处于不断的变化之中。植被重建需要在对场地条件充分了解与分析的基础上,制定完整的种植计划,一般分为三个阶段。

1.第一阶段:自然生境的初步构建

通过对土壤、水系、填埋气等污染的控制,初步改善场地的自然条件,重新构建一个适合生物生存的自然生境。可以大面积种植浅根系的草本植物和豆科植物,并且可适当引入少量抗性强的乡土木本和次生演替较快的先锋树种以及先锋草种。让整个场地的污染情况逐步得到控制,初步搭建一个基本的生存环境,为下一个阶段的设计做好前期准备。

2.第二阶段:植物群落的多样构建

这一阶段主要是植物群落的构建。在前期,采用抗性较强、耐性较好的先锋植物来吸收土壤中金属离子以及残留的填埋气,并大多以生长迅速的草本为主,建造简单的植物群体;后期,场地的生态群落已初步成型,可以根据场地的功能分区进行不同植被群落的搭建。适当种植具有观赏性的植物,逐步丰富植物景观层次。

3.第三阶段:生物群体的动态完善

这个阶段,土壤基本上已经达到稳定,但是新建立的人工植物群落还是一个比较脆弱的生态系统。此时,主要任务是保护这个系统,警惕外来生物的入侵,还要提高自身抗干扰的能力。因此,在营造出多样化的植物景观类型的同时,适当引入当地的鸟类、昆虫等动物,打造生物栖息地。定期监测场地的生物多样性的恢复状况,逐渐形成生物种类丰富完整的生态系统。

（五）废弃材料的再利用

为有效地节约资源,降低生产与生活垃圾对自然的破坏,对废弃物进行再次利用变得尤为重要,这是改造垃圾填埋场的常见方法,特别是对于建筑垃圾填埋场。

当废弃物作为材料再次被园林景观设计综合利用时,一方面能有效降低垃圾的危害,控制环境恶化,减少资源浪费并实现再利用;另一方面,也会在设计中呈现出新材料所无法替代的新颖特色。

以废旧竹材、钢材、渣土、混凝土块、砖瓦片等建筑垃圾为例,有些可直接利用为景观材料,而有些则需要进行二次加工处理,将部分废旧金属等回炉再造为钢筋、电线等各种金属材料,将废板材和木料等作为燃料或人工再造为木材;将碎砖、混凝土等废弃块料,加工衍生为再生骨料等,由此可以让废弃物重新获得生命,赋以其新的价值。例如,在武汉园博园中,以前搅拌机里剩余的混凝土,变成了"假山石";上色的旧轮胎,成了小花钵;混凝土桩头,变成了休息凳;旧钢筋也变成了形态多样的艺术品。

四、规划与设计核心内容

通过国外的改造经验来看,城市垃圾填埋场封场后可利用途径有农林用地、体育用地、广场用地以及城市公园、郊野公园、湿地公园、教育公园等类型的公园用地。其中,公园用地是目前改造最为普遍的一种方式。居民对于公园用地的熟识度较高,认可度也比较高,能为居民提供更为丰富的交流场所。

从公园设计的角度出发,垃圾填埋场的堆体、气液管网、覆盖层、汇水设施和植被,与风景园林设计中的地形、水体、植物景观等要素存在紧密对应关系。可以说,垃圾填埋场改造成为的公园具有特殊的景观要素(图4-10)。考虑到垃圾填埋场的区位特征以及相对漫长的恢复期,一般近期是恢复性的生态公园,中期是郊野公园,远期是集休闲娱乐、体育健身、文化展示于一身的大型城市公园。

图例

01 景观化封场覆盖层
02 填埋气收集井
03 集气井口(隐形化)
04 填埋气收集运输管
05 填埋气利用与处理设施
06 渗沥液收集导排管网
07 渗沥液处理设施

整形后的垃圾土层

08 景观化的地表径流收集渠
09 雨水滞留池
10 垃圾坝
11 休憩眺望平台
12 运动场
13 景观步道
14 坡顶林地

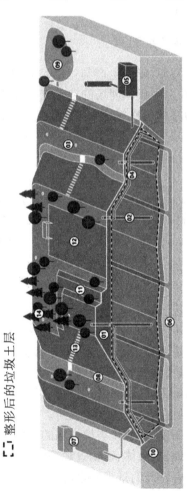

植被要素
汇水设施要素
覆盖层要素
管网要素
垃圾土要素

图4-10 垃圾填埋场封场后公园化再生的景观要素

资料来源：郑晓笛,王玉鑫垃圾填埋场封场再生的"五要素三阶段"跨学科合作设计途径[J].中国园林,2021,37(6):6-13.

（一）地形设计

垃圾填埋场中的堆体整形是改造利用工作中最为关键的内容。垃圾堆体的高度和坡度属性很大程度决定了场地竖向地形特征。在西方国家常能看到高度为 60～80 m 的堆体,我国生活垃圾填埋场填埋高度大多在 40 m 以上。为了雨水导排需要,垃圾堆体边坡坡度通常不能过低,而坡度过大时则须采取台阶式收坡。

现行相关法规对不同垃圾堆体的规范程度以及景观改造目标、技术方法、建设成本等一系列因素将影响堆体再塑造进程。按照规范,堆体边坡为 1∶3,顶坡封场坡度为5%,每 5 m 高差设置 2 m 宽台阶,山体边坡局部以山石维护。垃圾边缘及其与山体相接处应用黏土封盖密实。场地按排水方向设置 2% 的纵横坡度,坡向导流支、干渠。

由于垃圾填埋场的堆体布局与形态为后期公园地形地貌提供了基础条件,决定了堆体表面的植物配置及游憩设施建设。因此,为了避免封场覆盖与公园建设的彼此独立且脱节,有必要在封场时将公园地形设计与覆盖层设计合二为一,使地形塑造与覆盖工程有机结合。在高度与坡度要求等强制规范控制下,垃圾堆体的整形应结合场地的本身地形,不必为了"模拟自然"的形式而进行大规模的土方工程。例如,天津的南翠屏公园,这里以前是作为建筑垃圾填埋场使用,现状场地杂草丛生、污水横流、垃圾遍野,生态环境遭到严重破坏。2002 年开始对这片垃圾场进行景观改造。首先,将因堆放建筑垃圾而形成的高度不一的垃圾山体进行重新塑造。最终形成了 50 m 高山体一座、30 m 高山体两座、25 m 高山体两座、20 m 高山体一座、15 m 高山体一座和 19 m 高山体一座的主次分明、高低错落的地形系统。整个山体南面缓而长、北面陡而直,客山与主山相呼应,山体轮廓有曲有伸,景色有隐有显,空间层次丰富。并且,在主山顶端设计了中式六角亭一座,既作为全园的一个点睛建筑,又作为全园的一个制高点控制全园。

竖向地形常见的景观利用方式有梯田、台地花园、滑雪(草)场、纪念性地标、瞭望台和坡地游径等。例如,在杭州天子岭生态公园,原有垃圾堆体边坡坡度较大,早期采用生态袋护坡的方式对堆体边坡进行防护,后期结合坡度设置超长滑梯,充分利用场地,在为场地带来游乐设施的同时,也增加了趣味性。

目前,大地艺术是废弃地景观设计的常用手法之一。在生活垃圾填埋场的景观再生过程中,运用土地、岩石、植物等材料来塑造和改变生活垃圾填埋场的景观空间,使得生活垃圾填埋场景观更具感染力,焕发场地活力。例如,旧金山湾边缘的拜斯比公园,原是一块占地 30 英亩(0.12 km²)的垃圾填埋场,场地的北面有一片废弃电线杆。设计师哈格里夫斯在同一水平线上把电线杆削掉,使其与起伏的地面形成对比,创造了电线杆陈列的大地艺术景观,隐喻了人工与自然的结合。又如上海老港郊野公园的第三片区,从大地艺术的角度,对垃圾填埋堆体地形做了简要的处理,保留了其原有肌理。片区内以草本灌木为主,并布置了风力发电站,白色的风力发电扇点缀在草坡之间,形成了非常具有场地特色的景观风貌。

（二）功能分区

垃圾填埋场常规功能区包括填埋库区、管理区、垃圾预处理区、气液处理利用区、生产辅助区等(表4-12)。在布局上,填埋库区一般位于垃圾填埋场中心位置,在总面积中占比70%~90%,也是生态公园主体部分。其他功能区围绕库区布置,面积相对较小,并由等级较高的工作道路体系和等级较低的服务道路体系串联。

表4-12　垃圾填埋场功能区与生态公园适宜发展项目对应关系

垃圾填埋场功能区	设施类型	生态公园适宜发展项目
填埋库区	修复治理设施	根据封场时长和稳定状态的不同,设定不同的休闲游憩活动项目
管理区	办公楼、宿舍、停车场等	公园管理区、游客服务中心、餐饮零售、集中停车场等
垃圾预处理区	地磅秤、垃圾筛分厂、垃圾堆场	垃圾筛分厂可被改造为接待服务以及观光展示类设施;垃圾堆场可被改造为运动场地
气液处理利用区	渗沥液和填埋气体导排、处理和利用设施	如仍在运行,可作为公园运转的再生能源供给区,并发展教育、观光类游憩项目;如已停止运行,可发展为纪念性设施,如展示馆、博物馆等
生产辅助区	发电机房、水泵房、变电站等	保留为公园能源设备区或观光展示类项目
工作道路	道路	公园主园路
服务道路	道路	公园次园路

资料来源:周聪惠,杨凌晨.垃圾填埋场再生公园规划设计的适应性策略体系建构与应用[J].中国园林,2019,35(2):16-20.

城市垃圾填埋场的地理位置、场地的大小、堆体的自身状况、周边的人口数量、道路交通、用地性质等决定了其功能布局。

首先,功能布局将原有功能片区与生态公园中游憩活动、管理服务、后保障等功能片区进行最优匹配,从而在延续场地原有空间结构的基础上,以最小代价实现功能更新。其次,依据上位规划、场地特征、潜在风险及设施条件等属性,在营建其调节气候、缓解极端气温、减少城市的热岛效应等生态功能的基础上,还要开发市民登高、踏青、山水游乐、休闲健身等功能,成为城市的一道独特风景。

例如,北京南海子公园,在建设前,公园范围内有大量弃置地,原先废弃沙坑被不加分类、不加隔离防备的垃圾填平,环境脏乱差。2010年,南海子公园一期工程对公众开放。公园一期工程占地约160 hm²,通过对垃圾填埋区的科学处理,营造出了大山大水、野趣横生、生态环保、功能配套的郊野公园,主要包括主入口管理区、山体景观游览区、湿地植物观赏区、水上活动体验区、花木观光游览区五大景区。

(三)交通组织

在景观设计过程中,道路作为组织景观空间、引导游览路线的纽带,有着非常重要的作用。垃圾填埋场场地景观重建的道路交通设计,应根据原有地形、游客的需求以及安全性进行合理规划。首先,根据地形高差、外部交通状况合理选择公园出入口,并在入口处按照游客量设计生态停车位;其次,场内的道路系统设计应本着因地制宜、主次分明、通达成环、密度适宜的原则,对各分区和景观节点进行连接。

为了不破坏场地内部的景观环境,车行道分布在场地周围,人行道路通达性较强。车行道尽可能利用场地原有的运输垃圾车辆的运行路线;人行道路主要是由内部的2、3级道路组成。其布局适宜采用迂回曲折的自然式道路,道路线条流畅、自然曲折,所提供的观赏视点和角度丰富。园路的尺度与密度的设计根据规划前期对人流密度客观的评估。除满足游客基本的游览路线以外,可以在安全的基础上增加了一些特色道路,例如木栈道、汀步、台阶、坡道等。

例如,在西安江村沟生态公园设计中,设计师将园路整体分为三级。一级园路保留了原有的环场路线,作为串联场地内各功能空间的环路,宽7 m,可通车;二级园路作为场地内各功能区的主要通道,采用块石或条石铺装,宽3 m,不予通车;三级园路用于连接各节点,宽1~1.5 m。

（四）水系营建

垃圾填埋场改造的生态公园中的水体具有多重生态特性,不仅能够对垃圾降解产生的热量进行降温,还可以调节填埋场周边小气候。同时,通过水体打造的湿地景观,也能够促进场地的生态恢复,增加生物多样性。

首先,构建雨水回收系统。在垃圾堆体山上设置排水沟,根据场地竖向,组织输送雨水的植草沟、生态边沟,对场地内已有的积水坑、池塘作为雨水花园、下凹绿地、人工湖等进行梳理,实现雨水的收集、净化及利用,使得雨水资源的使用价值最大化。

例如,在南京水阁垃圾填埋场的雨洪管理设计中,场地整体的排水设计为"内聚+外排"的形式,根据地形将场地汇集的雨水一部分进入生态池塘给场地植被灌溉以及水体营造,另外一部分根据原场地的雨水导排措施排出场外。

又如,在苏州真山公园的设计中,基于"海绵公园"和建设"生产性的低维护景观"两大策略,设计了一条带状、具有水净化功能的人工湿地系统,它吸纳了来自场地及周边地块的雨水,通过沉淀以及长达1 km的湿地净化后,流入末端水质稳定区。净化后的雨水可用于公园绿化灌溉及道路冲洗等。

生活垃圾填埋场内的另一个重要水源是垃圾渗滤液。垃圾渗滤液一般会集中收集到场地内的污水处理区。在用作景观化水体之前,垃圾渗滤液必须经过专业处理技术,确保达到水景营造的水质要求才可以使用。需要注意的是,在渗滤液收集处理过程中,对于场地中的渗滤液收集池等设施宜与公园的游览路线隔离开来,避免游人靠近。

（五）植物设计

城市垃圾填埋场的生态系统薄弱,容易受到外界因素的干扰。填埋场地进行植被设计,首先要对场地进行污染元素的分析,然后对土壤进行物理、化学、生物性质的分析,查清楚土壤的pH值、土壤氮硫素、土壤含水量、土壤肥料、土壤温度、地表水、通气性等因素,还需考虑填埋气体、渗滤液对植物的影响。

303

植物筛选是垃圾填埋场生态恢复的第一步,诸多环境条件的限制使植被选择具有极高的标准。植物的选择,一般要求适生植物生长快、适应性强、抗逆性好、成活率高,能忍耐填埋气体和垃圾渗滤液,主要包括具有改良土壤能力的固氮植物、优良的乡土植物和先锋植物、浅根系的草本植物及豆科植物以及具有超富集能力的植物。例如,枸杞、苦楝、紫穗槐、刺槐、白蜡、女贞、苜蓿、画眉草、牛筋草和知风草等植物。

具体来说,在垃圾堆体的坡面,筛选防风固土能力较好的植物。在阳坡选择喜阳植物,在阴坡选择喜阴植物,在汇水线上布置喜湿树种,在分水线上布置耐旱树种。待到场地稳定化的后期,可以运用景观化的处理手法对坡面进行美化设计。

对于公园活动区,可以根据最终化的景观目标进行植物种植。例如,在长春市三道垃圾场环保生态公园设计中,设计师根据地形,结合功能布局,划分了高大乔木密林区、色叶植物展示区、疏林草地示范区、台地地被保水区、水生植物净化区和园区外围隔离带等植被分区。

(1)高大乔木密林区

位于填埋一区。由于回填期较早,场地基底稳定。在保留原有现状树的基础上,主要以青杆、樟子松作为主调树种,同时配以大规格的蒙古栎和五角枫,重点区域点缀造型黑松和美人松。地被包括金娃娃萱草、大花萱草、玉簪、八宝景天等,用丰富的品种展现多层次的植物空间。

(2)色叶植物展示区

位于填埋二区。由于此场地基底不稳定,此区主要种植火炬树,其他树种包括金叶榆、红叶李、紫丁香、树锦鸡、红瑞木、忍冬等。地被植物有沙地柏、玉簪、紫穗槐、八宝景天、黑心菊等,来确保场地地质稳定。整个区域自然栽植的乔灌木与地被花卉相结合,主要选择秋色叶的植物,展现富有色彩的植物景观。

(3)疏林草地示范区

位于填埋三区和填埋四区的中心区域。填埋三区垃圾已经熟化,可通过密植大量的树木来缓解对环境的破坏。填埋四区地势最高,是在原有垃圾基础上回填的区域,短期内不宜开发建设,可选择灌木作为主要品种,以大面积的灌木和地被植物为主,垃圾分解后的一些物质也可被植物吸收利用,两者相互利用改善,从而打造出可持续性的生态景观林地。

(4)台地地被保水区

位于填埋三区、填埋四区的东侧,可结合场地阶梯状地形特色,开发梯田景观。以大面积的地被植物为主,形成不同色彩的植物条带,营造出宜人、大气、淳朴、美丽的梯田景观。

(5)水生植物净化区

位于渗滤液调节池所在区域,场地内地势最低区域,可结合地表水的收集。在此区域内,可种植芦苇、千屈菜植物,建立湿地水景区作为区域内的水系湿地,既是景观还兼具生态环保功能,同时湿地水景区外围无填埋区可种植银中杨、樟子松等,既美观,又能起到隔离作用。

(6)园区外围隔离带

根据园区内现有植物生存状况,隔离带处多栽植乔木,以银中杨作为防护林的主调树种,配以针叶树;灌木以紫丁香、紫穗槐等为主,形成外围的防护隔离带。

参考文献

[1]冷平生.园林生态学[M].2版.北京:中国农业出版社,2011.

[2]温国胜.城市生态学[M].2版.北京:中国林业出版社,2019.

[3]温国胜,杨京平,陈秋夏.园林生态学[M].北京:化学工业出版社,2007.

[4]宋志伟.园林生态学[M].2版.北京:中国农业大学出版社,2017.

[5]姚方,张文颖.园林生态学[M].郑州:黄河水利出版社,2010.

[6]廖飞勇.风景园林生态学[M].北京:中国林业出版社,2010.

[7]宋志伟.园林生态与环境保护[M].北京:中国农业大学出版社,2008.

[8]贾云.城市生态与环境保护[M].北京:中国石化出版社,2009.

[9]谷茂.园林生态学[M].北京:中国农业出版社,2007.

[10]王云才.景观生态规划原理[M].2版.北京:中国建筑工业出版社,2014.

[11]鲁敏,徐晓波,李东和,等.风景园林生态应用设计[M].北京:化学工业出版社,2015.

[12]岳邦瑞.图解景观生态规划设计原理[M].北京:中国建筑工业出版社,2017.

[13]岳邦瑞.图解景观生态规划设计手法[M].北京:中国建筑工业出版社,2019.

[14]李敏.城市绿地系统规划[M].北京:中国建筑工业出版社,2008.

[15]龙冰雁.园林生态[M].北京:化学工业出版社,2009.

[16]邬建国.景观生态学:格局、过程、尺度与等级[M].2版.北京:高等教育出版社,2007.

[17]赵则海,刘洋.园林生态学实验[M].北京:化学工业出版社,2021.

[18]于振良.生态学的现状与发展趋势[M].北京:高等教育出版社,2016.

[19]任海,彭少麟.恢复生态学导论[M].北京:科学出版社,2001.

[20](美)杰克·埃亨,(美)伊丽莎白·勒杜克,(美)玛丽·李·约克.生物多样性规划与设计:可持续性的实践[M].林广思,译.北京:中国建筑工业出版社,2021.

[21]刘京一,林箐,李娜亭.生态思想的发展演变及其对风景园林的影响[J].风景园林,2018,25(1):14-20.

[22]于贵瑞,王秋凤,杨萌,等.生态学的科学概念及其演变与当代生态学学科体系之商榷[J].应用生态学报,2021,32(1):1-15.

[23]阳含熙.生态学的过去、现在和未来[J].自然资源学报,1989,4(4):355-361.

[24]徐天明.对生态园林的概念、内涵及设计原则的认识[J].现代园艺,2011(16):35-36.

[25]于艺婧,马锦义,袁韵珏.中国园林生态学发展综述[J].生态学报,2013,33(9):2665-2675.

[26]蔺银鼎,武小钢.园林生态学科发展的现状分析[J].中国林业教育,2006,24(2):35-37.

[27]冷平生.园林生态学概念与发展[J].农业科技与信息(现代园林),2013,10(7):1-2.

[28]杜春兰,郑曦.一级学科背景下的中国风景园林教育发展回顾与展望[J].中国园林,2021,37(1):26-32.

[29]王琼萱,杨蓉,王云才.国内风景园林专业本科生态教育的特点与展望[J].高等建筑教育,2021,30(5):9-16.

[30]杨锐.风景园林学科建设中的9个关键问题[J].中国园林,2017,33(1):13-16.

[31]邓绍云,邱清华.城市水资源可持续开发利用研究现状与展望[J].人民黄河,2011,33(3):42-43.

[32]包维楷,陈庆恒.生态系统退化的过程及其特点[J].生态学杂志,1999,18(2):36-42.

[33]章家恩,徐琪.恢复生态学研究的一些基本问题探讨[J].应用生态学报,1999,10(1):109-113.

[34]程宪波,陶宇,欧维新.生态系统服务与人类福祉关系研究进展[J].生态与农村环境学报,2021,37(7):885-893.

[35]王效科,苏跃波,任玉芬,等.城市生态系统:人与自然复合[J].生态学报,2020,40(15):5093-5102.

[36]李伟峰,欧阳志云.城市生态系统的格局和过程[J].生态环境,2007,16(2):672-679.

[37]李双成,赵志强,王仰麟.中国城市化过程及其资源与生态环境效应机制[J].地理科学进展,2009,28(1):63-70.

[38]张云路,马嘉,李雄.面向新时代国土空间规划的城乡绿地系统规划与管控路径探索[J].风景园林,2020,27(1):25-29.

[39]李锋,马远.城市生态系统修复研究进展[J].生态学报,2021,41(23):9144-9153.

[40]王浩,赵永艳.城市生态园林规划概念及思路[J].南京林业大学学报(自然科学版),2000,24(5):85-88.

[41]王云才.风景园林生态规划方法的发展历程与趋势[J].中国园林,2013,29(11):46-51.

[42]何璇,毛惠萍,牛冬杰,等.生态规划及其相关概念演变和关系辨析[J].应用生态学报,2013,24(8):2360-2368.

[43]吴岩,于涵,王忠杰.生态统筹、城绿融合、魅力驱动——试论国土空间规划体系背景下的风景园林规划体系建构[J].园林,2020(7):14-19.

[44]荣先林,魏春海.园林规划设计中生态修复理论及其应用[J].现代园艺,2014(13):77-79.

[45]韩挺,徐娉,丁禹元.城乡空间视角下的生态规划发展研究工:概念演化、特征与趋势[J].城市住宅,2021,28(09):127-129.

[46]郑善文,何永,韩宝龙,等.城市总体规划阶段生态专项规划思路与方法[J].规划师,2018,34(3):52-58.

[47] 李锋,刘海轩,马远,等.国土空间生态修复研究进展及规划策略[J].北京规划建设,2021(5):5-9.

[48] 王夏晖,王金南,王波,等.生态工程:回顾与展望[J].工程管理科技前沿,2022,41(4):1-8.

[49] 李锋,成超男,杨锐.生态系统修复国内外研究进展与展望[J].生物多样性,2022,30(10):312-323.

[50] 王明荣,宋国防.生态园林设计中植物的配置[J].中国园林,2011,27(5):86-90.

[51] 王世福,麻春晓,赵渺希,等.国土空间规划变革下城乡规划学科内涵再认识[J].规划师,2022,38(7):16-22.

[52] 夏亚伟,潘娜,刘梅.生态恢复技术在城市园林景观建设中的应用[J].现代园艺,2016(5):96-97.

[53] 孙施文.我国城乡规划学科未来发展方向研究[J].城市规划,2021,45(2):23-35.

[54] 杨小娟.基于生态规划的生态学原理研究[J].环境与发展,2020,32(10):201-202.

[55] 向芸芸,杨辉,周鑫,等.生态适宜性研究综述[J].海洋开发与管理,2015,32(8):76-84.

[56] 曹胜昔,赵艳,杨昌鸣,等.三生空间视角下的生态风景道功能适宜性评价体系——以崇礼区冬奥风景道为例[J].风景园林,2022,29(4):121-127.

[57] 张蜜,陈存友,胡希军.苍南县玉苍山风景区生态敏感性评价[J].林业资源管理,2019(4):92-100+150.

[58] 王国玉,白伟岚.风景名胜区生态敏感性评价研究与实践进展[J].中国园林,2019,35(2):87-91.

[59] 孙林林,徐德兰,刘保国.郑州黄河风景名胜区生态敏感性评价研究[J].林业资源管理,2022(6):95-100.

[60] 章欣仪,刘伟成,张川,等.水域生态系统健康评价研究进展[J].浙江农业科学,2022,63(9):2132-2137.

[61] 杜红霞,孙鹤洲.基于PSR模型的黑河中游湿地生态系统健康评价[J].湖北农业科学,2021,60(8):55-62+69.

[62] 王敏,谭娟,沙晨燕,等.生态系统健康评价及指示物种评价法研究进展[J].中国人口·资源与环境,2012,22(S1):69-72.

[63] 李丽,王心源,骆磊,等.生态系统服务价值评估方法综述[J].生态学杂志,2018,37(4):1233-1245.

[64] 刘尧,张玉钧,贾倩.生态系统服务价值评估方法研究[J].环境保护,2017,45(6):64-68.

[65] 易浪,孙颖,尹少华,等.生态安全格局构建:概念、框架与展望[J].生态环境学报,2022,31(4):845-856.

[66] 欧定华,夏建国,张莉,等.区域生态安全格局规划研究进展及规划技术流程探讨[J].生态环境学报,2015,24(1):163-173.

[67] 刘新卫,黎明,吴悠,等.国土空间生态修复规划:内涵体系、编制逻辑与实施路径

[J].中国土地科学,2023,37(3):11-19.

[68]钟乐,杨锐,薛飞.城市生物多样性保护研究述评[J].中国园林,2021,37(5):25-30.

[69]王海洋,王浩琪,陈禧悦,等.国内外城市生物多样性评价与提升研究综述[J].生态学报,2023,43(8):2995-3006.

[70]邓毅.城市生态公园的发展及其概念之探讨[J].中国园林,2003,19(12):51-53.

[71]唐雪琼.城市生态湿地公园景观设计探究[J].南方农业,2021,15(36):70-72.

[72]谈徐莉,段姚,尹芳,等.基于文献计量的中国城市湿地公园研究进展[J].绿色科技,2022,24(23):86-91.

[73]姚岚,梁琪.城市湿地公园规划建设中的生态保护措施——以沙家浜国家湿地公园为例[J].乡村科技,2022,13(4):107-109.

[74]戴月.基于海绵城市原理的城市湿地公园规划研究——以长沙张家湖生态湿地公园为例[J].智能城市,2021,7(4):31-33.

[75]钟嘉伟,吴韩,陈永生.基于协同发展为导向的城市新区湿地生态修复策略研究——以铜陵西湖城市湿地公园为例[J].中国园林,2020,36(7):93-98.

[76]鲁敏,李科科,康文凤,等.湿地园林研究进展[J].山东建筑大学学报,2012,27(2):224-228.

[77]王凯红.探讨湿地公园生态修复设计[J].农业与技术,2021,41(9):88-90.

[78]郭舜,陈峰,吕国梁.河流湿地生态修复规划:以福建龙岩东山湿地公园为例[J].湿地科学与管理,2022,18(3):51-54.

[79]许玉凤,董杰,段艺芳.河流生态系统服务功能退化的生态恢复[J].安徽农业科学,2010,38(1):320-323.

[80]钱倩媛,吴国源.中国矿山公园规划设计理论与方法研究综述[J].城市建筑,2020,17(22):179-187.

[81]于昊辰,卞正富,陈浮,等.矿山土地生态系统退化诊断及其调控研究[J].煤炭科学技术,2020,48(12):214-223.

[82]蒋文翠,杨继清,彭尔瑞,等.矿山生态修复研究进展[J].矿业研究与开发,2022,42(4):127-132.

[83]李洪浩.基于生态修复理念的矿山废弃地景观重构设计研究——以龟背潭矿山废弃地为例[J].萍乡学院学报,2021,38(3):16-21.

[84]杨祺.矿山公园生态恢复与景观重塑的模式探究[J].现代园艺,2018(16):167.

[85]罗蕾,赵慧宁,娄轩齐.矿山公园的景观改造再利用——以南京汤山矿坑公园为例[J].美与时代(城市版),2020(4):73-74.

[86]田晓思.基于生态修复理念的矿山公园景观设计分析[J].城市建筑空间,2022,29(03):127-129.

[87]李洪浩.基于生态修复理念的矿山废弃地景观重构设计研究——以龟背潭矿山废弃地为例[J].萍乡学院学报,2021,38(3):16-21.

[88]杜艺辰,熊灿,段余,等.基于生态修复的重庆铜锣山国家矿山公园景观规划设计

　　　[J].南方农业,2021,15(16):16-22.

[89] 唐长军,胡又今,沈云涛,等.基于山石开采遗迹保护和利用的燕南郊野公园探析
　　　[J].现代园艺,2019(15):121-123.

[90] 雷彬,李江风,汪樱,等.基于矿业遗迹保护和利用的樟村坪国家矿山公园规划探析
　　　[J].规划师,2015,31(3):51-56.

[91] 宋雪韵,刘磊.基于"3S"技术的矿山废弃地生态修复方法与实践[C]//中国民族建
　　　筑研究会,北京绿色建筑产业联盟.2017第七届艾景奖国际园林景观规划设计大会
　　　论文集.[出版者不详],2017:4.

[92] 郭娜,郑志林,王磊,等.废弃露天矿山生态修复及再利用模式实例研究——以渝北
　　　铜锣山国家矿山公园为例[J].世界有色金属,2020(12):238-239.

[93] 李宇,候立敏,冷平生,等.北京南海子公园景观设计及生态修复的探析[J].农业科
　　　技与信息(现代园林),2015,12(3):240-245.

[94] 孙天智,王晓俊.城市垃圾填埋场堆体地形的改造设计策略研究[J].中国园林,
　　　2021,37(6):32-37.

[95] 曾帅,朱明洺,刘磊.废弃生活垃圾填埋场的景观再造策略研究[J].林业调查规
　　　划,2022,47(1):195-200.

[96] 郑晓笛,王玉鑫.垃圾填埋场封场再生的"五要素-三阶段"跨学科合作设计途径
　　　[J].中国园林,2021,37(6):6-13.

[97] 王志磊,翟付顺,赵红霞.城市垃圾填埋场生态设计[J].北方园艺,2016(4):88-92.

[98] YUE B R, FEI F. Illustrated principles of landscape ecological planning and design:
　　　Teaching explorations on bridging theories with practice of landscape ecological planning
　　　and design[J].Landscape Architecture Frontiers,2018,6(5):86.

[99] LIU Y, ZHAO W W, ZHANG Z J, et al. The role of nature reserves in conservation
　　　effectiveness of ecosystem services in China [J]. Journal of Environmental
　　　Management,2023,342:118228.

[100] HASANI M, PIELESIAK I, MAHINY A S, et al. Regional ecosystem health assessment
　　　based on landscape patterns and ecosystem services approach[J]. Acta Ecologica
　　　Sinica,2023,43(2):333-342.

[101] CHENG Y. Theory and method of urban landscape ecological planning based on
　　　complexity theory[J]. BioTechnology:An Indian Journal,2014,10(17).

[102] CHEN W S. Disaster avoidance green space planning in urban green space system
　　　planning based on public psychology [J]. Psychiatria Danubina, 2021, 33 (S7):
　　　114-115.

[103] KORKOU M, TARIGAN A K M, HANSLIN H M. The multifunctionality concept in ur-
　　　ban green infrastructure planning:A systematic literature review[J]. Urban Forestry &
　　　Urban Greening,2023,85:127975.

[104] HE J, SHI X Y. Detection of social-ecological drivers and impact thresholds of ecological
　　　degradation and ecological restoration in the last three decades [J]. Journal of

Environmental Management,2022,318:115513.

[105] RASTANDEH A,PEDERSEN ZARI M,BROWN D,et al. Analysis of landform and land cover:Potentials for urban biodiversity conservation against rising temperatures[J]. Urban Policy and Research,2019,37(3):338−349.

[106] TAN Y T,WANG X L,LIU X G,et al. Comparison of AHP and BWM methods based on ArcGIS for ecological suitability assessment of *Panax notoginseng in Yunnan Province,China*[J]. *Industrial Crops and Products*,2023,199:116737.

[107] JI L F,RAO F. Comprehensive case study on the ecologically sustainable design of urban parks based on the sponge city concept in the Yangtze River Delta Region of China[J]. Sustainability,2023,15(5):4184.

[108] LAI Y,LU Y Y,DING T T,et al. Effects of low−impact development facilities(water systems of the park)on stormwater runoff in shallow mountainous areas based on dual−model(SWMM and MIKE21)simulations[J]. International Journal of Environmental Research and Public Health,2022,19(21):14349.

[109] XIE Q S,SUN H Y,LI Z,et al. Research on the trend of landfill ecological restoration technology based on patent analysis[J]. IOP Conference Series:Earth and Environmental Science,2020,527(1):012018.

[110] 王效琴. 城市水资源可持续开发利用研究[D]. 天津:南开大学,2007.

[111] 严芷清. 中国城市生态系统可持续发展的若干思考[D]. 武汉:华中师范大学,2007.

[112] 黄玉景. 园林生态系统健康评价研究:以湖南烈士公园为例[D]. 长沙:中南林业科技大学,2007.

[113] 黄志新. 生态学理论与风景园林设计理念:试论生态思想在风景园林实践中的应用[D]. 北京:北京林业大学,2004.

[114] 王飞儿. 生态城市理论及其可持续发展研究[D]. 杭州:浙江大学,2004.

[115] 罗梁. 生态园林城市绿地建设现状研究:以仁寿县城区为例[D]. 雅安:四川农业大学,2020.

[116] 张瑞雪. 生态园林城市导向的城市绿地系统规划研究:以鹤壁市城市绿地系统规划为例[D]. 北京:北京林业大学,2020.

[117] 李娟娟. 现代园林生态设计方法研究[D]. 南京:南京林业大学,2004.

[118] 于艺婧. 基于CNKI的园林生态学科研成果状况初步量化分析[D]. 南京:南京农业大学,2011.

[119] 于冰沁. 寻踪—生态主义思想在西方近现代风景园林中的产生、发展与实践[D]. 北京:北京林业大学,2012.

[120] 潘洋洋. 城市生态公园规划设计研究:以绍兴滨海新城中央生态公园规划设计为例[D]. 杭州:浙江农林大学,2017.

[121] 程涉,卢鑫昱,胡海波. 基于生态理念的城市湿地公园规划研究:以太仓市金仓湖湿地公园为例[J]. 设计,2018(21):30−32.

园林生态规划设计方法与应用

[122] 张莉,张杰龙.以栖息地修复为导向的湿地公园设计方法:以云南省保山市青华湿地为例[J].景观设计学,2020,8(3):90-101.

[123] 刘秀萍.基于生态理论的西安浐灞湿地公园规划设计研究[D].杨凌:西北农林科技大学,2013.

[124] 韩秀哲.基于生态理念的城市湿地公园景观规划设计研究[D].哈尔滨:哈尔滨理工大学,2022.

[125] 邓娇莺.生态修复视角下的湿地公园规划设计[D].北京林业大学,2021.DOI:10.26949/d.cnki.gblyu.2021.000280.

[126] 魏帆.湿地公园生态修复及景观设计研究:以岐山落星湾湿地公园为例[D].西安:西安建筑科技大学,2021.

[127] 周瑶.废弃采石矿区破损山体的景观重塑:以北京牛栏山公园为例[D].北京:北京林业大学,2018.

[128] 李佳.基于生态修复理念的石材矿山郊野公园规划:以望城公坤石材矿山郊野公园为例[D].长沙:中南林业科技大学,2019.

[129] 韩明辕.基于生态修复理念下矿坑废弃地公园设计[D].保定:河北农业大学,2022.

[130] 木皓可.矿业废弃地景观重建规划设计研究:以承德双峰寺铁矿遗址公园为例[D].北京:北京林业大学,2020.

[131] 王晨阳.永州东湘桥锰矿山雨洪参数化分析及其水系景观设计[D].湘潭:湖南科技大学,2020.

[132] 张馨予.从煤矿废弃地到城市公园的景观改造与设计研究:以唐山市开滦矿区为例[D].天津:河北工业大学,2019.

[133] 达艺.城市生活垃圾填埋场的修复与再生设计研究:以武汉园博园为例[D].苏州:苏州大学,2018.

[134] 王洁.生活垃圾填埋场景观化改造:以天子岭垃圾填埋场为例[D].杭州:浙江农林大学,2017.

[135] 徐媛.南京水阁垃圾填埋场景观重建设计研究[D].镇江:江苏大学,2022.

[136] 张聪.生长性理念下生活垃圾填埋场封场后景观再生设计研究[D].西安:西安建筑科技大学,2022.

[137] 韩旭.基于恢复生态学的垃圾填埋场废弃地景观设计研究:以长春市三道垃圾填埋场为例[D].长春:吉林农业大学,2021.

[138] 徐琳琳.长春市三道垃圾填埋场景观公园设计研究[D].哈尔滨:哈尔滨工业大学,2016.

[139] 王金益.封场后垃圾填埋场及周边土地的生态修复与景观再生研究:以上海老港郊野公园为例[D].北京:北京林业大学,2019.

参
考
文
献